普通高等教育“十三五”规划教材
食品科学与工程类专业应用型本科教材

食品化学

邵 颖 刘 洋 主编

U0953167

中国轻工业出版社

图书在版编目（CIP）数据

食品化学/邵颖，刘洋主编．—北京：中国轻工业出版社，2018.1
普通高等教育“十三五”规划教材　食品科学与工程类专业应用型本科教材
ISBN 978－7－5184－1503－8

Ⅰ.①食…　Ⅱ.①邵…②刘…　Ⅲ.①食品化学—高等学校—教材
Ⅳ.①TS201.2

中国版本图书馆CIP数据核字（2017）第227637号

责任编辑：张　靓　　责任终审：滕炎福
整体设计：锋尚设计　责任校对：吴大鹏　　责任监印：张　可

出版发行：中国轻工业出版社（北京东长安街6号，邮编：100740）
印　　刷：北京君升印刷有限公司
经　　销：各地新华书店
版　　次：2018年1月第1版第1次印刷
开　　本：787×1092　1/16　　印张：20
字　　数：440千字
书　　号：ISBN 978－7－5184－1503－8　　定价：46.00元
邮购电话：010－65241695
发行电话：010－85119835　传真：85113293
网　　址：http://www.chlip.com.cn
Email：club@chlip.com.cn
如发现图书残缺请与我社邮购联系调换
170488J1X101ZBW

本书编写人员

主　　编　邵　颖　刘　洋

副 主 编　张晓宇　崔丽伟　刘坤峰

编　　者（以姓氏拼音为序）

陈亚蓝（信阳农林学院）

成培芳（内蒙古农业大学）

崔丽伟（河南牧业经济学院）

刘坤峰（信阳农林学院）

刘　洋（信阳农林学院）

邵　颖（信阳农林学院）

王月囡（鞍山师范学院）

张晓宇（郑州工程技术学院）

庄军辉（河南牧业经济学院）

前言 | Preface

食品化学是一门研究食品中的化学变化与食品质量相关性的科学。随着科学技术的进步，特别是食品化学成为一门学科以来，其研究不断深入和发展，已成为化学、生物、物理、营养学和生物化学的一门交叉学科。食品化学已成为食品科学与工程专业、食品质量与安全专业及相关专业的必修课程。

本书主要面向应用型本科院校师生教学及科研编写。全书共分为两大部分，一部分为理论部分，共十章，分别为：绪论、水分、碳水化合物、脂类、蛋白质、酶、维生素和矿物质、色素和着色剂、食品风味成分、食品添加剂；另一部分为实验部分，结合应用型本科学校在本课程中的实验需求，共编写有二十七个实验项目，分别包括水分的检验、糖类的检测、脂类检测、蛋白质的测定、酶的测定、维生素和矿物质、色素和着色剂及食品风味成分的测定等。

考虑到教学学时及应用型本科学生层次的现状，各章理论知识部分的内容有所压缩，有余力的同学可以找相应书籍进行补充。为使教学具有针对性，特在编写过程中征集了很多学校的意见和建议，编写时力求简明、概念明确、重点突出，每章前面附有学习目的和要求，后面附有复习思考题，以便帮助学生课后复习和很好地把握重点内容。

本教材由邵颖、刘洋担任主编，张晓宇、崔丽伟、刘坤峰担任副主编。参加编写人员及编写分工是：第一章绪论（邵颖）、第二章水分（庄军辉）、第三章碳水化合物（张晓宇）、第四章脂类（崔丽伟）、第五章蛋白质（邵颖）、第六章酶（王月囡）、第七章维生素和矿物质（刘坤峰）、第八章色素和着色剂（刘洋）、第九章食品风味成分（王月囡）、第十章食品添加剂（陈亚蓝）、第十一章实验部分（邵颖）。全书邵颖老师进行编排统稿；在本书编写过程中得到了很多兄弟院校老师的帮助和支持，由衷地表示感谢！

由于编者水平有限，时间仓促，书中难免存在缺陷和错误之处，诚望读者和同行专家不吝批评指正。

编者

目录 | Contents

CHAPTER 1

第一章 绪论

[学习目标与要求]

1. 了解食品化学的概念、发展简史和食品化学研究的内容以及食品化学在食品工业技术发展中的作用。

2. 掌握食品化学的研究方法。

3. 掌握食品化学的学习方法。

第一节 食品化学的定义和研究对象

一、食品化学的研究对象

食品化学的研究对象是食品。

食品（food）：一般指人类为维持正常生理功能而食用的各类含有营养素的物质，通常也泛指一切食物。严格来讲，食品、食物和原料有所区别。食品是对原料进行科学的再加工后形成的成品，如面包、饼干、火腿等。原料（material）是指未经过加工或只经过粗加工的含有营养素的物质，如鸡蛋、肉等。食物（foodstuff）是指含有营养素的可食物料。营养素（nutrient）是指能提供维持人体正常生长发育和新陈代谢所必需的物质，从化学性质可分为6大类，即蛋白质（protein）、脂类（lipids）、碳水化合物（carbohydrates）、矿物质（minerals）、维生素（vitamins）和水（water），目前习惯把膳食纤维（dietary fiber）称为第7类营养素。食物包括原料和食品，是原料和食品的统称（至少含有一种以上营养素）。

食品的化学组成如图1-1所示：

- 食品的化学组成
  - 天然成分
    - 无机成分
      - 水
      - 矿物质
    - 有机成分
      - 蛋白质
      - 碳水化合物
      - 脂类
      - 维生素
      - 色素，呈香、呈味物质
      - 激素
      - 有毒物质
  - 非天然成分
    - 食品添加剂
      - 天然来源的食品添加剂
      - 人工合成的食品添加剂
    - 污染物
      - 加工中不可避免的污染物
      - 环境污染物

图1－1　食品化学的组成

二、 食品化学的定义

食品化学（food chemistry）是食品科学的一个重要部分，是利用化学的理论和方法研究食品本质的一门科学，即从化学角度和分子水平研究食品的组成、结构和理化性质、营养和安全性质以及它们在生产、加工、储运过程中的变化及其对食品品质和安全性的影响，属于应用化学的一个分支。其核心任务是研究食品中发生的化学过程、变化机制和影响条件。

食品化学与生物化学有一定重叠但又各有其侧重点，例如在蛋白质、碳水化合物和脂类的研究中重叠部分较多。但生物化学突出生物成分在遗传、生理、代谢和调控方面的功能和变化，而食品化学侧重其作为食品组成成分在营养、安全性、感官性质、加工特性和储藏稳定性等方面的功能和变化。除此之外，食品化学对食品水分、矿物质、维生素、色素、酶、添加剂、风味物质的功能和变化的研究内容大部分不同于生物化学。

食品化学是食品科学与工程类专业的主干课程。它比其他化学更贴近食品工业实践，其包含的成分功能性质和变化知识、变化控制技术原理和分离与分析方法在整个食品科技界都得到了广泛的应用。因此，学好食品化学，就更容易投身到整个食品科技的理论和技术领域中去。食品化学也是从事食品科学研究和控制食品质量必备的知识体系。

第二节　食品化学的发展历史

食品化学的发展可以分为以下几个阶段。

早期阶段：18 世纪中后期至 19 世纪早期，主要完成动植物特征成分的分离和分析。例如，瑞典化学家舍雷（Schecle）于1780年分离出了乳酸并研究了其性质，1784年分离出柠檬酸、苹果酸，检验了12种水果中的柠檬酸、苹果酸、酒石酸，成为定量研究的先驱。法国化学家拉瓦锡（Lavoisier，1743—1794）阐明了燃烧有机分析原理，用化学方程式表达发酵过程，测定乙酸的元素成分。1807年，法国化学家尼科拉斯（Nicolas）用灰化方法测定植物中矿物质元素，完成乙醇的化学分析。1811年，盖·吕萨克（Gay·Lussac）、赛纳德（Thenard）提出了植物物质中的碳、氢、氮定量测定方法。

发展阶段：19世纪中后期，生物化学手段的发展促进了食品化学的发展。例如，1860年，德国的W. Hanneberg和F. Stohmann发展了测定水分、脂肪、灰分、蛋白质、无氮浸出物的方法。1871年，Jean Baptiste Dumas提出“仅由蛋白质、碳水化合物和脂肪组成的膳食不足以维持人类的生命”的观点。1847年，Justus Vonliebig出版了第一本有关食品化学方面的书——《食品化学的研究》，在这本书中他叙述了对肌肉和水溶性成分（肌酸、肌苷酸和乳酸等）的研究，并于1882年，将食品分类为含氮（植物纤维蛋白、清蛋白、酪蛋白以及动物的血和肉）和不含氮的（脂肪、碳水化合物和含酒精的饮料）物质。

成熟阶段：在20世纪初，食品工业已成为发达国家和一些发展中国家的重要工业，大部分的食品组分已经被化学家、生物学家和营养医学家的研究所探明，为食品化学的建立奠定了基础。在此期间，食品工业的不同行业纷纷创建自身的化学基础，如粮油化学、果蔬化学、乳品化学、糖业化学、肉禽蛋化学、水产化学和风味化学等，为系统的食品化学学科的建立奠定了坚实的基础。一些具有重要影响的杂志如《Journal of Food Science》《Journal of Agricultural and Food Chemistry》和《Food Chemistry》等相继创刊，标志着食品化学作为一门学科的正式建立。

现代阶段：食品化学将更系统、更深入地发展。近年来，食品化学的研究领域更广阔，研究手段日趋现代化，研究成果的应用周期越来越短。现在，食品化学的研究正向反应机理、风味物的结构和性质、特殊营养成分的结构和功能性质、食品材料的改性、食品现代和快速的分析方法、高新分离技术、新型食品包装材料、现代食品保藏技术及新食源、新工艺和新食品添加剂等研究方面发展。

第三节 食品化学在食品科学中的地位及在食品工业发展中的作用

一、食品化学在食品科学中的地位

食品科学作为一门学科，必须具有明确的基础、目标、所要解决的问题和研究范畴。食品科学的发展是利用了有机化学、物理化学、物理和数学等基础知识和生物学、微生物学和生物化学等次级知识。食品科学发展的目标是获得对食品体系的结构、性质、加工和保藏的综合能力。食品化学是食品科学领域中涉及范围最广的一门学科，它与食品科学诸领域均具有紧密联系（表1-1）。

表1-1　　食品化学与食品科学诸领域的关系（影响）

食品科学领域	关系（影响）
食品加工	通过研究食品有效成分在各种加工条件下的变化，说明加工工艺的合理性，不断开发新的食品加工手段和技术
食品贮藏	通过研究不同贮藏条件对食品成分、质构的影响，不断探索开发新的贮藏手段和技术
食品营养	通过研究食品组分的理化性质，结合生物化学研究，可为食品营养研究提供基本数据
食品安全与卫生	食品化学是各种检测手段的基础，各种检测手段又是考查食品安全的前提条件
食品分析（检测）	食品化学与食品质量检测和食品标准的制定有更加直接的关系
食品添加剂	化学合成和提取分离手段是食品添加剂研究最直接的动力
功能及绿色食品开发	食品功能因子的表征、开发、先进检测手段是新型食品开发的坚实基础

因此，食品化学在食品科学发展和研究中的重要地位概括为：①可以促进食品科学工作者从分子水平去认识原料、食品加工与贮藏、各类食品加工技术应用的本质，使各项研究更加深入；②可以促使食品工作者不断更新加工工艺，生产出更加安全、卫生、营养价值更高的食品；③可以促使食品科学由定性转向定量，科学说明各种食品的物质组分，制定更加合理先进的食品标准；④可以促使食品工业加速利用生物工程技术和各种先进的加工技术，促使食品工业更新换代；⑤可以促使食品科学不断发展，促进新的、营养价值更高的、功能更加独特的食品问世，以满足不同层次和不同人群的需要。

二、 食品化学在食品工业发展中的作用

食品科学领域的新技术，如可降解食品包装材料、生物技术、微波食品加工技术、辐射保鲜技术、超临界萃取和分子蒸馏技术、膜分离技术、活性包装技术和微胶囊技术等新技术的实际应用依赖于对物质结构、性质和变化的把握，因此这些新技术的推广及使用与食品化学学科的发展密切相关。食品化学的研究已经延伸到食品工业的各个领域，它与食品工业发展的关系与日俱增。可以这样说，没有食品化学的理论指导就不可能有日益发展的现代食品工业。

正是由于有了食品化学的发展，才有了对美拉德（Maillard）反应、焦糖化反应、酶促褐变、淀粉的糊化与老化、多糖的水解、蛋白质水解反应、蛋白质变性反应、色素变色与褪色反应、维生素降解反应、金属催化反应、酶的催化反应、脂肪水解与酶交换反应、脂肪热氧化分解与聚合反应、风味物质的变化反应和成分转变为风味物质的反应

及食品原料采后生理生化反应等的认识，这种认识对现代食品加工和储藏技术的发展产生了深刻影响（表1－2）。

表1－2　　食品化学对食品工业发展的影响

食品工业	影响
果蔬加工储藏	化学去皮，护色，质构控制，维生素保留，脱苦脱色，打蜡涂膜，化学保鲜，气调储藏，活性包装，酶促榨汁，过滤和澄清及化学防腐等
肉品加工储藏	宰后处理，保汁和嫩化，护色和发色，提高肉糜乳化力、凝胶性和黏弹性，腌熏肉的生产和应用，人造肉的生产，动物内脏的综合利用
饮料工业	速溶，克服上浮下沉，稳定蛋白饮料，水质处理，稳定果肉果汁，果汁护色，控制澄清度，提高风味，白酒降度，啤酒泡沫和苦味改善，防止啤酒异味，果汁脱涩，大豆饮料脱腥等
乳品工业	稳定酸乳和果汁乳，开发凝乳酶代用品和再制乳酪，乳清的利用，乳品的营养强化等
焙烤工业	生产高效膨化剂，增加酥脆性，改善面包皮颜色和质构，防止老化和霉变等
食用油脂工业	精炼，冬化，调温，油脂改性，DHA、EPA及中链脂肪酸三酰甘油酯的开发利用，食用乳化剂生产，抗氧化剂，减少油炸食品吸油量等
调味品工业	生产肉味汤料、核苷酸鲜味剂、碘盐和有机硒盐等
发酵食品工业	发酵食品的后处理、后发酵期间的风味变化、菌体和残渣的综合利用
基础食品工业	面粉改良，精谷制品营养强化，水解纤维素和半纤维素，生产高果糖浆，改性淀粉，氢化植物油，生产新型甜味剂、新型低聚糖、功能性肽，改性油脂，分离植物蛋白，开发微生物多糖和单细胞蛋白质，食品添加剂的生产和应用，野生、海洋和药食两用可食资源的开发利用等
食品检验	检验标准的制定，快速分析，生物传感器的研制等

第四节　食品化学的研究内容和研究方法

如前面所述，食品化学是从化学角度和分子水平研究食品的组成、结构和理化性质、营养和安全性质以及它们在生产、加工、储运过程中的变化及其对食品品质和安全性的影响。因此研究食品中营养成分、呈色、呈香、呈味成分和生理活性物质的化学组成、性质、结构和功能以及新的分析技术；阐明食品成分之间在生产、加工、储存、运销中的变化，即化学反应历程、中间产物和最终产物的结构及其对食品品质和卫生安全性的影响；研究食品储藏加工的新技术，开发新的产品和新的食品资源以及新的食品添加剂等，则构成了食品化学的主要研究内容。

食品化学研究方法的主要特色是把食品的化学组成、理化性质及变化的研究同食品的品质和安全性研究联系起来。因此，从试验设计开始，食品化学的研究带有揭示食品品质或安全性变化的目的，并且把实际的食品物质系统和主要食品加工工艺条件作为实验设计的重要依据。由于食品是多种组分构成的复杂体系，在加工和储藏中可发生许多复杂的化学变化，因而为了使分析、推导和综合有一个清晰的背景，食品化学研究通常采用一个简化的、模拟的食品体系来进行试验，得到结果和结论后，再在真实的食品体系中验证、充实和修正它们。由于这种研究方法有时很难全面揭示食品体系中的真实情况，因此，在建立模拟体系时应认真思考研究对象的实际情况，设计好模拟体系、选好研究工作的切入点和抓住主要目标，并且应认真考虑、检查和认识已进行的研究中存在的不足，通过多角度、多次的试验研究，不断提高研究水平和完善研究成果。

食品化学研究中常进行理化试验和感官试验。理化试验主要是对食品成分进行分离、分析和结构分析，即分析试验物质系统中的营养成分、有害成分、色素和风味物质的存在、分解、生成量和性质及其化学结构；感官试验是通过人的直观鉴评来分析试验系统的质构、风味和颜色的变化。在食品化学研究中，感官试验和理化试验相互结合能取得更好的结果，感官试验研究能更快和更容易发现食品的变化，而理化试验研究则能更科学地鉴定食品物质并揭示其反应机制。

在食品科学领域利用现代分析技术进行研究已越来越广泛，然而食品的组成复杂，进行现代分析时的样品前处理和测定结果的解析正在向食品分析和食品化学提出严峻的挑战。食品化学的研究越深入，知识积累越丰富，建立更适当的样品前处理方法和对测定结果进行更准确深入的解析就越容易。正因为这样，许多国家的食品科技界将食品分析纳入食品化学学科领域之中。在我国，虽然二者并未融合，但每个从事食品化学研究的科技人员也都在从事一定的改进食品分析方法的研究，而每个从事食品分析研究的科技人员也都在从事一定的食品化学研究。所以，食品分析方法实质也是食品化学研究方法的重要部分。

第五节　食品化学的学习方法

尽管食品化学的研究工作可追溯到100多年前，但是食品化学作为一门大学课程，还不过50年。另外，食品种类繁多，食品化学涉及范围较广。本课程的开设在其他专业课之前，这样对于完全没有食品加工实践经验又没有食品知识理论的学生来说，如果不注意学习方法，则难以收到好的学习效果。所以编者建议在学习本门课程时注意以下几点。

（1）注意掌握食品主要组分的化学性质、结构特点、特征基团、加工和贮藏条件下的典型反应等，以它们作为本课程的基本元素。

（2）学习过程中，应注意了解常见食品的特点，特别是它们的化学组成和主要的变化，这为预测食品在储藏和加工条件下可能发生的化学反应打下基础。

（3）教材中有关食品加工技术的举例，最好能查阅有关工艺资料或利用学校的食品社团进行观摩（实际操作），以加深对有关理论问题的理解。

（4）在学习过程中遇到一些典型的有机反应或生化现象，要及时查阅相关书籍和已经学过的有机化学、生物化学知识，把这些知识弄清楚、搞明白。

（5）食品化学知识与自身日常生活联系非常密切，多与自己遇到的实际情况联系，培养对本门课程的学习兴趣，并尽量能够利用所学的知识解释一些实际现象和培养解决实际问题的能力。

（6）在每一章学习结束后要及时归纳和总结，养成课前预习、课后复习的好习惯。

（7）本课程为了加强对理论知识的理解，加强了实践操作学时，要按时保质、保量地独立完成实验，注意观察实验现象、做好实验记录，经过计算得出实验结果，对实验失败的原因能给出合理的解释。

（8）认真听讲，记笔记，完成作业，多与老师同学交流与讨论。

CHAPTER 2

第二章 水分

[学习目标与要求]

1. 掌握水在食品中的重要作用、存在的状态，水分活度和水分吸着等温线的概念及意义，水分活度与食品稳定性的关系。

2. 了解水分和冰的结构及性质，含水食品的水分转移规律，分子流动性对食品稳定性的影响。

第一节 概述

水在人类生存的地球上普遍存在，同时它也是食品的重要组成部分（表 2 - 1），各种食品都有其特定的水分含量，故此才能显示出它们各自的色、香、味、形等特征。从物理化学方面来看，水在食品中起着分散蛋白质和淀粉等成分的作用，使它们形成溶胶或溶液。从食品化学方面考虑，水对食品的鲜度、硬度、流动性、呈味性、保藏性和加工等方面都具有重要的影响，同时也是微生物繁殖的重要因素，影响着食品的可贮藏性和货架寿命，因此，在食品安全国家标准中，水分是一项重要评价指标。在食品加工过程中，水还能发挥膨润、浸透等方面的作用。研究水分的结构、物理化学特性以及食品中水分的分布及其存在状态，对食品化学和食品加工、保藏过程有非常重要的意义。

表 2-1　　一些食品中的水分含量

食品		水分含量/%	食品		水分含量/%
水果、蔬菜等	新鲜水果	90	谷物及其制品	全粒谷物	10~12
	果汁	85~93		燕麦片等早餐食物	<4
	番石榴	81		通心粉	9
	甜瓜	92~94		面粉	10~13
	成熟橄榄	72~75		饼干等	5~8
	牛油果	65		面包	35~45
	浆果	81~90		馅饼	43~59
	柑橘	86~89		面包卷	28
	干水果	<25	高脂肪食品	人造奶油	15
	豆类（青）	67		蛋黄酱	15
	豆类（干）	10~12		食品用油	0
	黄瓜	96		沙拉酱	40
	马铃薯	78	乳制品	奶油	15
	红薯	69		乳酪（切达）	40
	小萝卜	78		鲜奶油	60~70
	芹菜	79		乳粉	4
畜、水产品等	动物肉和水产品	50~85		液体乳制品	87~91
	新鲜蛋	74		冰淇淋等	65
	干蛋粉	4	糖类	果酱	<35
	鹅肉	50		白糖及其制品	<1
	鸡肉	75		蜂蜜及其他糖浆	20~40

第二节　水和冰的结构

一、单分子水的结构

水分子中的氧原子具有 4 个杂化的 sp^3 轨道，2 个氢原子的 s 轨道与氧原子的 2 个 sp^3 成键轨道形成了 2 个共价 σ 键而构成水分子。水分子中 O—H 键的离解能为 460kJ/mol，由于氧的高电负性，O—H 键具有部分（40%）的离子特性。水分子为四面体结构，氧原子位于四面体中心，四面体的四个顶点中有两个被氢原子占据，其余两个为氧原子的非共用电子对所占有（图 2-1）。气态水分子两个 O—H 键的夹角即 H—O—H 的键角为

104.5°，与典型四面体夹角109°28′很接近，键角之所以小了约5°是由于受到氧原子的孤对电子排斥的影响，此外，O—H核间距0.096nm，氢和氧的范德华（van der Waals）力半径分别为0.12nm和0.14nm，由其分子结构可以看出水是典型的极性分子。

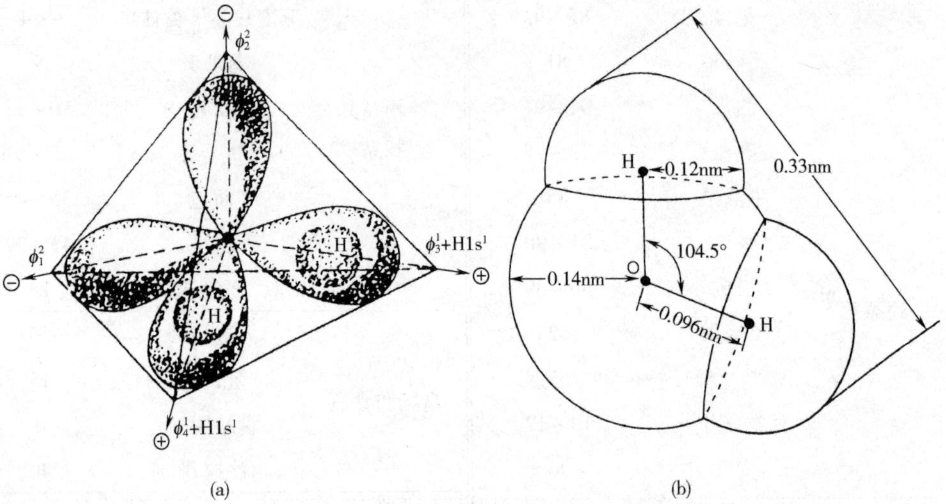

图2-1 单分子水的立体模式

由于自然界中H、O两种元素存在同位素，所以纯水中除常见的H_2O外，实际上还存在微量同位素原子形成的分子，但它们在自然界的水中所占比例极小，通常可以忽略不计。

二、 水的缔合结构

水分子中的氢氧原子呈V字形排列，O—H键具有极性，水分子中的电荷分布是不对称的。蒸汽状态下的水分子偶极矩为1.84D。水分子中的氧原子最外层有两对未成键电子，氢原子无内层电子，不会受其他原子的电子云排斥，只能与另一个水分子中的氧原子的孤对电子相吸引，使水分子之间形成氢键而缔合。由于每个水分子在三维空间具有相等数目的氢键供体和受体，可以形成三维空间多重氢键，因此，每个水分子最多能与另外4个水分子通过氢键结合，形成四面体结构（图2-2）。O—H键的极性、多重氢键使水分子间存在着非常大的吸引力。与同样能形成氢键的分子（如NH_3、HF）相比，水分子间的吸引力是这一类具有相似分子构型的小分子物质中分子间吸引力最大的，相对来说水最有利于形成稳定的网状氢键多分子缔合体系。

水具有形成三维空间多重氢键的能力，可用来解释水的一些不寻常的性质。例如，水具有较大的热容量、高熔点、高沸点、高表面张力、高相变热等特性都关系到打破分子间氢键所需的额外能量。水的介电常数也受氢键的影响，通过氢键结合的水分子簇产生多分子偶极，有效地提高了水的介电常数。

水分子间氢键的键合程度与温度有关，随着温度升高，水的配位数增多，例如在0℃时，冰中水分子的配位数为4，水在1.5℃和8.3℃时的配位数分别为4.4和4.9，邻近的水分子间的距离也随着增大，而水的密度则随着邻近分子间距离的增大而减小。一般来说，温度在0~4℃时，配位数对水的密度影响起主导作用；随着温度的进一步升高，布朗运动起主要作用，温度越高，水的密度越低。两种因素的最终结果是水的密度在3.98℃最大，低于或高于此温度，水的密度均会降低。

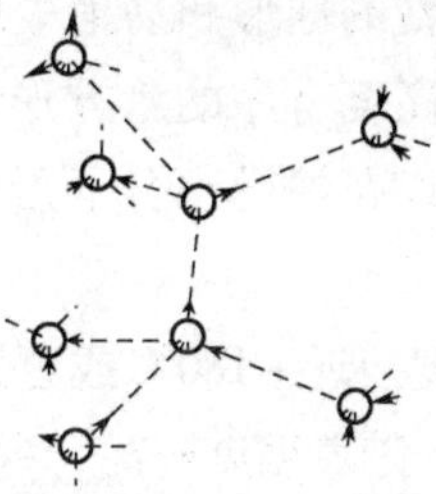

图2-2 水分子的四面体构型下的氢键模式（以虚线表示）

水中分子间的网状氢键多分子缔合体是处于动态稳定的，在短暂的时间内每一水分子会改变其与邻近分子的氢键键合关系而重组网状氢键多分子缔合体系，由于各种网状氢键多分子缔合体系并无本质区别，所以水中分子间的网状氢键多分子缔合体才被认为是处于动态稳定状态，正因为水分子间的多分子缔合结构会随时重组及变化，水才具有很大的分子流动性。

三、冰的结构

冰是由水分子构成的非常疏松的大而长的刚性结构，相比之下液态水则是一种短而有序的结构，因此，冰的比体积较大。冰在融化时，一部分氢键断裂，转变成液相后水分子紧密地靠拢在一起，密度增加，晶胞结构示意图如图2-3所示。

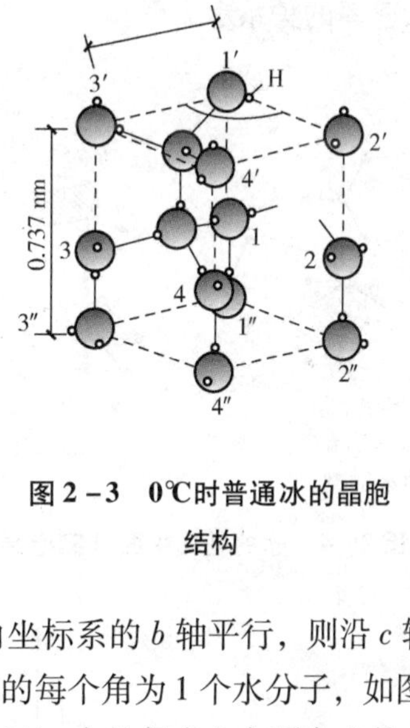

图2-3 0℃时普通冰的晶胞结构

从图2-3可看出，每个水分子能缔合另外4个水分子，冰中O—O核间最相邻的距离是0.276nm，O—O—O键角约为109°，非常接近理想的四面体键角109°28′。晶胞在三维空间中重复排列形成晶格，普通冰的晶格属于六方晶格。如果将普通冰的晶格放入三维直角坐标系中，并使晶格的一轴与直角坐标系的c轴平行，另一晶轴与直角坐标系的b轴平行，则沿c轴正面观察时，可看出冰晶格的六方形对称格子结构，六方形的每个角为1个水分子，如图2-4（1）所示。如果从c轴的垂直侧面观察时，则图2-4（1）中的每个六方形角上的6个水分子分处在2个平面上，其中同一平面上的2个水分子之间的距离为0.452nm，如图2-4（2）所示。这两个平面彼此平行且紧密靠拢构成双层，各双层间也是彼此平行，间距为0.276nm，3个双层平面结合在一起就形成如图2-5所示冰的扩展结构。由于沿着平行c轴的方向观察，冰是单折射的，所有其他的方向都是双折射的，因此称c轴为冰的光轴。

普通冰的结晶属于六方晶系的六方形双锥体组，共有11种结构，但是在常压和温度0℃时，只有普通正六方晶系的冰晶体是稳定的。另外还有9种同质多晶（Polymorphism）和一种非结晶或玻璃态的无定形结构。在冷冻食品中存在4种主要的冰晶体结构，即六方形、不规则树枝状、粗糙的球形和易消失的球晶，以及各种中间状态的冰晶体。大多数冷冻食品中的冰晶体是高度有序的六方形结构，但在含有大量明胶的水溶液中，由于明胶对水分子运动的限制以及妨碍水分子形成高度有序的正六方结晶，冰晶体主要是立方体和玻璃状冰晶。

冰的特性还受温度影响，在温度接近-180℃或更低时，冰的HOH分子不会发生氢键断裂，所有的氢键好似完整的状态。随着温度升高，完整的氢键平均数目将逐渐降低。

在水的冰点温度时，水并不一定结冰，其原因包括溶质可以降低水的冰点，再就是产生过冷现象。所谓过冷（supercooling）是由于无晶核存在，水的温度降到冰点以下仍不析出固体。但是，若向过冷水中投入一粒冰晶、晶核或摩擦器壁产生冰晶，过冷现象立即消失，则会在这些晶核的周围逐渐形成长大的结晶，这种现象称为异相成核（Heterogeneous nucleation）。过冷度越高，结晶速度越慢，这对形成冰晶大小是很重要的。当大量的水慢慢冷却时，由于有足够的时间在冰点温度产生异相成核，因而形成的晶体结构粗大。若冷却速度很快，就会发生很高的过冷现象，则很快形成晶核，但由于晶核增长速度相对较慢，因而就会形成微细的结晶结构。

冰晶体的大小和结晶速度受溶质、温度、降温速度等因素影响，溶质的种类和数量也影响冰晶体的数量、大小、结构、位置和取向。图2-6为冷冻时晶核形成速率与晶体长大速率的关系示意图。

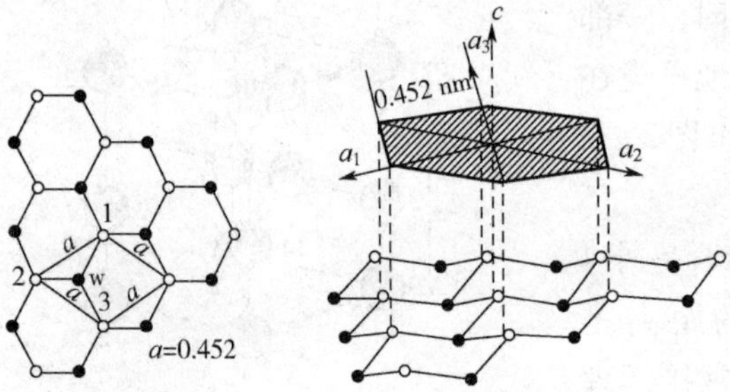

(1)沿c轴方向观察到的六方形结构　(2)基础平面的立体图

图2-4　冰的基础平面（实心原点代表氧原子）

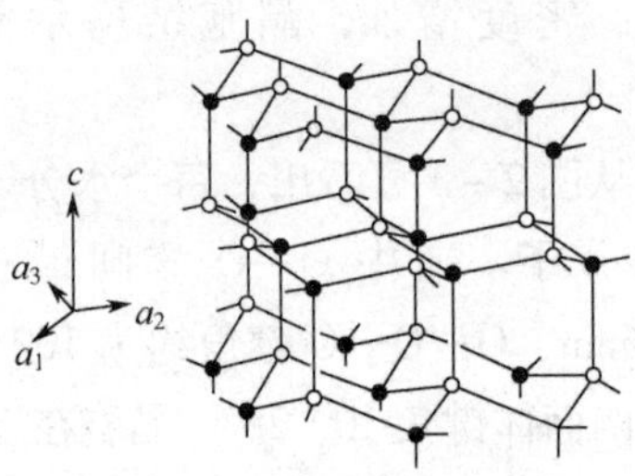

图2-5　冰的扩展结构

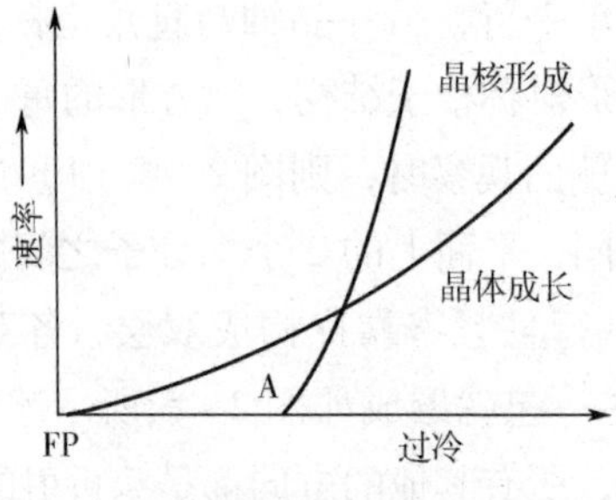

图2-6　晶核形成与晶体成长速率示意图

食品中含有一定水溶性成分（如低浓度蛋白质、酒精和糖等均可阻滞晶体的成长过程），这将使食品的结冰温度（冻结点）持续下降到更低，直到食品到了低共熔点。低共熔点在 -65 ~ -55℃，而我国的冷藏食品的温度常为 -18℃，因此，冻藏食品的水分实际上并未完全凝结固化。尽管如此，在这种温度下绝大部分水已冻结了，并且是在 -41℃ ~ -1℃完成了大部分冰的形成过程。现代冻藏工艺提倡速冻，就是因为该工艺下形成的冰晶体呈针状，比较细小，冻结时间缩短且微生物活动受到更大限制，因而食品品质好。

第三节 水和冰的物理性质

一、水的物理性质

（1）水的比热容、汽化热、熔化热大　由于水分子间的氢键缔合作用而导致水发生相转变时，必须供给额外的能量来破坏水分子之间的氢键，这对食品冷冻、干燥和加工都是非常重要的因素。

（2）水的介电常数大、溶解力强　水的介电常数同样会受到氢键键合的影响，20℃时水的介电常数为80.36。由于水的介电常数大，因此水溶解离子型化合物的能力较强。至于非离子极性化合物如糖类、醇类、醛类等均可与水形成氢键而溶于水中。即使不溶于水的物质，如脂肪和某些蛋白质，也能在适当的条件下分散在水中形成乳浊液或胶体溶液。

（3）水的密度　水的密度的变化和温度变化相关，水在3.98℃时密度达到最大，随着温度的增大或减小，密度都会减小。

（4）水的沸点　常压状态下，水沸腾需100℃，在高压状态下水的沸腾温度会上升，在一些食品加工工艺中常用到121℃加热灭菌。

表2-2列出了水的物理性质。

表2-2　水的物理性质

性质	数值
相对分子质量	18.0153
相变性质	
熔点（0.1MPa）	0.000℃
沸点（0.1MPa）	100.000℃
临界温度	373.99℃
临界压力	22.064MPa
三相点	0.01℃和611.73Pa
熔化焓（0℃）	6.012kJ/mol
蒸发焓（100℃）	40.63kJ/mol
升华焓（0℃）	50.91kJ/mol

二、冰的物理性质

相比水而言，冰的热导率比较大，在0℃时近似为同温度下水的热导率的4倍，冰的热扩散系数约为水的9倍，从而导致了在相同温度下组织材料冻结的速度比解冻的速度快很多。

第四节 水在食品中的存在状态及相互作用

一、水在食品中的存在状态

人类在很早就认识到食品的腐败变质与水之间有着紧密的联系。减少食物水分含量这一处理方法成为人类保存食品的一种重要的常用方法。食品中的水分与其他组分以不同的形式组合形成体系，按水与食品中非水成分的作用情况来划分，水在食品中是以游离水（或称为体相水、自由水）和结合水（或称为固定水）两种状态存在的，这两种状态水的区别就在于它们同亲水性物质的缔合程度的大小，而缔合程度的大小则又与非水成分的性质、盐的组成、pH、温度等因素相关。

1. 食品中的结合水

结合水（Bound water）或固定水（Immobilized water）通常是指存在于溶质或其他非水成分相邻处，并与溶质分子通过化学键结合的那部分水，这部分水与体系中的体相水或纯水具有显著的不同性质。根据结合水被结合的牢固程度，又可分为化合水、邻近水、多层水。与同一体系的游离水相比，它们呈现出较低的流动性和其他显著不同的性质，这些水在-40℃时都不会结冰，不能作为溶剂，在质子核磁共振（NMR）试验中使氢的谱线变宽。

（1）化合水　化合水是指与食品中其他亲水物质（或亲水基团）结合得最牢固的那部分水，与非水物质构成一个整体。例如，它们存在于蛋白质的空隙区域内或者成为化学水合物的一部分。

（2）邻近水　邻近水是指在非水成分中亲水基团周围缔合的第一层水分子，与离子或离子基团缔合的水是结合得最紧密的邻近水。与非水物质的偶极直接缔合或以强氢键直接结合的水也为邻近水。

（3）多层水　多层水是指第一层水化膜外围绕亲水基团形成的另外几个水层。多层水主要依靠水-水氢键和水-溶质氢键缔合而形成。虽然多层水与非水物质亲水基团的结合强度不如邻近水，但仍然较为紧密地结合，因此多层水的性质与纯水的性质仍大不相同。

应该注意的是，结合水不是完全静止不动的，它们同邻近水分子之间的位置交换作用会随着水结合程度的增加而降低，但是它们之间的交换速度不会为零。

2. 食品中的体相水

体相水（Bulk water）也称游离水（Free water）、自由水（Free flow water），是指食品中未与非水成分结合的水。根据其物理作用方式，体相水大致可分为三类：不移动水或滞化水、毛细管水和自由流动水。

（1）滞化水（Entrapped water） 滞化水是指被组织中的显微和亚显微结构与膜所阻留住的水，由于这些水不能自由流动，所以称为不可移动水或滞化水。例如，一块重100g的动物肌肉组织中，总含水量为70～75g，含蛋白质20g，除去近10g结合水外，还有60～65g的水，这部分水中极大部分是滞化水。

（2）毛细管水（Capillary water） 毛细管水是指在生物组织的细胞间隙、制成食品的结构组织中，存在着的一种由毛细管力所截留的水，在生物组织中又称为细胞间水，其物理和化学性质与滞化水相同。

（3）自由流动水（Free flow water） 自由流动水是指动物的血浆、淋巴和尿液、植物的导管和细胞内液泡中的水，因为都可以自由流动，所以叫自由流动水。

结合水与游离水之间的界限难以定量地区分，但是可以根据其物理化学性质做定性区分，如表2－3所示。

表2－3 食品中水的分类与性质

分类		特征	典型食品中比例/%
结合水	化合水	食品非水成分的组成部分	<0.03
	邻近水	与非水成分的亲水基团强烈作用形成单分子层；水－离子以及水－偶极结合	0.1～0.9
	多层水	在亲水基团外形成另外的分子层；水－水以及水－溶质结合	1～5
体相水	自由流动水	自由流动，性质同稀的盐溶液，水－水结合为主	5～96
	滞化水和毛细管水	容纳于凝胶或基质中，水不能流动，性质同自由流动水	5～96

二、 水与其他成分的相互作用

水与其他成分混合时产生多种作用，会同时改变两者的性质，这种变化与溶质的性质有关。亲水性物质可改变溶质周围邻近水的结构和流动性，同时水也会改变亲水性物质的反应性，有时甚至改变其结构。而疏水性物质的疏水基团仅与邻近水分子发生微弱的作用，并优先在非水环境中发生。水合的程度和强度取决于许多因素，如非水成分的本质、盐的组成、pH和温度。

按相互作用的分类，水与其他成分之间的相互作用强度彼此不同，如表2－4所示。

表 2－4　　水－溶质相互作用的分类

种类	实例	相互作用的强度（H_2O-H_2O 氢键[①]比较）
偶极－离子	H_2O－游离离子	较强[②]
	H_2O－有机分子上的带电基团	
偶极－偶极	H_2O－蛋白质 NH	近乎相等
	H_2O－蛋白质 CO	
	H_2O－侧链 OH	
疏水水合	H_2O+R[③]→R（水合）	远低（$\Delta G>0$）
疏水相互作用	R（水合）＋R（水合）→R_2（水合）	不可比较[④]（$\Delta G<0$）
	H_2O+H_2O	

注：①约 12～25kJ/mol；
②远弱于单个共价键的强度；
③R 是烷基；
④疏水相互作用是熵推动的，而偶极－离子和偶极－偶极相互作用是焓推动的。

1. 水与离子或离子基团的相互作用

离子或离子基团（Na^+、Cl^-、—COO^-、—NH_3^+ 等）通过自身的电荷可以与水分子偶极子产生相互作用，通常称为水合作用。与离子和离子基团相互作用的水，是食品中结合最紧密的一部分水。从实际情况来看，所有的离子对水的正常结构均有破坏作用，典型的特征就是水中加入盐类以后，水的冰点下降。例如，NaCl 邻近水可能出现的分子排列如图 2－7 所示。

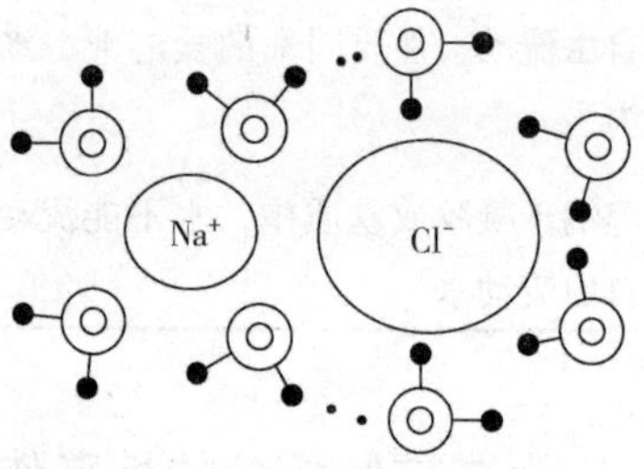

图 2－7　离子的水合作用和水分子的取向

在稀盐溶液中，离子对水结构的影响是不同的，如一些离子（例如 K^+、Rb^+、C_s^+、NH_4^+、Cl^-、Br^-、I^-、NO_3^-、BrO_3^-、IO_3^-和 ClO_4^-等）由于离子半径大，电场强度弱，能破坏水的网状结构，所以溶液比纯水的流动性更大。而对于电场强度较强、离子半径小的离子或多价离子，它们有助于水形成网状结构，因此这类离子的水溶液比纯水的流动性小，例如 Li^+、Na^+、H_3O^+、Ca^{2+}、Ba^{2+}、Mg^{2+}、Al^{3+}、F^-和 OH^-等就属于这一类。实际上，从水的正常结构来看，所有的离子对水的结构都起破坏作用，因为它们均能阻止水在0℃下结冰。

2. 水与极性基团的相互作用

水和极性基团（如—OH、—SH、—NH_2等）间的相互作用力比水与离子间的相互作用弱，例如在蛋白质周围，结合水至少有两种存在状态，一种是直接被蛋白质结合的水分子，形成单层水；另一种是外层水分子（即多层水），结合能力较弱，蛋白质的结合水中大部分属于这种水，但与游离水相比，它们的移动性变小。

3. 水与非极性基团的相互作用

把疏水物质，如含有非极性基团（疏水基）的烃类、脂肪酸、氨基酸以及蛋白质加入水中，由于疏水基团与水分子产生斥力，从而使疏水基团附近的水分子之间的氢键键合增强，使得疏水基邻近的水形成特殊的结构。其中有两个方面特别值得注意：笼形水合物（Clathrate hydrates）的形成和蛋白质中的疏水相互作用。

笼形水合物代表水对疏水物质的最大结构形成响应。笼形水合物是冰状包合物，其中水为“主体”物质，通过氢键形成了笼状结构，物理截留了另一种低相对分子质量化合物——“客体”，它的大小和形状与由20~74个水分子组成的主体笼的大小相似，水与“客体”之间的相互作用往往涉及弱的范德华力，但有些情况下为静电相互作用。此外，相对分子质量大的“客体”如蛋白质、碳水化合物、脂类和生物细胞内的其他物质也能与水形成笼形水合物，使水合物的凝固点降低。一些笼形水合物具有较高的稳定性。

疏水基相互作用（Hydrophobic interaction）是指疏水基尽可能聚集在一起以减少它们与水的接触。由于分散在水中的疏水性物质相互集聚，导致它们与水的接触面积减小，结果引起蛋白质分子聚集，甚至沉淀。此外，疏水相互作用还包括蛋白质与脂类的疏水结合，疏水相互作用对于维持蛋白质分子的结构起到重要作用。疏水基、疏水性物质在水中的作用情况见图2-8。

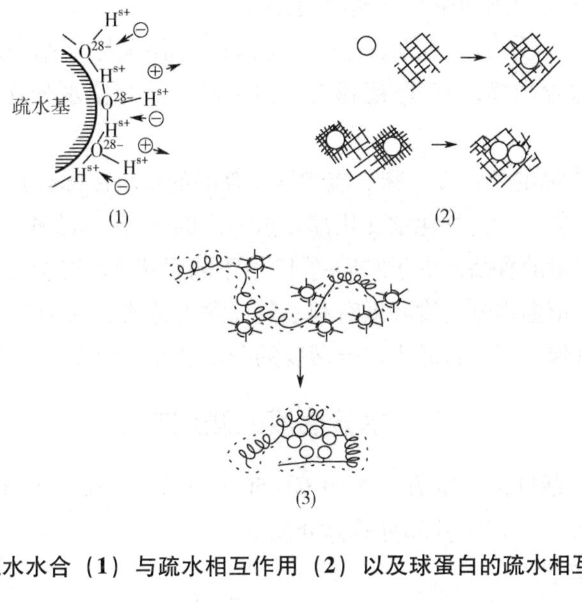

图2-8　疏水水合（1）与疏水相互作用（2）以及球蛋白的疏水相互作用（3）

第五节　水分活度

食物的易腐败性与含水量之间有着密切的联系，一段时期里，这成为了人们日常生活中保藏食品的重要依据之一。食品加工中无论是浓缩、脱水或者增加溶质过程，目的都是为了降低食品的含水量，提高溶质的浓度，以降低食品易腐败性。但人们同时也知道不同种类的食品即使水分含量相同，其腐败变质的难易程度也存在明显的差异。这说明以含水量作为判断食品稳定性的指标是不完全可靠的。人们逐渐认识到食品的品质和贮藏性与水分活度（Water activity）有更紧密的关系。食品水分活度能反映水与各种非水成分结合的强度，它的大小与微生物生长和许多化学反应的速度具有很好的相关性，比水分含量能更可靠地预示食品的稳定性。

一、 水分活度的定义

水分活度的定义为：在同一条件（温度、湿度和压力等）下，溶液中的逸度与纯水逸度之比。它近似地表示为溶液中水分蒸气压与纯水蒸气压的比值，如下：

$$A_w = \frac{p}{p_0} = \frac{ERH}{100}$$

式中　A_w——水分活度；

p——食品在密闭容器中达到平衡状态时的水蒸气分压；

p_0——在同一温度下纯水的饱和蒸汽压；

ERH——食品样品周围的空气平衡相对湿度。

A_w 值越小，说明水分与食品的结合程度越高；其值越大，则说明结合程度越低。同种食品，一般水分含量越高，其 A_w 值越大，但不同食品即使水分含量相同，往往 A_w 值也不同。

A_w 值的大小对食品的色、香、味、质构以及食品的稳定性都有着重要影响。各种微生物的生命活动及各种化学、生物化学变化都要求一定的 A_w 值，故 A_w 值与食品的储藏性能密切相关。相同含水量的食品，由于它们的 A_w 值不同而储藏性能会有明显差异。因此，测定食品的水分活度，依据水分活度降低有利于其储藏的原理，人为控制水分活度即可提高产品的品质并延长其保存期。食品中水分活度的测定已经成为食品分析的重要项目之一。

二、 水分活度的测定方法

现行食品中水分活度的测定方法按照 GB 5009. 238—2016 中的方法测定，具体操作在第十一章水分活度的测定实验部分具体介绍。

1. 康卫氏皿扩散法

原理：在密封、恒温的康卫氏皿中，样品中的自由水与水分活度（A_w）较高和较低的标准饱和溶液相互扩散，达到平衡后，根据试样质量的变化量，求得样品的水分活度。

2. 水分活度仪扩散法

原理：在密闭、恒温的水分活度测量舱内，试样中的水分扩散平衡。此时水分活度仪测量舱内的传感器或数字化探头显示出的响应值（相对湿度的数值）即为样品的水分活度。

三、 水分活度与温度的关系

测定样品水分活度时，必须标明温度，因为 A_w 值随温度而改变。经修改的克劳修斯－克拉伯龙（Clausius－Clapeyron）方程精确地表示了 A_w 与热力学温度 T 之间的关系。

$$\frac{\mathrm{dln}A_w}{\mathrm{d}(1/T)} = -\frac{\Delta H}{R}$$

式中 R——气体常数；

ΔH——样品中水分的等量净吸附热。

公式整理后，可推出方程：

$$\ln A_w = \frac{\Delta H}{R(1/T)}$$

式中 ΔH——纯水的汽化潜热（40537.2J/mol）。

A_w 和 R、T 的意义与前式相同。k 的意义可由下式表示：

$$k = \frac{\text{样品的绝对温度 - 纯水的蒸汽压为 } p \text{ 时的绝对温度}}{\text{纯水的蒸汽压为 } p \text{ 时的绝对温度}}$$

式中 p——样品蒸汽压。

k 是样品中非水物质的本质和浓度的函数，也是温度的函数，但在样品一定和温度变化范围较窄的情况下，k 可看为常数。

因此，根据上述方程，$\ln A_w$ 与 $1/T$ 作图为直线。其意义是：一定样品的水分活度的对数在不太宽的温度范围内随热力学温度升高而正比例升高。在较大的温度范围内 $\ln A_w - 1/T$ 图并非始终是一条直线；当冰开始形成时，$\ln A_w - 1/T$ 图线出现明显的折点，在冰点以下 $\ln A_w$ 随 $1/T$ 图的变化率明显加大了，并且不再受样品中的非水物质影响。因为这时水的汽化潜热应由冰的升华热代替，也就是说，前述的 A_w 与温度的关系方程中的值大大增加了。要解释冰点以下 A_w 与样品的组成无关，现在的观点认为：在冰点以下样品的蒸汽分压等于相同温度下冰的蒸汽压，并且，水分活度的定义式中的 p_0 此时应采用过冷纯水的蒸汽压。即：

$$A_w = \frac{p_{(\mathrm{ff})}}{p_{0(\mathrm{scw})}} = \frac{p_{(\mathrm{ice})}}{p_{0(\mathrm{scw})}}$$

式中 $p_{(\mathrm{ff})}$——部分冷冻样品的水蒸气分压，是相同温度下纯过冷水的蒸汽压，是纯冰在相同温度下的蒸汽压。

在比较冰点（用冻结点更合理）以上与冰点以下的 A_w 值时，应该注意到有两个重要区别：第一，在冰点以上，A_w 是样品组成与温度的函数，并且前者是主要因素；在冰点以下，A_w与样品的组成无关，仅与温度有关。因此，不能根据冰点以上水分活度值来正确预测体系中溶质的种类和含量对冰点温度以下体系发生变化的影响。第二，冰点以上和以下时，就食品而言的意义是不一样的。例如：在A_w为0.86的-15℃产品中，微生物不再生长，而且化学反应进行缓慢，但是，在同样水分活度的20℃情况下，一些化学反应将快速进行，一些微生物将以中等速度生长。

第六节 水分吸着等温线

一、水分吸着等温线的定义和分区

要了解食品中水的存在状态和对食品品质等的影响行为，必须知道各种食品的含水量与其对应A_w的关系。在一定温度条件下用来联系食品的含水量（用每单位干物质中的水含量表示）与其水分活度的图，称为吸着等温线（Moisture sorption isotherms，MSI）。

从这类图形所得到的资料对于浓缩脱水过程是很有用的，因为水从体系中消除的难易程度与水分活度有关，在评价食品的稳定性时，确定用水分含量来抑制微生物的生长时，也必须知道水分活度与水分含量之间的关系。因此对了解食品中水分含量与水分活度之间的关系是十分有价值的。

图2-9是高含水量食品吸着等温线的示意图，它包括了从正常至干燥状态的整个水分含量范围。这类示意图并不是很有用，因为对食品来讲有意义的数据是在低水分区域。图2-10为低水分含量食品的吸着等温线的一个典型例子。一般来讲，不同的食品由于其组成不同，其吸着等温线的形状是不同的，并且曲线的形状还与样品的物理结构、样品的预处理、温度、测定方法等因素有关。为了便于理解吸着等温线的含义和实际应用，我们可以人为地将图2-10中表示的曲线范围分为三个不同的区间；当干燥的无水样品产生回吸作用而重新结合水时，其水分含量、水分活度等就从区间Ⅰ（干燥）向区间Ⅲ（高水分）移动。水吸着过程中水存在状态、性质大不相同，以下分别叙述各区间水的主要特性。

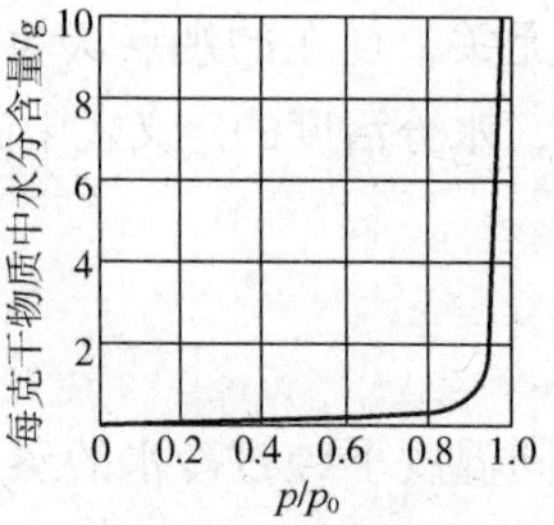

图2-9 广泛水分含量范围食品的水分吸着等温线

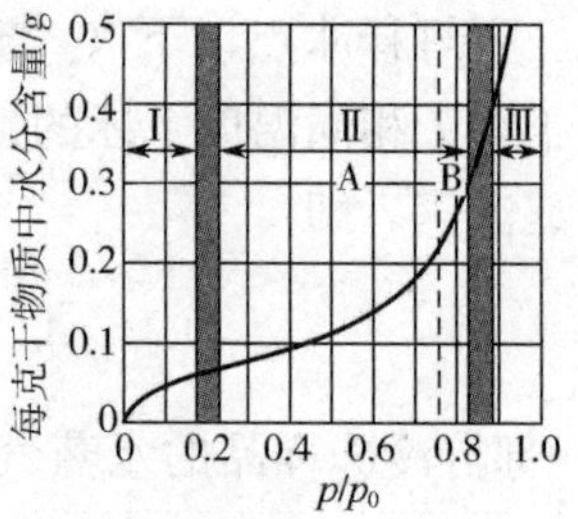

图2-10 低水分含量范围食品的水分吸着等温线

（1）Ⅰ区　水分活度一般为0～0.25，每克干物质中水分含量为0～0.07g。水分含量增加，水分活度增加较少。Ⅰ区中的水是食品中吸附最牢固和最不容易移动的水，这部分水通过水－离子或水－偶极相互作用与可接近的非水物极性部位缔合，在－40℃时不结冰，不能作为溶剂，可简单地看作非水组分的组成部分，邻近水含量为0.5%±0.4%。

在Ⅰ区的低水分端，其水分活度近似等于0。食品稳定性较好，但能引起脂肪的自动氧化。在Ⅰ区的高水分端（Ⅰ区和Ⅱ区分界线处）的这部分水相当于食品的“单分子层水”（BET）含量，“BET单层水”含量可理解为在非水组分的强亲水基团周围形成一个水分子单层结合所需水的近似量。对于淀粉，此量相当于每个葡萄糖残基结合一个水分子，精确测定单分子水层有一定的困难。

（2）Ⅱ区　水分活度为0.25～0.80，每克干物质中水分含量为0.07～0.32g。Ⅱ区的水占据固形物表面“单层水”未占据的剩余位置和固形物表面强亲水基团邻近水外围的空间，构成多分子层水，主要通过氢键或偶极键与邻近水和固形物表面分子缔合，同时还包括直径小于1 μm的毛细管中的水。这部分水的流动性比体相水稍差，其蒸发焓比纯水大，其中大部分在－40℃时不能结冰，其余可结冰的部分，冰点将大大降低。Ⅱ区中相对高活度的水具有弱溶剂能力和反应活性，并具有增塑剂和促进基质溶胀的作用，因此，会使大多数反应的速度加快。

Ⅰ区和Ⅱ区的水，通常占高水分食品原料中5%以下的水分。

（3）Ⅲ区　水分活度为0.80～0.99，每克干物质中水分含量大于0.40g。这部分水在食品中以水－水氢键为主，与非水物结合最不牢固，流动性较大，距离非水组分位置最远，起到溶解和稀释作用，冻结时可以结冰。与稀盐溶液中水的性质相似，在高水分食品中占95%以上，这部分水有利于化学反应的进行和微生物的生长。这部分水对食品的稳定性起着重要作用。

二、　水分吸着等温线与温度的关系

从前面的介绍知道，水的活度与温度有关，所以水分的等温吸着线也与温度有关，图2－11给出了马铃薯片在不同温度下的吸着等温线，从图中可以看出在相同的水分含量时，温度的升高导致水分活度的增加，也符合食品中发生的各种变化的规律。

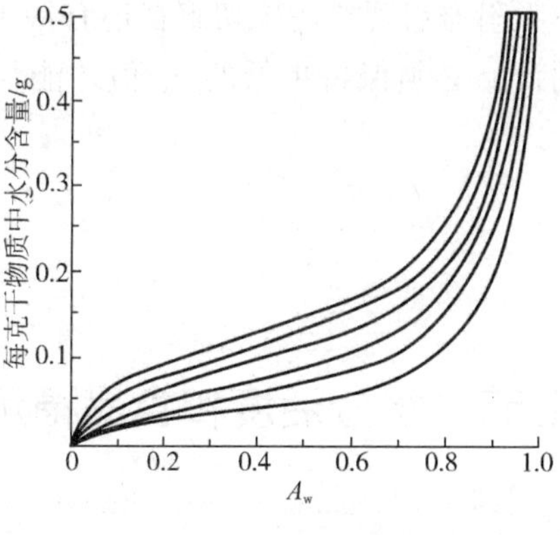

图2－11　不同温度下马铃薯片的水分吸着等温线

三、滞后现象

采用回吸的方法绘制的等温线和按解吸的方法绘制的等温线之间相互不重叠，这种现象被称为滞后现象。

一般不能从水分回吸等温线预测解吸现象，水分回吸等温线很少与解吸等温线重叠。同样水分活度下，解吸过程中试样的水分含量大于回吸过程中的水分含量（图2-12）。

食品种类不同，由于其组成成分的不同，滞后作用的大小、曲线的形状和滞后曲线的起始点和终止点都不相同。对高糖-高果胶食品，如空气干燥的苹果片（图2-13），滞后现象主要出现在单分子层水区域，水分活度超过0.65时就不存在滞后现象。对于高蛋白质食品，如冷冻干燥的熟猪肉（图2-13），在水分活度低于0.85后一直存在滞后现象。对于高淀粉食品，如干燥的大米（图2-13），存在一个较大的滞后现象。

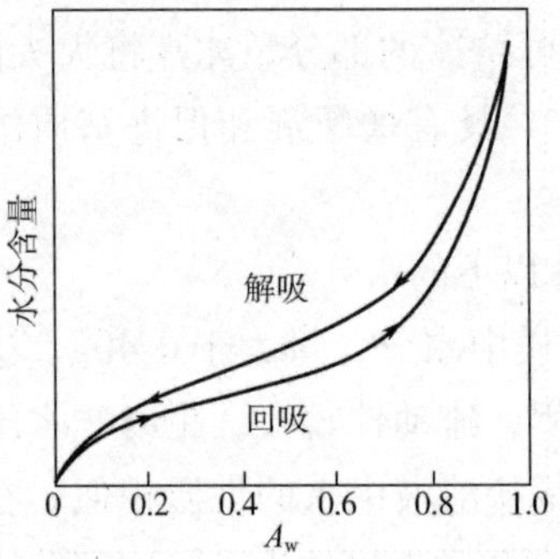

图2-12 等温线的滞后现象

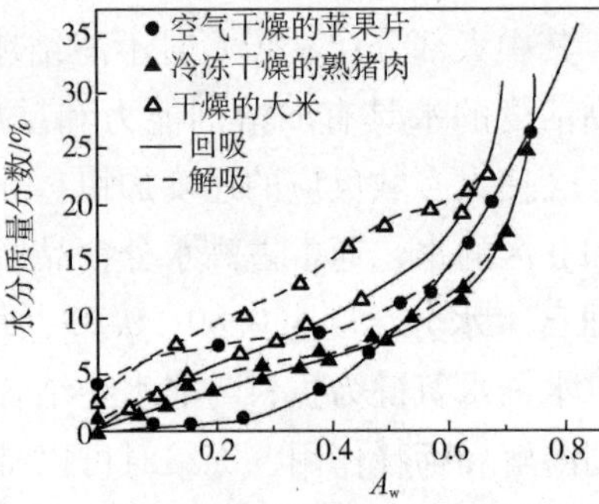

图2-13 不同食品的MSI滞后现象示意图

在实践中，吸着等温线作为吸着制品的观察研究用，而解吸等温线是用作调研干燥过程的。引起食品解吸与回吸出现滞后现象的原因大致是：①解吸过程中一些水分与非水溶液成分作用而无法释放出水分；②不规则形状产生毛细管现象的部位，欲填满或抽空水分需不同蒸气压（要抽出需 $p_{外} > p_{内}$，要填满即吸着时则需 $p_{内} > p_{外}$）；③解吸作用时，因组织改变，当再吸水时无法紧密结合水分，由此可导致回吸相同水分含量时处于较高的水分活度。然而，对吸附滞后现象的确切解释还有待于做进一步研究。由于滞后现象的存在，由解吸制得的食品必须保持更低的 A_w 值才能与由回吸制得的食品保持相同的稳定性。

第七节 水分活度和食品稳定性

同一类的食品，由于其组成、新鲜度和其他因素的不同而使 A_w 有差异，实际上食品中的脂类自动氧化、非酶褐变、微生物生长、酶促反应等都与 A_w 有很大的关系，即食品的稳定性与水分活度有着密切的联系（图 2－14）。

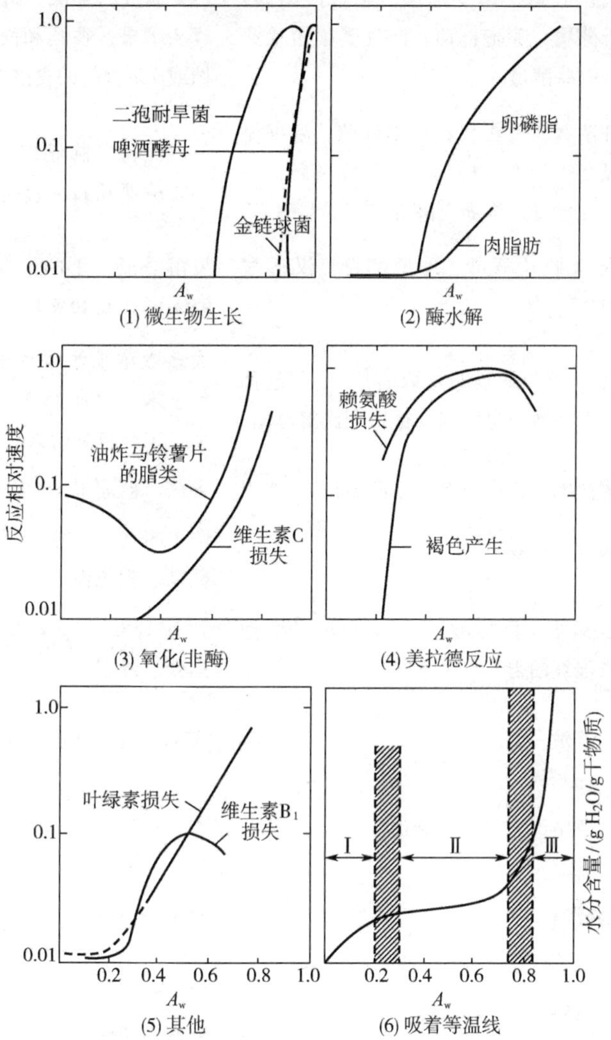

图 2－14　几种反应与 A_w 之间的关系

一、水分活度对微生物生长的影响

水是一切生物体生命活动不可缺少的成分，微生物需要一定的水分才能进行一系列正常代谢。影响食品稳定性的微生物主要是细菌、酵母和霉菌，这些微生物的生长繁殖都要求有最低限度的 A_w。如果食品的 A_w 低于这一数值，微生物的生长繁殖就会受到抑制（表 2－5）。

由表 2－5 可见，不同类群微生物生长繁殖的最低水分活度范围是：大多数细菌为 0.94～0.99，大多数霉菌为 0.80～0.94，大多数耐盐细菌为 0.75，耐干燥霉菌和耐高渗透压酵母为 0.60～0.65。在水分活度低于 0.60 时，绝大多数微生物就无法生长。

表2-5　水分活度与微生物生长

A_w	此范围内的最低 A_w 一般能抑制的微生物	食品
0.95~1.0	假单胞菌，大肠杆菌变形菌，志贺氏菌属，克雷伯氏菌属，芽孢杆菌，产气荚膜梭状芽孢杆菌，一些酵母	极易腐败的食品、蔬菜、肉、鱼、牛乳、罐头水果；香肠和面包；含有约40%蔗糖或7%食盐的食品
0.91~0.95	沙门氏杆菌属，肉毒梭状芽孢杆菌，溶副血红蛋白弧菌，沙雷氏杆菌，乳酸杆菌属，一些霉菌，红酵母，毕赤氏酵母	一些干酪、腌制肉、水果浓缩汁、含有55%蔗糖或12%食盐的食品
0.87~0.91	许多酵母（假丝酵母、球拟酵母、汉逊酵母），小球菌	发酵香肠、干的干酪、人造奶油、含有65%蔗糖或15%食盐的食品
0.80~0.87	大多数霉菌（产毒素的青霉菌），金黄色葡萄球菌，大多数酵母菌属，德巴利氏酵母菌	大多数浓缩水果汁、甜炼乳、糖浆、面粉、米、含有15%~17%水分的豆类食品、家庭自制的火腿
0.75~0.80	大多数嗜盐细菌，产真菌毒素的曲霉	果酱、糖渍水果、杏仁酥糖
0.65~0.75	嗜旱霉菌，二孢酵母	含10%水分的燕麦片、果干、坚果、粗蔗糖、棉花糖、牛轧糖块
0.60~0.65	耐渗透压酵母（鲁酵母），少数霉菌（刺孢曲霉，二孢红曲霉）	含有15%~20%水分的果干、太妃糖、焦糖、蜂蜜
0.50	微生物不繁殖	含12%水分的酱、含10%水分的调料
0.40	微生物不繁殖	含5%水分的全蛋粉
0.30	微生物不繁殖	饼干、曲奇饼、面包硬皮
0.20	微生物不繁殖	含2%~3%水分的全脂乳粉、含5%水分的脱水蔬菜或玉米片、家庭自制饼干

微生物在不同的生长阶段，所需的 A_w 阈值也不一样，细菌形成芽孢时比繁殖生长时要高，例如魏氏芽孢杆菌繁殖生长时的 A_w 阈值为0.96，而芽孢形成的最适宜的 A_w 值为0.993，A_w 值若低于0.97，就几乎看不到有芽孢形成。霉菌孢子发芽的 A_w 阈值则低于孢子发芽后菌丝生长所需的 A_w 值，如灰绿曲霉发芽时的值为0.73~0.75，而菌丝生长所需的值在0.85以上，最适宜的 A_w 值必须在0.93~0.97。有些微生物在繁殖中还会产生毒素，微生物产生毒素时所需的 A_w 阈值则高于生长时所需的 A_w 数值，如黄曲霉生长时所需的 A_w 阈值为0.78~0.80，而产生毒素时要求的 A_w 阈值达0.83。

据上所述，当食品的水分活度降低到一定的限度以下时，就会抑制要求 A_w 阈值高于此值的微生物生长、繁殖或产生毒素，使食品加工得以顺利进行。当然，在发酵食品的加工中，就必须把水分活度提高到有利于有益微生物生长、繁殖、分泌代谢产物所需的水分活度值以上。微生物对水分的需要也会受到 pH、营养成分、氧气等共存因素的影响。因此，在选定食品的水分活度时应根据具体情况进行适当的调整。

二、水分活度对食品物理化学变化的影响

在图 2－14 中，所示的化学反应的最小反应速度一般首先出现在等温线的区间Ⅰ与区间Ⅱ之间的边界（A_w为 0.2～0.3）；当 A_w 进一步降低时，除了氧化反应外，全部保持在最小值；在中等和较高 A_w 值（A_w＝0.7～0.9）时，美拉德反应、脂类氧化、维生素 B_1降解、叶绿素损失、微生物的生长和酶促反应等均显示出最大速率。但在有的情况下，对高水分食品，随着水分活度的增加，反应速度反而降低，如蔗糖水解后的褐变反应，这是因为：第一，在水为生成物的反应中，根据反应动力学原理，由于水分含量的增加，阻止反应的进行，结果使反应速度降低；第二，当反应中水分含量达到某一值时，反应物的溶解度、大分子表面与另一反应物相互接近的程度，以及通过提高水分活度来增加反应速度的作用已不再是一个显著的因素，此时如果再增加水分含量，则对促进反应进行的各组分产生稀释效应，最终结果使得体系的反应速度反而降低。因此，中等水分含量范围（A_w＝0.7～0.9）的食品，其化学反应速率最大，不利于食品耐藏性能的提高（这也是为什么现代食品加工技术非常关注中等水分含量食品的原因）。由于食品体系在 A_w为 0.2～0.3 的稳定性较高，而这部分水相当于形成单分子层水，所以知道食品中单分子层水的水分含量值是十分有意义的，我们可以通过前面所介绍的数学方程预测食品最大稳定性时的含水量。

脂类氧化速率随 A_w值增加而降低，表明最初添加到干燥样品中的那一部分水能明显干扰氧化作用，因为这类水可以与来自游离基反应生成的氢过氧化物结合，并阻止其分解，从而使脂类自动氧化的初速率减小（A_w为 0.2～0.3）。此外，在反应的初始阶段，这些水还能与催化油脂氧化的金属离子发生水合作用，明显降低金属离子的催化活性。当向食品中添加的水超过Ⅰ区间和Ⅱ区间的边界时，随着 A_w值的增加，氧化速率增大，因为在等温线这个区间内增加水，能增加氧的溶解度和大分子溶胀，使大分子暴露出更多的反应位点，使氧化速率加快。A_w大于 0.85 时所添加的水则减缓氧化速率，这种现象是由水对催化剂的稀释作用或对底物的稀释作用而降低催化效率所造成的。

总之，低水分活度能够稳定食品质量，是因为食品中发生的化学反应和酶促反应是引起食品品质变化的重要原因，降低水分活度可以抑制这些反应的进行，一般作用的机理表现在如下几方面。

（1）大多数化学反应都必须在水溶液中才能进行。如果降低食品的水分活度，则食品中水的存在状态发生了变化，游离水的比例减少了，而结合水又不能作为反应物的溶剂，所以降低水分活度，能使食品中许多可能发生的化学反应受到抑制，反应的速率下降。

（2）很多化学反应是属于离子反应。反应发生的条件是反应物首先必须进行离子的水合作用，而发生离子水合作用必须在有足够的游离水才能进行。

（3）很多化学反应和生物化学反应都必须有水分子参加才能进行（如水解反应）。若降低水分活度，就减少了参加反应的水的有效数量，化学反应的速度也就变慢。

（4）许多以酶为催化剂的酶促反应，水有时除了具有底物作用外，还能作为输送介质，并且通过水化促使酶和底物活化。当 A_w 值低于 0.8 时，大多数酶的活力就受到抑制；若 A_w 值降到 0.25 ~ 0.30，则食品中的淀粉酶、多酚氧化酶和过氧化物酶就会受到强烈的抑制或丧失其活力（但脂肪酶是个例外，水分活度在 0.5 ~ 0.1 时仍能保持其活力）。

水分活度除影响化学反应和微生物的生长以外，还可以影响干燥和半干燥食品的质地，所以欲保持饼干、油炸马铃薯片等食品的脆性，防止砂糖、乳粉、速溶咖啡等结块，以及防止糖果、蜜饯等的黏结，均需要保持适当的水分活度。

复习思考题

1. 水分活度的定义如何？它与食品贮藏有什么关系？
2. 简要概括食品中的水分存在状态，并说明其区别。
3. 吸着等温线在食品工业上的意义。
4. 冰在食品稳定性中的作用。

CHAPTER 3

第三章 碳水化合物

[学习目标与要求]

1. 了解主要的单糖种类及其衍生物，多糖类物质在食品加工与储藏中的作用和当前多糖的研究热点。

2. 掌握多糖类化合物的组成结构与各种食品加工的关系和具体应用。

3. 熟悉单糖、低聚糖、淀粉和果胶的理化性质和功能性质及其在食品中的应用。

第一节 概述

碳水化合物（Carbohydrates）是自然界最丰富的一类有机化合物，其根本来源是绿色植物细胞进行的光合作用。碳水化合物在生物界广泛存在，特别是植物界。碳水化合物在植物体中含量最丰富，按干重计碳水化合物占植物的85%～90%，占细菌的10%～30%，占动物的2%左右。

从化学结构看，碳水化合物是多羟基的醛类或多羟基的酮类化合物，以及它们的衍生物或缩合物的总称。主要由碳、氢、氧三种元素组成，并且该物质绝大多数都可以用通式 $C_n(H_2O)_m$ 表示，所以过去人们一直认为这是一类碳与水的化合物，称为碳水化合物。但后来发现一些化合物如鼠李糖（$C_6H_{12}O_5$）和脱氧核糖（$C_5H_{10}O_4$）并不符合上述通式，但它们却是碳水化合物，而有些有机物如乙酸（CH_3COOH）等虽然符合该通式，但并不属于碳水化合物，甚至有些碳水化合物还含有氮、硫、磷等成分，更不符合该通式。显然碳水化合物的名称已经不适当，一般认为将碳水化合物称为糖类更为确切，但由于沿用已久，至今仍习惯使用该名称。

根据能否被水解或水解后生成的结构单元数目的多少，碳水化合物可以分为单糖

(Monosaccharides)、低聚糖（寡糖，Oligosaccharides）和多糖（Polysaccharides）。单糖是结构最简单的碳水化合物，是不能水解的多羟基醛或多羟基酮。单糖是复杂碳水化合物的基本结构单位。根据分子中碳原子数目的多少，可将单糖分为丙糖（三碳糖）、丁糖（四碳糖）、戊糖（五碳糖）、己糖（六碳糖）等；单糖又可按所含的羰基类型不同，分为醛糖和酮糖。自然界中以己糖分布最广，其中以葡萄糖和果糖最为常见。

低聚糖又称寡糖，是由2～10个单糖分子脱水缩合而成的糖，完全水解可得到相应分子数的单糖。根据聚合度不同，低聚糖又分为二糖（双糖）、三糖、四糖等，其中以二糖的分布最广、最重要，常见二糖有蔗糖、麦芽糖和乳糖等。根据低聚糖是否具有还原性，可将其分为还原性低聚糖和非还原性低聚糖。

多糖又称多聚糖，是由几十个、几千个甚至几万个单糖及其衍生物脱水缩合而成的，是高分子化合物。

根据组成多糖的单体的种类，多糖可分为均多糖（同多糖）和杂多糖。均多糖是由相同的单糖或其衍生物组成，例如淀粉、纤维素、糖原等；杂多糖由两种或两种以上的单糖或其衍生物组成，例如半纤维素、果胶、黏多糖、魔芋甘露聚糖等。多糖广泛分布于自然界中，食品中重要的多糖有淀粉、纤维素、半纤维素、果胶等，以及一些在食品中广泛作为增稠剂来使用的植物胶质。食品中还存在氨基多糖、微生物多糖。

碳水化合物是人类生存发展所需要的最基础物质之一，它是食品的主要成分之一，广泛存在于人类食用的谷物、蔬菜、水果以及其他可食植物中。碳水化合物不仅是营养物质，更重要的是它为人类提供了主要的膳食热量，人类摄取食物的总能量中大约80%由碳水化合物提供。碳水化合物还为人类的食品提供了某些期望的组织状态、良好的口感以及愉快的甜味。

第二节　单糖及低聚糖

一、单糖和低聚糖的结构

1. 单糖的结构

自然界中最小的单糖碳原子数为3，最大的一般为7，根据单糖分子中所含的碳原子的数目，单糖可分为丙糖（三碳糖）、丁糖（四碳糖）、戊糖（五碳糖）、己糖（六碳糖）和庚糖（七碳糖）等；根据分子中是含醛基还是酮基，单糖又可分为醛糖（含一个醛基）和酮糖（含一个酮基）两类。这两种分类方法常结合起来使用。最简单的糖是丙糖，最简单的丙醛糖是甘油醛；最简单的丙酮糖是二羟丙酮，二羟丙酮是唯一一个没有手性碳原子的糖。自然界中最常见的单糖是己糖，如葡萄糖是己醛糖，果糖是2-己酮糖。

在化学结构上，除丙酮糖外，单糖分子中均含有手性碳原子（即不对称碳原子），因此，大多数单糖具有旋光异构体。单糖既可以环式结构形式存在，也可以开链形式存在。

（1）单糖的链状分子结构　食品中，重要的单糖是己糖和戊糖。己糖的分子式都为$C_6H_{12}O_6$，其中重要的有葡萄糖、果糖、半乳糖等。它们的链状分子结构式如图3－1所示。

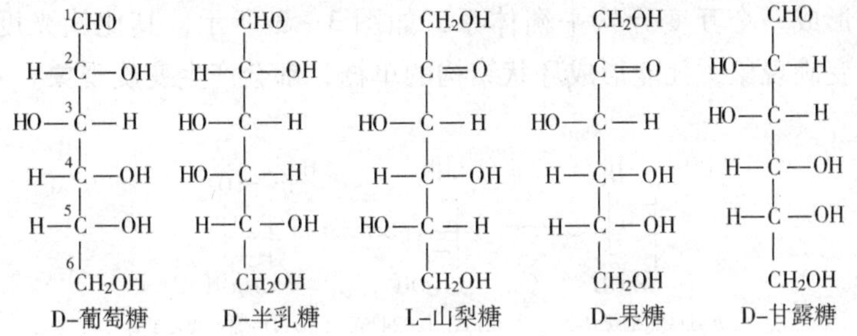

图3－1　几种己糖的链式分子结构

在糖的化学中，采用D/L法标记单糖的构型。天然存在的单糖大部分是D－型糖，而L－型糖较少，食物中只有两种天然存在的L－型糖，即L－阿拉伯糖和L－半乳糖。

（2）单糖的环状分子结构　戊糖以上的单糖除了直链式外，还存在着环状结构，尤其在水溶液中多以环状结构——分子内半缩醛式或半缩酮式的构型存在，即单糖分子中的羰基与其本身的一个醇基反应，形成五元呋喃糖环和更为稳定的六元吡喃糖环。

从葡萄糖的开链结构可见，它既具有醛基，也有醇羟基，因此在分子内部可以形成环状的半缩醛。成环时，葡萄糖分子中的醛基可以和C_5上的羟基缩合形成六元环的半缩醛。这个由五个碳原子和一个氧原子组成的六元环，与杂环化合物吡喃的环型相似，故称为吡喃糖。D－葡萄糖形成环状结构的示意过程和结构式如图3－2所示。

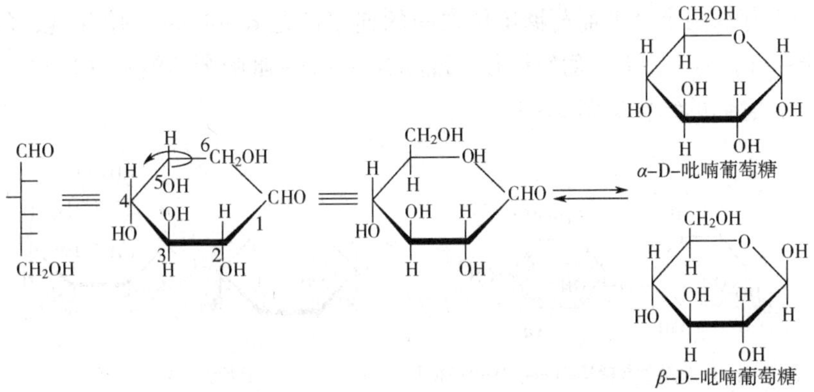

图3－2　D－葡萄糖形成环状结构示意图

用Fischer投影式表示环状结构很不方便，单糖环状结构的书写以哈瓦斯（Haworth）透视式最为常见。环化后形成的两种非对映异构体称为端基异构体，也叫异头物，分别称为α－型及β－型异头物。一般规定半缩醛碳原子上的羟基（半缩醛羟基）与决定单糖构型的碳原子（C_5）上的羟基在同一侧的称为α构型，不在同一侧的称为β构型。半缩醛羟基比其他羟基活泼，糖的还原性一般指半缩醛羟基。

糖在溶液中，比旋光度自行转变为定值的现象称为变旋现象。葡萄糖的变旋现象，就是由于开链结构与环状结构形成平衡体系过程中的比旋光度变化所引起的。在溶液中 α－D－葡萄糖可转变为开链式结构，再由开链结构转变为 β－D－葡萄糖；同样 β－D－葡萄糖也可转变为开链式结构，再转变为 α－D－葡萄糖。经过一段时间后，三种异构体达到平衡，形成一个互变异构平衡体系，如图 3－3 所示，其比旋光度亦不再改变。不仅葡萄糖有变旋现象，凡能形成环状结构的单糖，都会产生变旋现象。

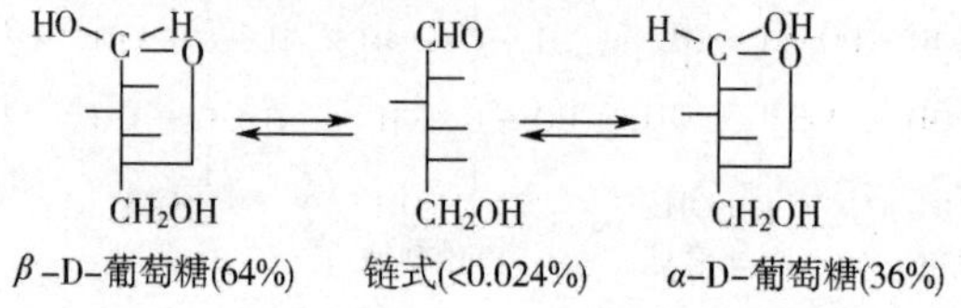

图 3－3　水溶液中葡萄糖三种异构体的互变平衡体系

葡萄糖的醛基除了可以与 C_5上的羟基缩合形成六元环外，还可与 C_4上的羟基缩合形成五元环。五元环化合物不甚稳定，天然糖多以六元环的形式存在。五元环化合物可以看成是呋喃的衍生物，叫呋喃糖。己糖可以形成呋喃型和吡喃型，戊糖多为五元环呋喃糖。

同样，其他糖也可以形成环状结构。糖分子处于何种结构，对其性质有影响。尤其是对物理性质有影响。糖的结晶性、溶解性和甜味等都与结构直接有关。

2. 低聚糖的结构

低聚糖也称寡糖，是由 2～20 个单糖残基以糖苷键连接而成的碳水化合物，普遍存在于自然界。低聚糖通过糖苷键结合，即醛糖 C_1（酮糖 C_2）上半缩醛的羟基和其他单糖的羟基经脱水缩合而成。糖苷键有 α 和 β 两种，结合的位置为 1～2、1～3、1～4、1～6等。如麦芽糖两个基本葡萄糖单位之间的连接键是 α－1，4－糖苷键，乳糖为 β－D－半乳糖－（1→4）－D－葡萄糖苷，蔗糖为 α－D－吡喃葡萄糖－（1→2）－β－D－呋喃果糖苷，它们的结构见图 3－4。

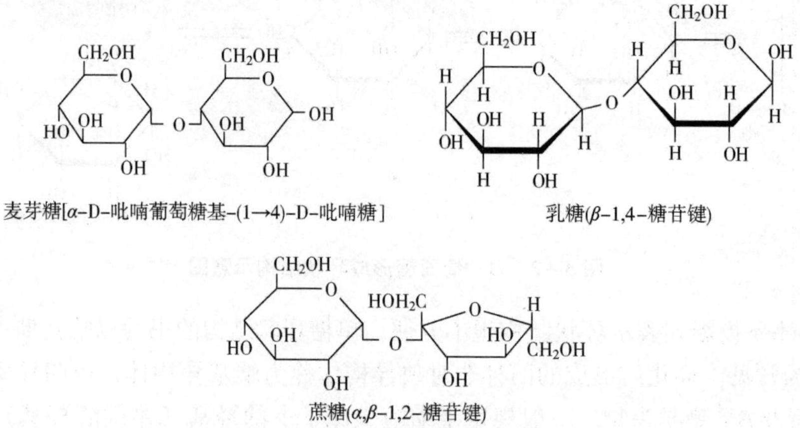

图 3－4　双糖结构

二、单糖和低聚糖的物理性质及其应用

1. 旋光性

旋光性是一种物质能使直线偏振光的振动平面发生旋转的性能。偏振面被旋转的方向有右旋（顺时针）和左旋（逆时针）的区别。用符号（+）表示右旋，（-）表示左旋。旋光性是鉴定糖的一个重要指标。除丙酮糖外，糖分子都含有不对称碳原子，因此，其溶液都有旋光性。比旋光度是单位浓度和单位长度下的旋光度，是旋光物质的特征物理常数。糖的比旋光度是指1mL含有1g糖的溶液在其透光层为0.1m时使偏振光旋转的角度。通常用 $[\alpha]_{\lambda}^{t}$ 表示，t 为测定时的温度，λ 为测定时光的波长。在一定条件下测定一定浓度糖溶液的旋光性，可通过公式计算其比旋光度，每种糖都有特征性的比旋光度（表3-1），根据糖的比旋光度可鉴别糖的纯度。

表3-1 常见碳水化合物的比旋光度

碳水化合物的种类	比旋光度/°	碳水化合物的种类	比旋光度/°
葡萄糖	+52.2	乳糖	+55.4
果糖	-92.4	麦芽糖	+130.4
转化糖	-19.8	糊精	+195
蔗糖	+66.5	淀粉	+196

2. 甜度

有研究表明，糖类物质是否具有甜味以及甜味的强弱由其分子构成决定。各种单糖和低聚糖都有一定的甜味，而多糖则无甜味。甜味的强弱用甜度来区分，不同糖的甜度不同。甜度是食品鉴评学中的单位，这是因为甜度目前还难以通过化学或物理的方法进行测定，只能通过感官比较法来得出相对的差别，所以甜度是一个相对值。严格说甜度不是物理特性，它属于一种感觉，甜度的比较不可能十分精确。通常用感官品评的方法，以蔗糖作为参考物，一般以10%或15%的蔗糖水溶液在20℃时的甜度为1.0（或100），以此为基准，在同样条件下，进行糖的比较品评并打分，得出各种糖的相对甜度。果糖的甜度几乎是蔗糖的两倍，其他天然糖的甜度均小于蔗糖。

甜味是单、双糖最基本的物理性质，在食品加工中，常常利用单、双糖作甜味剂。食品中含有或经常使用的糖及其衍生物的相对甜度见表3-2。

表3-2 常见糖及衍生物的相对甜度

糖类名称	相对甜度	糖类名称	相对甜度
蔗糖	100	果糖	100~150
葡萄糖	70	半乳糖	60
麦芽糖	60	乳糖	27
麦芽糖醇	68	山梨醇	50
木糖醇	100	甘露醇	65
果葡糖浆（转化率42%）	100	淀粉糖浆（葡萄糖值70%）	80

同一种单糖的甜度与α－型和β－型的不同有关系，如葡萄糖的α－构型甜度较大，而果糖的β－构型甜度较大。此外，糖的甜味还与糖的存在状态、相对分子质量及温度等因素有一定关系。糖的相对分子质量越大，溶解度越小，则甜度越小。

3. 溶解度

各种糖分子中都含有大量羟基，与水能够形成氢键，因而水溶性较强，极易溶于水，是强亲水性物质。并且，糖在水中的溶解度随温度的升高而增大。各种糖都能溶于水，但其溶解性不同，其中单糖易溶于水，微溶于乙醇，但不溶于乙醚、丙酮等非极性有机溶剂；低聚糖和多糖有些能溶于水，有些则不溶。如蔗糖、麦芽糖、葡萄糖都易溶于水，乳糖、淀粉难溶于水等。各种易溶于水的糖，其溶解度随温度升高而增大，如表3－3所示。

表3－3　糖的溶解度

糖类	20℃		30℃		40℃		50℃	
	质量分数/%	溶解度/(g/100g水)	质量分数/%	溶解度/(g/100g水)	质量分数/%	溶解度/(g/100g水)	质量分数/%	溶解度/(g/100g水)
果糖	78.9	374.8	81.5	441.7	84.3	538.6	86.9	665.6
蔗糖	66.6	199.4	68.2	214.3	70.0	233.4	72.0	257.6
葡萄糖	46.7	87.7	54.6	120.5	61.9	162.4	70.9	243.8

糖的溶解性对食品加工具有重要意义，是糖在食品加工中体现甜味特性的前提。糖的溶解性可制备具有高渗透压的高浓度糖液用于食品保藏，当糖的质量分数在70%以上时才能抑制酵母、霉菌生长，例如果脯、蜜饯等。所以，糖藏需要糖具有高溶解度，如在20℃蔗糖最高质量分数只有66%，不能达到这种要求，淀粉糖浆最高质量分数约80%，具有较好的食品保存性能，也可与蔗糖混合使用。

此外，单糖和寡糖在溶解于水的过程中可产生过饱和现象，通过适当控制，可运用所产生的过饱和溶液生产夹心食品糖；当控制过饱和溶液的冷却速度很慢时，则可以产生大而且坚固的冰晶，这也就是利用蔗糖制备冰糖的原理。

4. 吸湿性和保湿性

糖类化合物的吸湿性和保湿性是由于其羟基对水的亲和力而产生的，通过糖类的羟基与水分子相互作用，而导致糖类及其许多聚合物的溶剂化和（或）增溶作用。

吸湿性是指糖在空气相对湿度较高的情况下吸收水分的性质。凡是能溶于水的糖都具有吸湿性。保湿性是指糖在湿度较低情况下保持已吸收水分的性质。不同种类的糖结构不同，其吸湿性不同，以果糖、转化糖的吸湿性为最强，葡萄糖、麦芽糖次之，蔗糖吸湿性最小。糖的纯度也影响糖的吸湿性，不纯的糖或糖浆比纯糖的吸湿性强，并且吸湿的速度也快。结晶完好的糖不易吸湿潮解，因为糖的大多数氢键部位已经参与形成糖－糖氢键。

糖的吸湿性和保湿性在食品贮藏、加工中具有重要的实际意义。不同食品对糖的吸湿性和保湿性的要求不同。一方面，由于糖的吸湿性，糖容易从食品中溶解出来，故而含糖多的食品容易潮解，所以在生产硬糖时，可添加吸湿性小的淀粉糖浆，提高硬糖的保存性；另一方面，糖的吸湿性和保湿性可将水保持在食品中，而使糕点类等食品保持柔软质地，例如，面包、糕点需要柔软的口感，软糖需要保持一定水分，避免在干燥天气中干缩，制作时选用转化糖和果葡糖浆为宜。

5. 结晶性

糖的结晶性是指糖液在温度降低时，吸湿后的糖又结晶析出晶体的特性。不同种类的糖结晶性不同。蔗糖易结晶，且晶体大；葡萄糖也易结晶，但晶体小；转化糖、果糖较难结晶；淀粉糖浆是葡萄糖、低聚糖和糊精的混合物，不能结晶并可防止蔗糖结晶。

在制造糖果时要利用糖结晶性的不同，通过使用不同糖原料，可促进形成不定型的玻璃结晶体或阻碍结晶产生，从而分别生产出硬糖和软糖来。例如，在生产硬糖时不能单独使用蔗糖，否则得不到坚硬透明的产品，而添加淀粉糖浆后可得到好的产品。淀粉糖浆含有糊精，能增加糖果的韧性、强度和黏性，使糖果不易碎裂，而且淀粉糖浆的甜度较低，可使产品甜味温和，更加可口。但淀粉糖浆的用量过多，则糖果韧性过强，影响其脆性。对于蜜饯来说，用蔗糖容易产生返砂现象影响口感、外观且防腐性能降低，可添加果糖或果葡糖浆，利用其不易结晶性可防止返砂。另外，在 -23℃时蔗糖能结晶成含水晶体，并聚合成球形，所以在生产冰冻食品时，为避免生成冰冻含水晶体，可用淀粉糖浆代替部分蔗糖。

6. 渗透压

一定浓度的糖溶液有一定的渗透压，其渗透压随浓度的增高而增大。相同浓度时，溶质的相对分子质量越小，分子数目越多，渗透压越大，单糖的渗透压是双糖的两倍。

糖液的较高渗透压使微生物菌体失水，生长受到抑制，糖含量很高时甚至可造成微生物的大量失水而死亡。糖液的渗透压对于抑制不同微生物的生长是有差别的，如 50% 的蔗糖溶液能抑制一般酵母的生长，但要抑制细菌和霉菌的生长则分别需要 65% 和 80% 的蔗糖溶液。渗透压越高的糖对食品的保存效果越好，所以糖藏是一种重要的保存食品的方法。果酱、蜜饯和水果糖渍品等都是利用糖液具有渗透压这个基本原理制成的。但是，制作时应该注意糖的溶解度。

7. 黏度

糖溶液都有一定的黏度，一般糖液黏度的大小与糖分子体积大小成正比，蔗糖的黏度比单糖高，低聚糖的黏度多数比蔗糖高，如葡萄糖和果糖溶液的黏度比蔗糖溶液低。黏度大小还与温度有关，葡萄糖溶液的黏度随温度升高而增大，蔗糖溶液则正好相反。在相同浓度下，葡萄糖、果糖的黏度较蔗糖低，淀粉糖浆的黏度最高。

根据各种糖溶液的黏度不同，在食品生产中应注意选用不同的糖类来调节食品的黏稠度和可口性。黏度较大的糖可作为填充剂和增稠剂，广泛用于各种饮料、冷食等中，如饮料生产中适当增加黏度可以稳定带肉果汁，使其不易分离。在一定黏度范围，还可使由糖浆熬煮而成的糖膏具有可塑性，以适合糖果工艺中的拉条和成型的需要。另外，糖溶液的黏度还使其可以抑制蛋白质泡沫的膨胀，提高泡沫的稳定性，如在搅打蛋糕蛋白时加入熬好的糖浆，就是利用糖浆的黏度来稳定蛋白气泡。

8. 冰点降低

糖溶于水后可引起溶液冰点的下降，糖溶液浓度越高，相对分子质量越小，冰点降低越多，如葡萄糖冰点降低的程度高于蔗糖。淀粉糖浆冰点降低的程度还与转化程度相关，转化程度增高，则冰点降低多。生产冷冻饮品时应考虑此因素。所以，在冷饮生产时，用淀粉糖浆代替部分蔗糖，可以使冰点降低程度比单独使用蔗糖时小，用低转化度的淀粉糖浆冰点降低更小，这样不仅可以节约冻结所用能源，还可形成细腻的冰粒，提高产品的可口性。

9. 抗氧化性

溶液中糖的存在可以大大降低氧的溶解度，还可以阻断其他成分与空气氧的接触，且其具有还原性，因此，糖溶液具有一定的抗氧化性。利用糖溶液的抗氧化性，用糖液浸渍鲜果可以有效地降低鲜果中维生素 C 的氧化损失，还可保持其风味及颜色。果糖、葡萄糖、淀粉糖浆都有相似的抗氧化性。应用这些糖溶液可使维生素 C 的氧化反应降低 10%～90%。

10. 发酵性

糖类发酵在食品加工中具有重要的意义。葡萄酒、黄酒和啤酒的生产就是利用了微生物对糖的发酵作用。酵母菌能使葡萄糖、果糖、麦芽糖等发酵生成酒精，同时放出 CO_2，面包膨松也是以此为基础的。但各种糖的发酵速度不同，大多数酵母发酵糖的顺序为：葡萄糖 > 果糖 > 蔗糖 > 麦芽糖。乳酸菌除了可发酵以上几种糖外，还可发酵乳糖产生乳酸。但大多数低聚糖不能直接被酵母菌和乳酸菌发酵，必须先经过水解后，才能发酵。

另外，由于蔗糖、葡萄糖、果糖等具有发酵性，造成某些食品微生物的生长繁殖引起食品变质，所以在有些食品的加工中常以甜味剂代替糖类以避免此情况的发生。

三、单糖和低聚糖的化学性质及其应用

简单的单糖和大多数低聚糖分子中具有羰基和羟基，因此可以发生所具有成酯、成醚、成缩醛等反应。这里主要介绍几种与食品有关而且比较重要的反应。

1. 水解反应

低聚糖在酸或酶作用下可水解为单糖。其中酶催化的低聚糖水解在食品或食品原料中经常发生。如蔗糖在酸或酶的作用下，发生水解反应，生成等量的葡萄糖和果糖的混合物，此变化常称为蔗糖的转化，水解生成的等量的葡萄糖和果糖混合物称为转化糖，蜂蜜的主要成分就是转化糖。用于转化糖生产的酸或酶分别是盐酸、β－葡萄糖苷酶和 β－果糖苷酶。

蔗糖的转化反应在果品糖制的糖煮工序中比较重要。一方面，加热提高了蔗糖的溶解度，同时，由于果品中有机酸的作用，有部分蔗糖发生酸水解，生成转化糖。当转化糖含量达到 30%～40% 时蔗糖就不易结晶析出，保证了加工品的质量。但是，由于转化糖的吸湿性很强，所以糖煮中要防止蔗糖的过度水解而使制品贮存过程中回潮变质。

2. 与碱的作用

单糖在碱性溶液中不稳定，易发生异构化和分解等反应。碱性溶液中单糖的稳定性与温度的关系很大，在温度较低时相当稳定的，而温度升高时，单糖会很快发生异构化和分解反应。这些反应发生的程度和产物的比例受许多因素的影响，如单糖的种类和结构、碱的种类和浓度、作用的温度和时间等。

（1）烯醇化和异构化反应　在碱性水溶液中单糖发生分子重排，通过烯二醇中间物互相转化，生成不同的产物。例如在弱碱性溶液中，D－葡萄糖、D－甘露糖和D－果糖，可以通过烯醇式相互转化（图3－5）。所以，葡萄糖在弱碱性溶液中可以发生烯醇化作用，然后转为它的异构体。

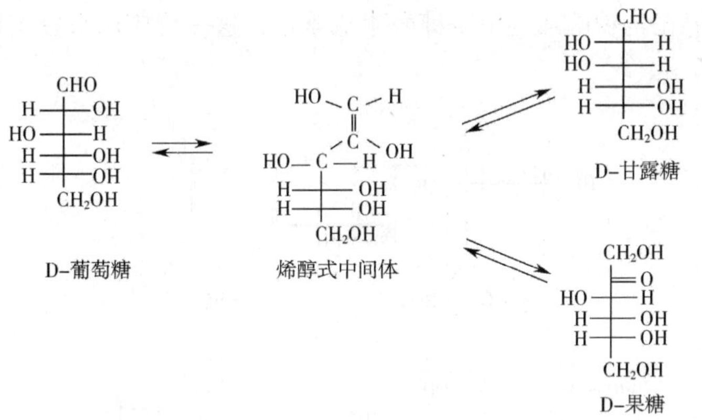

图3－5　单糖的烯醇化反应

在食品工业上利用葡萄糖可异构化成为果糖的性质来生产高甜度的果葡糖浆。通过用碱处理淀粉糖浆，使葡萄糖部分异构化生成果糖，从而形成吸湿性很强的果葡糖浆，可以作为面包、糕点的保湿剂。

（2）糖精酸的生成　单糖与碱作用时，随着碱浓度的增高、加热温度或时间的延长，单糖发生分子内的氧化还原反应与重排作用生成羧酸，此类化合物的元素组成与原来单糖没有什么差别，只是分子结构（或原子的连接顺序改变），故此也是异构化反应。此反应的产物称为糖精酸类。糖精酸有多种异构体，因碱浓度不同而不同，且不同单糖生成不同的糖精酸，如图3－6所示。

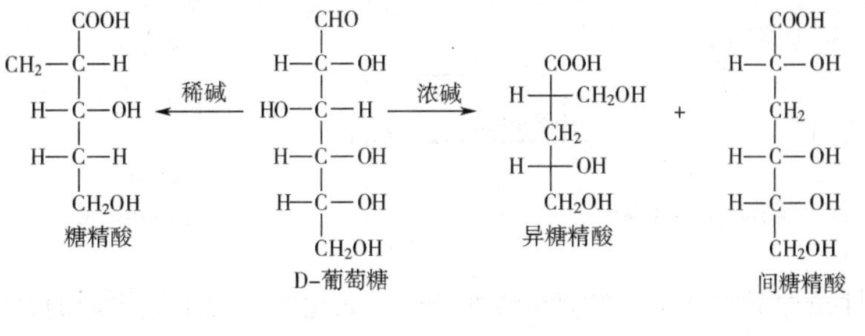

图3－6　糖精酸类化合物的生成

3. 与酸的反应

酸对糖的作用，因酸的种类、浓度、pH 和温度不同而不同。

（1）强酸中的反应　单糖在稀无机酸作用下发生分子间脱水反应缩合生成糖苷（为糖苷水解的逆反应），产物为二糖和其他低聚糖。这个反应是很复杂的，除主要生成α－和β－1，6－二糖外，还有微量其他二糖生成，所以对于低聚糖合成没有实际应用价值。

在空间结构适合的情况下，单糖还可以发生分子内脱水反应，形成相应的脱水糖，如葡萄糖浆加热至100℃以上时，就有微量的1，6－脱水糖形成。

（2）弱酸中的反应　在弱酸和热的共同作用下，单糖易发生分子内脱水反应，生产相应的环状结构产物，如戊糖可脱水生成糠醛（呋喃醛），己糖脱水生成5－羟甲基糠醛（图3－7）。糠醛和羟甲基糠醛能与某些酚类作用生成有色的缩合物。利用这一性质可以鉴定糖。如α－萘酚与糠醛或羟甲基糠醛生成紫色，这一反应用来鉴定糖的存在，叫莫利西试验。

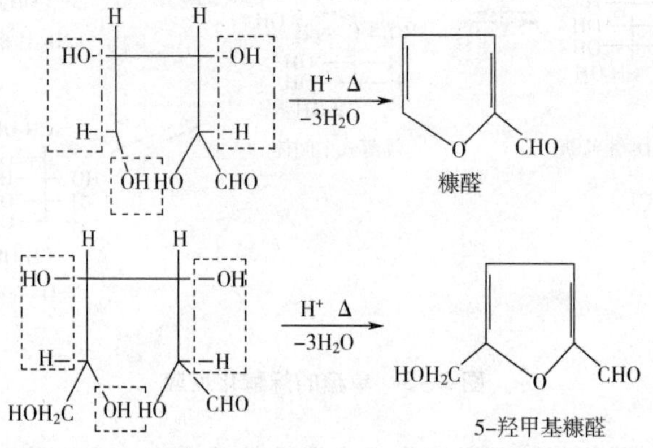

图3－7　单糖生成糠醛的反应

4. 氧化作用

糖分子中的醛基、酮基、羟基的氧化条件不同，所以在不同氧化条件下糖可以氧化成不同的产物。

（1）碱性条件下的氧化　在碱性溶液中，醛基能被弱氧化剂（如 Fehling 试剂、Benedict 试剂）氧化为羧基，产物称醛糖酸。醛糖或酮糖也能被 Tollens 试剂氧化。单糖可发生银镜反应和铜镜反应。

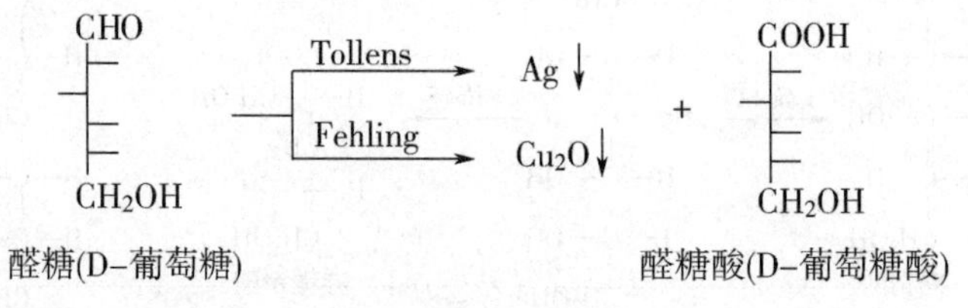

（2）酸性条件下的氧化　单糖在酸性条件下氧化时，由于氧化剂的强弱不同，单糖的氧化产物也不同。例如，葡萄糖在弱氧化剂（如溴水）作用下，醛基被氧化生成葡萄

糖酸；若用强氧化剂稀硝酸做氧化剂，不但葡萄糖分子中的醛基被氧化，末端羟甲基（伯醇基）也可被氧化成羧基，生成醛糖二酸。

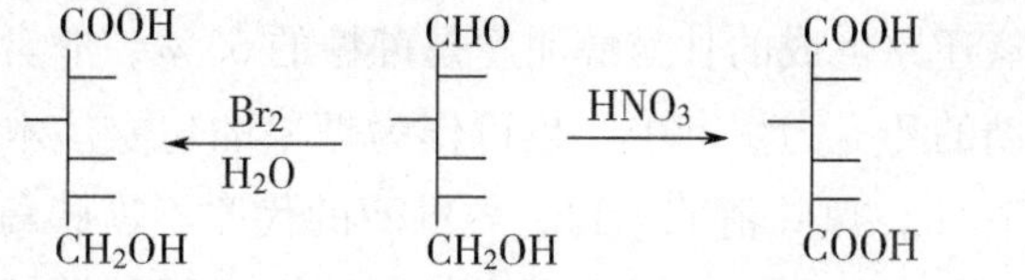

D-葡萄糖酸 D-葡萄糖 D-葡萄糖二酸

酮糖的氧化作用与醛糖有所不同，弱氧化剂溴水不能使酮糖氧化，只能氧化醛糖，据此可鉴别酮糖与醛糖。在强氧化剂作用下，酮糖在羰基处断裂，生成两种酸。以果糖为例反应如下：

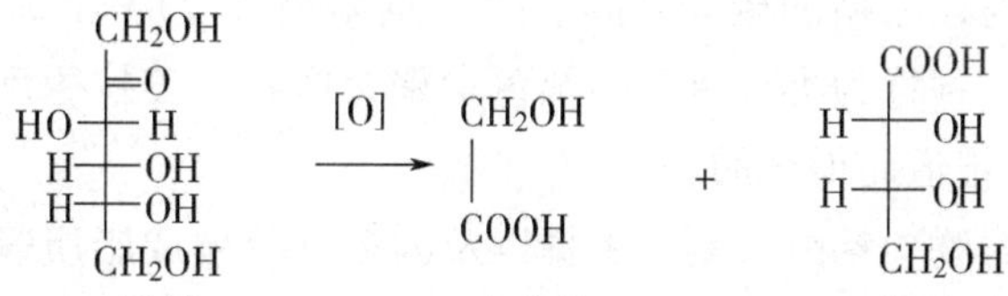

D-果糖 乙醇酸 三羟基丁酸

（3）酶作用下的氧化　某些醛糖在特定的脱氢酶作用下，可以只氧化它的伯醇基而保留醛基，生成糖醛酸。在生物体内，葡萄糖在专一性酶的作用下，伯醇基被氧化，生成葡萄糖醛酸，反应如下：

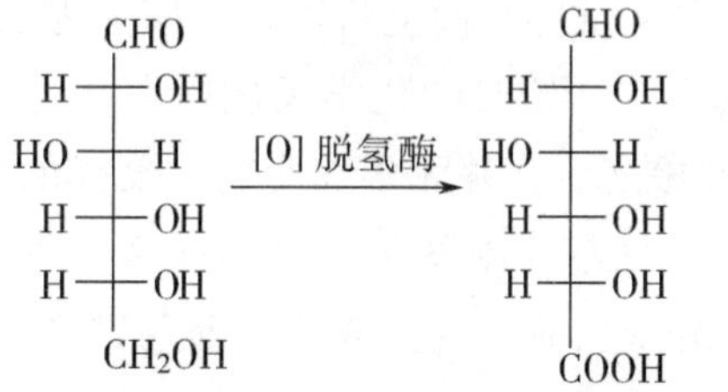

D-葡萄糖 D-葡萄糖醛酸

单糖氧化形成的羧基可以进一步形成环状内酯。内酯在自然界中很普遍，葡萄糖酸可生成 D－葡萄糖酸－γ－内酯、D－葡萄糖酸－δ－内酯等。D－葡萄糖酸－δ－内酯是一种食品添加剂，可作为制作豆腐的凝固剂，生产内酯豆腐，口感好且保质期也较长（因为其还有一定的防腐作用）。如 L－抗坏血酸（维生素 C），就是 D－葡萄糖酸的内酯衍生物，它在体内是一种强还原剂。

5. 还原作用

单糖的酮基和醛基在适当的还原条件下，都可以被还原成相应的糖醇。

在食品工业中，糖醇具有重要的意义，是重要的甜味剂和湿润剂。许多糖醇如山梨醇、木糖醇等都具有甜味且口味较好，化学性质稳定，对微生物的稳定性好，且不易引起龋齿。果糖加氢还原成甘露醇和山梨醇，D－葡萄糖被还原也生成山梨醇，山梨醇甜度是蔗糖的50%，具有很好的保湿性，在一些糕点生产中常替代蔗糖作为甜味剂，又可起到保湿作用；山梨醇添加到糖果中能防止糖果失水从而延长糖果的货架期；用糖精处理的果汁中一般都有后味，添加山梨醇后能去除后味；人体食用后，山梨醇在肝中又会转化为果糖。果糖加氢还原生成的甘露醇甜度是蔗糖的65%，非常容易结晶，广泛应用于硬糖、软糖和不含糖的巧克力生产中，也可作为糖果的包衣。木糖经还原可得到木糖醇，其甜度是蔗糖的70%，风味清凉爽口，木糖醇的代谢不需胰岛素的参与，因而木糖醇可作为糖尿病患者食品中的甜味剂，也可以代替蔗糖应用到硬糖生产中，以减少龋齿的发生。

6. 美拉德（Maillard）反应

美拉德反应也称羰氨反应，指在加热条件下，蛋白质、氨基酸中的氨基与糖类中的羰基经缩合、聚合生成类黑色素的反应。该反应过程非常复杂，主要是原料中的蛋白质、氨基酸中的氨基与还原糖的羰基之间发生“羰氨缩合反应”，形成一种暗褐色物质的现象，最终可生成一种称为类黑色素的黑色素聚合产物。美拉德反应是由法国化学家美拉德于1912年首先报道而得名的。

食品中的羰基化合物包括醛、酮、单糖以及因多糖分解或脂质氧化生成的羰基化合物；氨基化合物包括游离氨基酸、肽类、蛋白质、胺类等。试验证明，活性的醌、二酮、不饱和醛酮等羰基化合物，单独存在时，也要发生褐变。而与氨基酸蛋白质等共存时，更有促进作用。

（1）羰氨反应的过程和机理　羰氨反应的反应机理和过程非常复杂，各个阶段的反应机理至今并未完全研究清楚；反应产物的种类也很多，最主要的终产物——类黑色素的结构也不太清楚。目前大多从反应时段上将羰氨反应分为三个阶段。

①初期阶段：这是羰氨反应开始时的化学反应阶段，主要特征为有少量水分产生，pH也下降；但从食品宏观现象来看，并无多大变化；没有色素产生。

羰氨缩合：氨基化合物的氨基与羰基化合物的羰基发生加成、脱水等反应，例如，氨基酸中的氨基与葡萄糖的醛基反应，可生成*N*－葡萄糖胺。这个反应是可逆的；一般碱性条件有利于正反应方向。

分子重排：羰氨缩合产物进一步以很快速度自身发生分子内各基团的重新组合，即分子重排，产生一种较稳定的产物，此时反应不可逆；这样为进一步反应创造了条件。

②中期阶段：初期阶段的产物不稳定，要进一步反应，此时有明显的气味产生，还原物增多，但颜色仍未明显变化，这便是处于中间阶段过程。在这一过程中，虽未见到有色物产生，但紫外吸收已大增，说明有部分大分子结构产生。对于初期反应生成的双果糖胺，它在中期阶段的主要变化途径有三条：

a. 2－烯醇化途径：果糖胺经1，2－烯醇化，放出氨基物，自身脱水、环化生成羟甲基糠醛（HMF）。HMF的含量积累到一定时会快速进入反应末期产生褐变，也能分解成活性更大的物质。

b. 3－烯醇化途径：果糖胺经2，3－烯醇化，会形成还原酮类化合物，它具有还原性反应性强，能进一步反应，如分解、缩聚等。

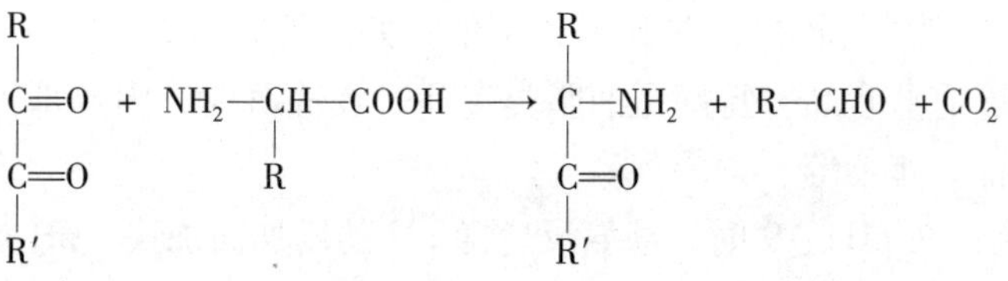

α-二羰基物　　　　氨基还原酮　　醛

c. 斯特勒克降解：果糖胺直接糖裂解，产生如二乙酰、丙酮醛等产物。其中，有些中间产物是α-二羰基化合物，它能与氨基酸进一步反应，使氨基酸分解，这个反应叫斯特勒克降解。反应式如下：

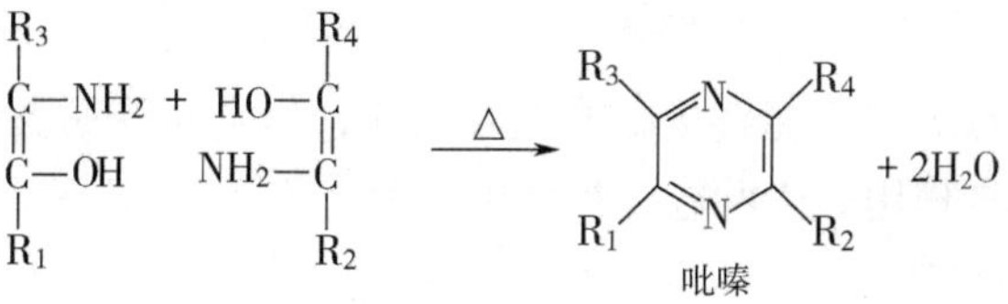

吡嗪

这个反应中，氨基酸分解成 CO_2 和相应的醛，它们都能挥发，特别是醛反应性高，又有气味。而α-二羰基物变成氨基还原酮，它的反应性也高，加热时通过烯醇化异构化为烯醇胺。烯醇胺分子间缩合环化生成一种新的杂环化合物——吡嗪类物质；这个物质是加热香味的主要成分和特征成分。

可见，在中期反应中，有大量的裂解产物，它们是风味物质的一个重要来源。

③终期阶段：这个阶段中，主要发生醇醛、醛胺缩合，逐渐形成高相对分子质量的有色物质——类黑色素；它是中期阶段各种产物的随机缩聚产物，相对分子质量不定，而且往往与蛋白质中赖氨酸共价交联，形成含蛋白质的黑糊精。这个阶段最明显的特征是颜色迅速变深；另外不溶物增加，黏接性增大也很明显。

（2）羰氨反应的影响因素和控制　美拉德反应的机制十分复杂，不仅与参与的糖类等羰基化合物及氨基酸等氨基化合物的种类有关，同时还受温度、氧气、水分、pH 及金属离子等环境因素的影响。所以，在食品加工中可以根据需要，从反应物种类和反应环境两方面来促进或抑制褐变反应。

首先，反应物种类也就是糖、氨基酸、蛋白质的种类对羰氨反应的影响非常大。一般是，分子愈小，反应愈快。羰基化合物中，羰基愈活泼，羰氨反应愈易进行。一般单糖比双糖反应快，醛糖比酮糖快，还原糖比非还原糖快，戊糖比己糖快约 10 倍。各种单糖的褐变反应速度顺序如下，戊糖：核糖 > 阿拉伯糖 > 木糖，己糖：半乳糖 > 甘露糖 > 葡萄糖 > 果糖。氨基化合物中，一般胺类氨基酸易于褐变，碱性大的氨基酸褐变较迅速，蛋白质发生美德拉反应的速度要比肽和氨基酸缓慢。氨基酸侧链不同影响褐变发生的程度，一般：赖氨酸 > 色氨酸 > 精氨酸 > 谷氨酸 > 脯氨酸。

其次是环境因素的影响。外界环境因素主要有 pH、温度、水分、氧和某些褐变阻剂等。

①温度的影响：羰氨反应受温度影响比较大，温度每差 10℃，其褐变速度差 3 ~ 5 倍。羰氨反应一般在 30℃ 以上褐变较快，当温度在 80℃ 时，不论有无氧存在其褐变速度

相同，而20℃以下则进行较慢，在10℃以下能较好地抑制反应，所以，低温冷藏食品可防止褐变。不过，有些食品，特别是油脂类食品，在冻藏时，因局部浓缩效应，仍要褐变，如鱼肉、乳品、蛋粉等。

②pH 的影响：在 pH4～9 时，羰氨反应随 pH 的增加而加快。pH 过高或过低，都不易褐变。在 pH6～7 时，最适宜羰氨反应，这恰好是大多数食品的 pH。所以，降低 pH 可以抑制此褐变。

③水分的影响：羰氨反应需在有水存在的条件下进行，水分在 10%～15% 时最容易发生。完全干燥情况下，褐变反应难进行。容易褐变的乳粉或冰淇淋粉的水分需控制在3%以下，才能抑制褐变反应。而液体状食品，虽水分较高，可能由于基质浓度较低，其褐变反而较缓慢。

④氧的影响：虽然氧并不能直接影响羰氨反应，但它对脂肪含量高以及含酚多的食品的变色有明显的促进作用。因此容易褐变的食品，在10℃以下的真空贮存，可以减慢褐变的发生。

⑤褐变阻剂的影响：一些物质能抑制羰氨反应，起到防止食品褐变的作用，这叫褐变阻剂。最常用的是用亚硫酸盐、酸式亚硫酸盐等。一些钙、镁盐有时也作为抑制羰氨反应的试剂，这主要是利用氨基酸与 Ca^{2+} 或 Mg^{2+} 能形成不溶性盐来阻止与羰基的接近，从而避免反应。

⑥其他因素的影响：反应物浓度：反应速度与反应物浓度成正比，但在完全干燥条件下，难以进行。一般，食品在中等水分含量时的褐变转化速率最快。金属离子：如 Fe^{3+}、Cu^{2+} 促进褐变，Na^{+} 不影响褐变。

由于美拉德反应影响因素多，有效抑制美拉德反应必须是多种因素协同作用的结果，一般认为可采用以下方法抑制食品中不期望的美拉德反应的发生：a. 使用不易褐变的原料；b. 除去一种作用物；c. 尽量降低温度；d. 降低 pH；e. 调节水分含量，水分含量降到很低或能够达到稀释作用的较高水分含量；f. 避免氧气存在；g. 使用抑制剂，如 SO_2、亚硫酸盐、钙等。

（3）羰氨反应对食品品质的影响　食品生产中美拉德反应应用较广泛。有些是对食品有利的，有些是不期望得到的。有利的如，面包金黄色的外表及风味的形成，烤肉、啤酒、茶叶制作，可可豆、咖啡的焙烤，太妃糖的风味生成、点心棕红色泽的形成，酱油、豆酱的颜色形成等。不利的方面如产生一些有害产物、营养价值的降低等。

7. 焦糖化反应

糖类尤其是单糖类在没有氨基化合物存在的情况下，单一组分的糖在熔点以上的高温时，也能发生脱水、降解、缩合、聚合等反应，从而形成黏稠的、黑褐色的焦糖，这种反应称为焦糖化反应，又叫卡拉蜜尔作用。焦糖化作用反应过程和产物大致可分为两种情况，一是反应初期或低温阶段时以糖分子的脱水反应为主，并伴随一定的异构化、苷原移位等反应；随后这些反应产物缩聚成高相对分子质量的有色物质——焦糖素（俗称糖色）；二是高温阶段或反应时间延长时，糖分子发生碳－碳键断裂，生成相对分子质量更小的醛酮类为主的各种降解产物，这些产物也能进一步反应缩聚成焦糖色素，其反应过程见图 3－8。

焦糖素，亦称酱色，为红褐色或黑褐色的液体或固体，是糖的脱水产物、裂解产物，特别是 HMF 等进一步通过醇醛缩合、聚合等反应形成的深褐色、无甜味略苦且有一种特有焦糖气味的高分子物质。它相对分子质量不定，一般都超过 2000，结构复杂，分子中有羰基、羟基、羧基、酚羟基等官能团，故是两性，吸光性也大，颜色深褐。水溶性差，为两性胶状物，等电点为 pH3.0~6.9，人及微生物不能代谢分解它，无发酵性。

影响焦糖化反应的因素主要是糖的种类、加热温度、pH、催化剂等。

（1）糖的种类　一般晶体糖的焦糖化作用明显；还原糖易氧化，焦糖化产物对食品品质不好。高相对分子质量的淀粉等多糖无明显焦糖化作用。

（2）加热温度　温度偏高时，裂解反应占主要，焦糖香味浓烈；偏低时，脱水反应又占主，不过对颜色并无较大影响。

（3）pH　pH 影响焦糖化的效果明显。焦糖化反应在酸碱条件下均可进行，但速度不同，在碱性条件下进行的速度要快得多，如在 pH 8 时要比在 pH 5.9 时快 10 倍。不过强酸下糖不经加热也能褐变。碱性条件下，焦糖化过程中分解产物增多，对气味影响大。酸性时，焦糖化脱水反应更快，对迅速上色有好处。

（4）糖的熔点　各种单糖因熔点不同，其反应速度也不同，熔点低的引起焦糖化反应最快。

（5）催化剂　蔗糖被用来制造焦糖色素和风味物质时，催化剂可加速此反应，如铵盐、有机酸、金属离子（如铁、铜）等均能催化焦糖化作用，并且不同催化剂使反应生成不同类型的焦糖色素。

蔗糖因不易被氧化，所以在食品加工中广泛用来制糖色。

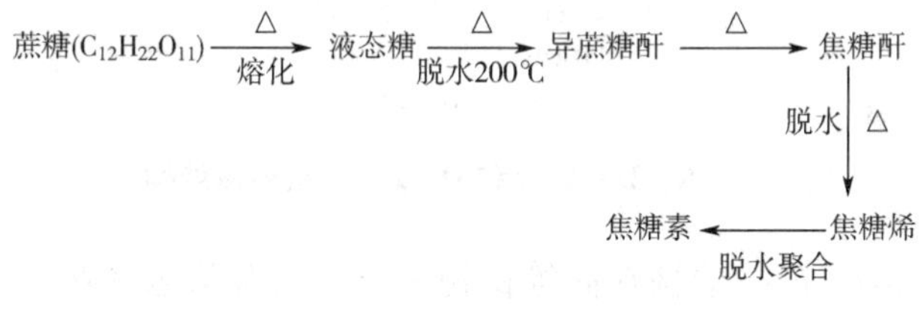

图 3-8　蔗糖焦糖化过程

焦糖烯及以前产物都具晶体性，但熔点已降低，仍能溶于水，无甜味而略具苦味；颜色从焦糖酐开始呈现，到焦糖素时最明显。

食品工业中，利用蔗糖焦糖化可以得到不同类型的焦糖色素。如耐酸焦糖色素：蔗糖在亚硫酸氢铵催化下加热形成，常用在可乐饮料、其他酸性饮料、焙烤食品、糖浆、糖果等产品的生产中；糖与铵盐加热所得色素：红棕色，用于焙烤食品、糖浆、布丁等的生产；蔗糖直接加热焦糖色素：红棕色，用于啤酒和其他含醇饮料生产。

另外，我国烹饪行业中古老而又广泛的着色剂糖色，就是焦糖化反应的产物。焦糖是无定形的胶状物质，溶于水呈棕红色。红烧类、拔丝类和蜜汁类菜肴的色变就是蔗糖随温度升高而引起的色变。需要注意的是，食品轻微的焦糖化，能产生愉快的焦糖气味，如果加热温度过高或时间过长，便会产生令人厌恶的焦煳气味和苦味。所以在炒糖色时，要掌握好火候。

四、 食品中常见单糖及其性质

自然界的单糖主要是戊糖和己糖。常见戊糖有D－（－）－核糖、D－（－）－2－脱氧核糖、D－（+）－木糖和L－（+）－阿拉伯糖。它们都是醛糖，以多糖或苷的形式存在于动植物中。常见己糖有D－（+）－葡萄糖、D－（+）－甘露糖、D－（+）－半乳糖和D－（－）－果糖，这些单糖以游离或结合形式存在于动植物中。

1. 戊糖

自然界存在的戊醛糖主要有D－核糖、D－2－脱氧核糖、D－木糖和L－阿拉伯糖。它们大多以多聚戊糖或以糖苷的形式存在。戊酮糖有D－核酮糖和D－木酮糖，均是糖代谢的中间产物。

（1）D－核糖和D－2－脱氧核糖　D－核糖是所有活细胞的普遍成分之一，它是核糖核酸的重要组成成分。在核苷酸中，核糖以其醛基与嘌呤或嘧啶的氮原子结合，而其2、3、5位的羟基可与磷酸连接。核糖在衍生物中总以呋喃糖形式出现。它的衍生物核醇是某些维生素（如维生素B_2）和辅酶的组成成分。D－核糖的比旋是－23.7°。

细胞核中还有D－2－脱氧核糖，它是DNA的组分之一。它和核糖一样，以醛基与含氮碱基结合，但因2位脱氧，只能以3，5位的羟基与磷酸结合。D－2－脱氧核糖的比旋是－60°。D－核糖和D－2－脱氧核糖的结构如图3－9所示。

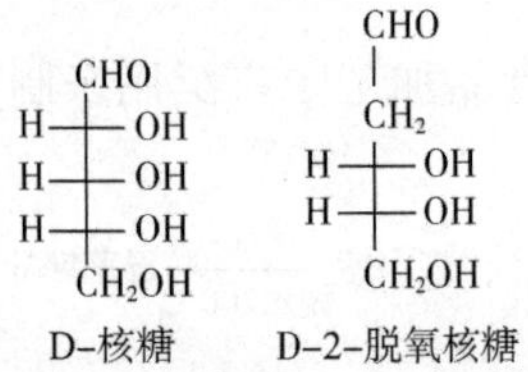

图3－9　D－核糖和D－2－脱氧核糖结构

（2）L－阿拉伯糖　阿拉伯糖在高等植物体内以结合状态存在。它一般结合成半纤维素、树胶及阿拉伯树胶等。最初是在植物产品中发现的。熔点160℃，比旋光度+104.5°。酵母不能使其发酵。

（3）木糖　木糖在植物中分布很广，以结合状态的木聚糖存在于半纤维素中。木材中的木聚糖达30%以上。陆生植物很少有纯的木聚糖，常含有少量其他的糖。动物组织中也发现了木糖的成分。熔点143℃，比旋光度+18.8°。酵母不能使其发酵。

2. 己糖

重要的己醛糖有D－葡萄糖、D－甘露糖、D－半乳糖，重要的己酮糖有D－果糖、D－山梨糖。

（1）葡萄糖　葡萄糖是生物界分布最广泛最丰富的单糖，尤以葡萄中含量较多，因此叫葡萄糖，多以D－型存在。它是人体内最主要的单糖，是糖代谢的中心物质。葡萄糖也存在于人的血液中（389～555μmol/L）称作血糖。糖尿病患者的尿中含有葡萄糖，含糖量随病情的轻重而不同。在绿色植物的种子、果实及蜂蜜中有游离的葡萄糖，葡萄糖是许多糖如蔗糖、麦芽糖、乳糖、淀粉、糖原、纤维素等的组成单元。

纯净的葡萄糖为无色晶体，有甜味但甜味不如蔗糖，易溶于水，微溶于乙醇，不溶于乙醚。天然葡萄糖水溶液旋光向右，故属于右旋糖。D－葡萄糖的比旋光度为+52.5°，呈片状结晶。酵母可使其发酵。

葡萄糖可以被人体直接吸收。在肝脏内，葡萄糖在酶作用下氧化成葡萄糖醛酸，即葡萄糖末端上的羟甲基被氧化生成羧基。葡萄糖醛酸在肝中可与有毒物质如醇、酚等结合变成无毒化合物由尿排出体外，可达到解毒作用。

在工业上，葡萄糖以淀粉为原料用无机酸或酶水解的方法大量制得。

（2）果糖　果糖又名左旋糖，D－果糖以游离状态存在于水果和蜂蜜中，它是单糖中最甜的糖类。纯净的果糖为无色晶体，熔点为103～105℃，比旋光度为－92.4°，它不易结晶，易溶于水、乙醇和乙醚，吸湿性很强。食用果糖后血糖不易升高，且有滋润肌肤作用。果糖在游离状态下时，主要以吡喃环形式存在，在结合状态时则多以呋喃环形式存在。酵母可使其发酵。果糖比较不容易被口腔内的微生物分解和聚合，所以，食用后产生蛀牙的几率就比葡萄糖或蔗糖等天然糖要小得多。

温度越低，果糖甜度越大，即在口感上越冷越甜。果糖的溶解吸热很大，入口后从口腔中吸收热量多，因此会给人冰凉的感觉。果糖的这种特性很适合用于清凉饮料、碳酸饮料、果酒中，用果糖（高果糖浆）配制的饮料，入口后给人一种爽口提神的清凉感。

（3）半乳糖　半乳糖仅以结合状态存在。半乳糖与葡萄糖结合成乳糖，存在于哺乳动物的乳汁中。乳糖、蜜二糖、棉籽糖、琼脂、树胶、黏质和半纤维素等都含有半乳糖。它的D－型和L－型都存在于植物产品中，如琼脂中同时含有D－型和L－型半乳糖。D－半乳糖熔点167℃，比旋光度+80.2°。可被乳糖酵母发酵。人体内的半乳糖是摄入食物中乳糖的水解产物。在酶的催化下半乳糖能转变为葡萄糖。

（4）山梨糖　山梨糖是酮糖，存在于细菌发酵过的山梨汁中。山梨糖是合成维生素C的中间产物，在制造维生素C工艺中占有重要地位。山梨糖又称清凉茶糖，其还原产物是山梨糖醇，存在于桃李等果实中。熔点159～160℃，比旋光度为－43.4°。

五、食品中常见的低聚糖及性质

1. 麦芽糖

麦芽糖是由两分子α－D－葡萄糖通过α－1，4－糖苷键结合而成，见图3－10。麦芽糖是D－吡喃葡萄糖－α（1→4）－D－吡喃葡萄糖苷，有一个醛基是自由的，所以它是还原糖，能还原费林试剂，在水溶液中有变旋现象，能成脎。

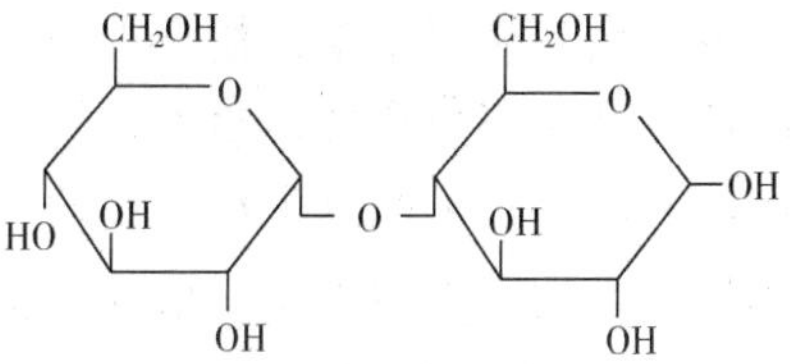

图3－10　麦芽糖的结构

纯麦芽糖为白色透明晶体，麦芽糖的溶解度比蔗糖小，麦芽糖甜度为蔗糖的1/3，味爽，口感柔和，在糖类中营养最为丰富，易消化，也能帮助消化。在酸或麦芽糖酶的作用下，一分子麦芽糖能被水解为2分子的葡萄糖。

麦芽糖大量存在于发酵的谷粒，特别是麦芽中。它主要是作为淀粉和其他葡聚糖的酶促降解产物（α-麦芽糖）存在，在自然界中似乎并不存在天然的麦芽糖。淀粉经β-淀粉酶水解得麦芽糖，发芽的大麦芽中有这种β-淀粉酶，麦芽糖最初是用大麦芽作用于淀粉而得，故称麦芽糖。麦芽糖是饴糖的主要成分，我国早在公元前12世纪就能制作饴糖。利用大麦芽中的淀粉酶可使淀粉水解为糊精和麦芽糖的混合物，其中麦芽糖占1/3，这种混合物称为饴糖。

麦芽糖易被酵母发酵。在焙烤食品中用作膨松剂，防止烘烤食品干瘪，也可用作冷冻食品的填充剂和稳定剂。麦芽糖在缺少胰岛素的情况下也可被肝脏吸收，不引起血糖升高，可作为糖尿病人用甜味剂。

2. 蔗糖

蔗糖由一分子α-D-葡萄糖和一分子β-D-果糖以α，β-1，2-糖苷键连接形成（图3-11），无异构体，它是α-D-吡喃葡萄糖-（1→2）-β-D-呋喃果糖苷。它是由葡萄糖的半缩醛羟基和果糖的半缩酮羟基之间缩水而成的。蔗糖无还原性，是非还原性杂聚二糖，不能还原费林试剂，不能成脎，其水溶液无变旋现象。

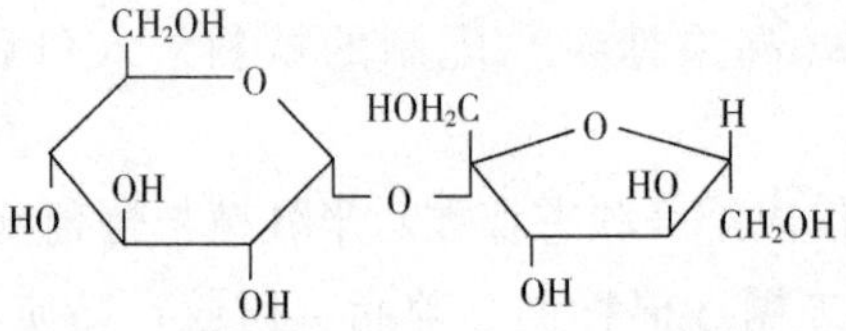

图3-11 蔗糖（α，β-1，2-糖苷键）结构

蔗糖俗称食糖，是食品工业中最重要的含能量甜味剂，日常食用的糖主要是蔗糖，它是人类饮食中主要的热源之一。蔗糖主要是植物光合作用的产物，也是植物体内糖储藏、积累和运输的主要形式。在甜菜、甘蔗和各种水果中含有较多的蔗糖，动物中不存在蔗糖。制糖工业中常用甘蔗、甜菜为原料提取蔗糖。

纯净的蔗糖为无色透明的单斜晶体，相对密度为1.588，熔点为160℃，若加热到160℃，便成为玻璃样的晶体，加热至200℃时成为棕褐色的焦糖，它是一种无定形多孔性的固体物，有苦味，食品工业中用作酱油、饮料、糖果和面包等的着色剂。蔗糖很甜，易结晶，易溶于水，在水中的溶解度很大，溶解度随温度的升高而增加，但较难溶于乙醇。蔗糖的甜味纯正稳定，易于溶解和调色，还能从饱和溶液中迅速结晶出来，这些性能对糖果的生产是十分有利的。高浓度的蔗糖溶液具有高渗透压，能抑制有害微生物的生长，还可以对果酱、果冻、蜜饯起保藏作用，以延长食品的保藏期。

蔗糖极易被酸水解，其水解速度比麦芽糖和乳糖大1000倍。蔗糖水解过程中比旋光度由正值变为负值，称为蔗糖的转化，水解后所得葡萄糖和果糖的等摩尔的混合物称转化糖。蜜蜂体内有转化酶，因此蜂蜜中含有大量转化糖。

3. 乳糖

乳糖存在于哺乳动物的乳汁中，含量约为5%，但加利福尼亚海狮的乳汁中含的是葡萄糖，而不是乳糖。高等植物花粉管及微生物中也含有少量乳糖。

乳糖为β－D－半乳糖以β－1，4－糖苷键与α（或β）－D－葡萄糖连接形成。它是β－D－半乳糖－（1→4）－D－葡萄糖苷。其结构如图3－12所示：

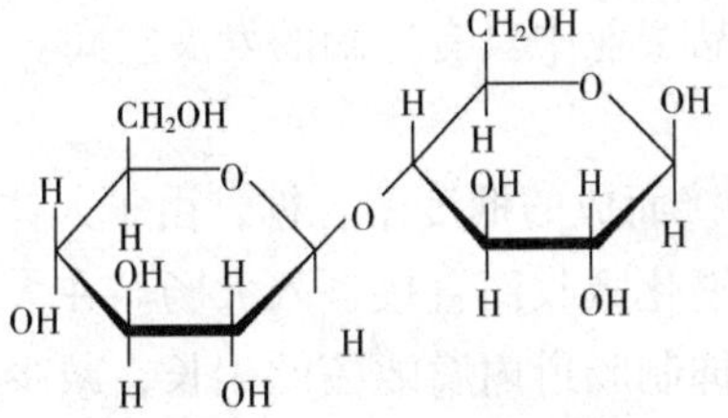

图3－12　乳糖（β－1，4－糖苷键）结构

乳糖是还原糖，具有还原性，能成脎，其水溶液有变旋现象。乳糖味不很甜，不易溶解于水，溶解度远比蔗糖小。酵母不能发酵乳糖，但乳酸菌作用于乳糖能产生乳酸发酵，把乳糖转换成乳酸，这也是酸乳形成的依据。

乳糖用酸或酶水解产生1分子D－半乳糖和1分子D－葡萄糖。乳糖可被小肠内的乳糖酶水解成D－葡萄糖与D－半乳糖，而后被小肠吸收。婴儿一般都可消化乳糖，但某些成人缺乏乳糖酶，不能利用乳糖，食用乳糖后会引起恶心、腹痛、腹泻，这就是乳糖过敏（或称乳糖不耐症），解决办法就是乳糖酶处理食物或避免摄入乳糖。乳糖的存在可以促进婴儿肠道中双歧杆菌的生长，乳糖还有助于机体中钙的吸收和代谢。

4. 纤维二糖

纤维二糖是纤维素的基本构成单位，在自然界无游离状态，可由纤维素水解得到。纤维二糖由2分子β－D－葡萄糖以β－1，4－糖苷键结合（图3－13），化学性质类似于麦芽糖。

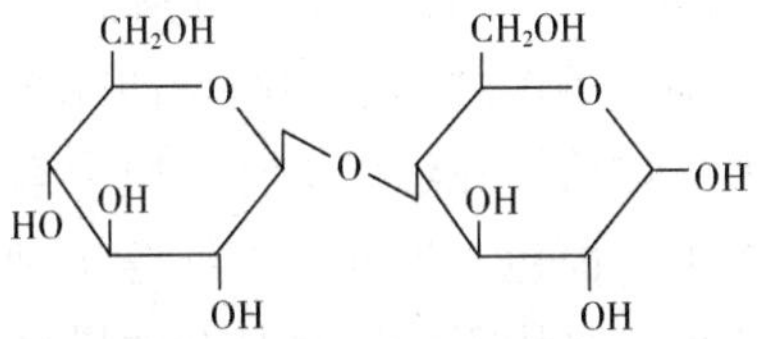

图3－13　纤维二糖（β－1，4－糖苷键）结构

5. 果葡糖浆（高果糖浆或异构糖浆）

果葡糖浆是以酶法糖化淀粉（一般以玉米淀粉为原料制备）所得的糖化液经葡萄糖异构酶的异构化，将其中的一部分葡萄糖异构为果糖，即由葡萄糖和果糖为主要成分组成的混合糖糖浆。果葡糖浆根据其所含果糖的多少，分为果糖含量为42%、55%、90%三代产品，其甜度分别为蔗糖的1.0、1.4、1.7倍。

果葡糖浆具有优良的性能，是一种完全可以替代蔗糖的产品，作为蔗糖的代替品在食品加工领域广泛应用，特别是在饮料行业中，其风味与口感要优于蔗糖。果葡糖浆的甜度接近于同浓度的蔗糖，风味有点类似天然果汁，由于果糖的存在，具有清香、爽口的感觉。另一方面果葡糖浆在40℃以下时具有冷甜特性，甜度随温度的降低而升高。果葡糖浆完全替代蔗糖，其甜度约相当于同浓度蔗糖的90%，部分替代蔗糖时，由于果糖、葡萄糖与蔗糖甜味的协同增效，总甜度仍与同浓度的蔗糖相同。果葡糖浆是一种重要的天然甜味剂，在我国食品工业中具有广阔的发展空间。

6. 功能性低聚糖

3~9个单糖经糖苷键连接而成的低度聚合糖，由于人体肠胃道内没有水解这些低聚糖的酶系统，因而它们不被消化吸收而直接进入大肠。在大肠内，它们可被双歧杆菌优先利用，促进其增殖，从而抑制肠道内腐败菌的生长，减少有毒发酵产物的形成，因而被誉为双歧杆菌的有效增殖因子，被称为功能性低聚糖，甜度一般为蔗糖的30%~50%。功能性低聚糖是近些年国际上颇为流行的一类有营养保健功能的糖类，它被誉为“21世纪食品工业的先导”。

功能性低聚糖通常作为功能食品的基料，应用到各种保健营养补品和食品工业中。通常包括低聚异麦芽糖、低聚果糖、低聚半乳糖、低聚木糖、低聚龙胆糖、棉子糖、水苏糖等。另外，多糖中的菊粉，单双糖中的乳酮糖、异麦芽酮糖和塔格糖具有相似的生理功能。

（1）低聚果糖　低聚果糖（fructooligosaccharide）又称寡果糖或蔗果三糖族低聚糖，分子式为G-F-F_n（n=1，2，3，G为葡萄糖，F为果糖），是指在蔗糖分子的果糖残基上通过β-1，2-糖苷键连接1~3个果糖基而成的蔗果三糖（GF_2）、蔗果四糖（GF_3）及蔗果五糖（GF_4）组成的混合物，结构如图3-14所示。

天然低聚果糖存在于多种植物或水果中，如菊苣、菊芋、香蕉、洋葱及蜂蜜等。商业上的低聚果糖可以直接从植物中提取或用酶法生产。低聚果糖是一种天然活性物质，甜度为蔗糖的0.3~0.6倍，既保持了蔗糖的纯正甜味性质，又比蔗糖甜味清爽，属于人体难消化的低热值甜味剂，不会导致肥胖，间接也有减肥作用。低聚果糖也是优良的水溶性膳食纤维，可促进肠胃功能，是具有调节肠道菌群、增殖双歧杆菌、促进钙的吸收、调节血脂、免疫调节、抗龋齿等保健功能的新型甜味剂，被誉为继抗生素时代后最具潜力的新一代添加剂——促生物质，在法国被称为原生素（PPE），已在乳制品、乳酸菌饮料、固体饮料、糖果、饼干、面包、果冻、冷饮等多种食品中应用。低聚果糖具有明显的抑制淀粉老化回生的作用，且用于淀粉食品时效果显著。

（2）低聚木糖　低聚木糖（xylooligosaccharide）又称木寡糖，是由2~7个木糖以β-1，4-糖苷键连接而成的低聚糖（图3-15），并以木二糖、木三糖、木四糖为主要成分的混合物，其中以木二糖为主要有效成分，木二糖含量越多，其产品质量越好。低聚木糖的特点是稳定性好，具有耐酸（应用于碳酸饮料及发酵食品）、耐热及不分解性，有显著的双歧杆菌增殖作用，可促进机体对钙的吸收，抗龋齿，在体内的代谢不依赖胰岛素（糖尿病人食品），还可减少有毒发酵产物及有害细菌酶的产生，抑制病原菌和腹泻，防止便秘，促进机体生成B族维生素等多种营养物质。

低聚木糖的功能特性：它可以选择性地促进肠道双歧杆菌的增殖活性，其双歧因子

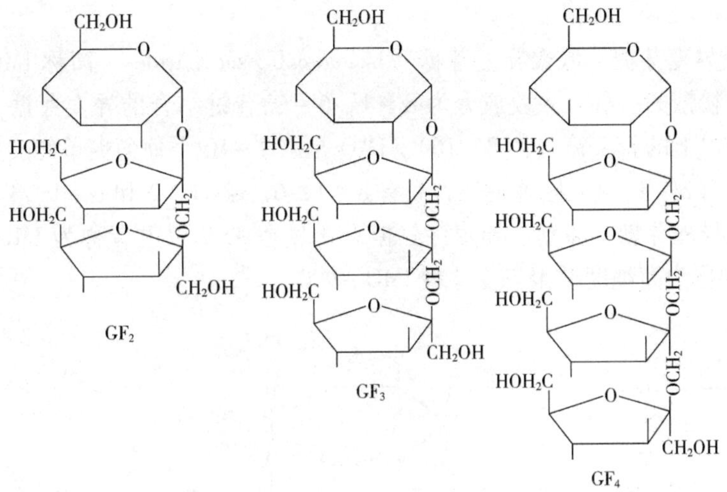

图 3-14 低聚果糖的结构

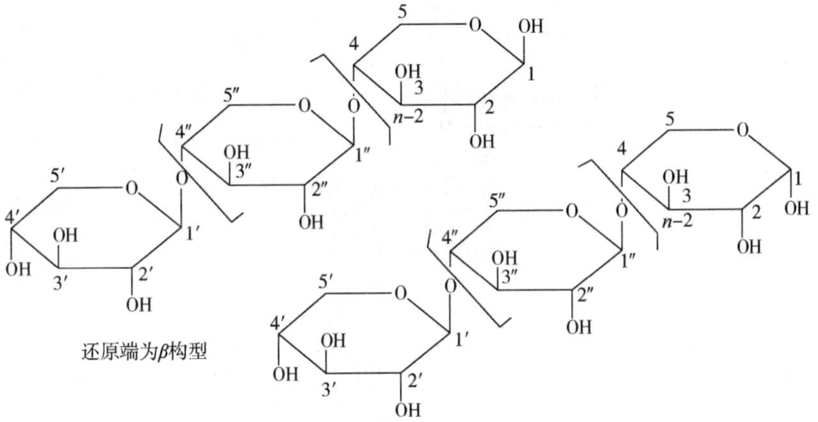

图 3-15 低聚木糖结构

增值功能是其他聚合糖类的10~20倍；低聚木糖很难为人体消化酶所分解，它的能量值几乎为零，既不影响血糖浓度，也不增加血糖中胰岛素水平，并且不会形成脂肪沉积，故可在低能量食品中发挥作用；低聚木糖的突出特点是酸、热稳定性好，难发酵，即使在酸性条件下（pH=2.5~7）加热至100℃也基本不分解；与其他功能性低聚糖相比，低聚木糖有效摄入量少，每日摄取的有效剂量为0.7~1.4g/d。

低聚木糖由日本率先研制成功，于1989年正式推向市场，目前，已从玉米芯等原料加酶水解获得产品。低聚木糖是一种新型的绿色食品添加剂，除了作为功能性食品的配料外，低聚木糖以其双歧杆菌增值效果显著、添加量小、酸热稳定性好等特点，无配料先后顺序要求，完全适合乳制品加工中高温灭菌的特点，有助于提高乳制品品质。低聚木糖因其良好的酸热稳定性，在酸性饮料如酸奶、乳酸饮料、碳酸饮料等中有很大的发展空间。

（3）低聚异麦芽糖　低聚异麦芽糖（Isomaltooligosaccharides，简称 IMO）又称分歧低聚糖，是淀粉糖的一种，主要成分为 $\alpha-1,6-$糖苷键结合的异麦芽糖、潘糖、异麦芽三糖及四糖以上的低聚糖（图 3－16）。IMO 是以 2～10 个葡萄糖单位连接而成，各葡萄糖之间除含有 $\alpha-1,4-$糖苷键外，尚有 $\alpha-1,6$、$\alpha-1,2$ 和 $\alpha-1,3-$糖苷键结合方式。通常把异麦芽糖、潘糖、异麦芽三糖总含量在 35% 以上者称为 IMO－500，含量在 50% 以上的称为高纯度低聚异麦芽糖 IMO－900。

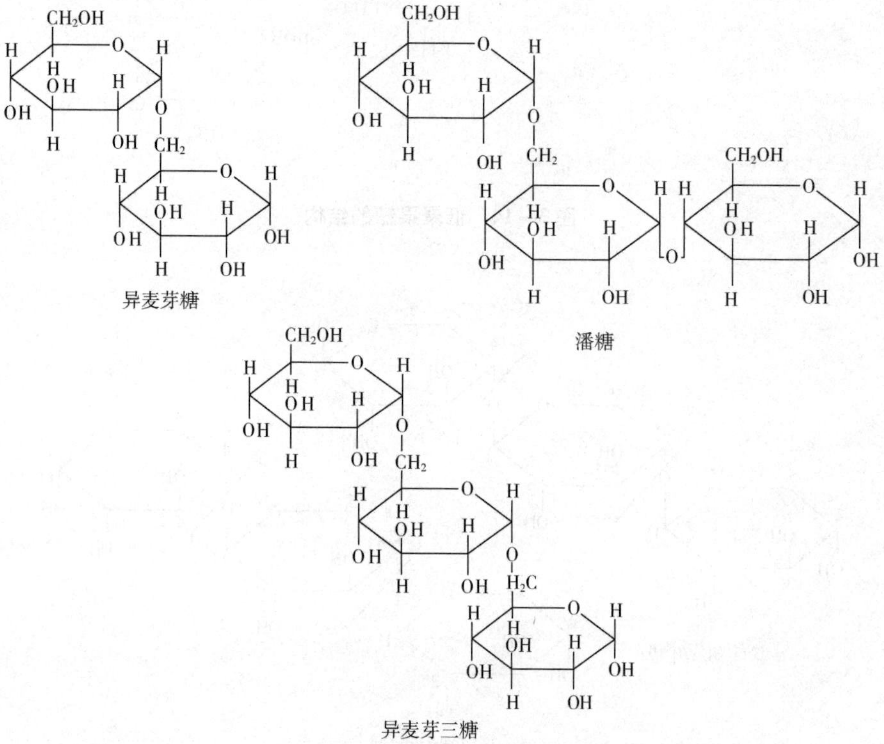

图 3－16　低聚异麦芽糖的结构

低聚异麦芽糖是采用淀粉为原料，通过酶的作用，经过液化、浓缩、干燥等一系列工序精制而成的以低聚异麦芽糖为主要成分的白色粉末状淀粉糖制品。由于其可促使人体内的双歧杆菌显著增殖；具水溶性膳食纤维功能，可双向调节便秘和腹泻；热值低、防龋齿等特性，所以是种应用广泛的功能性低聚糖，适用于保健品、饮料、乳制品、糖果、饼干小食品及焙烤食品。

（4）棉籽糖（蜜三糖）　棉籽糖（raffinose）是 α－D－吡喃半乳糖－（1→6）－α－D－吡喃葡萄糖－（1→2）－β－D－呋喃果糖苷，完全水解产生葡萄糖、果糖和半乳糖各一分子（图 3－17）。在蔗糖酶作用下分解成果糖和蜜二糖；在 α－半乳糖苷酶作用下分解成半乳糖和蔗糖。自然界中广泛存在的三糖只有棉籽糖，广泛分布于高等植物界，主要存在于棉籽、甜菜、大豆及桉树的干性分泌物（甘露蜜）中。棉籽糖是功能性低聚糖大豆低聚糖的重要组成部分。在植物界中，分布最广泛的低聚糖除蔗糖外，就属棉籽糖。

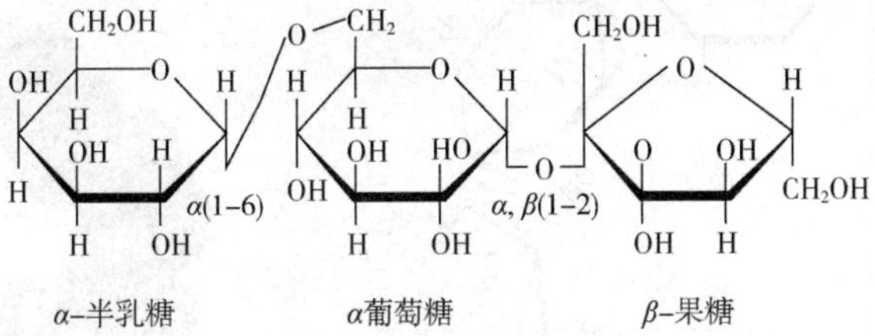

图 3-17　棉籽糖的结构

纯净的棉籽糖为长针状结晶体，白色或淡黄色，带 5 分子结晶水；易溶于水，微溶于乙醇等极性溶剂，在热、酸环境中都很稳定。甜度为蔗糖的 22% ~23%，无吸湿性。棉籽糖的吸湿性在所有糖中是最低的，甜度为蔗糖的 20% ~40%。棉籽糖属非还原性糖，发生美拉德反应的程度很低。棉籽糖是优良的双歧杆菌增殖因子，对人体具有整肠作用及提高机体免疫力等多种生理功能。由于人体不具备分解棉籽糖的酶，因此棉籽糖很难被人体消化吸收，提供的能量很低，且具有一定的甜度，可作为功能性食品添加剂在食品中应用。

7. 环状糊精

环状糊精（cyclodextrin，CD）又名沙丁格糊精，由环状 α-D-吡喃葡萄糖苷构成，是一类由 6 个以上葡萄糖分子首尾相连而形成的环状低聚糖，聚合度为 6、7、8，分别称为 α、β、γ-环状糊精（图 3-18）。环状糊精具有特殊的中间立体结构，其分子外形呈圆台状，没有还原端和非还原端即无还原性。这种结构很稳定，不易受酶、酸碱、热等条件作用而分解。环状糊精为中空圆柱形结构，可包埋与其大小相适的客体分子，起到稳定缓释、提高溶解度、掩盖异味的作用。一是使易挥发性物质稳定；二是稳定对热、光、空气不稳定的物质；三是改变物质的物理和化学性质；四是改变被包络物的反应性能。因环状糊精有形成复合体的能力，且无毒性，安全性好，因而可应用在许多方面。

环状糊精在食品工业中的应用广泛，可做增稠剂、稳定剂、乳化剂、包埋剂等。目前在食品生产中应用得比较多的是 β-环糊精，主要用途如下。

（1）用作香气稳定剂和色素稳定剂　香气物质一般都有挥发性，容易散失，经环糊精包合以后，可减缓香气的挥发；很多色素物质容易氧化分解，经环糊精的包合，可减少色素与氧的接触，保持产品性质稳定不变。在速溶食品的生产中效果良好。作为包埋剂还可保持食品香味以及天然食用色素的稳定，如食用香精玫瑰油、茴香脑等易挥发，易氧化，用 CD 包埋后香味的保持得到改善，又如虾黄素经 CD 包埋，可提高对光和氧的稳定性。

（2）改善食品的风味和气味　环糊精可除去鱼类、肉类、乳制品、海产品的异味；减少橘子汁中由糖苷引发的苦味和沉淀；在竹笋罐头生产中，环糊精可提高沉淀物的溶解性；大豆制品生产中，环糊精可消除腥味和苦涩味。用 CD 作为包埋剂，可掩盖异味，

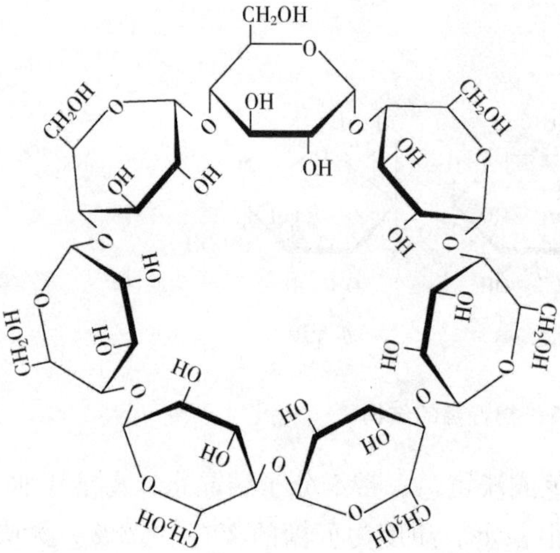

β-环糊精的分子结构

环糊精分子的空间填充模型

图 3-18　环状糊精的结构

如鱼品的腥味、大豆的豆腥味和羊肉的膻味，用 CD 包埋可除去。

（3）作乳化剂和起泡促进剂　环糊精作乳化剂可乳化食用油脂、冰淇淋原料，提高产品的食用品质。环糊精与其他表面活性剂用作焙烤食品的添加剂时，可提高表面活性剂的乳化能力和起泡能力，并对泡沫有稳定作用。

（4）保护营养成分的作用　在维生素类营养强化的食品中添加环糊精，可以减少高温对维生素的破坏。

此外，环糊精还有防潮、保湿的作用，在糖果生产中添加后可防潮；在奶酪制品中有保湿作用；在肉制品中应用，可起黏结、保湿作用，防止水分析出，增加弹性，提高产品质量；将 CD 和其他生物多糖制成保鲜剂，涂于面包、糕点表面可起到保水保形的作用。

第三节　淀粉

一、淀粉粒的种类和结构

淀粉（starch）是植物中最重要的贮存多糖，广泛地存在于许多植物的种子、块茎和根中，是植物营养物质的一种贮存形式，也是植物性食物中重要的营养成分。淀粉在种子、块茎和块根等器官中含量特别丰富，如大米中含 70%～80%，小麦中含 60%～65%，马铃薯中约含 20%。

淀粉在植物种子、块根及块茎细胞中以颗粒状独立存在，称为淀粉粒（starch

grain)。淀粉由淀粉粒组成，淀粉粒一般呈颗粒状，不同的植物种类其淀粉粒具有不同的形状，有圆形、椭圆形、多角形等，据此可以对淀粉进行鉴定，如马铃薯的淀粉粒呈卵形，小麦淀粉粒呈球形，大米淀粉呈多角形。淀粉粒大小在 2～100μm，马铃薯淀粉粒最大，谷物淀粉粒最小。同种淀粉的淀粉粒大小也不均匀，例如玉米淀粉粒最小的约为 5μm，最大为 26μm，平均直径为 15μm。不同植物种类的淀粉粒的形状和大小各不相同。

所有的淀粉颗粒均显示出一个裂口，称为淀粉颗粒的脐点。天然淀粉粒由两种葡聚糖组成，直链淀粉和支链淀粉。在淀粉颗粒中，直链与支链淀粉分子呈径向有序排列，淀粉颗粒具有结晶区与非结晶区交替层的结构，这与洋葱的层状结构相似。用偏振光显微镜观察及 X－射线研究，淀粉粒能产生双折射及 X－射线衍射现象，也说明它有结晶结构的一些特点。在淀粉粒中，约有 70% 的淀粉处在无定形区，30% 为结晶状态，无定形区中主要是直链淀粉，但也含少量支链淀粉；结晶区主要为支链淀粉，支链与支链彼此间形成螺旋状，并缔合成束状。直链淀粉分子易形成能截留脂肪酸、烃类物质的螺旋结构，这类复合物称为包含复合物。

二、直链淀粉和支链淀粉的结构和性质

直链淀粉和支链淀粉在结构和性质上有一定区别，它们在淀粉中所占比例随植物品种而不同，一般直链淀粉的含量为 20%～30%，支链淀粉含量为 70%～80%。如玉米淀粉和马铃薯淀粉分别含 27% 和 20% 的直链淀粉，其余为支链淀粉。有些淀粉（如糯米）全部为支链淀粉，而有的豆类淀粉则全是直链淀粉。两者经酸彻底水解后最终产物都是 D－葡萄糖。淀粉在工业上可用于酿酒和制糖。

1. 直链淀粉

直链淀粉是许多 D－葡萄糖残基以 α－1，4－糖苷键依次相连成长而不分开的葡萄糖多聚物（图 3－19）。相对分子质量从几万到十几万，平均约在 60000，相当于 300～400 个葡萄糖分子缩合而成。每个分子中只含一个还原性端基和一个非还原性端基，所以它是一条不分支的长链。由于直链淀粉分子链很长，因此不可能以线型分子存在，实验证明，天然直链淀粉分子的空间结构并非是完全伸展成直线型的，而是在分子内氢键的作用下，卷曲盘旋成长而紧密的螺旋管形，结构比较紧密，呈右手螺旋，每个螺圈约含六个 D－葡萄糖单位。这种紧实的结构是与其贮藏功能相适应的。此外，在主链上还有少数短分支。

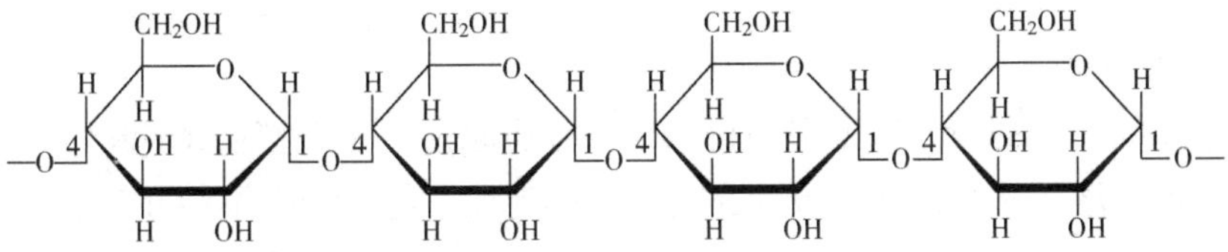

图 3－19　直链淀粉的结构

直链淀粉仅少量地溶于热水。以碘液处理产生蓝色，光吸收在620～680nm。直链淀粉遇碘呈蓝色，这并不是碘与淀粉之间形成了化学键，而是由于直链淀粉螺旋状结构的中空穴部分恰好能容纳碘分子，二者之间借助于范德华力形成一种蓝色的包合物（图3－20）。此显色反应常用来检验淀粉或碘的存在。

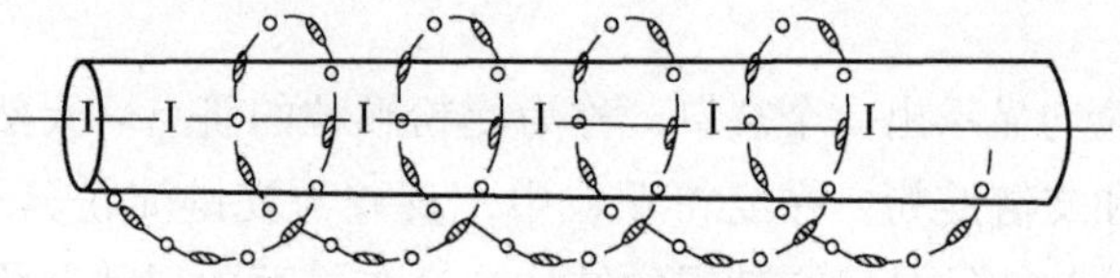

图3－20 碘－淀粉包合物结构示意图

2. 支链淀粉

支链淀粉与直链淀粉相比，具有高度分支，且所含葡萄糖单位要多得多，支链淀粉相对分子质量在20万以上，可高达1000000～6000000，含有1300个葡萄糖或更多。支链淀粉的分子中有一个较长的主链，它的主链同样是由D－葡萄糖以α－1，4－糖苷键相连，此外每隔20～25个葡萄糖单位，还有一个含有11～12个葡萄糖单位的以α－1，6－糖苷键相连的支链。主链、支链的葡萄糖之间都以α－1，4－糖苷键相连接，但分支处为α－1，6－糖苷键，如图3－21所示。一般支链淀粉的相对分子质量比直链淀粉大得多，甚至支链上还有支链树枝形状，因此结构比较松散。

支链淀粉不能形成螺旋管，遇碘显紫色，光吸收在530～555nm。纯的支链淀粉不溶于冷水，在热水中膨胀而成糊状。

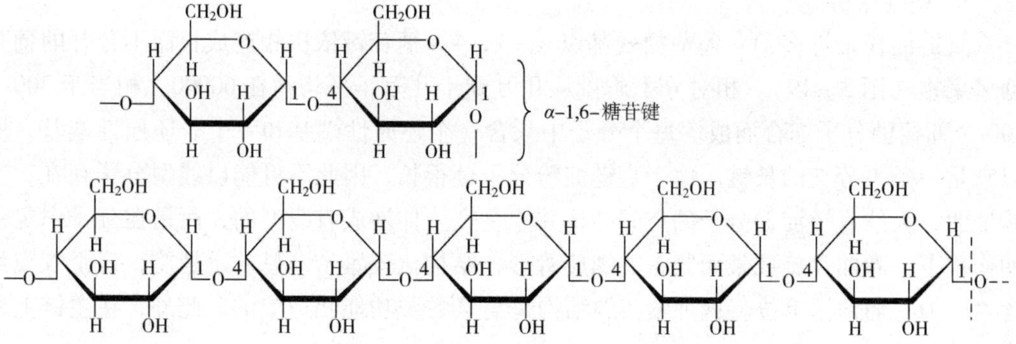

图3－21 支链淀粉的结构

3. 淀粉的性质

淀粉是无味、无臭的白色无定形粉末，没有还原性，相对密度1.499～1.513。淀粉有吸湿性，但不溶于冷水、乙醇和乙醚等有机溶剂。直链淀粉不溶于冷水，能溶于热水；支链淀粉高度支化，在冷水中不溶，与热水作用则膨胀而成糊状。

淀粉分子有大量的羟基，能与水形成氢键，所以它们是亲水性物质。但因分子太大，而且淀粉中这些羟基趋向于形成分子内氢键，所以限制了淀粉的水化，也就影响了它的溶解，其溶解性并不好。但总体看来，淀粉的水化作用还是较强的，吸湿性也较强，特别是当温度升高，淀粉自身的结构不稳定，水分子可进入淀粉粒内部，水化作用及溶解性会大增。

螺旋化的淀粉分子能够与水、醇、碘等发生结合，形成包合物。碘与淀粉形成包合物后，会根据吸附碘的多少呈现不同颜色，由蓝色、紫红色、红色以至无色。聚合度4～6的短直链淀粉遇碘并不变色；聚合度8～20的直链淀粉遇碘变红色，直链淀粉聚合度大于40时遇碘呈蓝色。支链淀粉的聚合度虽大，但分支单位的聚合度只有20～30个葡萄糖残基，所以遇碘呈紫红色。热淀粉溶液因螺旋体已伸展开，因而遇碘不会形成蓝色的复合物，冷却后，因又恢复螺旋结构就又能呈色了。这个特性可以用来沉淀分离不同螺旋化程度的淀粉。例如，向淀粉溶液中加乙醇或丁醇，能够把直链淀粉先沉淀下来，从而做到分离不同淀粉的目的。

三、淀粉的糊化

1. 淀粉糊化的概念与本质

淀粉在常温下不溶于水，但将淀粉倒入冷水中，搅拌可得到乳白色的不透明悬浮液称为淀粉乳。停止搅拌，淀粉慢慢沉淀，因为淀粉密度较大，且不溶于冷水。将淀粉乳加热，淀粉颗粒吸水膨胀，随着温度上升，吸收水分更多，体积膨胀更大，达到一定温度时高度膨胀的淀粉颗粒间互相接触，变成半透明的黏稠状液体，称为淀粉糊，这种淀粉在高温下溶胀、分裂形成均匀糊状溶液的特性，称为淀粉的糊化，又称淀粉“α－化”。糊化后的淀粉糊是非常黏稠的半透明液体，淀粉糊并不是真正溶液，而是由膨胀的淀粉颗粒的碎片、水合淀粉块和溶解的淀粉分子组成的胶状分散物。糊化的本质是微观结构从有序转变成无序。糊化所需的温度称为糊化温度。

糊化温度不是一个点，而是一段温度范围。大多数淀粉在60～70℃开始溶胀，比较好的分散温度为95℃，然后即破裂而糊化，糊化温度65～78℃，玉米淀粉的糊化温度为75～78℃。不同淀粉的糊化温度不一样，如表3－4所示。

表3－4　不同来源淀粉的糊化温度　单位:℃

淀粉种类	膨胀开始温度	糊化开始温度	糊化终了温度
甘薯淀粉	52	60	65
马铃薯淀粉	50	59	63
小麦淀粉	50	61	65
大米淀粉	54	59	61
玉米淀粉	50	55	63

2. 淀粉糊化的过程

淀粉的糊化过程可分为三个阶段。

(1) 可逆吸水阶段　在这个阶段，水温未达到糊化开始温度。水分只是由淀粉粒的孔隙进入粒内的非结晶区域，与许多不定型的极性基团结合，或者被它们吸附。这一阶段，淀粉粒的内层虽然有膨胀，但淀粉悬浮液的黏度变化不大，淀粉粒的外形基本不变。此时如将淀粉粒取出进行干燥脱水，仍可恢复原状。因此说这一阶段的吸水变化是可逆的。

（2）不可逆吸水阶段　当将淀粉浆加热升高到糊化开始温度时，淀粉粒内部的晶体结构会“融化”，水分子进入淀粉粒的内部，并与一部分淀粉分子相结合，整个淀粉粒不可逆地大量吸收水分，体积可快速膨胀到原来体积的 50 ~ 100 倍，淀粉悬浮液迅速变成黏稠的胶体溶液。此时若用偏光显微镜观察，偏光十字完全消失，这说明淀粉内部的结晶区域已全部被破坏。待冷却后观察，发现淀粉粒的外形已发生了变化，大部分都已失去了原有结构，少部分淀粉分子呈溶解状态。这时的淀粉已无法恢复原有状态，理化性质也与原来的淀粉粒不同，所以这一阶段叫不可逆吸水阶段。

（3）淀粉颗粒解体阶段　这一阶段，由于温度继续升高，此时有更多的淀粉分子溶解于溶液中，淀粉粒完全解体，淀粉分子全部进入溶液。

淀粉糊化过程中还会发生胶凝现象。在淀粉粒受热膨胀至外膜破裂时，某些直链淀粉分子进入水中，当温度降低时，各直链淀粉分子间可通过氢键相互键合，并与淀粉颗粒键合，从而生成三维网状结构。温度继续降低，则氢键的形成增多，网状结构也更为牢固，并且包围住大量的水分子，形成有一定强度的弹性凝胶或胶冻。这就是淀粉利用糊化和胶凝制作粉丝、粉皮、凉粉的原理。

支链淀粉分子，由于体积紧凑，不易形成较多的分子间氢键，所以不会产生胶凝，但可以使淀粉糊的黏度大大提高。

3. 影响淀粉糊化的因素

影响淀粉糊化的因素很多，包括淀粉粒自身的特点、直链淀粉与支链淀粉的含量和结构、温度、水分活度、淀粉中其他共存物和 pH 等。

（1）淀粉自身　一般来说，生长在地下的植物淀粉和支链淀粉容易糊化，而且糊化后的黏稠性可以很快达到最高，但它们的抗热性差。而生长在地上的植物淀粉和直链淀粉较难糊化，但糊化后的黏稠性大，而且可以保持比较长的时间，具有较好的“耐煮性”。这类淀粉还具有一定的胶凝性。当淀粉中直链淀粉比例高时不易糊化，同一种淀粉，颗粒大小不一样，糊化温度也不一样，颗粒大的先糊化，颗粒小的后糊化。

（2）水分活度　水分活度提高，糊化程度提高。在常压下，水分在 30% 以下时难于完全糊化，这是由于先糊化的部分吸收周围的水分，使后糊化的部分水分不足。例如，在做米饭时，如果淘米后马上就做饭，则饭易夹生，是由于米内部的水分不足的缘故。在少水状态下加热的点心类（饼干等），淀粉的糊化也不充分。需要知道的是淀粉糊化是无限溶胀（即溶解），水量没有上限。因此，加工中添加多少水，直接影响最终糊化的结果。例如，煮饭的关键就是控制好加入的水量，水多米饭自然就软。

（3）加热温度　淀粉糊化中，涉及晶体淀粉的瓦解，所以糊化时的加热温度必须要达到其“熔点”，这个温度称为糊化温度。一般的淀粉在接近沸点时最黏稠，但木薯淀粉要在低于沸点时烹饪才能使其黏稠度最大。

淀粉糊化温度不是固定不变的，它与淀粉中含水多少有关。当淀粉中含水多时，糊化温度会降低；当淀粉中含水少时，糊化温度会增高。当含水量很少，水分几乎都为结合水时，糊化温度会超过 100℃，甚至个别品种，如高直链品种的玉米籽中的干淀粉，糊化温度会达到160℃以上。

（4）共存物　在食品中，通常淀粉与糖、蛋白质、脂肪、食用酸、水共存于食品中。它们的存在对淀粉糊化都有影响。食品中存在的脂类以及与脂类有关的物质（脂肪酸等），均影响淀粉的糊化。例如面包中的脂肪含量低，其中96%的淀粉可被完全糊化，馅饼皮和烤饼是高脂肪、低水分食品，其中含有大量未糊化的淀粉。

食品中蛋白质、砂糖等亲水性物质的作用也很重要。在水分较少的情况下，蛋白质、羧甲基纤维素（CMC）、砂糖等亲水性物质妨碍淀粉的糊化作用，特别是CMC的作用很强，它能夺取淀粉糊化所需要的水。添加糖可以降低淀粉糊的黏度和凝胶强度。添加酸可降低淀粉糊的黏度，而添加碱非常有助于淀粉的糊化，强碱在常温下就可使淀粉糊化。例如，煮粥的过程中添加少量碱就可以使淀粉的糊化更加容易和充分。

另外，高浓度的糖水分子，使淀粉糊化受到抑制；高浓度的盐使淀粉糊化受到抑制；低浓度的盐存在，对糊化几乎无影响，但对马铃薯淀粉例外，因为它含有磷酸基团，低浓度的盐影响它的电荷效应；脂类可与淀粉形成包合物，即脂类被包含在淀粉螺旋环内，不易从螺旋环中浸出，并阻止水渗透入淀粉粒。

（5）pH　pH <4 时，淀粉水解为糊精，黏度降低（故高酸食品的增稠需用交联淀粉）；pH 4～7时，几乎无影响；pH $=10$ 时，糊化速度迅速加快，但在食品中意义不大。

（6）淀粉酶　在糊化初期，淀粉粒吸水膨胀已经开始，而淀粉酶尚未被钝化前，可使淀粉降解（稀化），淀粉酶的这种作用将使淀粉糊化加速，故新米（淀粉酶酶活高）比陈米更易煮烂。

4. 淀粉糊化的应用

淀粉糊化，又称淀粉“α－化”，是粮食、薯类等高淀粉含量食品在加工中最重要的变化。煮饭、蒸馒头、烤面包等加工过程，都有淀粉糊化作用发生。可以说，淀粉类食品的“生熟”主要就是根据其糊化的程度来判断的。因为随着糊化作用的进展，晶体淀粉的结构逐渐失去，淀粉分子之间存在大量的水，淀粉分子呈零散的、扩张的状态，所以易受淀粉酶的作用，人体才能消化它们。烹调中淀粉与水一起受热，产生糊化反应，使淀粉体积增大，变得黏稠，这一反应有利于多种维生素的保护。

四、淀粉的老化

1. 老化的概念与实质

热的糊化后的淀粉溶液经缓慢冷却或在低温下放置较长时间，会变为不透明，甚至凝结而沉淀，从而形成黏弹性的凝胶的现象，被称为淀粉的老化，也叫做“回生”或“返生”。老化作用的实质是糊化后无序排列的分子又自动排列成序，形成高度致密的结晶化的不溶解性的淀粉分子束。淀粉老化的过程是不可逆的，不可能通过糊化再恢复到老化前的状态。老化后的淀粉，不仅口感变差，消化吸收率也随之降低，所以要尽量避免淀粉老化现象的发生。

2. 影响淀粉老化的主要因素

淀粉的老化受淀粉的种类、组成、含水量、温度、共存物质等因素的影响。一般来说，有利于糊化的因素不利于老化。

（1）淀粉的种类　不同种类的淀粉，老化的难易程度不同。一般生长在地上植物淀粉（如玉米、小麦中的淀粉）较生长在地下植物淀粉（如马铃薯、甘薯中的淀粉）容易老化。淀粉的老化与淀粉的组成密切相关，含直链淀粉多的淀粉易老化，不易糊化，含支链淀粉多的淀粉易糊化不易老化，如玉米淀粉、小麦淀粉易老化；糯米、黏玉米中支链淀粉多，不易老化。聚合度中等的淀粉易老化；淀粉改性后，不均匀性提高，不易老化。常见淀粉老化顺序为：玉米 > 小麦 > 甘薯 > 马铃薯 > 木薯 > 黏玉米。

（2）温度　在高温下淀粉发生糊化，不会发生老化。随着温度的降低，老化速度变快，淀粉老化最适宜的温度为2～4℃，高于60℃或低于－20℃都不易发生老化现象。在食品加工中防止淀粉老化的一种有效方法就是将淀粉（或淀粉食品）糊化后，在80℃以上的高温迅速除去水分（水分含量最好在10%以下），或冷至0℃以下迅速脱水。

（3）含水量　在食品的含水量低于10%时，水分基本都处于结合水状态，可看作是干燥状态，没有可流动自由水的帮助，淀粉分子难移动，所以基本上不发生老化。如饼干含水量一般为5%～7%，若密封保存，较长时间也不会发生老化，仍保持酥脆。若吸潮以后，保存时间较短，也会变得僵硬。

方便面和方便米的制作就是利用了此原理，将糊化了的米或面，急速脱水。这样既可以在较长时间内保存，又不易发生老化，食用时只需加热水进行复原，便可得到美味可口的良好食品。

食品含水量在30%～60%，尤其是在40%左右时，最易老化。例如，面包含水量为30%～40%，馒头含水量为40%～55%，米饭含水量为60%～70%，当食品冷却后，它们会出现“返生”现象，使口感变硬。含水量在60%以上时，由于淀粉基质浓度相对变小，淀粉分子凝聚的机会减少，老化也变慢。

（4）食品的pH　一般认为在弱酸性条件下会促进老化，pH在5～7时，老化速度快，而在pH 4以下的酸性或碱性环境中，淀粉不易老化。

（5）膨化处理　实践证明，膨化食品放置很长时间后，也不发生老化现象。

（6）共存物的影响　脂类和乳化剂可抗老化，多糖（果胶例外）、蛋白质等亲水大分子，可与淀粉竞争水分子及干扰淀粉分子平行靠拢，从而起到抗老化作用，有效增加食品的货架寿命。例如，添加乳化剂能控制面包淀粉老化，其原因是乳化剂能够与面粉中的直链淀粉结合形成不溶性复合物，阻止了淀粉重新结晶而发生老化，从而使质地变柔软。在食品中加入脂肪甘油酯、糖脂、磷脂、大豆蛋白或聚氧化乙烯等表面活性物质，均有延缓淀粉老化的效果，这是由于它们可以降低液面的表面能力，产生乳化现象，使淀粉胶束之间形成一层薄膜，防止形成以水分子为介质的氢的结合，从而延缓老化时间。

（7）冷冻的速度　糊化后的淀粉缓慢冷却时，淀粉分子有足够的时间取向排列，会加重老化。而速冻使淀粉分子间的水分迅速结晶，阻碍淀粉分子靠近，淀粉分子来不及取向，分子间的氢键结合不易产生，故可降低老化程度。

3. 老化与糊化的关系

老化后的淀粉与水失去亲和力，影响加工食品的质构，并且难以被淀粉酶水解，因而也不易被人体消化吸收。多数情况下都不希望老化的发生和进行。因为老化淀粉的溶解度、黏度降低，使食品的口感由松软变为发硬，酶的水解作用受到阻碍，从而影响了它的消化率。例如：面包陈化失去新鲜感、汤汁失去黏度或生成沉淀等，因此控制淀粉老化的作用在食品工业中有重要意义。但是也有少数利用淀粉老化现象的例子，如粉丝、粉皮、龙虾片等，选用含直链淀粉多的淀粉作原料，制作时虽较难糊化，但形成的凝胶硬而结实，将其冻结、解冻老化，干燥后则成为抗煮而柔韧的粉丝。如绿豆淀粉含直链淀粉达33%，易于发生老化，制成品具有较强的韧性，表面富有光泽，加热后不易断碎，口感有劲，是制作优质粉丝的好原料。

五、淀粉的水解

正如其他多糖分子一样，淀粉很容易发生水解，淀粉水解可用酶或酸来催化，在食品工业中，经常利用淀粉的水解性质来生产葡萄糖、麦芽糖、糊精、淀粉糖浆等食品原料。根据水解的原理不同，淀粉的水解方法分为酸水解法和酶水解法两种。在水中加热，或加入酸，淀粉能完全水解为D-葡萄糖。淀粉水解也是一个逐步进行的过程，水解进程可用碘液与其作用的颜色变化来判断。淀粉在水解过程中可生成相对分子质量不同的各种糊精和麦芽糖等一系列中间产物，最终产物是葡萄糖。糊精是相对分子质量较小的多糖，包括紫糊精、红糊精和无色糊精等。淀粉和糊精与碘溶液作用可产生不同颜色，此种颜色煮沸时消失，放冷又重现。如图3-22所示：

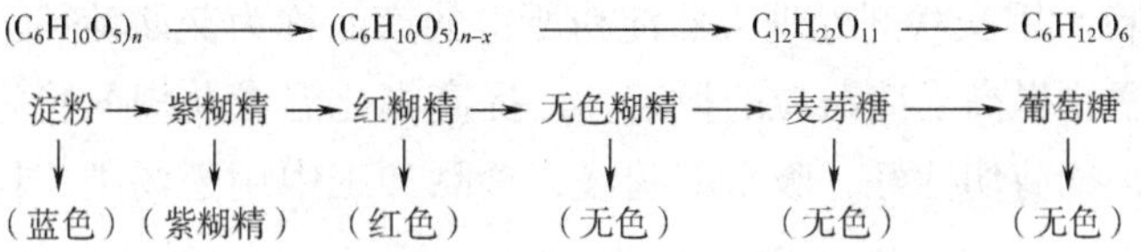

图3-22　淀粉水解示意图

糊精是淀粉不同水解程度的产物，它具还原性，能溶于水，仍具黏性。麦芽糖又称饴糖，它是淀粉水解成具甜味成分的一个标志。淀粉糖浆实际上就是淀粉不完全水解的高分子和低分子产物的混合物，它包括葡萄糖、低聚糖和各种糊精；这种混合物在食品中有广泛应用，如它一方面有甜味，另一方面又有一定黏性，控制好不同的水解程度，可得到所需的甜性、黏性等品质。淀粉酶能高效、快速地水解淀粉。

另外，淀粉在干热情况下会部分分解而产生糊精，糊精比淀粉容易消化，所以烤馒头片比馒头容易消化。

六、改性淀粉的种类及其应用

改性淀粉又叫变性淀粉，是指天然淀粉经适当的化学处理、物理处理或酶处理，将天然淀粉的部分结构和天然性质进行一定程度的改变，使某些加工性能得到改善，以适应特定的需要。

此类产品是依据淀粉本身的固有特性，利用加热、酸、碱、氧化剂、酶制剂等改变淀粉的部分性质，以扩大淀粉的应用范围。目前，变性淀粉已广泛应用到食品、纺织等行业，是一类很有发展前途的产品。常见的变性淀粉有预糊化淀粉、酸化淀粉、磷酸化淀粉、氧化淀粉、交联淀粉等。

（1）预糊化淀粉　将淀粉悬浮液糊化，利用热滚筒干燥技术，在80℃以上将糊化淀粉干燥到水分含量<10%，粉碎得到的淀粉制品。优点：溶解速度快，加入冷水就可产生黏糊，应用于布丁、馅料和糖霜食品中，用作食品的增稠、保型等，也用作儿童营养食品的辅料。

（2）酸化淀粉　在糊化温度下用无机酸处理天然淀粉所得的改性淀粉。常用的无机酸是盐酸和硫酸，经酸处理后，形成淀粉片断，再经碱中和、过滤干燥而得。酸改性淀粉加热后可溶解，溶液黏度低，高浓度的溶液冷却后可形成高强度的凝胶，用于制造软糖基、果冻等食品。用酸改性淀粉生产的软糖质地紧密、外形柔软、富有弹性，高温处理也不收缩，不起砂，能较好地保持糖果的质量。

（3）氧化淀粉　用次氯酸的钙盐或其他氧化剂处理淀粉所得的产品即为氧化淀粉。经氧化后的改性淀粉色泽洁白，糊化温度低，糊质清亮，黏度较低，不易老化，常用作乳化剂和分散剂。

（4）磷酸化淀粉　用酸式磷酸盐、焦磷酸盐或三聚磷酸盐的干混合物在高温下处理淀粉可得磷酸化淀粉，使淀粉分子上的羟基部分磷酸化。磷酸化淀粉的糊化温度较低，糊的黏度大，透明性和胶黏性高，保水性好，不易凝沉，常用作增稠剂，而且耐受冷冻——解冻过程的能力较高，在冷冻食品中很有用处。

（5）交联淀粉　用交联剂处理天然淀粉所得的产品称为交联淀粉。处理后使淀粉链之间产生共价交联，提高了淀粉粒的稳定性，提高糊化温度及糊的稳定性。交联淀粉耐酸、耐碱、耐热，抗剪切性好，吸水膨润慢，食品加工中用于汤类、肉汁、酱汁等的增稠剂和塑形剂。

第四节　植物细胞壁多糖

植物细胞壁（cell wall）是植物细胞区别于动物细胞的主要特征之一。细胞壁（结构见图3-23）是植物细胞外围的一层壁，具一定弹性和硬度，界定细胞形状和大小，主要成分为纤维素和果胶。

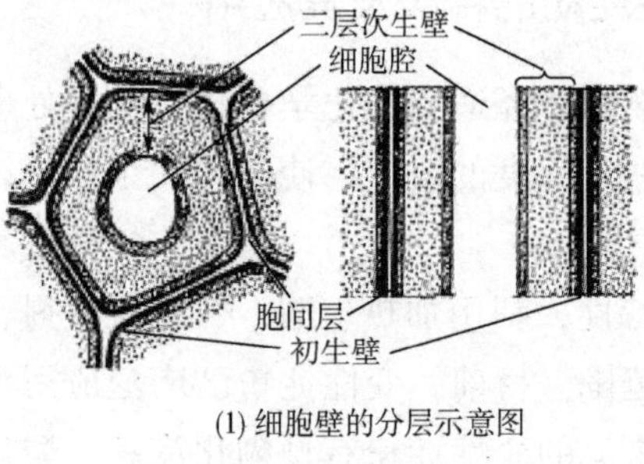

(1) 细胞壁的分层示意图

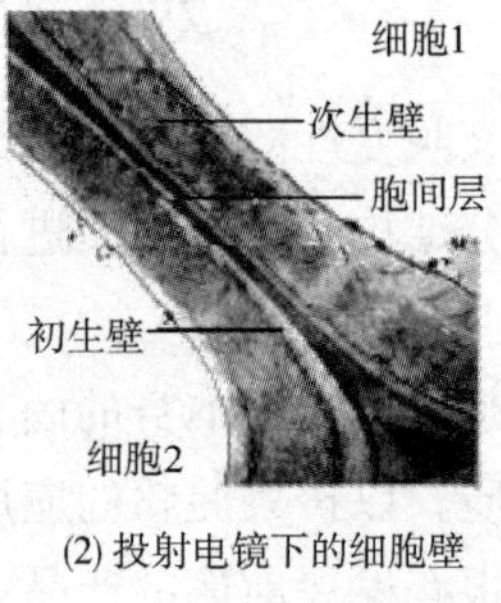

(2) 投射电镜下的细胞壁

图3-23　细胞壁的分层

一、 纤维素

纤维素（cellulose）是自然界最丰富的多糖，是植物组织中的一种结构性多糖，也是植物细胞壁的主要成分，常与半纤维素、木质素和果胶质结合在一起。纤维素对细胞壁的机械物理性能起着重要作用，其结构见图3－24。

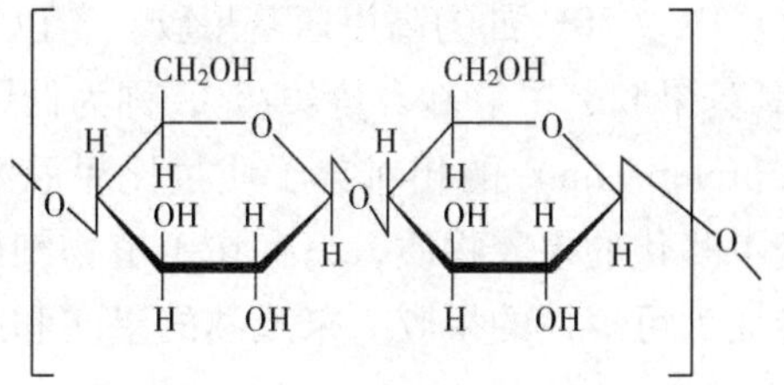

图3－24 纤维素的结构

纤维素是D－葡萄糖通过β－1，4－糖苷键结合，呈直链状无分支的链状分子。其聚合度的大小取决于纤维素的来源，一般可达1000～14000，相对分子质量在162000～2268000。纤维素内葡萄糖残基间形成大量氢键，而相邻分子间氢键使带状分子彼此平行地连在一起，这些纤维素分子链都具有相同的极性，排列成立体晶格状，可称为分子团，又叫微团（micellae）。微团组合成微纤丝（microfibril），微纤丝又组成大纤丝（macrofibril），因而纤维素的这种结构非常牢固，使细胞壁具有高强度和抗化学降解的能力。

纤维素不溶于水，对稀酸和稀碱特别稳定，几乎不还原费林试剂。只有用高浓度的酸（60%～70%硫酸或41%盐酸）或稀酸在高温处理下才能分解，分解的最后产物是葡萄糖。人体内没有分解纤维素的消化酶，所以纤维素无法被人类所利用。

纤维素应用于造纸、纺织品、化学合成物、胶卷、炸药、医药和食品包装、发酵（酒精）、饲料生产（酵母蛋白和脂肪）、吸附剂和澄清剂等。它的长链中常有许多游离的醇羟基，具有羟基的各种特性反应，如成酯和成醚反应等。

二、 果胶物质

果胶物质（pectic substances）也是细胞壁的组成成分，存在于陆生植物的细胞间隙或中胶层中，通常与纤维素结合在一起，形成植物细胞结构和骨架的主要部分。果胶物质是果胶及其伴随物（阿拉伯聚糖、半乳聚糖、淀粉和蛋白质等）的混合物。植物细胞壁的胞间层基本上是由果胶物质组成的，果胶使相邻的细胞黏合在一起。果胶物质的组成与性质随不同的来源有很大差别。

1. 果胶物质的化学结构与组成

（1）结构　果胶分子的主链是150～500个α－D－半乳糖醛酸基通过1，4－糖苷键连接而成，其中部分羧基被甲酯化。

（2）组成　果胶物质是由半乳糖醛酸组成的多聚体。根据其结合情况及理化性质，果胶物质可分为三类，即原果胶、果胶、果胶酸。它们是以酯化度而区分的。酯化度指D－半乳糖醛酸残基的酯化数占D－半乳糖醛酸残基总数的百分数，甲酯化程度：原果胶＞果胶＞果胶酸。完全酯化的聚半乳糖醛酸的甲氧基含量为16.32%，以此作为100%酯化度。根据果胶分子羧基酯化度的不同，天然果胶一般分为两类：其中一类分子中＞50%的羧基是甲酯化（$—COOCH_3$）的，称为高甲氧基果胶（HM），余下的羧基是以游离酸（—COOH）及盐（$—COO^-Na^+$）的形式存在；另一类分子中＜50%的羧基是甲酯化的，称为低甲氧基果胶（LM）。DE≥50%的为高甲氧基果胶。若以甲氧基含量表示，则甲氧基含量＞7%，称为高甲氧基果胶，甲氧基含量≤7%，称为低甲氧基果胶（或果胶酯）。

①原果胶：原果胶（protopectin）的相对分子质量比果胶酸和果胶高，主要存在于初生壁中。原果胶是高度甲酯化的果胶物质，只存在于植物细胞壁中，不溶于水，在稀酸和原果胶酶的作用下转变为可溶性的果胶。未成熟的果实和蔬菜中，它使果实、蔬菜保持较硬的质地。

②果胶：果胶（pectin）是半乳糖醛酸酯及少量半乳糖醛酸通过α－1，4－糖苷键连接而成的长链高分子化合物，相对分子质量在25000～50000，每条链含200个以上的半乳糖醛酸残基。果胶能溶于水，存在于中胶层和初生壁中，甚至存在于细胞质或液泡中。果胶是部分甲酯化的果胶物质，存在于植物汁液中。

③果胶酸：果胶酸（pectic acid）是由约100个半乳糖醛酸通过α－1，4－键连接而成的直链。果胶酸主要存在于中胶层中。果胶酸是不含甲酯基，即羟基游离的果胶物质，是水溶性的，很容易与钙起作用生成果胶酸钙的凝胶。

在未成熟的果实细胞内含有大量的原果胶，随着果实成熟度的增加，原果胶水解成果胶，果蔬组织就变软而有弹性，当果实过熟时，果胶发生去酯化作用生成果胶酸。

2. 果胶物质的特性

原果胶在果胶酶和果胶甲酯酶作用下，生成果胶酸。果胶在酸、碱或酶的作用下可发生水解，可使酯水解（去甲酯化）或糖苷键水解，生成去甲酯及苷键裂解产物；在高温强酸条件下，糖醛酸残基发生脱羧作用。

果胶溶液是高黏度溶液，其黏度与链长成正比，果胶酸不具有黏性。果胶在一定条件下具有胶凝能力。果胶与果胶酸在水中溶解度随链长增加而减少，在一定程度上还随酯化度的增加而增加。

3. 果胶物质的凝胶形成

（1）果胶物质凝胶的形成条件　脱水剂（蔗糖、甘油、乙醇）含量60%～65%，pH 2～3.5，果胶含量0.3%～0.7%，可以形成凝胶。依果胶酯化度不同，条件略有变化。当果胶的酯化度DE＞50%时，形成凝胶的条件是可溶性固形物含量（一般是糖）超过55%，pH 2.0～3.5；当DE≤50%时，通过加入Ca^{2+}形成凝胶，可溶性固形物为10%～20%，pH为2.5～6.5。

（2）果胶物质凝胶的形成机制　脱水剂使高度含水的果胶分子脱水以及电荷中和而形成凝集体。HM与LM果胶的胶凝机理是不同的。HM果胶溶液必须在具有足够的糖和酸存在的条件下才能胶凝，又称为糖－酸－果胶凝胶。当果胶溶液pH足够低时，羧酸盐基团转化为羧酸基团，因此分子不带电荷，分子间斥力下降，水合程度降低，分子间缔合形成凝胶。糖的浓度越高，越有助于形成接合区，这是因为糖与果胶分子链竞争结合水，致使分子链的溶剂化程度大大下降，有利于分子链间相互作用，一般糖的浓度至少在55%，最好在65%。凝胶是由果胶分子形成的三维网状结构，同时水和溶质固定在网孔中。

HM 果胶的酯化度与凝胶的胶凝温度有关，因此根据胶凝时间和胶凝温度可以进一步将 HM 果胶进行分类（表 3-5）。此外，凝胶形成的 pH 也和酯化度相关，快速胶凝的果胶（高酯化度）在 pH 3.3 也可以胶凝，而慢速胶凝的果胶（低酯化度）在 pH 2.8 可以胶凝。凝胶形成的条件同样还受到可溶性固形物的含量与 pH 的影响，固形物含量越高及 pH 越低，则可在较高温度下胶凝，因此在制造果酱和糖果时必须选择 Brix（固形物含量）、pH 以及适合类型的果胶以达到所期望的胶凝温度。

表 3-5　果胶的分类与胶凝条件

果胶类型	酯化度	胶凝条件	胶凝速率
高甲氧基	74~77	Brix>55，pH<3.5	超快速
高甲氧基	71~74	Brix>55，pH<3.5	快速
高甲氧基	66~69	Brix>55，pH<3.5	中速
高甲氧基	58~65	Brix>55，pH<3.5	慢速
低甲氧基	40	Ca^{2+}	慢速
低甲氧基	30	Ca^{2+}	快速

LM 果胶（DE≤50%）必须在二价阳离子（如 Ca^{2+}）存在情况下形成凝胶，胶凝的机理是由不同分子链的均匀（均一的半乳糖醛酸）区间形成分子间接合区，胶凝能力随 DE 的减少而增加。正如其他高聚物一样，相对分子质量越小，形成的凝胶越弱。胶凝过程也和外部因素如温度、pH、离子强度以及 Ca^{2+} 的浓度有关。凝胶的形成对 pH 非常敏感，pH 3.5，LM 果胶胶凝所需的 Ca^{2+} 量超过中性条件。在一价盐 NaCl 存在条件下，果胶胶凝所需 Ca^{2+} 量可以少一些。由于 pH 与糖双重因素可以促进分子链间相互作用，因此可以在 Ca^{2+} 浓度较低的情况下进行胶凝。

（3）影响果胶物质凝胶强度的因素

①凝胶强度与相对分子质量成正比：形成的凝胶具有一定的凝胶强度，有许多因素影响凝胶的形成与凝胶强度，最主要的因素是果胶分子的链长与连结区的化学性质。在相同条件下，相对分子质量越大，形成的凝胶越强，如果果胶分子链降解，则形成的凝胶强度就比较弱。凝胶破裂强度与平均相对分子质量具有非常好的相关性，凝胶破裂强度还与每个分子参与连结的点的数目有关。

②凝胶强度与酯化程度成正比：酯化程度越大，凝胶强度越大。同时，果胶的酯化程度也直接影响凝胶速度，凝胶速度随果胶酯化度减小而减慢。

③pH：在适宜pH下，有助于凝胶的形成。当pH太高时，凝胶强度极易降低。一定的酸度有助于果胶-糖凝胶体系的形成，不同类型的果胶凝胶时pH范围不同。低甲氧基果胶对pH变化的敏感性差，能在pH 2.5~6.5形成凝胶，而正常的果胶则仅在pH 2.7~3.5形成凝胶。不适当的pH不但无助于凝胶的形成，反而会导致果胶水解和糖的分解，尤其是对高甲氧基果胶。当果胶处于碱性条件下，在室温时果胶分子中酯键也会发生部分水解，使凝胶强度降低。

④糖浓度：低甲氧基果胶在凝胶形成时可以不需要糖的加入，但加入10%~20%的蔗糖时凝胶具有较好的质地。如果不加入糖或某种增稠剂，低甲氧基果胶所形成的凝胶是脆性的，其弹性比正常果胶形成的凝胶差。

⑤温度：在0~50℃，对凝胶影响不大，但温度过高或加热时间过长，果胶降解，从而会影响果胶强度。

⑥Ca^{2+}等的影响：高甲氧基果胶，只要有一定量的糖和酸存在就能够形成凝胶。低甲氧基果胶，则需要二价金属离子的存在才能够形成凝胶，钙离子对于果胶分子间“盐桥”的形成有益，钙离子的存在对凝胶质地还有硬化作用。在果蔬加工中原料的钙盐前处理，对于增加制品的硬度、脆性有时是必需的。

4. 果胶在食品中的应用

果胶的主要用途是作为果酱与果冻的胶凝剂。果胶的类型很多，不同酯化度的果胶能满足不同的要求。慢胶凝HM果胶与LM果胶用于制造凝胶软糖。果胶另一用途是在生产酸奶时作水果基质，LM果胶特别适合。果胶还可作为增稠剂和稳定剂。HM果胶可应用于乳制品，它在pH 3.5~4.2时能阻止加热时酪蛋白聚集，这适用于经巴氏杀菌或高温杀菌的酸奶、酸豆奶以及牛奶与果汁的混合物。HM与LM果胶能应用于蛋黄酱、番茄酱、浑浊型果汁、饮料以及冰淇淋等，一般添加量<1%；但是凝胶软糖除外，它的添加量为2%~5%。

三、半纤维素

半纤维素（hemicellulose）是一类细胞壁多糖，与纤维素、木质素、果胶物质共存于植物细胞壁中，往往是指除纤维素和果胶物质以外的，溶于碱的细胞壁多糖类的总称。构成半纤维素的单体有木糖、果糖、葡萄糖、半乳糖、阿拉伯糖、甘露糖及糖醛酸等，木聚糖是半纤维素物质中最丰富的一种。食品中最普遍存在的半纤维素是木聚糖、阿拉伯木聚糖，其次还有木糖葡聚糖、半乳糖甘露聚糖等。

半纤维素存在于所有陆地植物中，而且经常在木质化部分存在。食品中最主要的半纤维素是由β-1，4-D-吡喃木糖基单位组成的木聚糖为骨架，属于膳食纤维的一个来源。

在焙烤食品中半纤维素的作用很大，它能提高面粉结合水的能力。在面包面团中，有助于蛋白质与面团的混合，改进混合物的质量，有助于蛋白质的进入和增加面包的体积和弹性，改善面包的结构，并能延缓面包的老化。

四、改性纤维素

天然纤维素对于人类没有营养源的价值，经过适当的处理，改变其原有性质以适应特殊需要，称为改性纤维素，可用于制备纤维素食品胶，在食品工业中应用广泛。改性纤维素有着丰富的生物来源，一些食品生产的副产物如豆渣、蔗渣、椰渣等都可以用来生产改性纤维素，这对于资源的开发和能源的节约都有相当重要的意义。

天然纤维素不溶于水，对稀酸、稀碱稳定，聚合度大，化学性质稳定，可通过控制反应条件进行改性，生产出多种纤维素衍生物。按照所用处理方法的不同，可以分为物理改性纤维素和化学改性纤维素。改性纤维素是一类具有多种功能特性的食品添加剂，可用于多种食品的加工生产中，既可以改善加工特性，简化加工过程，又能够降低产品成本，赋予产品良好的感官品质。在食品中常用的有羧甲基纤维素（CMC）、甲基纤维素（MC）和羟丙基甲基纤维素（HPMC）等，其中使用最广泛的是羧甲基纤维素。

1. 羧甲基纤维素

羧甲基纤维素（carboxymethyl cellulose，CMC），又称羧甲基纤维素钠盐、羧甲基纤维素钠，是当今世界食品工业中最广泛使用的纤维素。使用氢氧化钠－氯乙酸处理纤维素，即可得到羧甲基纤维素，其属于化学改性纤维素。经过改性，分子上带有了具负电荷的羧甲基，性质变得类似亲水性的多糖胶。

取代度在0.7～1.0的CMC易溶于水，形成无色无味的黏液，溶液的黏度随温度的升高而降低。溶液在pH 5～10时最稳定，在pH 7～9时具有最高稳定性。CMC在冷热水中都能很快溶解，其水溶液有着极高的透明度和流动性，能在不同的温度下生成稳定的网状结构。CMC水溶液的黏度也受pH影响。当pH为7时，黏度最大；通常pH为4～11时较合适；而pH在3以下，则易生成游离酸沉淀，其耐盐性较差。

CMC在食品中作为添加剂使用，集增稠、悬浮、乳化、稳定、保型、成膜、膨化、防腐保鲜、耐酸和保健等多种功能，已广泛应用于现代食品工业，如冷冻制品、固体饮料、果汁、果酱、乳酸饮料、调味品、饼干和肉制品等。CMC有假塑性，口感爽快，同时具有良好的悬浮稳定性，0.4%～0.5%浓度的CMC就可以完全阻止果汁的澄清。在果酱、番茄酱或乳酪中添加CMC，不仅增加黏度，而且可增加固形物的含量，还可使其组织柔软细腻。在面包和蛋糕中添加CMC，可增加其保水作用，防止老化。在方便面中添加CMC，较易控制水分，而且可减少面条的吸油量，还可增加面条的光泽，一般用量为0.36%。在酱油中添加CMC，可调节酱油的黏度，使酱油具有润滑口感。CMC对冰淇淋的作用类似于海藻酸钠，能增加冰淇淋的抗融性，使冰淇淋组织细腻，口感良好，光泽度好，同时提高了产品的膨胀率。而且，CMC还能与其他各种稳定剂（黄原胶、瓜尔胶、海藻酸钠、明胶、卡拉胶、淀粉、麦芽糊精等）进行复配使用并有协同增效作用。

CMC可防止挂面断条和酥条，并使产品质量耐煮耐泡，韧性良好；也能阻止糖果、糖衣和糖浆中糖结晶的生长，并可作为啤酒的泡沫稳定剂；添加于果酱、奶油、花生白脱等可改善涂抹性；在低热量的碳酸饮料中，CMC有助于保持CO_2。果蔬、蛋等用含对羟基苯甲酸酯的2% ~3%的CMC溶液被覆、干燥，以保持风味，防霉。

2. 甲基纤维素

甲基纤维素（methyl cellulose，MC）是使用氢氧化钠和一氯甲烷处理纤维素得到的，这种改性属于醚化。食用MC的取代度为1.5~2.0，取代度为1.69~1.92的MC在水中有最高的溶解度，而黏度主要取决于分子的链长。

MC在无水乙醇、乙醚、丙酮中几乎不溶。在80~90℃的热水中迅速分散、溶胀，降温后迅速溶解，水溶液在常温下相当稳定，高温时能凝胶，并且此凝胶能随温度的高低与溶液互相转变。具有优良的润湿性、分散性、黏接性、增稠性、乳化性、保水性和成膜性，以及对油脂的不透性。所成膜具有优良的韧性、柔曲性和透明度，因属非离子型，可与其他的乳化剂配伍，但易盐析，溶液在pH 2~12稳定。

MC在体内不消化，能保持数倍水分，造成饱腹感，可用于梳打饼干、华夫饼干等制成疗效食品。MC有界面活性，升高温度时可形成弹性凝胶，在焙烤食品中可增加生面团的强度和出品率，保持其调配、醒发、焙烤的均匀性，面包心与面包皮的质量没有任何改变，还可通过减少淀粉凝沉速度，有助于延缓老化，延长货架寿命。蛋糕生产中，加入MC与CMC一样都能够增加蛋糕的体积。碎鱼、碎虾或小虾通过挤压作用生产鱼块、虾块使其得到充分利用，加入少量（0.6% ~2.0%）的MC可以提供食品保持完整所需的结合力并有助于改善产品品质，使产品具有低温挤压成型性和高温稳定性。另外，MC膜强度大，阻湿和阻气性高，水溶性大，外观无色透明，光泽明亮，还可减少食品的吸油量，是一种较理想的新型可食性膜。甲基纤维素还可用于各种食品的可食糖衣中。MC用于柑橘类罐头可防止橙皮苷析出。

3. 羟丙基甲基纤维素

羟丙基甲基纤维素（hydroxypropyl methyl cellulose，HPMC），又名羟丙甲纤维素、纤维素羟丙基甲基醚，是选用高度纯净的棉纤维素作为原料，与氯甲烷和环氧丙烷在碱性条件下经醚化而制得，取代度通常在0.002~0.3。可溶于冷水，在冷水中溶胀成澄清或微浊的胶体溶液，在乙醚、丙酮、无水乙醇中不溶。水溶液具有表面活性，透明度高、性能稳定。HPMC具有热凝胶性质，产品水溶液加热后形成凝胶析出，冷却后又溶解，不同规格的产品凝胶温度不同。溶解度随黏度而变化，黏度越低，溶解度越大，HPMC在水中溶解不受pH影响。

HPMC在食品工业中广泛应用。在焙烤食品中，HPMC可以提高面包的体积，也可以用作高纤维面包生产中的填充剂。此外，在无麸质面包的生产中，纤维可以作为麸质的替代品来模仿其黏弹性和口感。有研究表明，HPMC可食性膜可以显著地延缓番茄在20℃贮藏时的保存期，可以减慢番茄的呼吸速率，阻碍蒸腾作用，减少水分丧失，从而减慢番茄的后熟和硬度下降。与MC类似，HPMC通过热凝胶作用产生一种持水性的凝胶，油炸时可阻碍油的进入，减少食品的吸油量，使得糊的吸油量下降到50%。

复习思考题

1. 简述糖类的定义以及分类。
2. 简述单、双糖的吸湿性与保湿性以及应用。
3. 试说明淀粉糊化的定义、本质以及影响因素。
4. 试说明淀粉老化的定义、本质以及影响因素。如何预防淀粉老化?
5. 简述淀粉的改性以及食品中常见的改性淀粉。
6. 简述糊精在食品加工中所发挥的作用。
7. 简述糖类物质在人体内的主要生理功能。
8. 试述膳食纤维以及其生理功能。
9. 试述功能性低聚糖的主要生理功能。
10. 简述功能性多糖的主要生理功能。
11. 试述膳食纤维及其生理活性。
12. 简述美拉德反应的机理及影响美拉德反应的因素。
13. 试述改性纤维素的结构、功能及其在食品工业中的应用。
14. 试述食用树胶的种类、特点及其在食品工业中的应用。
15. 试述果胶物质的组成及其在食品加工中的应用。

CHAPTER 4

第四章 脂类

[学习目标与要求]

1. 了解脂肪及脂肪酸的组成特征和命名，了解卵磷脂、胆固醇和植物甾醇的性质、酶促酯交换。

2. 熟悉脂肪结晶特性、熔融特性、油脂的乳化等物理性质，过氧化值、酸价、碘值等油脂质量评价方法，油脂加工化学的基本原理。

3. 掌握脂肪氧化的机理及影响因素，抗氧化剂的抗氧化原理，油脂在加工储藏中发生的化学变化。

第一节 概述

脂类是一大类有机物，不溶于水而溶于乙醚、石油醚、丙酮等有机溶剂，多数脂类水解时可生成游离脂肪酸，由生物体产生并能为生物体所利用。

在人体中，脂类是细胞、生物膜、血液和上皮组织重要的组成成分，也是能量储存的最适宜的形式，体脂还有防止机械损伤、润滑、保温等功能。除此以外，人体脂质和其他多种成分必须由膳食脂质转化，膳食脂质是食品重要的组分，是热量最高的营养素，是人体必需脂肪酸的源泉，是脂溶性维生素的载体，可为食品提供滑润的口感和光润的外观，赋予油炸食品香酥的风味。

食用油脂主要含有甘油三酯、磷脂、糖脂、固醇等。固体状态的油脂称为脂肪，液体状态的油脂称为油。不同来源食用油脂的化学组成并不相同，并且在食品中所表现出的物理和化学性质各具一定的独特性，因此在食品中得到不同的利用。例如，起酥油、可可脂和精炼植物油分别是用于焙烤食品、糖果点心和烹调菜肴的油脂。

另外，脂类在食品加工储藏中可能经历多种有利或不利的化学变化，产生极多衍生物并参与进一步的食品化学变化，多方面影响食品品质。特别是脂质氧化，不但影响到食品的风味和营养，还可能产生多种有害物质。因而，围绕控制食品脂质变化的科学研究，以及抗氧化技术的发展，长期以来一直是食品科技前沿研究的主题之一。

第二节 脂类的分类、命名、组成和结构

一、脂类的分类

脂类又称脂质，包括脂肪、蜡、磷脂、糖脂、类固醇等，主要是由脂肪酸和醇等所组成的酯类及其衍生物，其元素组成主要是碳、氢、氧，有的还含有氮、磷、硫。根据化学组成和结构，可将其分成三类（见表4-1）。

表4-1 脂类的分类

主类	亚类	组成
简单脂类	甘油酯	甘油+脂肪酸
	蜡	长链脂肪醇+长链脂肪酸
复合脂类	甘油磷脂	甘油+脂肪酸+磷酸盐+其他含氮基团
	神经鞘脂	鞘氨醇+脂肪酸+磷酸盐+胆碱
	脑苷脂	鞘氨醇+脂肪酸+糖
	神经节苷脂	鞘氨醇+脂肪酸+碳水化合物
衍生脂类		类胡萝卜素、类固醇、脂溶性维生素

（1）简单脂类　由脂肪酸与醇所成的酯。根据其中醇的性质又可分为两类：一类由脂肪酸与甘油构成的酯，称为脂肪；另一类由脂肪酸与高级一元醇所构成的酯，称为蜡。动植物中的蜡是由长链脂肪酸和长链脂肪醇组成的高熔点的酯。

（2）复合脂类　它们为简单脂质的衍生物，结构中除了脂肪酸、醇以外，还含有其他成分。其中含有磷酸和氮素的称为磷脂，如甘油磷脂、卵磷脂（磷脂酰胆碱，PC）、脑磷脂（磷脂酰乙醇胺，PE）等；含有糖及氮素的称为糖脂，如糖基甘油二酰酯（*sn*-3位为半乳糖、葡萄糖或甘露糖的甘油二酰酯）；含有鞘胺醇的称为鞘脂，如神经磷脂（神经酰胺-1-位羟基磷酸胆碱酯）；含有蛋白质的称为蛋白脂。

（3）衍生脂类　它们符合脂类共同的溶解特征，但又不是简单或复合脂类。如类固醇、类胡萝卜、脂溶性维生素。

在植物组织中，脂类主要存在于种子、果仁和果皮中；在动物体中，脂类主要存在于皮下组织、腹腔、肝脏及肌肉间的结缔组织中。许多微生物细胞中也有脂肪的积累。而从天然界提取的脂质一般是包括以上三类脂质的混合物，即通常所称的油脂。按其天

然来源和脂肪酸组成的不同，食用油脂可分为乳脂类、植物脂类、动物脂类、海产动物油类、微生物油脂类、月桂酸油类、油酸－亚油酸油类、亚麻酸油类等；按其不饱和程度又可分为干性油脂（碘值在 130gI/100g 以上）、半干性油脂（碘值在 100 ~ 130gI/100g）和亚不干性油脂（碘值在 100gI/100g 以下）。

二、 脂肪酸

1. 脂肪酸的结构

（1）饱和脂肪酸　食用油脂中存在的饱和脂肪酸主要是长链（碳数≥14）、直链、具有偶数碳原子的脂肪酸，但在乳脂中也含有一定数量的短链脂肪酸，而奇数碳原子及支链的饱和脂肪酸则很少见。

（2）不饱和脂肪酸　食用油脂中存在的不饱和脂肪酸常含有一个或多个烯丙基$\text{-}\!\!\left(CH=CH-CH_2\right)_n\!\!\text{-}$结构单元，两个双键之间夹有一个亚甲基（非共轭）。双键多为顺式，在油脂加工和储藏过程中部分双键会转变为反式，并出现共轭双键。

有些脂肪酸是人体内不可缺少的，具有特殊的生理作用，但是人体自身不能合成，必须从食物中摄取，这类脂肪酸被称为必需脂肪酸，如亚油酸和亚麻酸，必需脂肪酸的最好来源是植物油。

2. 脂肪酸的命名

脂肪酸的命名主要有以下几种方法。

（1）系统命名法　选择含羧基和双键的最长碳链为主链，从羧基端开始编号，并标出不饱和键的位置，例如亚油酸：

$$CH_3(CH_2)_4CH=CHCH_2CH=CH(CH_2)_7COOH \quad 9,12-\text{十八碳二烯酸}$$

（2）数字缩写命名法　缩写为：碳原子数:双键数（双键位），例如：

$$CH_3CH_2CH_2CH_2CH_2CH_2CH_2CH_2CH_2COOH\ \text{可缩写为}\ 10:0$$

$$CH_3(CH_2)_4CH=CHCH_2CH=CH(CH_2)_7COOH\ \text{可缩写为}\ 18:2\ \text{或}\ 18:2(9,12)$$

双键位的标注有两种表示法，其一是从羧基端开始记数，如 9，12－十八碳二烯酸两个双键分别位于第 9、第 10 碳原子和第 12、第 13 碳原子之间，可记为 18：2（9，12）；其二是从甲基端开始编号记作 n－数字或 ω 数字，该数字为编号最小的双键的碳原子位次，如 9，12－十八碳二烯酸从甲基端开始数第一个双键位于第 6、第 7 碳原子之间，可记为 18：2（n－6）或 18：2ω6。但此法仅用于顺式双键结构和五碳双烯结构，即具有非共轭双键结构，其他结构的脂肪酸不能用 n 法或 ω 法表示。因此第一个双键定位后，其余双键的位置也随之而定，只需标出第一个双键碳原子的位置即可。有时还需标出双键的顺反结构及位置，c 表示顺式，t 表示反式，位置从羧基端编号，如 5t，9c－18：2。

（3）俗名或普通名　许多脂肪酸最初是从天然产物中得到的，故常常根据其来源命名。例如月桂酸（12：0）、肉豆蔻酸（14：0）、棕榈酸（16：0）等。

（4）英文缩写　英文缩写符号代表一个酸的名字，例如月桂酸为 La，肉豆蔻酸为 M，棕榈酸为 P 等。一些常见脂肪酸的命名见表 4－2。

表4-2 一些常见脂肪酸的名称和代号

数字缩写	系统名称	俗名或普通名	英文缩写
4：0	丁酸	酪酸（butyricacid）	B
6：0	己酸	己酸（caproicacid）	H
8：0	辛酸	辛酸（caprylicacid）	Oc
10：0	癸酸	癸酸（capricacid）	D
12：0	十二酸	月桂酸（lauricacid）	La
14：0	十四酸	肉豆蔻酸（myristicacid）	M
16：0	十六酸	棕榈酸（palmticacid）	P
16：1	9-十六烯酸	棕榈油酸（palmitoleicacid）	Po
18：0	十八酸	硬脂酸（stearicacid）	St
18：1（n-9）	9-十八烯酸	油酸（oleicacid）	O
18：2（n-6）	9，12-十八烯酸	亚油酸（linoleicacid）	L
18：3（n-3）	9，12，15-十八烯酸	α-亚麻酸（linolenicacid）	α-Ln，SA
18：3（n-6）	6，9，12-十八烯酸	γ-亚麻酸（linolenicacid）	γ-Ln，GLA
20：0	二十酸	花生酸（arachidicacid）	Ad
20：3（n-6）	8，11，14-二十碳三烯酸	DH-γ-亚麻酸（linolenicacid）	DGLA
20：4（n-6）	5，8，11，14-二十碳四烯酸	花生四烯酸（arachidonicacid）	An
20：5（n-3）	5，8，11，14，17-二十碳五烯酸	EPA（eciosapentanoicacid）	EPA
22：1（n-9）	13-二十二烯酸	芥酸（erucicacid）	E
22：5（n-3）	7，10，13，16，19-二十二碳五烯酸	—	—
22：6（n-6）	4，7，10，13，16，19-二十二碳六烯酸	DHA（docosahexanoicacid）	DHA

三、油脂的组成、结构和命名

1. 油脂的组成

油脂主要是由甘油三酯构成的混合物，甘油三酯的脂肪酸种类、碳链长度、不饱和度及几何构型对油脂的性质起着重要作用，同时，脂肪酰基与甘油三个羟基的结合位置，即脂肪酸在甘油三酯的分布情况对油脂的性质也有很大影响。

天然油脂中除桐油和蓖麻油主要含1~2种脂肪酸外，一般高级植物油脂都含5~10种主要脂肪酸，低级动植物油脂的脂肪酸种类更多一些。脂肪酰基若按照随机法则在甘油三个羟基位置排布，一般高级植物油脂中可能存在甘油三酯达125~1000种，含10~40种脂肪酸的一些油脂则可能存在1000~64000种不同的甘油三酯。但是研究表明，这些理论计算所得的甘油三酯实际只有50%~80%存在于天然油脂中。尽管如此，天然油脂的甘油三酯组成也足够复杂，这为油脂中甘油三酯的分离工作带来极大的困难。

通常，一种天然油脂中的不同脂肪酸碳链之间的长度相差2~6个碳，双键仅差1~3个，因而它们之间的物理化学性质彼此接近，尤其是脂肪酸交叉形成的混合甘油三酯的性质更加接近。如S（S表示饱和酸）与U（U表示不饱和酸）脂肪酸本身性质相差较大，在其所形成的四种甘油三酯 S3、S2U、SU2、U3，仅 S3 与 U3 分离容易，而 S3 与 S2U、S2U 与 SU2 以及 S2U 与 U3 之间因在性质上差别小，分离困难。所以，许多天然油脂的甘油三酯的种类并未得到完全确定。

2. 油脂的结构

天然脂肪是甘油与脂肪酸的一酯、二酯和三酯，分别称为一酰基甘油、二酰基甘油和三酰基甘油。食用油脂中最丰富的是三酰基甘油类，它是动物脂肪和植物油的主要组成。

中性的酰基甘油是由一分子甘油与三分子脂肪酸酯化而成（图 4－1）。

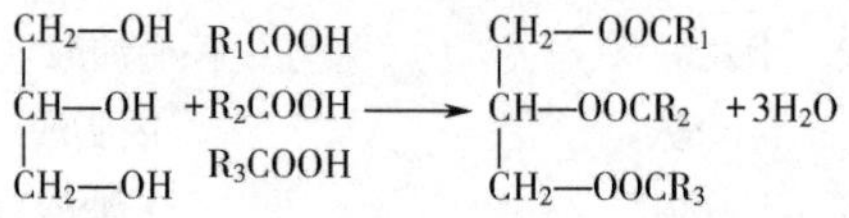

图 4－1　生成酰基甘油酯的反应

如果 R_1、R_2 和 R_3 相同则称为单纯甘油酯，橄榄油中有 70% 以上的三油酸甘油酯；当 R_n 不完全相同时，则称为混合甘油酯，天然油脂多为混合甘油酯。当 R_1 和 R_3 不同时，则 C_2 原子具有手性，且天然油脂多为 L 型。

3. 油脂的命名

甘油三酯的命名通常按赫尔斯曼（Hirschman）提出的立体有择位次编排命名法（Stereospecificnumbering，*sn*）命名，规定甘油的费歇尔平面投影式第二个碳原子的羟基位于左边（图 4－2），并从上到下将甘油的三个羟基定位为 *sn*－1、*sn*－2、*sn*－3。如图 4－3 所示的分子结构式，可命名为 *sn*－甘油－1－硬脂酸－2－油酸－3－肉豆蔻酸酯，或采用脂肪酸的代号记为 *sn*－StOM，或用脂肪酸的缩写法记为 *sn*－18：0－18：1－16：0。

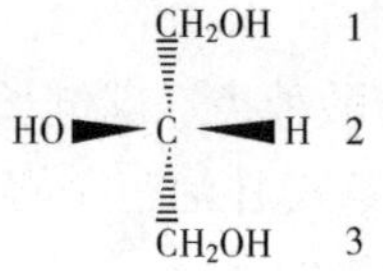

图 4－2　甘油的 Fisher 平面投影

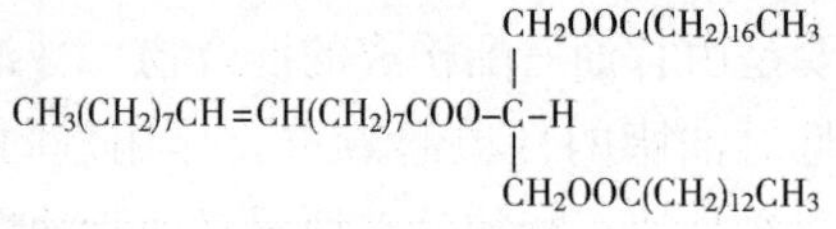

图 4－3　一种三酰基甘油

采用 *sn* 命名法，可把复杂的酰基甘油酯分子进行简单明了的记录，有益于油脂的科学研究，如对油脂旋光性研究，可很容易看出 *sn*－StOM 与 *sn*－MOSt 是一对 1 位上硬脂酸与 3 位上的肉豆蔻酸相互换位的旋光异构体，如果二者分子数相等，该对分子是相互消旋的，也叫外消旋，可记为：rac－StOM；相反如果二者分子数不相等，说明不能消旋，则记为：β－StOM。在油脂的组成与结构研究中还可采用很多基于 *sn* 命名系统的简化方式，如 *sn*－SSS、*sn*－UUU 分别表示的是三饱和脂肪酸甘油酯与三不饱和脂肪酸甘油酯。

四、 磷脂

磷脂（Phospholipid）普遍存在于生物体细胞质和细胞膜中，是含磷类脂的总称。磷脂是构成生物膜的重要组分，它使膜具有独特的性质和功能。磷脂还能修复自由基对膜造成的损伤，显示出抗衰老的作用。磷脂（特别是卵磷脂）有乳化性，能溶解血清胆固醇，清除血管壁上的沉积物，可防止动脉硬化等心血管病的发生。

磷脂按其分子结构可分为甘油醇磷脂和神经氨基醇磷脂两大类。甘油醇磷脂是磷脂酸（phosphatidicacid，PA）的衍生物，常见的主要有卵磷脂（Phosphatidylcholines，PC）、脑磷脂（Phosphatidylethanolamines，PE）、丝氨酸磷脂（Phosphatidylserines，PS）和肌醇磷脂（Phosphatidylinositols，PI）等。神经氨基醇磷脂的种类没有甘油醇磷脂多，其典型代表物是分布于细胞膜的神经鞘磷脂（Sphingomyelin）。常见磷脂结构如图 4－4 所示。

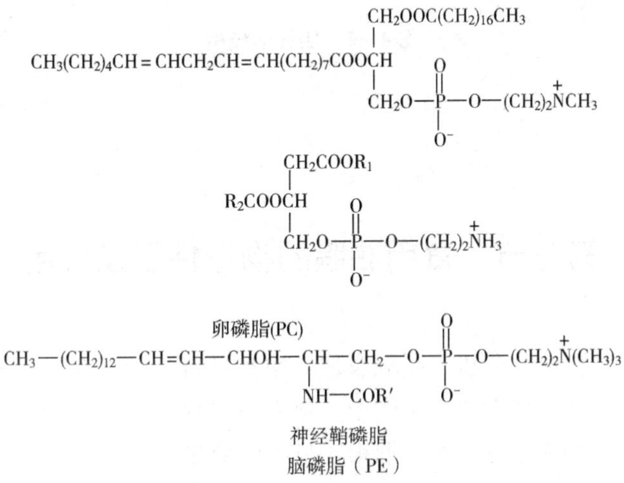

图 4－4　磷脂的化学结构

在甘油醇磷脂中，甘油的 C1 和 C2 羟基被脂肪酸酯化，C3 羟基被磷酸酯化，磷酸又可与一极性集团 M 连接，这就构成甘油磷脂。甘油 C1 连接的常是含 16 或 18 个碳原子的饱和脂肪酸，其 C2 位则常被 16～20 个碳原子的不饱和脂肪酸占据。两个脂肪酸的长烃链构成甘油磷脂分子的非极性尾，而磷酰－M 构成分子的极性头，故甘油磷脂都具有表面活性剂的功能。

五、 固醇

固醇化合物是由四个环组成的一类稠环化合物，由于其在 A 环上有一个羟基，所以属于醇类化合物。自然界中重要的固醇化合物是来自动物的胆固醇和来自植物的植物固醇。

胆固醇（结构见图 4－5）是由生物合成的三十碳六烯多环有机物，是哺乳动物的主要固醇化合物，常以游离形式或脂肪酸酯的形式存在，存在于动物的血液、脂肪、脑、神经组织、肝、肾上腺、细胞膜的脂质混合物和卵黄中。胆固醇可在人的胆道中沉积形成结石，并在血管壁上沉积，引起动脉硬化。胆固醇能被动物吸收利用，动物自身也能合成，人体内胆固醇含量太高或太低都对人体健康不利，但其生理功能尚未完全清楚。胆固醇不溶于水、稀酸及稀碱液中，不能皂化，在食品加工中几乎不受破坏。

植物固醇是来自于植物组织中的固醇化合物，它们广泛存在于植物的根、茎、叶、果实、种子等中，从植物种子获得的油脂中均含有植物固醇。植物固醇与胆固醇虽然同属于固醇化合物，但植物固醇与胆固醇分子上的五元环（D 环）上的取代基不同。

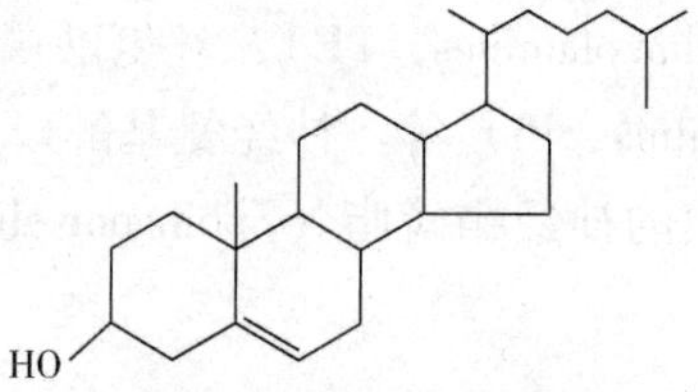

图 4-5 胆固醇结构

第三节 食用油脂的物理性质及应用

油脂的物理性质在油脂分析、制取及加工中都显得十分重要，尤其是随着科学技术的进步，近年来在生产和科学研究工作中，愈来愈多地采用测定油脂物理性质以代替某些费时、准确度较差的化学分析法，取得了良好的效果。

一、食用油脂的气味和色泽

纯净的脂肪是无色无味的，天然油脂中略带黄绿色是由于含有一些脂溶性色素（如类胡萝卜素、叶绿素等）。油脂精炼脱色后，色泽变浅。多数油脂无挥发性，少数油脂中含有短链脂肪酸，会引起臭味。油脂的气味大多是由非脂成分引起的，如芝麻油的香气是由乙酰吡嗪引起的，椰子油的香气是由壬基甲酮引起的，而菜籽油受热时产生的刺激性气味，则是由其中所含的黑芥子苷分解所致。

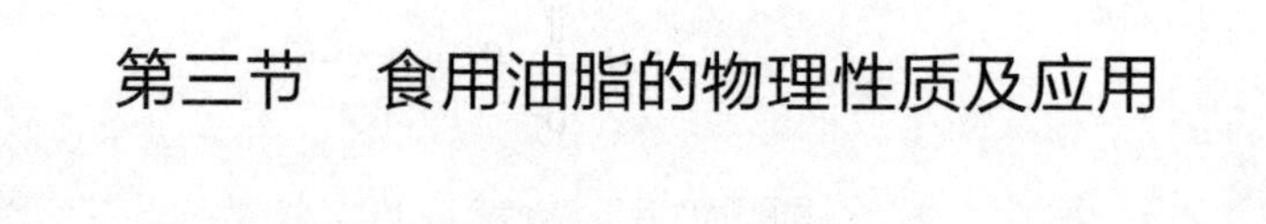

乙酰吡嗪　　壬基甲酮　　黑芥子苷

二、食用油脂的熔点和沸点

由于天然油脂是各种甘油酯的混合物，所以没有确定的熔点和沸点，而仅有一段熔化或沸腾的温度范围。此外，油脂的同质多晶（化学组成相同但晶体结构不同的化合物）现象，也使油脂无确定的熔点。游离脂肪酸、一酰基甘油、二酰基甘油、三酰基甘油的熔点依次降低，这是因为它们的极性依次降低，分子间的作用力依次减小。

油脂的熔点一般最高在40～55℃。三酰基甘油中脂肪酸的碳链越长，饱和度越高，则熔点越高。反式结构的熔点高于顺式结构，共轭双键结构的熔点高于非共轭双键结构。可可脂及陆产动物油脂相对于植物油而言，饱和脂肪酸含量较高，在室温下常呈固态；植物油在室温下呈液态。一般油脂的熔点低于人体温度37℃时，消化率达96%以上；熔点高于37℃越多，越不易消化。油脂的熔点与消化率的关系见表4－3。

表4－3　　常用食用油脂的熔点与消化率的关系

油脂	熔点/℃	消化率/%
大豆油	－8～－18	97.5
花生油	0～3	98.3
葵花籽油	－16～19	96.5
棉籽油	3～4	98
奶油	28～36	98
猪脂	36～50	94
牛脂	42～50	89
羊脂	44～55	81
人造黄油	—	87

油脂的沸点与其组成的脂肪酸有关，一般在180～200℃，沸点随脂肪酸碳链增长而增高，但碳链长度相同、饱和度不同的脂肪酸，其沸点变化不大。油脂在贮藏和使用过程中随着游离脂肪酸增多，油脂变得易冒烟，发烟点低于沸点。

三、食用油脂的烟点、闪点和着火点

油脂的烟点（smokingpoint）、闪点（flashpoint）和着火点（firepoint）是油脂在接触空气加热时的热稳定性指标。烟点是指在不通风的情况下观察到油脂发烟时的温度。闪点是指油脂挥发物能被点燃但不能维持燃烧的温度。着火点是指油脂挥发物能被点燃并能维持燃烧不少于5s的温度。

各种油脂的烟点等的差异不大，精炼后的油脂烟点在240℃左右，但未精炼的油脂，特别是游离脂肪酸含量高的油脂，其烟点、闪点和着火点都大大下降。如玉米油、棉籽油和花生油的烟点分别为240℃、340℃和370℃，但当游离脂肪酸含量为100%时，分别下降为100℃、200℃和250℃。

四、食用油脂的结晶特性及同质多晶现象

1. 晶体结构

通过X－射线衍射测定，当脂肪固化时，甘油三酯分子趋向于占据固定位置，形成

一个重复的、高度有序的三维晶体（crystalloid）结构，称为空间晶格。如果把空间晶格点相连，就形成许多相互平行的晶胞，其中每一个晶胞含有所有的晶格要素。一个完整的晶体被认为是由晶胞在空间并排堆积而成。在图 4 - 6 所给出的简单空间晶格的例子中，在 18 个晶胞的每一个晶胞中，每个角具有 1 个原子或 1 个分子。但是，由于每个角被 8 个相邻的其他晶胞所共享，因此，每个晶胞中仅有 1 个原子（或分子），由此看出空间晶格中每个点类似于周围环境中所有其他的点。轴向比 $a:b:c$ 以及晶轴 OX、OY、OZ 间角度是恒定的常数，用于区别不同的晶格排列。

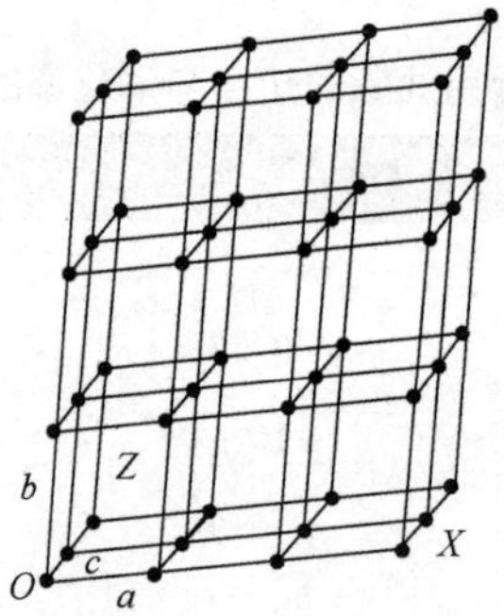

图 4 - 6　晶体晶格

2. 同质多晶

经 X - 射线衍射测定表明：固态脂的微观结构是高度有序的晶体，其结构可用一个基本的结构单元在三维空间做周期性排列而得。

固体脂的结晶方式有多种，即存在同质多晶（polymorphism）现象。所谓同质多晶是指化学组成相同，但具有不同的结晶晶型，在熔化时得到相同的液相的物质。不同的同质多晶体具有不同的稳定性，亚稳态的同质多晶体在未熔化时会自发地转变为稳定态，这种转变具有单向性；而当两种同质多晶变体均较稳定时，则可双向转变，转向何方则取决于温度。天然脂肪多为单向转变。

长碳链化合物的同质多晶现象与烃链的不同堆积排列或排列的倾斜角有关，可以用晶胞内沿链轴方向重复的最小空间单元——亚晶胞来描述堆积方式。脂肪酸烃链中的最小重复单位是亚乙基（$—CH_2CH_2—$）。

烃的亚晶胞有 7 种堆积方式，其中最常见的有 3 种，如图 4 - 7 所示。

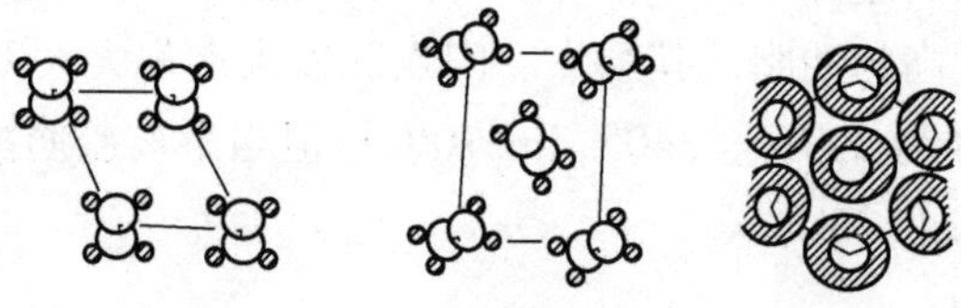

(1) 三斜系堆积(β)　(2) 正交(β')　(3) 六方形(α)

图 4 - 7　烷烃亚晶胞晶格的一般类型

图4-7（1）为三斜晶系堆积，又称为β型，由于亚晶胞的取向是一致的，故在这3种结构中是稳定性最高的；普通正交堆积又称β'型，这种晶型如图4-7（2）所示，位于中心的亚晶胞取向与位于4个顶点的亚晶胞取向不同，所以稳定性不如β型。图4-7（3）为正六方型堆积，也称为α型，这种结构中，链随机取向，并绕其长垂直轴旋转，无序性增大，稳定性最低。

甘油三酯由于碳链较长，表现出烃类的许多特征，它们有3种主要的同质多晶型，即α、β'、β。表4-4比较了三种晶型的特征。

表4-4 同酸（$R_1=R_2=R_3$）甘油三酯同质多晶型物的特征

特征	α晶型	β'晶型	β晶型
短间隔/nm	0.42	0.42，0.38	0.46，0.39，0.37
特征红外吸收/cm^{-1}	720	727，719	717
密度	最小	中间	最大
熔点	最低	中间	最高
链堆积	六方型	正交	三斜

以三硬脂酸甘油为例，当油脂从熔化状态逐渐冷却，首先形成α晶型，α型不稳定，在不同的条件下可转变成β'和β型。如果将α型加热至熔点，可迅速转变成β型；若将温度保持在α型熔点以上几度时可直接得到β'型。而β'型被加热到其熔点，则发生熔融，并转变成稳定的β型。

由于甘油三酯的*sn*-1、*sn*-3位与*sn*-2位上的脂肪酸方向相反，在晶格中分子排列成椅式，如图4-8和图4-9所示。在甘油三酯的β排列方式中，脂肪酸以2种方式交错排列，一种是2倍碳链长（DCL）方式，一种是3倍碳链长（TCL）方式，如图4-8所示，分别记做β-2和β-3。

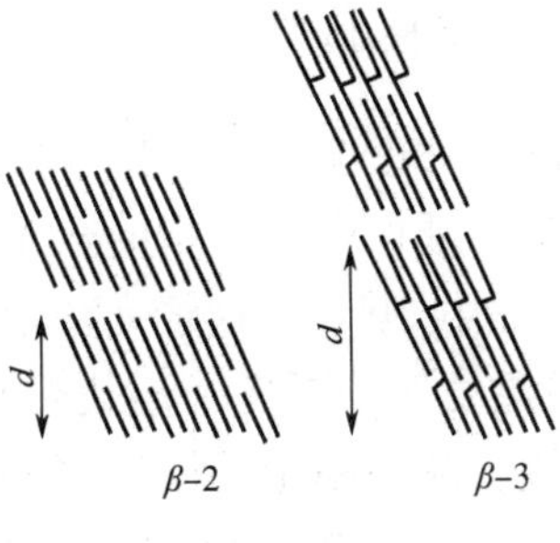

图4-8 甘油三酯β晶型的两种排列形式

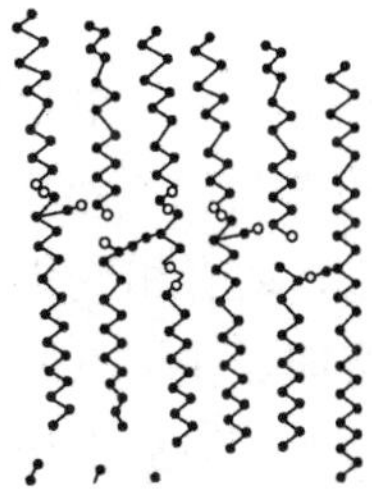

图4-9 三月桂酸甘油酯的分子排列

一般同酸甘油三酯易形成稳定的β结晶，而且是β-2排列，不同酸三酰基甘油由于碳链长度不同，易停留在β'结晶状态，以3倍碳链长（TCL）形式排列。

易结晶为β型的脂肪有：大豆油、花生油、椰子油、橄榄油、玉米油、可可脂和猪脂。易结晶为β'型的脂肪有：棉籽油、棕榈油、菜油、乳脂、牛脂及改性猪脂。β'型的油脂适合于制造起酥油和人造奶油。

在实际应用中，若期望得到某种晶型的产品，可通过“调温”即控制结晶温度、时间和速度来达到目的。

调温是一种加工手段，即利用结晶方式改变油脂的性质，使得到理想的同质多晶体和物理状态，从而增加油脂的利用性和应用范围。

生产巧克力的原料可可脂中，有两种主要的甘油酯：*sn* - StOSt，*sn* - POSt。能形成几种同质多晶体：α - 2 型（熔点为 23.3℃），β' - 2 型（熔点为 27.5℃），β - 3V 型（熔点为 33.8℃），β - 3VI 型（熔点为 36.2℃）。

要得到外观光滑、口感细腻、口融性好（33.8℃）的巧克力，应避免可可脂的β - 3V 型结晶转变为β - 3VI 型，否则会产生粗糙的口感和表面起“白霜”。由于β - 3VI 型比β - 3V 型更稳定，故β - 3V 型结晶会自发地转变为β - 3VI 型结晶，可通过加入乳化剂抑制这种转变，从而抑制巧克力表面起白霜。

五、 食用油脂的熔化特性及控制

天然的油脂没有确定的熔点（melting），仅有一定的熔点范围。这是因为：第一，天然油脂是混合甘油三酯，各种甘油三酯的熔点不同；第二，甘油三酯是同质多晶型物质，从α晶型开始熔化到β晶型熔化终了需要一个温度阶段。

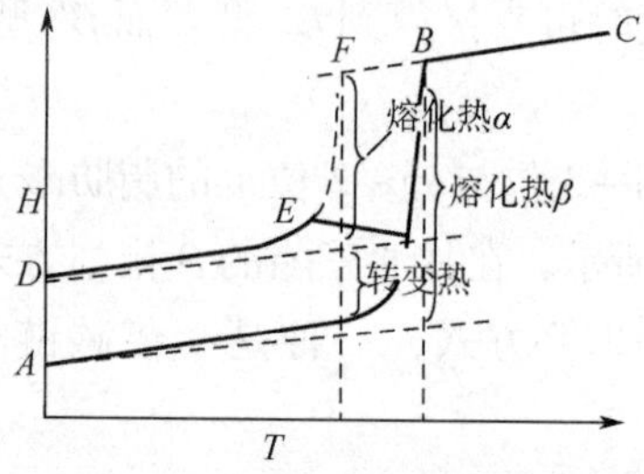

图 4 - 10　油脂的熔化膨胀曲线

如图 4 - 10 所示，是简单甘油三酯稳定的β型和介稳的α型的热焓曲线示意图。固态油脂吸收适当的热量后转变为液态油脂，在此过程中，油脂的热焓增大或比体积增加，叫做熔化膨胀，或者相变膨胀。固体熔化时吸收热量，曲线 *ABC* 代表了β型的热焓随温度的增加而增加。在熔点时吸收热量，但温度保持不变（熔化热），直到固体全部转变成液体为止（*B* 点为最终熔点）。另一方面，从不稳定的同质多晶型物α型转变到稳定的同质多晶型物β型时（图中从 *E* 点开始，并与 *ABC* 曲线相交）伴随有热的放出。

脂肪熔化时，除热焓值变化外，体积会膨胀。但当固体脂从不太稳定的同质多晶体转化为更稳定的同质多晶体时，体积会收缩（因为后者的密度更大）。可以用膨胀计测定液体油与固体脂的比体积随温度的变化，得到如图 4 - 11 所示的膨胀熔化曲线。此法使用仪器简单，比量热法更为实用。

固体在 *X* 点处开始熔化，*Y* 点处全部变为液体。在曲线 *b* 点处是固液混合物，混合物中固体脂肪所占的比例为 *ab/ac*，液体油所占的比例为 *bc/ac*。而在一定温度下固液比

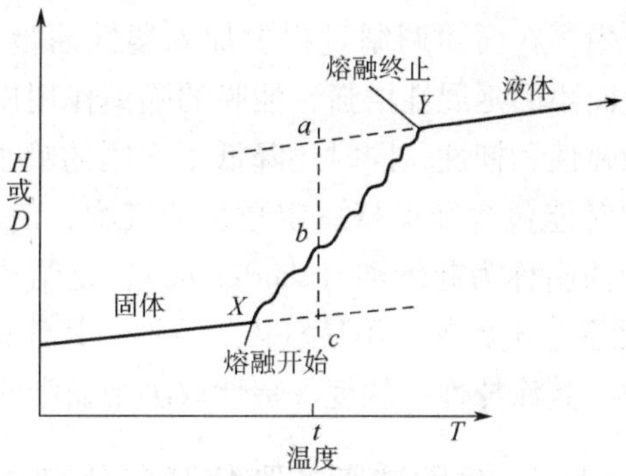

图 4-11 混合甘油酯的热焓或膨胀熔化曲线

则为 ab/bc，称为固体脂肪指数（solidfatindex，SFI）。

油脂的熔点随其饱和脂肪酸基含量的增加和脂肪酸基碳链长度的增长而升高（分子间作用力增加的缘故）。脂肪酸基中含有反式双键的脂肪的熔点高于含有顺式双键的（顺式双键由于空间形状妨碍了脂肪酸之间的相互作用），含共轭双键的脂肪也比含非共轭双键的脂肪熔点高（共轭作用有利于脂肪酸之间的相互作用）。

除了脂肪酸的组成不同造成油脂的熔点不同以外，两种脂肪酸组成相近的脂肪，其熔点仍可能相差很大，原因是甘油酯分子的结构不同。典型例子是可可脂与羊脂。二者脂肪酸组成较为相近，但羊脂是由多种混合甘油酯组成，熔点范围大，而可可脂中同类甘油酯将近占 80%，所以其熔点相对较固定。

由于熔点是由分子间作用力决定的，当甘油三酯转化成为甘油二酯、甘油一酯时，分子极性增加，熔点相应升高。此外，影响油脂熔点的因素还有脂肪的同质多晶问题。

油脂的熔点对消化吸收率有一定影响，当油脂熔点低于人体温度时，消化率较高；熔点高出体温较多的油脂，吸收率较低一些。例如，植物油的熔点一般在 10℃以下，吸收率在 96% 以上，而牛、羊脂肪的熔点在 40℃以上，其吸收率在 80%～90%。

六、 食用油脂的塑性

在室温下表现为固体的脂肪，实际上是固体脂和液体油的混合物，两者交织在一起，用一般的方法无法分开，这种脂具有可塑造性，可保持一定的外形。所谓油脂的塑性（Plasticity），是指在一定外力下，表观固体脂肪具有的抗变形的能力。

油脂的塑性取决于以下条件。

（1）固体脂肪指数（SFI）　油脂中固液比适当时，塑性最好。固体脂过多，则过硬，塑性不好；液体油过多，则过软，易变形，塑性同样不好。

（2）脂肪的晶型　当脂肪为 β' 晶型时，可塑性最强。因为 β' 型在结晶时将大量小空气泡引入产品，赋予产品较好的塑性和奶油凝聚性质；而 β 型结晶所包含的气泡少且大，塑性较差。

（3）熔化温度范围　如果从熔化开始到熔化结束之间温差越大，则脂肪的塑性越大。

塑性油脂具有良好的涂抹性（涂抹黄油等）和可塑性（用于蛋糕的裱花），用在焙烤食品中，则具有起酥作用。在面团调制过程中加入塑性油脂（plasticfats），则形成较大面积的薄膜和细条，使面团的延展性增强，油膜的隔离作用使面筋粒彼此不能黏合成大块面筋，降低了面团的弹性和韧性，同时还降低了面团的吸水率，使制品起酥；塑性油脂的另一作用是在调制时能包含和保持一定数量的气泡，使面团体积增加。在饼干、糕点、面包生产中专用的油脂称为起酥油（shortening），是结构稳定的塑性固形脂，具有在40℃时不变软、在低温下不太硬、不易氧化的特性。其他还有例如人造奶油、人造黄油均是典型的塑性脂肪，其涂抹性、软度等特性取决于油脂的塑性大小。

七、 食用油脂的乳化及乳化剂

乳状液是由两互不相溶的液相组成的体系：其中一相为分散相，以液滴或液晶的形式出现，又称为非连续相；另一相是分散介质，又称连续相。如果油以一定大小的液滴分散在水溶液（即为连续相）中，形成了水包油的乳状液，用O/W表示，如稀奶油、乳、冰淇淋浆料以及糕点面糊都是O/W乳状液。如果水分散在油中，则形成了油包水乳状液，可用W/O表示，奶油和人造奶油就是W/O乳状液。

1. 乳浊液不稳定的类型及原因

（1）乳浊液不稳定的类型　乳浊液在热力学上是不稳定的，如图4-12所示，乳浊液可以发生多种物理变化。

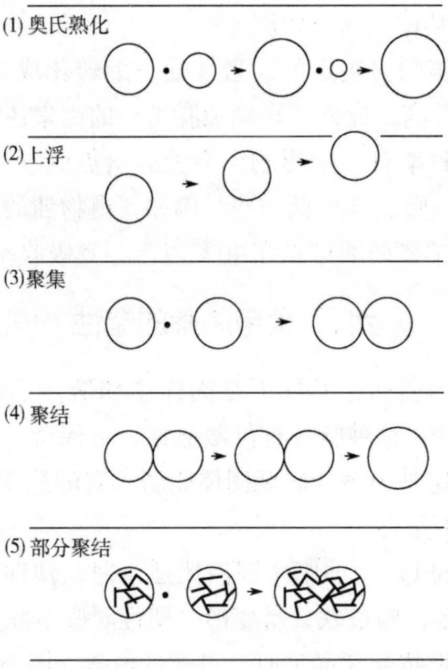

图4-12　O/W乳浊液体系不稳定类型的示意图

注：在（5）中粒子内的短线段代表甘油三酯晶体

由于食品体系主要采用甘油三酯制作乳浊液，而甘油三酯不溶于水，所以食品O/W

型乳浊液一般不会发生奥氏熟化。如果体系中使用了香精油（例如在柑橘汁中），因为有的香精油在水中溶解度相当大，所以较小的油滴会慢慢地消失。W/O 型乳浊液可能出现奥氏熟化。通过在水相中加入适当的溶质（即不溶于油的溶质），可以很容易地防止这种现象。加入少量的盐（如 NaCl）也很有效，一旦小粒子发生收缩，它的盐浓度以及渗透压就会上升，这样就产生了一个驱动力促使水分子朝着相反的方向迁移，结果保证了乳浊液粒子分布不变。

乳浊液的各种变化还会相互影响。粒子聚集会极大地促进上浮，上浮的结果又反过来促进聚集速度，如此以往。聚结发生的前提是分散相粒子必须紧紧地靠在一起，也就是说它只能发生在粒子聚集的状态下或者是发生在上浮的脂肪层中。

（2）乳浊液不稳定的原因　乳浊液这种热力学上的不稳定体系，在一定条件下会失去稳定性，出现分层、絮凝、甚至聚结。主要是因为：第一，重力作用导致分层。重力作用可导致密度不同的相上浮、沉降或分层；第二，分散相液滴表面静电荷不足导致聚集。分散相液滴表面静电荷不足则液滴与液滴之间的排斥力不足，液滴与液滴相互接近而聚集，但液滴的界面膜尚未破裂；第三，两相间界面膜破裂导致聚结。两相间界面膜破裂，液滴与液滴结合，小液滴变为大液滴，严重时会完全分相。

2. 乳化剂与乳化作用

（1）乳化剂　由于界面张力是沿着界面的方向（即与界面相切）发生作用以阻止界面的增大，所以具有降低界面张力的物质会自动吸附到相界面上，因为这样能降低体系总的自由能，我们把这一类物质通称为表面活性剂（surfactant）。食品体系中可通过加入乳化剂（emulsifyingagents）来稳定乳浊液。乳化剂绝大多数是表面活性剂，在结构特点上具有两亲性，即分子中既有亲油的基团，又有亲水的基团。它们中的绝大多数既不全溶于水，也不全溶于油，其部分结构处于亲水的环境（如水或某种亲水物质）中，而另一部分结构则处于疏水环境（如油、空气或某种疏水物质）中，即分子位于两相的界面，因此降低了两相间的界面张力，从而提高了乳浊液的稳定性。

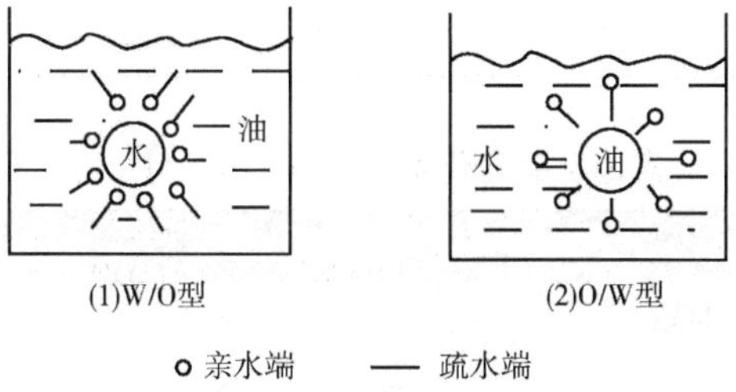

图 4－13

（2）乳化剂的乳化作用（emulsification）

①增大分散相之间的静电斥力：有些离子型表面活性剂可在含油的水相中建立起双电层，导致小液滴之间的斥力增大，使小液滴保持稳定不絮凝，这类乳化剂适用于 O/W 型体系。

②增大连续相的黏度或生成弹性的厚膜：明胶和许多树胶能使乳浊液连续相的黏度增大，蛋白质能在分散相周围形成有弹性的厚膜，可抑制分散相絮凝和聚结，这类乳化

剂适用于泡沫和 O/W 型体系。如牛乳中脂肪球外有一层酪蛋白膜，从而起乳化作用。

③减小两相间的界面张力：大多数乳化剂是具有两亲性的表面活性剂，它具有亲水基和疏水基，乳化剂浓集在水－油界面上，亲水基与水作用，疏水基与油作用，从而降低了两相间的界面张力，使乳浊液稳定。

④微小的固体粉末的稳定作用：比分散相尺寸小得多的且能被两相润湿的固体粉末，在界面上吸附，会在分散相液滴间形成物理壁垒，阻止液滴絮凝和聚结，起到稳定乳浊液的作用。具有这种作用的物质有植物细胞碎片、碱金属盐、黏土和硅胶等。

⑤形成液晶相：有些乳化剂分子由于含有极性和非极性部分，故易形成液晶态。它们可导致油滴周围形成液晶多分子层，这种作用使液滴间的范德华引力减弱，抑制液滴的絮凝和聚结。当液晶相黏度比水相黏度大得多时，这种稳定作用更加显著。

（3）乳化剂的选择 表面活性剂的一个重要特性是它们的 HLB 值。HLB（hydrophilic－lipophilic balance）是指一个两亲物质的亲水－亲油平衡值。一般情况下，疏水链越长，HLB 值就越低，表面活性剂在油中的溶解性就越好；亲水基团的极性越大（尤其是离子型的基团），或者是亲水基团越大，HLB 值就越高，则在水中的溶解性越高。当 HLB 为 7 时，意味着该物质在水中与在油中具有几乎相等的溶解性。表面活性剂的 HLB 值在 1～40。表面活性剂的 HLB 与溶解性之间的关系对表面活性剂自身是非常有用的，它还关系到一个表面活性剂是否适用于作为乳化剂。HLB＞7 时，表面活性剂一般适于制备 O/W 乳浊液；而 HLB＜7 时，则适于制造 W/O 乳浊液。在水溶液中，HLB 高的表面活性剂适于作清洗剂。表 4－5 中列出了不同 HLB 值及其适用性。表 4－6 列出了一些常用乳化剂的 HLB 值及日允许摄入量（allowance daily intake，ADI）。

表 4－5 HLB 值及其适用性

HLB 值	适用性	HLB 值	适用性
1.5～3	消泡剂	8～18	O/W 型乳化剂
3.5～6	W/O 型乳化剂	13～15	洗涤剂
7～9	湿润剂	15～18	溶化剂

表 4－6 常见食品乳化剂的 HLB 值与 ADI 值

乳化剂	HLB 值	ADI 值/（mg/kg 体重）
一硬脂酸甘油酯	3.8	无限量
双甘油硬脂酸一酯	5.5	0～25
因甘油硬脂酸一酯	9.1	0～25
琥珀酰甘油一酯	5.3	
双乙酰琥珀酰甘油一酯	9.2	0～50
硬脂酰－2－乳酸钠	21.0	0～20
脱水山梨醉硬脂酸三酯	2.1	0～25
脱水山梨醇硬脂酸一酯	4.7	0～25

续表

乳化剂	HLB 值	ADI 值/（mg/kg 体重）
脱水山梨醇硬油酸一酯	4.3	
聚氧乙烯脱水山梨醇硬脂酸一酯	14.9	0～25
聚氧乙烯脱水山梨醉油酸一酯	15.0	0～25
丙二醇硬脂酸一酯	3.4	0～25

乳化剂的 HLB 值具有代数加和性，即混合乳化剂的 HLB 值可通过计算得到。通常混合乳化剂比具有相同 HLB 值的单一乳化剂的乳化效果好。

乳化剂在食品中的作用是多方面的，如在冰激凌中除起乳化作用外，还可减少气泡，使冰晶变小，赋予冰激凌细腻滑爽的口感；在巧克力中，可抑制可可脂由 β-3V 型转变成 β-3VI 型同质多晶体，即抑制巧克力表面起"白霜"；在焙烤面点食品中，可增大制品的体积，防止淀粉老化；在人造奶油中，可作为晶体改良剂，调节稠度。

第四节 食用油脂在加工和贮藏中的化学

一、 食用油脂的水解

油脂在有水存在下以及在热、酸、碱、脂水解酶的作用下，可发生水解（hydrolysis）反应，使脂肪酸游离出来。油脂在碱性条件下水解称为皂化反应，水解生成的脂肪酸盐即为肥皂，在工业上，就用此反应制肥皂。

在活体动物的脂肪组织中不存在游离脂肪酸，但动物宰后，在体内脂水解酶的作用下将产生游离脂肪酸。由于游离脂肪酸具有酸的口感，且对氧比甘油酯更为敏感，所以会导致油脂更快酸败，在大多数情况下水解反应是不利的。动物油脂的获得，常用高温熬炼法，高温可使脂水解酶失活。植物油料种子中也存在着脂水解酶，故动物油脂中游离脂肪酸的含量相对于未精炼的植物油来说要少些。而在植物油的精炼过程中，游离脂肪酸是通过加碱中和脱去的。

食品在油炸过程中，食物中的水进入到油中，导致油脂在湿热情况下发生酯解而产生大量的游离脂肪酸，使油炸用油不断酸化，一旦游离脂肪酸含量为 0.5% ～1.0% 时，水解速度更快，因此油脂水解速度往往与游离脂肪酸的含量成正比。如果游离脂肪酸的含量过高，油脂的发烟点和表面张力降低，从而影响油炸食品的风味。此外，游离脂肪酸比甘油脂肪酸酯更易氧化。

油脂水解反应的程度一般用酸价来表示，油脂的酸价越大，说明水解程度越大，如某油酸价为 4mg KOH/g 时，其游离脂肪酸（以油酸计）为 2%，油的酸价为 6mg KOH/g 时，其游离脂肪酸为 3%。油脂脂解严重时可产生不正常的嗅味，这种嗅味主要来自于游离的短链脂肪酸，如丁酸、己酸、辛酸具有特殊的汗嗅气味和苦涩味。脂解反应游离出的长链脂肪酸虽无气味，但易造成油脂加工中不必要的乳化现象。而在有些食品的加工中，轻度的水解是有利的，如巧克力、干酪及酸奶的生产。

二、 食用油脂在高温下的化学

油脂在高温下的反应十分复杂，在不同的条件下会发生聚合、缩合、氧化和分解反应，油脂经长时间加热，会导致油的品质降低，如黏度增加、碘值降低、酸价升高、发烟点降低、泡沫量增多。且高度氧化的脂肪也具有毒害性，如氧化聚合产生的极性二聚物和无氧热聚生成的环状酯是有毒的，用在反复使用的油炸薯条和鱼片，可产生显著的致癌活性。

1. 热分解

饱和油脂和不饱和油脂在高温下都会发生热分解反应。热分解反应根据有、无氧参与反应，又可分为热分解和热氧化分解。金属离子（如 Fe^{2+}）的存在，可催化热分解反应。饱和脂肪的热分解反应如图 4－14 所示。

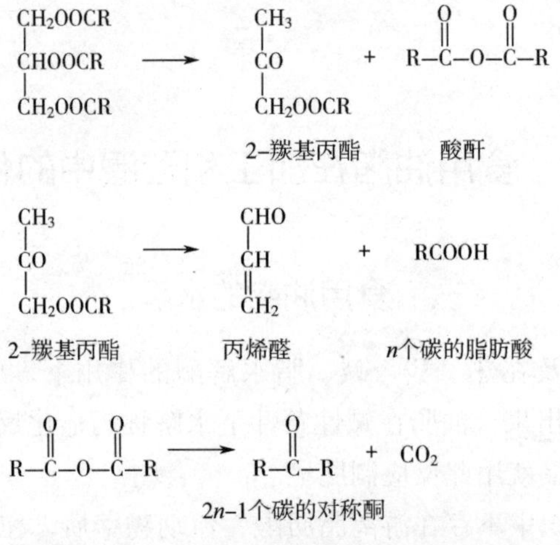

图 4－14 饱和脂肪的热分解反应

饱和油脂在常温下较稳定，但在高温（$t>150℃$）下也将发生热氧化分解，首先在羧基或酯基的 α－或 β－或 γ－碳上形成氢过氧化物，然后氢过氧化物再进一步分解成烃、醛、酮等化合物。例如，当氧进攻 β 位置时，首先是在 β－碳位处形成氢过氧化物，然后氢过氧化物发生氧－氧断裂，再发生碳－碳断裂，生成一系列的化合物，如图 4－15 所示。

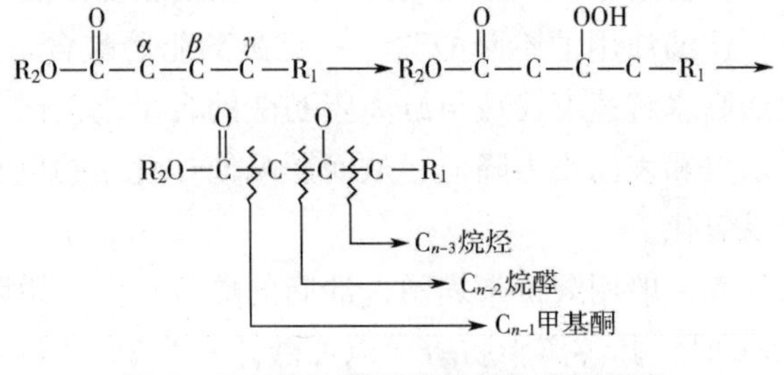

图 4－15 饱和脂肪的热氧化分解反应

不饱和脂肪在隔氧条件下加热，主要生成二聚体，此外还生成一些低相对分子质量的物质。不饱和油脂的热氧化分解反应与低温下的自动氧化反应的主要途径是相同的，根据双键的位置可以预示氢过氧化物中间物的生成与分解，但高温下氢过氧化物的分解速率更快。

2. 热聚合

油脂在高温条件下，可发生热聚合和热氧化聚合反应。聚合反应将导致油脂黏度增大，泡沫增多。隔氧条件下的热聚合，是多烯化合物之间发生 Diels - Alder 反应，生成环烯烃。该聚合反应可以发生在同一个甘油三酯的分子内，也可发生在不同甘油三酯分子间（图 4 - 16）。

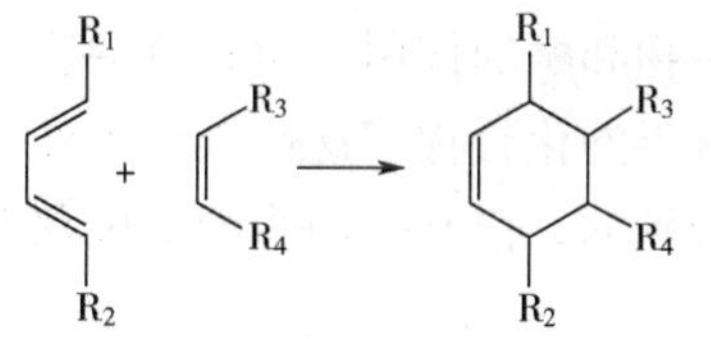

图 4 - 16 分子间的 Diels - Alder 反应

热氧化聚合反应是在 200 ~ 230℃条件下，甘油三酯分子在双键的 α - 碳上均裂产生自由基，自由基之间再结合成二聚体，其中有些二聚物有毒性。因这种物质在体内被吸收后，能与酶结合使之失活，从而引起生理异常。油炸鱼虾时，出现的细泡沫经分析发现也是一种二聚物。

3. 缩合

在高温下，特别是在油炸条件下，食品中的水进入到油中，相当于水蒸气蒸馏，将油中的挥发性氧化物赶走，同时也使油脂发生部分水解，酸价增高，发烟点降低。然后水解产物再缩合成相对分子质量较大的环氧化合物。

油脂在高温下发生的化学反应，并不一定都是负面影响的，油炸食品中香气的形成与油脂在高温条件下的某些反应产物有关，通常油炸食品香气的主要成分是羰基化合物（烯醛类）。例如，将三亚油酸甘油酯加热到 185℃，每 30min 通 2min 水蒸气，前后加热 72h，从其挥发物中发现有 5 种直链 2，4 - 二烯醛和内酯，将呈现油炸物特有的香气。然而，油脂在高温下过度反应，对于油的品质、营养价值均是十分不利的。在食品加工工艺中，一般宜将油脂的加热温度控制在 150℃以下。

三、 食用油脂在辐射下的化学

辐照导致油脂降解的反应称为辐解（radiolysis）。食品辐照作为一种灭菌手段，其目的是消灭微生物和延长食品的货价寿命。辐照能使肉和肉制品杀菌（高剂量，如 10 ~ 50kGy）；防止马铃薯和洋葱发芽；延迟水果成熟以及杀死调味料、谷物、豌豆和菜豆中的昆虫（低剂量，如低于 3kGy）。无论从食品的稳定性或经济观点考虑，食品的辐照保藏对工业界有着日益增加的吸引力。

但其负面影响是，辐照会引起脂溶性维生素的破坏，其中生育酚特别敏感。此外，如同热处理一样，食品辐照也会导致化学变化。辐照剂量越大，影响越严重。在辐照食物的过程中，油脂分子吸收辐照能，形成自由基和激化分子，激化分子可进一步降解。以饱和脂肪酸酯为例，辐解首先在羰基附近 α、β、τ 位置处断裂，生成的辐解产物有烃、醛、酸、酯等。激化分子分解时可产生自由基，自由基之间可结合生成非自由基化合物。在有氧时，辐照还可加速油脂的自动氧化，同时使抗氧化剂遭到破坏。辐照和加热造成油脂降解，这两种途径生成的降解产物有些相似，只是后者生成更多的分解产物。但经几十年深入研究表明，食品在合适的条件下辐照杀菌是安全和卫生的。

四、 食用油脂的氧化及抗氧化剂

油脂氧化（oxidation）是油脂及含油食品败坏的主要原因之一。油脂在储藏期间，因空气中的氧气、光照、微生物和酶的作用，而导致油脂变哈，即产生令人不愉快的气味和苦涩味，同时产生一些有毒的化合物，这些统称为油脂的酸败。食品在储藏和加工中产生的酸败是我们不希望看到的，但有时油脂的适度氧化，对于油炸食品香气的形成却又是必需的。

油脂氧化的初级产物是氢过氧化物，其形成途径有自动氧化（autoxidation）、光敏氧化（photooxidation）和酶促氧化（enzymeoxidation）3 种。氢过氧化物不稳定，易分解，分解产物还可进一步聚合。

1. 自动氧化

（1）油脂自动氧化的机理　油脂自动氧化是活化的不饱和脂肪与基态氧发生的自由基反应，包括链引发、链传递和链终止 3 个阶段。在链引发阶段，不饱和脂肪酸及其甘油酯（RH）在金属催化或光、热作用下，易使与双键相邻的 α-亚甲基脱氢，引发烷基自由基（R·）的产生（因为 α-亚甲基氢受到双键的活化，易脱去）；在链传递阶段，R·与空气中的氧结合形成过氧自由基（ROO·），ROO·又夺取另一分子 RH 中的 α-亚甲基氢，生成氢过氧化物（ROOH），同时产生新的 R·，如此循环下去；在链终止阶段，自由基之间反应形成非自由基化合物。

①链引发：自由基的引发通常活化能较高，故这一步反应相对很慢。

②链传递：链传递的活化能较低，故此步骤进行很快，并且反应可循环进行，产生大量氢过氧化物。

$$R\cdot + O_2 \longrightarrow ROO\cdot \qquad (1)$$

$$RH \xrightarrow{h\nu} R\cdot + H\cdot \qquad (2)$$

$$ROO\cdot + RH \longrightarrow ROOH + R\cdot$$

$$ROOH \xrightarrow{\text{分解}} ROH,\ RCHO,\ RCOR' \qquad (3)$$

③链终止：各种自由基和过氧化自由基互相聚合，形成环状或无环的二聚体或多聚体等非自由基产物，至此反应终止。

$$RCO\cdot + ROO\cdot \longrightarrow ROOR + O_2 \qquad (4)$$

$$ROO\cdot + R\cdot \longrightarrow ROOR \qquad (5)$$

$$R\cdot + R\cdot \longrightarrow R-R \tag{6}$$

反应式（1）中的氧是能量较低的基态氧，即所谓的三线态氧（$^3O_2$），其电子排布如图4-17所示，在两个π^*轨道中分别填充1个电子，且它们自旋平行，根据Pauli不相容原理，这种填充方式能量较低，较稳定。由于自旋平行，则电子的总角动量为$2s+1=2(1/2+1/2)+1=3$，故称为三线态氧。油脂直接与$^3O_2$反应生成ROOH是很难的，因为该反应的活化能高达146~273kJ/mol。所以自动氧化反应中最初游离基的产生，需引发剂的帮助。$^3O_2$受到激发（如光照）时，π^*轨道中的电子可采用如图4-17所示的自旋反平行填充，电子的总角动量为$2s+1=2(1/2-1/2)+1=1$，故这种激发态氧称为单线态氧（$^1O_2$）。单线态氧反应活性高，可参与光敏氧化，生成氢过氧化物并引发自动氧化链反应中的第一个自由基。此外，过渡金属离子、某些酶及加热等也可引发自动氧化链反应中的第一个自由基。

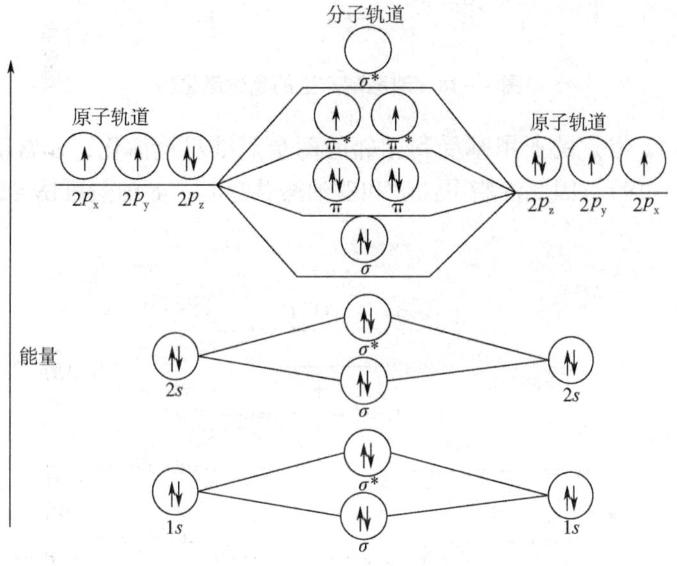

图4-17 三线态氧分子轨道

（2）氢过氧化物的形成　如前所述，位于脂肪酸烃链上与双键相邻的亚甲基在一定条件下特别容易均裂而形成游离基，由于自由基受到双键的影响，具有不定位性，因而同一种脂肪酸在氧化过程中产生不同的氢过氧化物。下面分别以油酸酯、亚油酸酯和亚麻酸酯的模拟体系说明简单体系中的自氧化反应氢过氧化物生成机制。

①油酸酯：引发剂首先在双键的α-C处引发出自由基，分别生成C8、C11游离基，由于烯丙基结构中单电子的离域化作用，C8、C11处的单电子还可分别流动到C9、C10处，同时双键发生位移和顺反异构，生成C10、C9自由基；4种自由基与$3O_2$作用生成相应的ROO·，进一步生成4种氢过氧化物（图4-18）。其中C8、C11氢过氧化物略多于C9、C10氢过氧化物，且反式异构体占70%以上，而顺式仅占30%左右。

②亚油酸酯：亚油酸酯的自氧化速度是油酸酯的10~40倍，这是因为亚油酸中1，4-戊二烯结构使它们对氧化的敏感性远远地超过油酸中的丙烯体系（约为20倍），

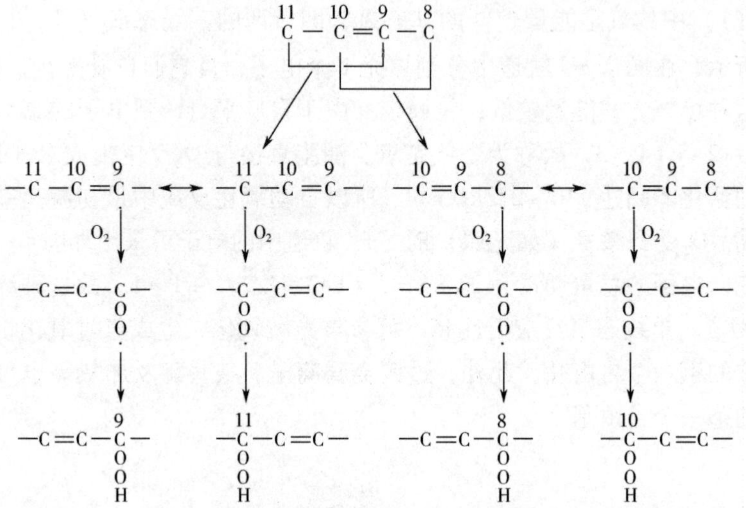

图 4-18 油酸酯产生的氢过氧化物

两个双键中间（11 位）的亚甲基受到相邻的两个双键双重活化，非常活泼，更容易形成自由基（图 4-19），因此油脂中油酸和亚油酸共存时，亚油酸可诱导油酸氧化，使油酸诱导期缩短。

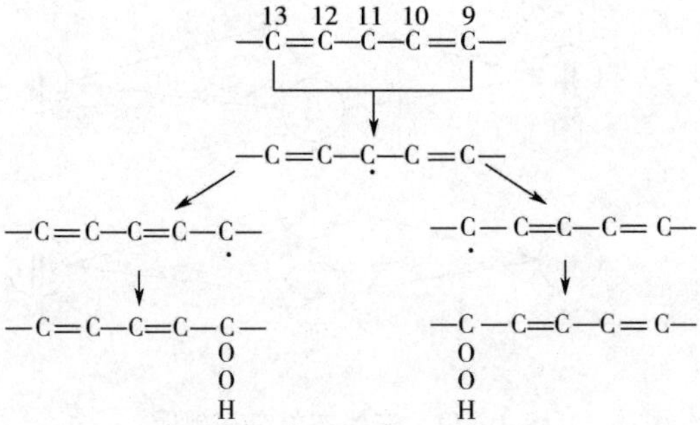

图 4-19 亚油酸酯产生的氢过氧化物

③亚麻酸酯：亚麻酸酯中有两个 C 原子（即 C11、C14）处在 2 个双键之间，故易在此处引发游离基，最终生成 4 种氢过氧化物，其中 C9、C16 氢过氧化物明显多于 C12、C13 氢过氧化物，因为 C9、C16 的空间位阻小，氧优先与 C9、C16 反应。氧化反应速率比亚油酸酯更快。

自动氧化历程中 ROOH 的形成：先在双键的 α-C 处引发自由基，自由基共轭稳定，双键可位移和顺反结构。参与反应的是$^3O_2$，生成的 ROOH 的种类数为 2×亚甲基数（含有两个或两个以上的双键时，α-亚甲基数目只算被两个双键激活的 α-亚甲基）。

2. 光敏氧化

在含脂食品中常存在一些天然色素如叶绿素或肌红蛋白，它们能作为光敏剂，产

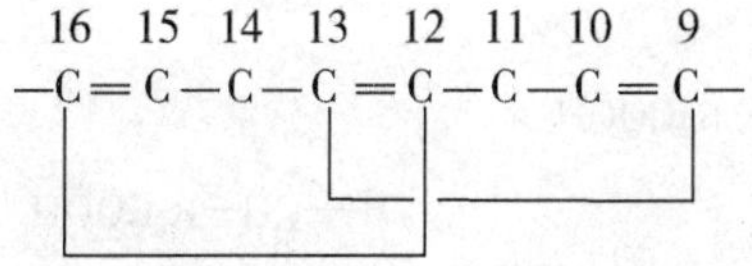

生单重态氧。有些合成色素如赤藓红也是有效的光敏剂，也可将氧转变成活泼的单重态氧。与此相反，β-胡萝卜素则是最有效的$^1O_2$猝灭剂，生育酚也有一定的猝灭效果，合成物质丁基羟基茴香醚（BHA）和丁基羟基甲苯（BHT）也是有效的$^1O_2$猝灭剂。

光敏氧化反应与自动氧化的机制不同，它是通过“烯”反应进行氧化的。高亲电性的单线态氧可直接进攻高电子云密度的双键部位上的任一碳原子，形成六元环过渡态，然后双键位移形成反式构型的氢过氧化物。生成的氢过氧化物种类数为2×双键数。以亚油酸酯为例，其反应机制如图4-20所示。

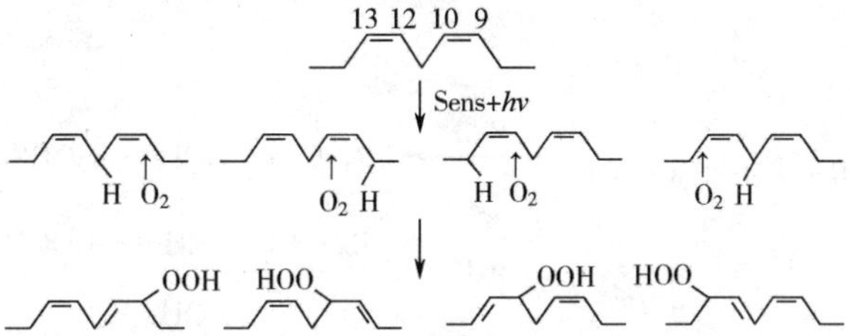

图4-20　亚油酸酯光敏氧化机制

光敏氧化反应具有如下的特点：不产生自由基；双键的顺式构型改变成反式构型；与氧浓度无关；不存在诱导期；光敏氧化受到单重态氧猝灭剂β-胡萝卜素与生育酚的抑制，但不受抗氧化剂影响。

3. 酶促氧化

脂肪在酶参与下所发生的氧化反应，称为酶促氧化（enzymatic oxidation）。

脂肪氧合酶（lipoxygenase，Lox）专一性地作用于具有1，4-顺，顺-戊二烯结构的多不饱和脂肪酸（如18：2、18：3、20：4），在1，4-戊二烯的中心亚甲基处（即ω-8位）脱氢形成自由基，然后异构化使双键位置转移，同时转变成反式构型，形成具有共轭双键的ω-6和ω-10氢过氧化物。

此外，我们通常所称的酮型酸败，也属酶促氧化，是由某些微生物繁殖时所产生的酶（如脱氢酶、脱羧酶、水合酶）的作用引起的。该氧化反应多发生在饱和脂肪酸的β-碳位上，因而又称为β-氧化作用，且氧化产生的最终产物酮酸和甲基酮具有令人不愉快的气味，故称为酮型酸败。

4. 氢过氧化物的分解及聚合

各种氧化途径产生的氢过氧化物均不稳定，可裂解产生许多分解产物，首先是氢过氧化物在氧-氧键处均裂，生成烷氧自由基和羟基自由基。

其次，烷氧自由基在与氧相连的碳原子两侧发生碳-碳键断裂，生成醛、酸、烃和含氧酸等化合物。

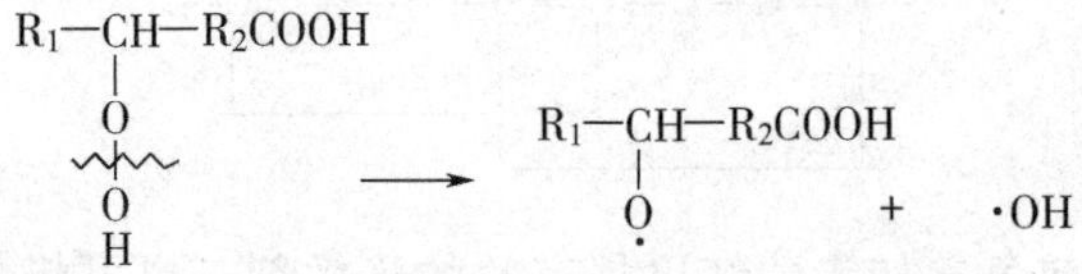

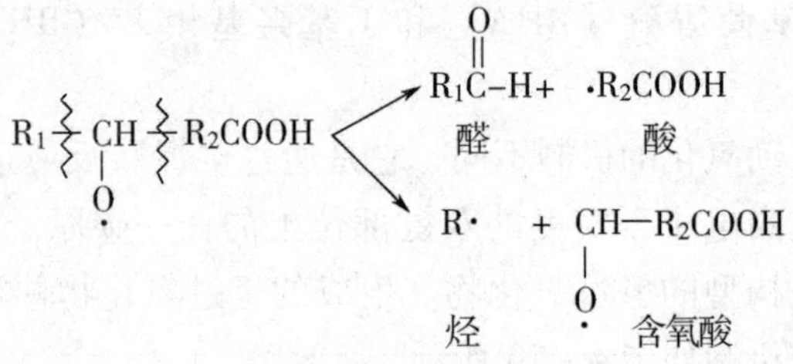

此外，烷氧自由基还可通过下列途径生成酮、醇化合物。

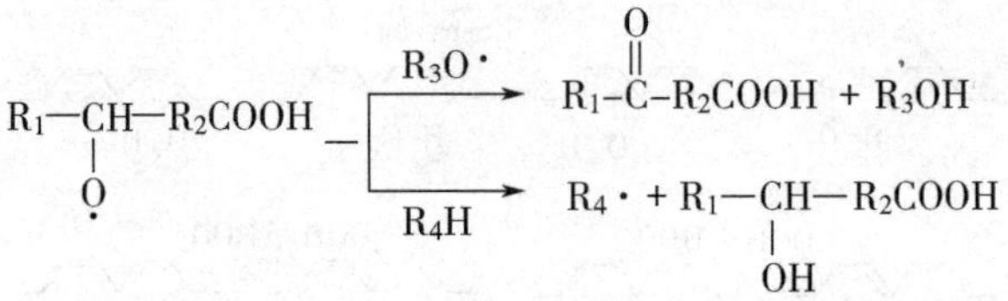

其中生成的醛类物质的反应活性很高，可再分解为相对分子质量更小的醛，典型的产物是丙二醛，小分子醛还可缩合为环状化合物，如已醛可聚合成具有强烈臭味的环状三戊基三噁烷。

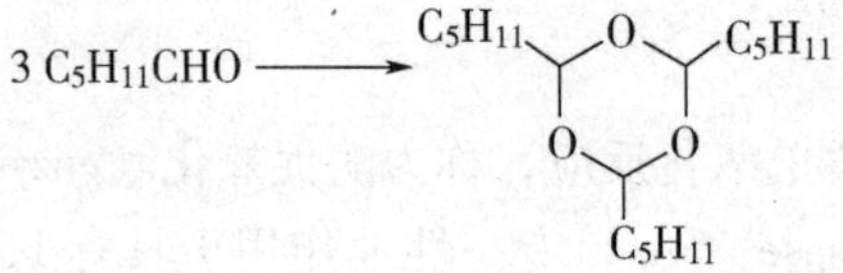

5. 影响油脂氧化速率的因素

食品中脂类含有各种各样的脂肪酸，它们具有不同的化学性质与物理性质，而且对氧化敏感性也有很大差别。此外，食品中还含有许多非脂类组分，这些非脂类组分可能产生共氧化，或者与氧化脂及其氧化产品产生相互作用，因此食品中脂类的氧化动力学是非常复杂的，到目前为止还不能完全弄清它的机理。

（1）脂肪酸及甘油酯的组成　油脂氧化速率与脂肪酸的不饱和度、双键位置、顺反构型有关。室温下饱和脂肪酸的链引发反应较难发生，当不饱和脂肪酸已开始酸败时，饱和脂肪酸仍可保持原状。而不饱和脂肪酸中，双键增多，氧化速率加快；顺式构型比反式构型易氧化；共轭双键结构比非共轭双键结构易氧化；游离脂肪酸比甘油酯中结合型脂肪酸的氧化速率略高，当油脂中游离脂肪酸的含量大于

0.5%时，自动氧化速率会明显加快；而甘油酯中脂肪酸的无规则分布有利于降低氧化速率（表4－7）。

表4－7　　脂肪酸在25℃时的诱导期和相对氧化速率

脂肪酸	双键数	诱导期/h	相对氧化速率
18：0	0		1
18：1（9）	1	82	100
18：2（9，12）	2	19	1200
18：3（9，12，15）	3	1.34	2500

（2）氧　在非常低的氧气压力下，氧化速度与氧压近似成正比，如果氧的供给不受限制，那么氧化速度与氧压力无关。同时氧化速度与油脂暴露于空气中的表面积成正比，如膨松食品（方便面）中的油比纯净的油易氧化，因而可采取排除氧气、采用真空或充氮包装和使用透气性低的包装材料来防止含油脂食品的氧化变质。

（3）温度　一般说来，温度上升，氧化反应速率加快，因为高温既能促进游离基的产生，又能促进氢过氧化物的分解和聚合。但温度上升，氧的溶解度会有所下降。饱和脂肪酸在室温下稳定，但在高温下也会发生氧化。例如猪油中饱和脂肪酸含量通常比植物油高，但猪油的货架期却常比植物油短，这是因为猪油一般经过熬炼而得，同时还含有光敏剂血红蛋白和金属离子，并经历了高温阶段，引发了自由基所致；而植物油常在不太高的温度下用有机溶剂萃取而得，故稳定性比猪脂好。

（4）水分　油脂氧化反应的相对速率与水分活度的关系如图4－21所示，在水分活度0.33处氧化速率最低，当水分活度在0～0.33，随着水分活度增加，氧化速率降低，这是因为十分干燥的样品中添加少量水，既能与催化氧化的金属离子水合，使催化效率明显降低，又能与氢过氧化物结合并阻止其分解；水分活度在0.33～0.73，随着水分活度增大，催化剂的流动性提高，水中溶解氧增多，分子溶胀，暴露出更多催化位点，故氧化速率提高；当水分活度大于0.73后，水量增加，使催化剂和反应物的浓度被稀释，导致氧化速度降低。

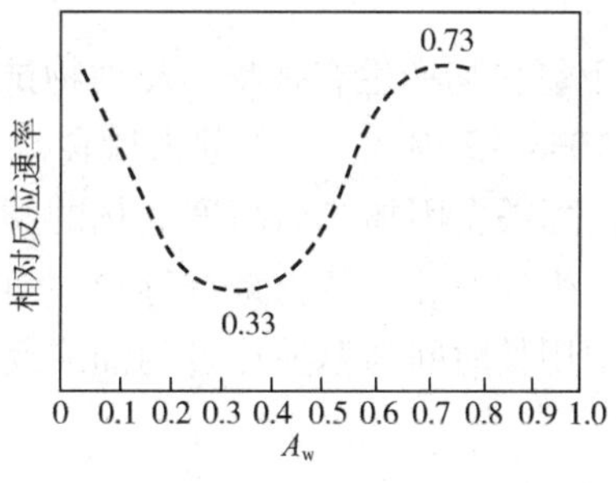

图4－21　水分活度与脂肪氧化速率的关系

（5）助氧化剂　一些具有合适氧化还原电位的二价或多价过渡金属（如铅、铜、铁、锰与镍等）离子是有效的助氧化剂，即使浓度低至0.1mg/kg，仍能缩短链引发期，使氧化速率加快。不同金属催化能力强弱排序如下：铅>铜>黄铜>锡>锌>铁>铝>不锈钢>银。

食品中的金属离子主要来源于加工、贮藏过程中所用的金属设备，因而在油的制取、精制与贮藏中，最好选用不锈钢材料或高品质塑料。

此外，血红素因含铁，也是油脂氧化的催化剂，熬炼猪油时，若血红素未去除完全，则猪油酸败速度快。应该说参与酶促氧化的酶均为氧化反应的催化剂。

光和射线也能促使氢过氧化物分解，还能引发自由基。可见光、紫外光和高能射线均能促进氧化，尤其是紫外光和γ射线，所以储存油脂宜用遮光容器。

6. 氧化脂质的安全性

油脂氧化是自由基链反应，而自由基的高反应活性，可导致机体损伤、细胞破坏、人体衰老等，而油脂氧化过程中产生的过氧化脂质几乎能和食品中的任何成分反应，能导致食品的外观、质地和营养质量的劣变，甚至会产生突变的物质。

（1）氢过氧化物及其降解产物可与蛋白质反应，导致蛋白质溶解度降低（蛋白发生交联），颜色变化（褐变），营养价值降低（必需氨基酸损失）。氢过氧化物的氧-氧键断裂产生的烷氧自由基，与蛋白质（Pr）作用，生成蛋白质自由基，蛋白质自由基再发生交联：

$$RO\cdot + Pr \longrightarrow Pr\cdot + ROH$$

$$Pr\cdot + Pr\cdot \longrightarrow Pr-Pr + Pr\cdot \longrightarrow Pr-Pr-Pr + \cdots$$

脂质过氧化物的分解产物丙二醛能与蛋白质中赖氨酸的$\varepsilon-NH_2$反应生成希夫碱，使大分子交联，鱼蛋白在冷冻贮藏后溶解度降低应归因于此反应。

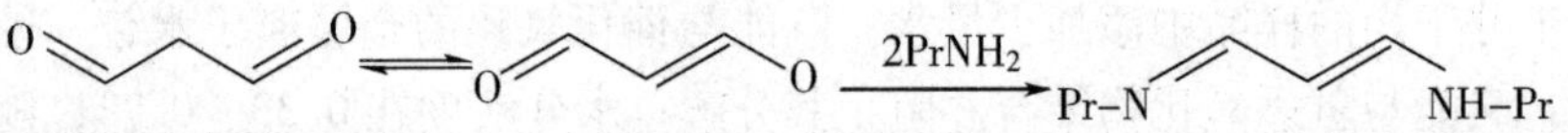

（2）氢过氧化物几乎可与人体内所有分子或细胞反应，破坏DNA和细胞结构。例如，酶分子中的—NH_2与丙二醛发生交联反应而失去活性，蛋白质交联后将丧失其生物功能，这些破坏了的细胞成分被溶酶体吞噬后，又不能被水解酶消化，在体内积累，就会产生老年斑（脂褐素）。

（3）脂质在常温及高温下氧化均产生有害物。经动物试验表明，喂食常温下高度氧化的脂肪（在大鼠饲料中占10%~20%），将引起大鼠食欲下降，生长抑制，肝肾肿大，过氧化物聚集在脂肪组织内。而喂食因加热而高度氧化的脂肪，在动物中会产生各种有害效应。有报道，氧化聚合产生的极性二聚物是有毒的，而无氧热聚合生成的环状酯也是有毒的。在炸薯条和鱼片中用长时间高温油炸过的油或反复使用的油炸油，可产生显著的致癌活性。

7. 抗氧化剂

（1）抗氧化剂的抗氧化机理　如上所述，凡能延缓或减慢油脂自氧化的物质称为抗氧化剂。抗氧化剂种类繁多，其作用机理也不尽相同，因此可分为自由基清除剂（酶与非酶类）、单重态氧猝灭剂、金属螯合剂、氧清除剂、酶抑制剂、过氧化物分解剂、紫外线吸收剂等。

①非酶类自由基清除剂：非酶类自由基清除剂主要包括天然成分维生素 E、维生素 C、β - 胡萝卜素和还原型谷胱甘肽（GSH）以及合成的酚类抗氧化剂丁基羟基茴香醚（BHA）、二丁基羟基甲基（BHT）、没食子酸丙酯（PG）、叔丁基对苯二酚（TBHQ）等，它们均是优良的氢供体或电子供体。若以 AH 代表抗氧化剂，则它与脂类（RH）的自由基反应如下：

$$R\cdot + AH \longrightarrow RH + A\cdot$$

$$ROO\cdot + AH \longrightarrow ROOH + A\cdot$$

$$ROO\cdot + A\cdot \longrightarrow ROOA$$

$$A\cdot + A\cdot \longrightarrow A_2$$

由上述反应可知，此类抗氧化剂可以与油脂自氧化反应中产生的自由基反应，将之转变为更稳定的产物，而抗氧化剂自身生成较稳定的自由基中间产物（A·），并可进一步结合成稳定的二聚体（A_2）和其他产物（如 ROOA 等），导致 R·减少，使得油脂的氧化链式反应被阻断，从而阻止了油脂的氧化。但须注意的是，将此类抗氧化剂加入到尚未严重氧化的油中是有效的，但将它们加入到已严重氧化的体系中则无效，因为高浓度的自由基掩盖了抗氧化剂的抑制作用。

②酶类自由基清除剂：酶类自由基清除剂主要有超氧化物歧化酶（Superoxide dismutase，SOD）、过氧化氢酶（Catalase，CAT）、谷胱甘肽过氧化物酶（GSH - PX）。

在生物体中各种自由基对脂类物质起氧化作用，超氧化物歧化酶可将超氧化物自由基 $O_2^-\cdot$ 转变为 H_2O_2 和 $^3O_2$，生成的 H_2O_2 又可以被过氧化氢酶清除生成 H_2O 和 $^3O_2$。除 CAT 外，GSH - Px 也可清除 H_2O_2，还可清除脂类过氧化自由基 ROO·和 ROOH，从而起到抗氧化作用。反应式如下：

$$O_2^-\cdot + O_2^-\cdot + 2H^+ \xrightarrow{SOD} H_2O_2 + {}^3O_2$$

$$H_2O_2 \xrightarrow{CAT} H_2O + {}^3O_2$$

$$ROOH + 2GSH \xrightarrow{GSH-Px} GSSG + ROH + H_2O$$

注：GSH 为还原型谷胱甘肽（Glutathione），GSSG 为氧化型谷胱甘肽（Oxidized form glutathione）。值得注意的是，GSH - Px 在催化反应中需 GSH 作氢供体。

③单重态氧猝灭剂：单重态氧易与同属单重态的双键作用，转变成三重态氧，所以含有许多双键的类胡萝卜素是较好的 $^1O_2$ 猝灭剂。其作用机理是激发态的单重态氧将能量转移到类胡萝卜素上，使类胡萝卜素由基态（^{1}类胡萝卜素）变为激发态（^{3}类胡萝卜素），而后者可直接放出能量回复到基态。

$$^1O_2 + {}^1\text{类胡萝卜素} \longrightarrow {}^3O_2 + {}^3\text{类胡萝卜素}$$

④氧清除剂：氧清除剂通过除去食品中的氧而延缓氧化反应的发生，可作为氧清除剂的化合物主要有抗坏血酸、抗坏血酸棕榈酸酯、异抗坏血酸和异抗坏血酸盐等。在清除罐头和瓶装食品的顶隙氧方面，抗坏血酸的活性强一些，而在含油食品中则以抗坏血酸棕榈酸酯的抗氧化活性更强，这是因为其在脂肪层的溶解度较大。此外，抗坏血酸与生育酚结合可以使抗氧化效果更佳，这是因为抗坏血酸能将脂类自氧化产生的氢过氧化

物分解成非自由基产物。

⑤氢过氧化物分解剂：氢过氧化物是油脂氧化的主要初产物，有些化合物，如硫代二丙酸的月桂酸酯及硬脂酸酯（用 R_2S 表示），可将链反应生成的氢过氧化物转变为非活性物质，从而起到抑制油脂氧化的作用，这类物质被称为氢过氧化物分解剂，其作用机理如下：

$$R_2S + R'OOH \longrightarrow R_2S{=}O + R'OH$$

$$R_2S{=}O + R'OOH \longrightarrow R_2SO_2 + R'OH$$

⑥金属螯合剂：柠檬酸、酒石酸、抗坏血酸等能与作为油脂助氧化剂的过渡金属离子螯合而使之钝化，从而起到抑制油脂氧化的作用。

⑦增效作用（synergism）：在实际应用抗氧化剂时，常同时使用两种或两种以上的抗氧化剂，几种抗氧化剂之间产生协同效应，导致抗氧化效果优于单独使用一种抗氧化剂，这种效应被称为增效作用。其增效机制通常有两种。

第一，两种游离基受体中，其中增效剂的作用是使主抗氧化剂再生，从而引起增效作用。如同属酚类的抗氧剂 BHA 和 BHT，前者为抗氧化剂，它将首先成为氢供体，而 BHT 由于空间阻碍只能与 ROO · 缓慢地反应，BHT 的主要作用是使 BHA 再生。

第二，增效剂为金属螯合剂。如酚类 + 抗坏血酸，其中酚类是主抗氧化剂，抗坏血酸可螯合金属离子，此外抗坏血酸还是氧清除剂和使酚类抗氧化剂再生，两者联合使用，抗氧化能力更强。

（2）常用的抗氧化剂　抗氧化剂分为天然抗氧化剂和人工合成抗氧化剂，我国食品添加剂使用标准允许使用的抗氧化剂有生育酚、茶多酚、没食子酸丙酯（PG）、抗坏血酸、丁基羟基茴香醚（BHA）、二丁基羟基甲苯（BHT）等 14 种。

①天然抗氧化剂：天然抗氧化剂包括自然界存在的一些营养素、各种自由基清除剂和具有抗氧化功能的酶系统。重要的抗氧化剂有维生素 A、维生素 E、维生素 C、类胡萝卜素、半胱氨酸、甲硫氨酸、植酸、微量元素、迷迭香酚、鼠尾草酚、茶多酚、辣椒素、姜黄素、木樨草素、芦丁、桑色素、橙皮苷、大豆异黄酮、类黑精、人参皂苷、超氧化物歧化酶（SOD）、谷胱甘肽酶、谷胱甘肽过氧化物酶、过氧化氢酶和葡萄糖氧化酶等。

天然抗氧化剂可以像合成抗氧化剂那样被用为食品添加剂，而且一般被认为比合成抗氧化剂更安全。此外，多数天然抗氧化剂还作为保健功能成分，在人体内发挥抗氧化作用，起到预防心脑血管疾病、提高免疫力、防癌等生理功能，但也需按安全用量标准规定的剂量添加。

维生素 E 是脂溶性维生素，由于其疏水结构，所以是油脂抗氧化剂之一，并能插入到生物膜中发挥作用，所以是体外和体内都能发挥作用的抗氧化剂，主要的作用是清除脂质过氧化链式反应中所产生的自由基，一个维生素 E 分子可作用于 1000 个脂质分子。

维生素 C 是水溶性维生素，是多水食品抗氧化剂之一，还能在血液和体液内循环流动，因而是体外和体内都能发挥作用的抗氧化剂，并经常处在抗氧化和清除自由基的最前线。主要作用包括清除氧气、单线态氧、经基自由基、参与体内氧化还原。

β - 胡萝卜素是维生素 A 的前体，是一个重要的脂溶性抗氧化剂。主要功能是清除单线态氧，并能抑制细胞膜的脂质过氧化与清除体内过多的自由基，还具有防癌等生理功能。

天然植物多酚类化合物种类极多，各自的结构和功能存在差异，有些多酚是自由基清除剂，有些兼具有金属螯合剂的功能，有些甚至有促氧化功能。

微量元素锌、铜、锰、硒之所以具有清除自由基及抗氧化作用，是因为锌、铜、锰是超氧化物歧化酶（铜－锌－SOD 及锰－SOD）组成部分，硒是谷胱甘肽过氧化物酶的组成部分。

超氧化物歧化酶、谷胱甘肽酶、过氧化氢酶和含硒的谷胱甘肽过氧化物酶组成抗氧酶体系，互相协同，及时清除体内多余的氧自由基。

②合成抗氧化剂：人工合成抗氧化剂由于其良好的抗氧化性能以及价格优势，目前仍然被广泛使用，几种最常用的人工合成抗氧化剂主要也属酚类，其结构如图 4－22 所示。

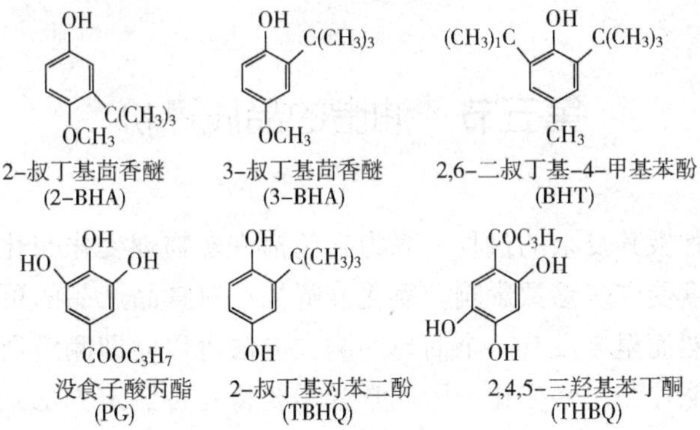

图 4－22 常见合成抗氧化剂

商品 BHA 是 2－BHA 和 3－BHA 的混合物，其在动物脂肪中的抗氧化效果优于在植物油中。BHA 有典型的酚气味，易溶于油，不溶于水，耐热性较好，可用在焙烤食品中，与金属离子作用不着色，还有一定抑制微生物生长的效果。

BHT 不溶于水，溶于有机试剂，耐热性和稳定性较好，在普通烹调温度下稳定，可用在焙烤食品中，遇金属离子不着色，无 BHA 那种特异臭味，且价格低廉，抗氧化能力强。

PG 的油溶性和耐热性不如 BHT 和 BHA，但在使用的食品中，其抗氧化性能优于 BHT 和 BHA，由于具有遇金属离子易着色的性质，所以常与柠檬酸合用，因柠檬酸可螯合金属离子，既可作增效剂，又可避免 PG 遇金属离子着色。PG 在食品焙烤或油炸过程中将迅速挥发，因此不宜在这些食品加工中使用，主要可用在罐头、方便面、干鱼制品中。

TBHQ 属于油溶性抗氧化剂，耐热性好且不易挥发，在植物油中使用和在油炸食品油中使用时，其抗氧化效果优于 BHA、BHT 及 PG，与铁离子不着色，无异味和臭味。

D－异抗坏血酸属水溶性抗氧化剂，在干燥状态下暴露在空气中相当稳定，在有空气、金属、热、水的环境下易氧化，安全性较高，应用面宽，可用于水果、蔬菜、罐头、啤酒、果汁等食品中。

动物实验表明，以上合成抗氧化剂都有一定的毒性，所以在食品中需限量使用。具体的安全用量标准，可参考 GB 2760—2014。

抗氧化剂使用的注意事项如下。

第一，抗氧化剂应尽早加入，因为油脂氧化反应是不可逆的，抗氧化剂只能起阻碍油脂氧化的作用，延缓食品败坏的时间，但不能改变已经变坏的结果。

第二，抗氧化剂的使用要注意剂量问题，一是用量不能超出其安全剂量，二是有些抗氧化剂用量不合适时反而会有促氧化效果。

第三，选择抗氧化剂时应注意溶解性。只有在体系中有良好的溶解性，才能充分发挥其抗氧化功效。因此，油脂体系选用脂溶性抗氧化剂，含水体系应选水溶性抗氧化剂。

第四，在实际应用中常使用两种或两种以上的抗氧化剂，利用其增效效应。

第五，作为添加剂使用的抗氧化剂必须有较好的抗氧化性能，一般用量较低时，即可达到抗氧化目的。

第五节　油脂的品质评价

脂肪氧化是一种极其复杂的过程，因为它包括许多物理变化与化学变化，而且每一种变化的性质与程度受许多参数影响。氧化分解往往对食品产品的可接受性与营养质量产生极大的影响，然而至今没有一个简单的测试方法可以立即测定所有的氧化产品，一个测试方法往往只能控制一些变化，因此常常需要将几种测定方法结合起来，下面介绍一些常用方法。

一、酸价

酸价（acidvalue，AV）是中和 1g 油脂中游离脂肪酸所需的氢氧化钾的质量（mg）。新鲜油脂的酸价很小，但随着贮藏期的延长和油脂的酸败，酸价增大。酸价的大小可直接说明油脂的新鲜度和质量好坏，所以酸价是检验油脂质量的重要指标。我国食品安全标准规定，食用植物油的酸价不得超过 5mgKOH/g。有关食用油脂的酸价标准见表 4－8。

表 4－8　我国食用油脂的酸价标准

油脂级别或种类	酸价/（mgKOH/g）
食用煎炸油，机制小磨香油，二级菜籽油	≤5.0
食用亚麻籽油，大多数二级食用植物油	≤4.0
小磨芝麻香油	≤3.0
二级食用猪油	≤1.5
一级食用植物油和猪油，起酥油，人造奶油，食用氢化油	≤1.0
高级烹调油	≤0.5
色拉油	≤0.3
精制调和油	≤0.2
调和色拉油	≤0.15

注：①若调和油中配入芝麻油，则酸价标准为≤2.0mgKOH/g；②若调和色拉油中配入橄榄油，则酸价标准为≤0.4mgKOH/g。

二、碘值

100g 油脂吸收碘的质量（g）称作碘值（iodinevalue，IV）。通过碘值可以判断油脂中脂肪酸的不饱和程度，油脂中双键越多，碘值越大，如油酸的碘值为 89gI/100g，亚油酸的碘值为 181gI/100g，亚麻酸则有 273gI/100g。各种油脂有特定的碘值，如猪油的碘值为 55～70gI/100g。一般动物脂的碘值较小，植物油碘值较大。另外，根据碘值的大小可把油脂分为：干性油（IV = 180～190gI/100g）、半干性油（IV = 100～120gI/100g）、不干性油（IV <100gI/100g）。表 4－9 列举了我国几种食用油脂的碘值国家标准。

三、皂化值

1g 油脂完全皂化时所需 KOH 的质量（mg）称皂化值（saponifyvalue，SV）。皂化值的大小与油脂的平均相对分子质量成反比，皂化值高的油脂熔点较低，易消化，一般油脂的皂化值在 200mgKOH/g 左右。制皂业根据油脂的皂化值的大小，可以确定合理的用碱量和配方。表 4－9 是我国几种作为特征指标的食用油脂的皂化值和碘值国家标准。

表 4－9　几种食用油脂的皂化值和碘值国家标准

油脂	皂化值/（mgKOH/g）	碘值/（g/100g）
葵花籽油	188～194	110～143
菜籽油	168～182	94～120
大豆油	188～195	123～142
花生油	187～196	80～106
棉籽油	189～198	99～123
米糠油	179～195	92～115

四、折射率

折射率是油脂与脂肪酸的一个重要特征数值，对油脂种类的鉴别、加工过程的控制检测具有重要意义。其规律如下：

（1）脂肪酸的折射率随相对分子质量增大而增大。

（2）分子中双键的数量越多，折射率越大。

（3）具有共轭双键的脂肪酸折射率最大。

（4）脂肪酸的折射率比由它构成的甘油三酯的折射率小。

（5）甘油一酯比相应的甘油三酯折射率大。

各种物质的折射率在 1.30～1.80 变动，很少有超出此范围的。常用的折光仪一般以钠 D 线（589.8nm）为光源，在该光源下测各种脂肪酸的折射率（n_D）。

五、羰基值

羰基值是指每 1kg 油脂中所含羰基化合物的量（mmol），羰基值是判断油脂氧化、劣变的重要敏感指标之一。

六、过氧化值

过氧化值（peroxidationvalue，POV）是指1kg油脂中所含氢过氧化物的量（mmol）。氢过氧化物是油脂氧化的主要初级产物，在油脂氧化初期，POV值随氧化程度加深而增高。而当油脂深度氧化时，氢过氧化物的分解速度超过了氢过氧化物的生成速度，这时POV值会降低，所以POV值宜用于衡量油脂氧化初期的氧化程度。POV值测定方法详见实验部分。

一般新鲜的精制油POV低于1mmol/kg。POV升高，表示油脂开始氧化。POV达到一定量时，油脂产生明显异味，成为劣质油，该值一般定为20mmol/kg，但不同的油有一些差别，如人造奶油为60mmol/kg。故在检查油脂氧化变质的实验中，有的把变质的标准定为20mmol/kg，有的定为70mmol/kg。但一般过氧化值超过70mmol/kg时表明油脂已进入氧化显著阶段。

复习思考题

1. 脂肪如何分类？脂肪酸及其甘油酯如何命名？
2. 简述商品油脂基本的食品用途。
3. 简述油脂的塑性及其影响因素。如何以植物油为原料通过化学改性获得塑性脂肪？
4. 什么是固体脂肪指数？
5. 什么叫乳浊液？乳浊液失稳的机制是什么？乳化剂稳定乳浊液的机理如何？如何根据HLB值选择乳化剂？
6. 过氧化值及其测定原理如何？是否POV值越高，油脂氧化程度越深？
7. 简述油脂的酮型酸败机制。
8. 油脂自动氧化历程包括哪几步？影响脂肪氧化的因素有哪些？
9. 简述抗氧化剂的作用机制。是否抗氧化剂用量越多越好？使用抗氧化剂应注意些什么？
10. 氢过氧化物有哪几种生成途径？反应历程如何？

CHAPTER 5

第五章 蛋白质

[学习目标与要求]

1. 掌握蛋白质变性的机理及其影响因素；蛋白质功能性质产生的机理、影响因素和评价方法以及在食品工业的具体应用。

2. 掌握蛋白质在食品加工储藏中发生的物理、化学和营养变化以及如何利用和防止这些变化。

3. 掌握常见蛋白质的特点及其在食品工业的具体应用。

4. 了解蛋白质、氨基酸的结构、分类、特点、理化性质。

5. 了解食品蛋白质原料的特性。

第一节　概述

蛋白质是一类非常重要的生物大分子，所有的生命体都离不开它。可以这样说，没有蛋白质也就没有生命。在人体中蛋白质承载着生物催化剂、代谢调节物、免疫因子、物质转运工具、运动和支持功能成分、信息知识和传递载体、结构成分和热能储备等多种功能。在食品中，蛋白质和氨基酸对食品的色、香、味以及组织状态和结构等特征起着非常重要的作用，因此蛋白质和氨基酸是食品化学研究的主要对象。

蛋白质的组成元素包括碳、氢、氧、氮、硫、磷等，它是由不同氨基酸通过肽键相互连接而成的复杂分子。由于不同氨基酸的侧链差异，肽链中氨基酸的种类、数量和排列顺序不同，即使单纯由多肽构成的简单蛋白质的种类、结构和性质也是极其多样的。而由蛋白质和辅基及由蛋白质与多糖或脂质构成的复合蛋白进一步增加了蛋白质种类、结构和性质的复杂性和多样性。

食品蛋白质来源广泛，各种主要食品原料所含的蛋白质组成不同。在食品加工过程中，蛋白质和氨基酸会发生许多变化，因此食品蛋白质化学基本理论的学习，对于了解蛋白质的功能和变化及新产品开发均具有重要的意义。

第二节　蛋白质的化学组成和分类

一、蛋白质的化学组成

蛋白质是最基本的生命物质之一，是细胞组分中含量丰富、功能最多的生物大分子。许多蛋白质已经获得结晶纯品。通过对蛋白质的元素组成分析发现，大多数蛋白质的基本组成相似。蛋白质都含有碳、氢、氧、氮四种元素，大多数蛋白质还含有硫，少数蛋白质含有磷、铁、铜、锰、锌、钴、钼、碘等。其中，碳、氢、氧、氮、硫的含量分别为50%～60%、6%～8%、19%～24%、15%～16%、0%～4%。

蛋白质分子中的氮元素是蛋白质在结构上区别于碳水化合物和脂肪的特征。大多数蛋白质氮元素的含量很相似，接近16%。这是蛋白质元素组成的特点，也是凯氏定氮法测定蛋白质含量的依据。凯氏定氮法，即以含氮量推算蛋白质的含量，计算公式为：

$$蛋白质含量 = 样品中含氮量 \times 6.25$$

值得指出的是，6.25仅仅是蛋白质含量在16%时样品含氮量计算时的换算系数。当被检测样品的含氮量不是16%时会引起实验数据与真实含氮量相差较大。例如，小麦蛋白质中含氮量为17.15%，其蛋白质和氮的换算系数则应为5.83。

二、蛋白质的分类

蛋白质种类繁多，估计在10^{10}～10^{12}数量级，为了方便研究和交流，需要对庞大的蛋白质家族进行分类。通常可根据蛋白质的功能、化学组成和溶解性、形状进行分类。

根据蛋白质的功能不同进行分类，分类结果见表5－1。

表5－1　　蛋白质按功能分类

类别	功能	代表
催化蛋白（酶）	高效专一地催化体内的化学反应	蛋白酶、DNA聚合酶等各种酶
调节蛋白	调节体内代谢的活动	胰岛素、生长激素、钙调蛋白等
结构蛋白	机体结构的构成成分	α角蛋白、胶原蛋白、核糖体蛋白等
运输蛋白	运送各种小分子物质	血红蛋白、载脂蛋白、葡萄糖运载蛋白等
贮藏蛋白	贮存物质成分	酪蛋白、卵清蛋白、醇溶蛋白、铁蛋白等
运动蛋白	机体运动	肌动蛋白、肌球蛋白
防御蛋白	抵御异体侵害	抗体、干扰素、植物毒蛋白、细菌毒素等
电子传递蛋白	在氧化还原反应中传递电子	细胞色素

根据蛋白质的组成及其溶解性进行分类，分类结果见表5-2。

表5-2 蛋白质按组成和溶解性分类

类别		依据	代表
单纯蛋白质	清蛋白	溶于水、稀酸、稀碱、稀盐	血清白蛋白、乳清蛋白、麦清蛋白
	球蛋白	溶于稀酸、稀碱、稀盐、	血清球蛋白、肌球蛋白、大豆球蛋白
	谷蛋白	溶于稀酸、稀碱，不溶于水、醇及中性盐	米谷蛋白、麦谷蛋白
	醇蛋白	溶于70%~80%的乙醇，不溶于水	玉米醇溶蛋白、麦醇溶蛋白
	组蛋白	溶于水和稀酸	牛胸腺蛋白、核小体蛋白
	精蛋白	溶于水和酸	鲑鱼精蛋白
	硬蛋白	不溶于水、稀酸、稀碱、盐，部分溶于热的强酸、强碱	角蛋白、胶原蛋白、弹性蛋白、丝蛋白
结合蛋白质	核蛋白	与核酸结合	核糖体、烟草花叶病毒
	糖蛋白	与糖类结合	豌豆β-球蛋白、蚕豆凝集素、血清黏蛋白、辣根过氧化物酶
	脂蛋白	与脂类结合	卵黄球蛋白、血浆脂蛋白、膜脂蛋白
	磷蛋白	与磷酸结合	酪蛋白、胃蛋白酶
	血红素蛋白	与血红素（铁卟啉）结合	血红蛋白、血蓝蛋白、细胞色素c、叶绿素蛋白
	黄素蛋白	与黄素核苷酸结合	琥珀酸脱氢酶、D-氨基酸氧化酶
	金属蛋白	结合金属原（离）子	铁蛋白、谷胱甘肽过氧化物酶（含硒）、乙醇脱氢酶（含锌）

根据蛋白质分子外形的对称程度可将其分为两类，结果见表5-3。

表5-3 根据蛋白质分子外形分类

类别	特点	代表
球状蛋白质	分子比较对称，接近球形或椭球形。溶解度较好，能结晶	大多数蛋白质属于球状蛋白质，如血红蛋白、肌红蛋白、酶、抗体等
纤维蛋白质	分子对称性差，类似于细棒状或纤维状。大多数不溶于水，有些则溶于水	溶于水的，如胶原蛋白、角蛋白等；不溶于水的，如肌球蛋白、血纤维蛋白原等

除了上述分类以外，在营养学上根据食物蛋白质所含氨基酸的种类和数量将食物蛋白质分三类，结果见表5-4。

表 5－4　　根据蛋白质中氨基酸的种类和数量分类

类别	特点	代表
完全蛋白质	该蛋白质所含的必需氨基酸种类齐全，数量充足，彼此比例适当。这类蛋白质不但可以维持人体健康，还可以促进生长发育	鸡蛋蛋白质、鱼肉蛋白质、肉蛋白质、乳蛋白等
半完全蛋白质	这类蛋白质所含氨基酸虽然种类齐全，但其中某些氨基酸的数量不能满足人体的需要。它们可以维持生命，但不能促进生长发育	麦胶蛋白、谷类蛋白质等
不完全蛋白质	这类蛋白质不能提供人体所需的全部必需氨基酸，单纯靠它们既不能促进生长发育，也不能维持生命	肉皮中的胶原蛋白、大麦、小麦、谷类、豌豆、玉米中的蛋白质等

第三节　食品中的氨基酸

尽管在各种生物体内已发现了 180 多种氨基酸，但参与组成蛋白质的常见氨基酸只有 20 种。这 20 种氨基酸称为蛋白质氨基酸。某些蛋白质中的稀有氨基酸组分都是由基本氨基酸参与多肽链后经酶促修饰形成的，不参与蛋白质组成，此种氨基酸称为非蛋白质氨基酸。

一、氨基酸的结构和分类

构成蛋白质的 20 种氨基酸都是 α－氨基酸（除脯氨酸是 α－亚氨基酸外）。α－氨基酸的结构通式如图 5－1 所示。

（R 代表不同的侧链）

图 5－1　氨基酸的结构通式

这个结构通式表示出构成蛋白质的氨基酸（除了甘氨酸）都具有手性，并且都是 L 构型。组成蛋白质的 20 种氨基酸的名称、缩写、结构式见表 5－5。

表 5－5　　蛋白质中氨基酸的名称、缩写、结构

名称	缩写符号	结构	名称	缩写符号	结构
丙氨酸 Alanine	Ala (A)	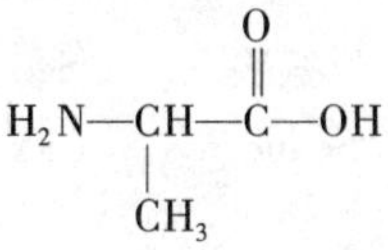	*苯丙氨酸 Phenylalanine	Phe (F)	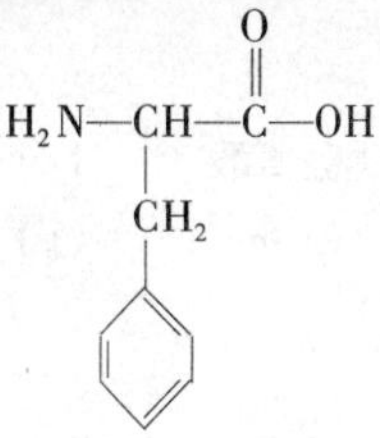
半胱氨酸 Cysteine	Cys (C)	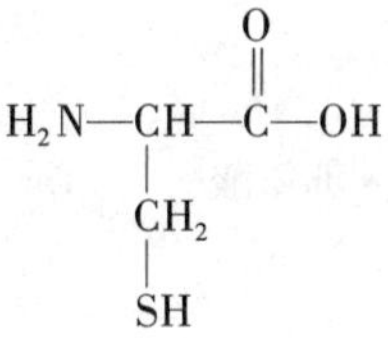	甘氨酸 Glycine	Gly (G)	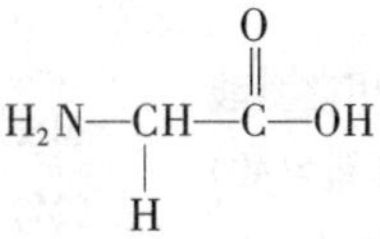
天冬氨酸 Aspartic acid	Asp (D)	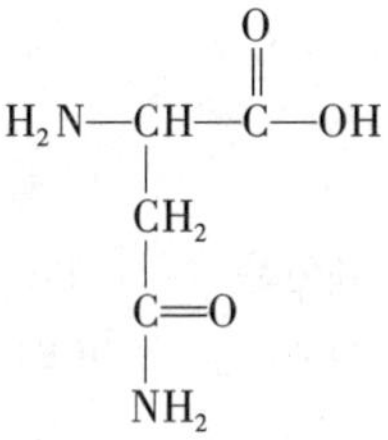	*组氨酸 Histidine	His (H)	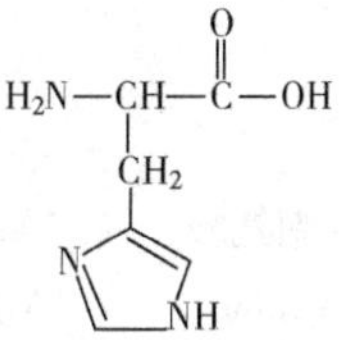
谷氨酸 Glutamic acid	Glu (G)	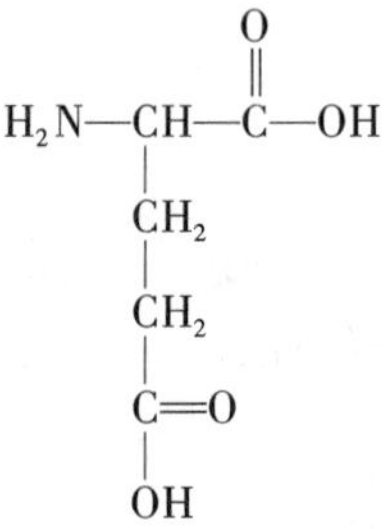	*异亮氨酸 Isoleucine	Ile (I)	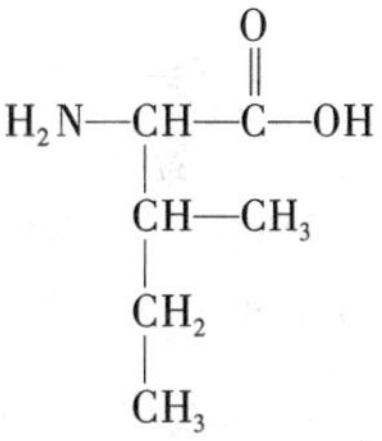
*赖氨酸 Lysine	Lys (K)	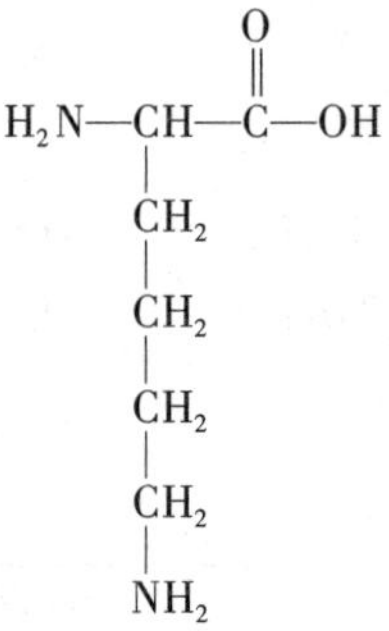	*精氨酸 Arginine	Arg (R)	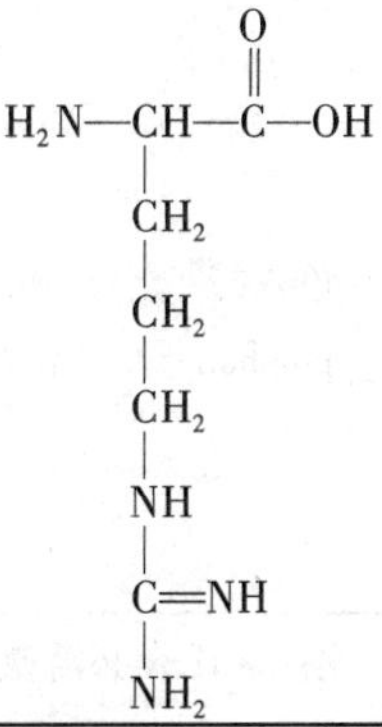

续表

名称	缩写符号	结构	名称	缩写符号	结构
*亮氨酸 Leucine	Leu (L)	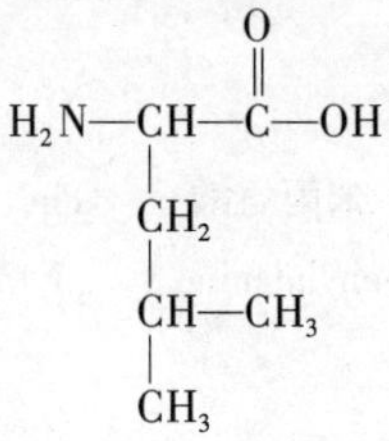	丝氨酸 Serine	Ser (S)	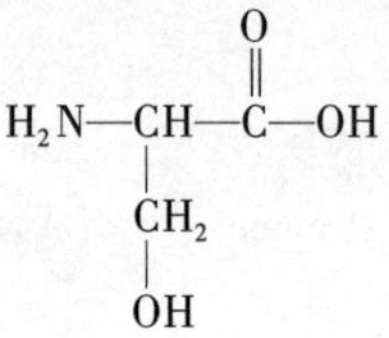
甲硫氨酸（蛋氨酸）Methionine	Met (M)	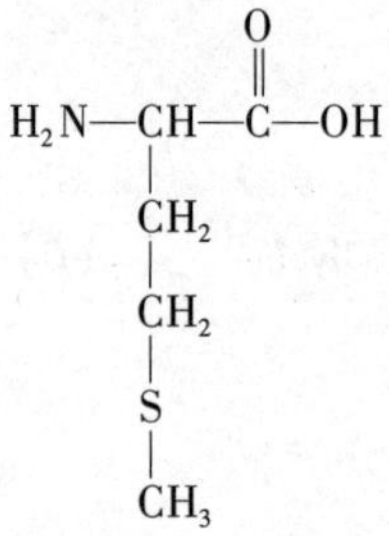	*苏氨酸 Threonine	Thr (T)	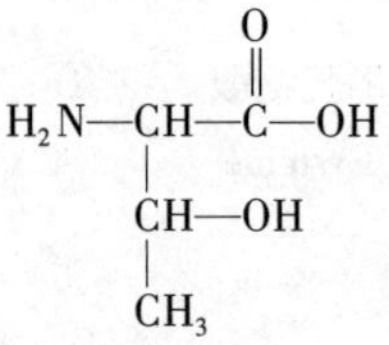
*缬氨酸 Valline	Val (V)	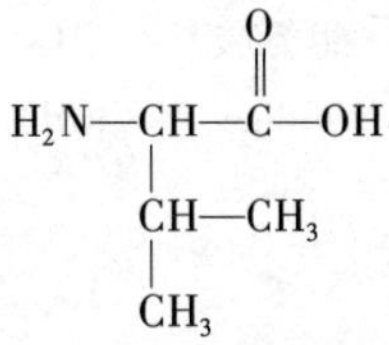	脯氨酸 Proline	Pro (P)	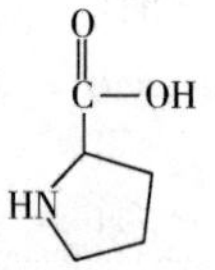
天冬酰胺 Asparagine	Asn (N)	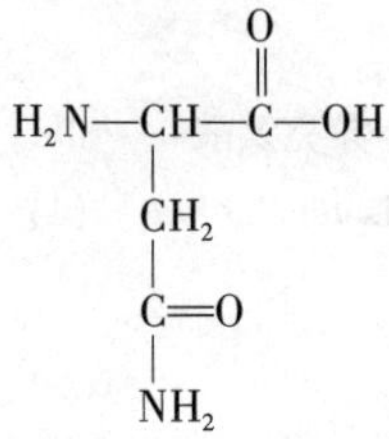	谷氨酰胺 Glutamine	Gln (G)	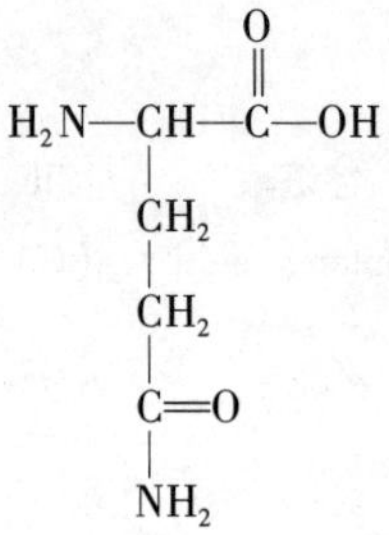
*色氨酸 Tryptophan	Trp (W)	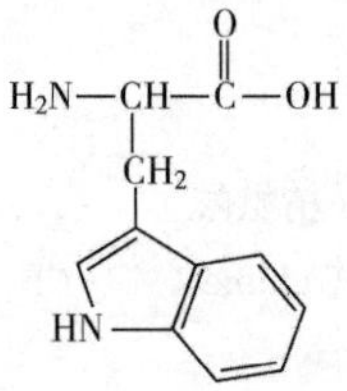	酪氨酸 Tyrosine	Tyr (T)	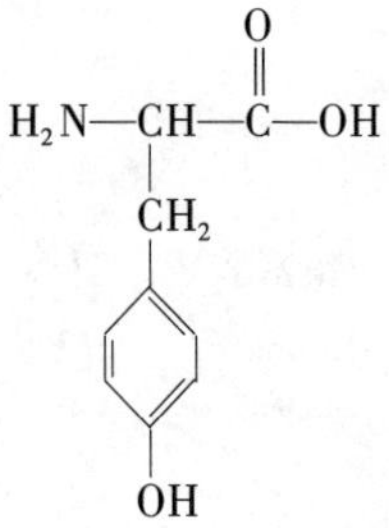

注：*代表必需氨基酸。

1. 按 R 侧链的结构分

构成蛋白质的 20 种氨基酸，可根据其 R 侧链的结构分为极性氨基酸和非极性氨基酸两大类。

（1）非极性氨基酸　这类氨基酸含有非极性的侧链，具有疏水性（Gly 除外），包括甘氨酸、丙氨酸、缬氨酸、亮氨酸、异亮氨酸、苯丙氨酸和脯氨酸，结构如表 5－5 所示。

（2）极性氨基酸

①中性氨基酸：这类氨基酸侧链含有—OH 或—SH、—$CONH_2$ 等极性基团，具有亲水性，但在中性水溶液中不电离，包括甘氨酸、丝氨酸、苏氨酸、酪氨酸、色氨酸、半胱氨酸、甲硫氨酸和天冬酰胺、谷氨酰胺，结构如表 5－5 所示。

②碱性氨基酸：这类氨基酸侧链带有易接 H^+ 的基团而具有碱性。如 $\varepsilon-NH_2$、胍基和咪唑基，包括组氨酸、赖氨酸和精氨酸，结构如表 5－5 所示。

③酸性氨基酸：这类氨基酸侧链含有—COOH，易解离出 H^+ 而具有酸性，包括天冬氨酸和谷氨酸，结构如表 5－5 所示。

2. 按 R 侧链基团种类分

根据侧链 R 基团的结构特点进行划分可分成脂肪族氨基酸、芳香族氨基酸和杂环氨基酸。

（1）脂肪族氨基酸　甘氨酸、缬氨酸、丙氨酸、亮氨酸、异亮氨酸、丝氨酸、苏氨酸、半胱氨酸、甲硫氨酸、天冬氨酸、天冬酰胺、谷氨酸、谷氨酰胺、精氨酸、赖氨酸 15 种氨基酸。

（2）芳香族氨基酸　苯丙氨酸、酪氨酸。

（3）杂环族氨基酸　色氨酸、组氨酸和脯氨酸。

二、 氨基酸的一般性质

1. 氨基酸的两性解离和等电点

由于氨基酸分子中既含有羧基（—COOH），又含有氨基（—NH_2），在适当条件下，羧基可以释放 H^+，变成 R—COO^- 负离子，而氨基可以接受 H^+，变成—NH_3^+ 正离子。因此，氨基酸就变成了同时带有正负两种离子的两性离子，既能与酸生成盐，又能与碱生成盐。例如，最简单的氨基酸 Gly 在溶液中受 pH 影响的解离状态。

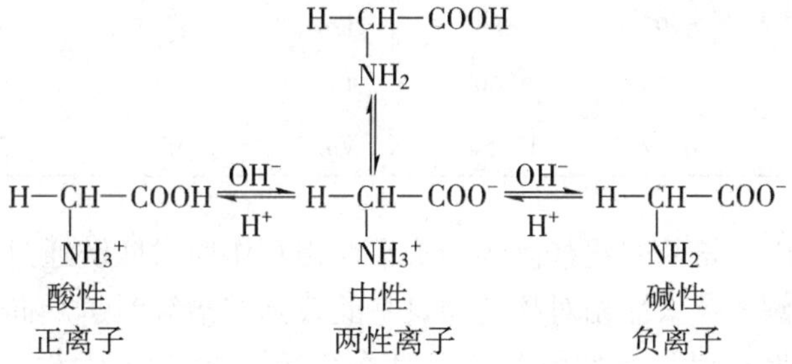

在中性 pH 范围，α－氨基和 α－羧基都处在离子化状态，此时氨基酸分子是偶极离子或两性离子。偶极离子以电中性状态存在时的 pH 被称为等电点 pI。当两性离子被酸滴定时，—COO^- 基变成质子化。当—COO^- 和—COOH 的浓度相等时的 pH 被称为 pK_{a_1}（即离解常数）。当两性离子被碱滴定时，—NH_3^+ 基变成去质子化，当—NH_3^+ 和—NH_2 浓度相等时的 pH 被称为 pK_{a_2}。除 α－氨基和 α－羧基外，Lys、Arg、His、Asp、Glu、Cys 和 Tyr 的侧链也含有可离化基团（pK_{a_3}），所以它们的等电点计算公式与侧链不带电和电荷基团氨基酸的等电点计算公式不同。

侧链不带电荷基团氨基酸的等电点计算公式：$pI = (pK_{a_1} + pK_{a_2})/2$

酸性氨基酸：$pI = (pK_{a_1} + pK_{a_3})/2$

碱性氨基酸：$pI = (pK_{a_2} + pK_{a_3})/2$

在蛋白质分子中，一个氨基酸的 α－COOH 通过酰胺键与另一个氨基酸的 α－NH_2 相结合；于是，可以离子化的基团是 N－末端氨基、C－末端羧基和侧链上可离解的基团。这些蛋白质分子中可离子化的基团的 pK_a 不同于它们在游离氨基酸中相应的数值。在蛋白质分子中酸性侧链（Glu 和 Asp）的 pK_{a_3} 大于游离氨基酸中相应的值，而碱性侧链的 pK_{a_3} 则小于游离氨基酸相应的值。

2. 氨基酸的水溶性和疏水性

在纯净水中氨基酸都有一定的溶解度，但彼此有一定不同。调整水的 pH 后，溶解度将发生变化，在等电点时溶解度相对最小。表 5－6 是构成蛋白质常见氨基酸的等电点和 25℃下的水溶解度。

表 5－6　　氨基酸的等电点和溶解度

氨基酸	25℃溶解度 /（g/L）	pI	ΔG_0 /（kJ/mol）	氨基酸	25℃溶解度 /（g/L）	pI	ΔG_0 /（kJ/mol）
Ala	167.2	6.0	2.09	Leu	21.7	5.98	9.61
Arg	855.6	10.76	—	Lys	739.0	9.74	—
Asn	28.5	5.41	2.09	Met	56.2	5.74	5.43
Asp	5.0	2.77	0	Phe	27.6	5.48	10.45
Cys	—	5.05	4.18	Pro	1620.0	6.30	10.87
Gln	7.2（37℃）	5.65	－0.42	Ser	422.0	5.68	－1.25
Glu	8.5	3.22	2.09	Thr	13.2	6.16	1.67
Gly	249.9	5.97	0	Trp	13.6	5.89	14.21
His	—	7.59	2.09	Tyr	0.4	5.68	9.61
Ile	34.5	6.02	12.54	Val	58.1	5.96	6.27

蛋白质的构成中，氨基酸残基侧链的疏水性相互作用对肽链通过折叠形成高级结构起到了很大作用，侧链疏水性相对越大的氨基酸残基在褶皱时越趋向于疏水聚集在蛋白质内部，侧链亲水性相对越大的氨基酸残基在褶皱时越趋向保留在蛋白质的表面。因此，研究氨基酸疏水性的大小（侧链疏水性越大，氨基酸的相对疏水性越大）具有重要

的意义。

两个非极性基团（或物质）为了避开水相而聚集在一起的作用称为疏水相互作用，这种作用力越强，说明两个非极性基团（或物质）的疏水性越强。

测量氨基酸疏水性的方法：测量1mol氨基酸从乙醇中转移到水中时的转移自由能的方法，其计算公式为：

$$\Delta Go_T = -RT\ln S_{乙醇}/S_{水}。$$

式中　　R——气体常数；

T——热力学温度；

$S_{乙醇}$和$S_{水}$——被测氨基酸在乙醇和水中的溶解度；

ΔGo_T——T温度下的1mol氨基酸从乙醇中转移到水中时的转移自由能，kJ/mol。

一种氨基酸的ΔGo_T可以认为等于它的主要基团和侧链基团的转移自由能的代数和。由于每个氨基酸的主要基团都相同，并且只比甘氨酸少一个氢原子，所以，各种氨基酸侧链基团的转移自由能可以按下式计算，计算结果称为氨基酸侧链基团的疏水性。

$$\Delta Go_T(侧链基团) = \Delta Go_T(某氨基酸) - \Delta Go_T(甘氨酸)$$

ΔGo_T为正值的氨基酸或ΔGo_T（侧链基团）具有较大正值的侧链基团可被视为疏水性的。表5-6给出了一些氨基酸侧链常温下的疏水性（乙醇→水）[表中ΔGo_T（侧链基团）简单表示为ΔGo]。

3. 紫外吸收特性

各种常见的氨基酸对可见光均无吸收能力。但酪氨酸、色氨酸和苯丙氨酸在紫外光区具有明显的光吸收现象。而大多数蛋白质中都含有这3种氨基酸，尤其是酪氨酸。因此，可以利用280nm波长处紫外吸收特性定量检测蛋白质的含量。

4. 氨基酸的味感

天然氨基酸基本都是L-型氨基酸，尽管D-型氨基酸大多为甜味的，但L-型氨基酸彼此间的味道却较不相同。一般来说，侧链基团由小转大时甜味减少而苦味增加；侧链基团的疏水性增加时甜味减少而苦味增加，酸性氨基酸具有酸、鲜味，碱性氨基酸具有甜、苦味。

除此之外，各种氨基酸还具有一定的形状和色泽，结晶形状因氨基酸的结构不同而有所差异，如L-谷氨酸为四角柱形结晶，D-谷氨酸则为菱形片状结晶。氨基酸结晶的熔点较高，一般在200~300℃，许多氨基酸在达到或接近熔点时会分解成胺和CO_2。

三、氨基酸重要的化学反应

1. 与亚硝酸的反应

α-氨基酸的α-氨基能与亚硝酸作用，生成相应的羟基酸、氮气和水（图5-2）。

$$R—CH(NH_2)—COOH + HNO_2 \longrightarrow R—CH_2—NH_2 + N_2\uparrow + H_2O$$

图5-2　氨基酸与亚硝酸的反应

此反应中产生的氮气，一半来自氨基酸，一半来自亚硝酸。可以根据放出氮气的量，计算出氨基酸的含量，此法称为范斯来克（Van Slyke）氨基测定法。脯氨酸的α-

亚氨基酸不与亚硝酸作用，精氨酸、组氨酸、色氨酸中被环结合的氮也不与亚硝酸作用。

2. 与甲醛的反应

在中性 pH 条件下，氨基酸中的氨基可与甲醛生成羧甲基衍生物，使其碱性减弱（图 5－3）。

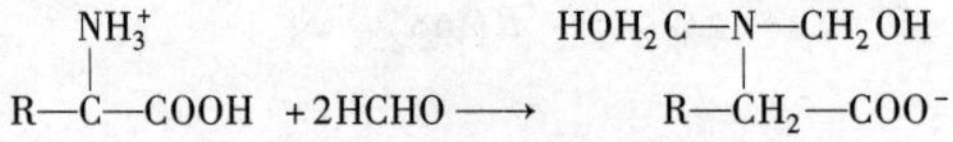

图 5－3　氨基酸与甲醛的反应

此反应使氨基酸中氨基的碱性被遮盖，余下的酸性羧基以酚酞为指示剂，用碱滴定，可测定氨基酸的含量。这是甲醛滴定法测定氨基酸的原理所在。在食品检测中，常用氨基酸的这个性质来定量测定氨基酸的含量，如酱油中氨基酸的测定就是利用此法。

3. 与茚三酮的反应

α－氨基酸与茚三酮的水合物在弱酸性溶液中（pH4 左右）加热时，可发生氧化脱氨反应，生成醛、NH_3和 CO_2。水合茚三酮被还原成还原茚三酮。1 分子还原茚三酮和 1 分子茚三酮与氨基酸氧化分解放出的 NH_3缩合而生成蓝紫色化合物。此反应过程见图 5－4。

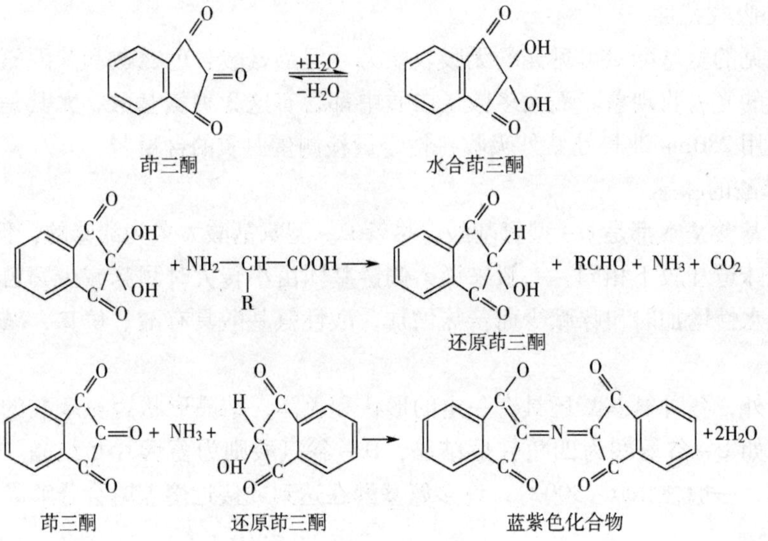

图 5－4　茚三酮反应

此反应是氨基酸的特异性反应，常用于氨基酸的定性分析和定量分析。定量释放的 CO_2可用测压法测量，计算出参加反应的氨基酸量。产生的蓝紫色化合物可用比色法进行定性或定量测定。亚氨基酸（脯氨酸）与茚三酮反应不释放出 NH_3，而直接生成黄色化合物。

第四节　蛋白质的结构

蛋白质的性质和功能，都是由蛋白质的结构所决定的。它的结构非常复杂。经过研究发现，蛋白质的结构被分为四级。氨基酸在多肽中的排序称为蛋白质的一级结构；由一级结构某些区段形成的 α - 螺旋和 β - 折叠等构成蛋白质的二级结构；在多种次级键合力作用下，多肽进一步折叠形成球状和纤维状结构时的高级构象、内部结构与整体形状就构成了蛋白质的三级结构；有些蛋白质由多条多肽构成，每条多肽构成三级结构后，作为亚基，进一步在二硫键和多种次级键作用下构成更大的整体结构，其亚基的连接结构、空间排布和整体蛋白质的外形被称为四级结构。

一、蛋白质的一级结构

蛋白质的一级结构即多肽链内氨基酸残基从 N - 末端到 C - 末端的排列顺序，或称肽链中氨基酸的排列顺序。蛋白质的一级结构是最基本的结构，也是蛋白质高级结构的基础，可以通过多肽的氨基酸序列分析得出。由于一级结构形成后，在生物体内的氧化作用下，在一定的位置形成了多肽链内关键的二硫键，因此有时也把此二硫键纳入蛋白质的一级结构中（图 5 - 5）。

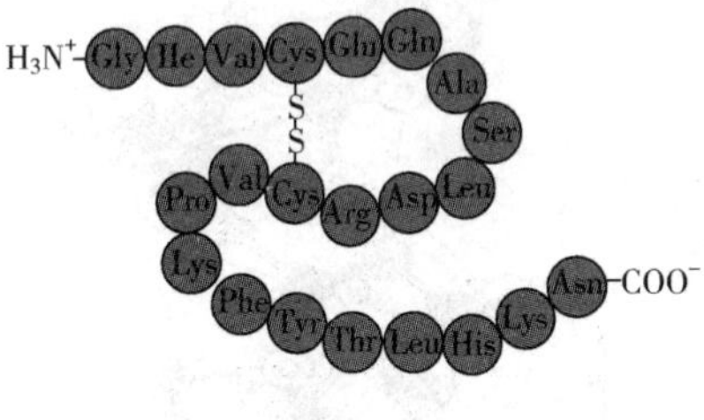

图 5 - 5　蛋白质一级结构示意图

胰岛素是世界上第一个被测定一级结构的蛋白质，它是由 A、B 两条多肽链通过两个二硫键相连，A 链含 21 个氨基酸残基，B 链含 30 个氨基酸残基，A 链本身第 6 及第 11 位两个半胱氨酸形成一个链内的二硫键（图 5 - 6）。

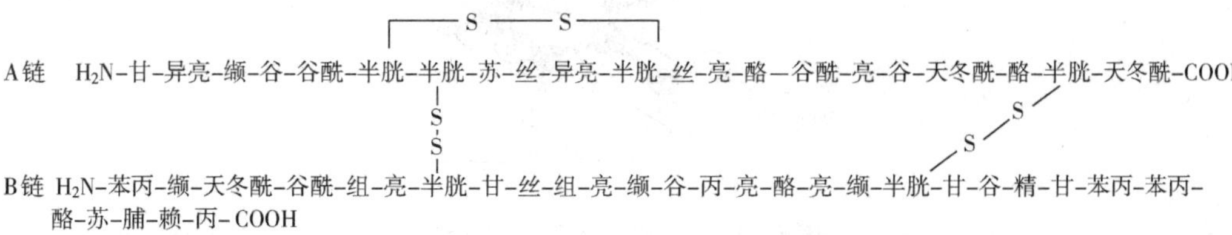

图 5 - 6　牛胰岛素的一级结构

二、 蛋白质的二级结构

蛋白质的二级结构是肽链主链不同肽段通过自身的相互作用、形成氢键，沿某一主轴盘旋折叠而形成的局部空间结构，因此是蛋白质结构的构象单元，主要有 α - 螺旋、β - 折叠、β 转角和无规则卷曲等。这些主链构象的结构单元的形成必须遵循肽链折叠的立体化学原理。

1. α - 螺旋

α - 螺旋是 Pauling 和 Coroy 等研究羊毛、马鬃、猪毛、乌毛等 α - 角蛋白时于 1951 年提出来的。α - 角蛋白属于纤维状蛋白质，这种蛋白几乎全是 α - 螺旋结构。在球状蛋白中，α - 螺旋是肽链的区段性局部构象。α - 螺旋的结构要点如下。

（1）当某一段肽链中所有的 C_α 的扭角分别相等时，这一段肽链的主链就会围绕一个中心轴形成规则的螺旋构象。螺旋构象中每一圈包含的氨基酸残基数可以是整数或非整数，主链旋转的方向可以是右手螺旋，也可以是左手螺旋。天然蛋白质中最常见的螺旋构象是 α - 螺旋，它是 α - 角蛋白中主要的构象形式，也广泛存在于其他球状蛋白和纤维蛋白中。α - 螺旋每一圈含有 3.6 个氨基酸残基，沿螺旋轴方向上升 0.54nm，即每个氨基酸残基沿螺旋中心轴垂直上升的距离为 0.15nm（图 5 - 7）。

（2）相邻的螺旋之间形成链内氢键，氢键的取向几乎与中心轴平行。氢键由两个氨基酸残基的 N—H 与前面隔 3 个氨基酸残基的 C═O 形成（图 5 - 7）。α - 螺旋中氨基酸残基的侧链基团伸向外侧。

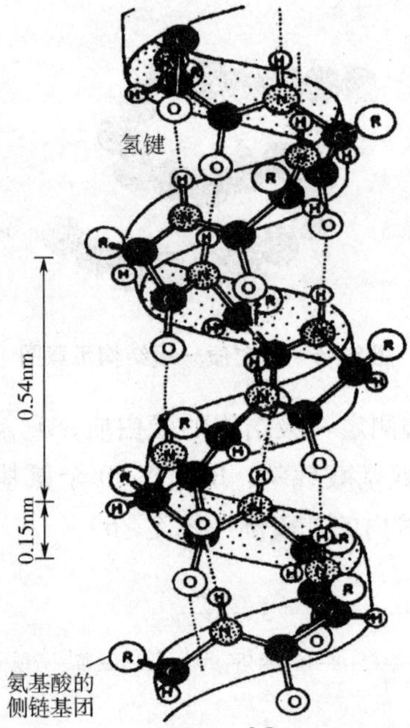

图 5 - 7　α - 螺旋的尺寸和氢键

多肽链能否形成 α－螺旋以及形成的螺旋是否稳定，与其氨基酸序列直接有关。由于脯氨酸的亚氨基参与形成肽键之后，氮原子上已没有氢原子，无法充当氢键供体，致使 α－螺旋在该处中断，并产生一个“结节”。此外，如果一个肽段内带有相同电荷的残基过于密集，彼此间因静电排斥而不能形成链内氢键，也会妨碍 α－螺旋的形成。

2. β－折叠

β－折叠是一种比较伸展、呈规则锯齿状折叠的片状结构（图5－8）。它由两条多肽链片段上的氨基酸之间形成大量规则的氢键（每一个肽键的羰基氧和位于相邻肽链的另一个酰胺氢之间形成的氢键）而维系，氨基酸的侧链基团在折叠片的上下规则分布也起到保护和稳定其结构的作用。折叠片自身较为稳定，它对蛋白质的三级结构也起着较大支撑作用。在多水体系中，尽管有大量水分子对氨基酸间的氢键维系形成竞争性威胁而降低了其稳定性，但要使较大的 β－折叠片破坏依然需要较高的环境温度。在低水环境中 β－折叠片更加稳定。

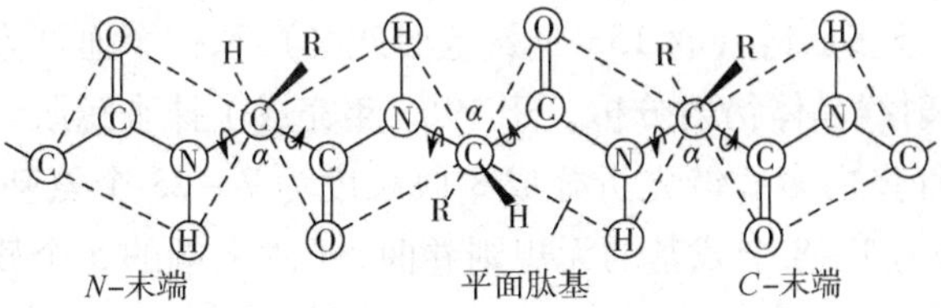

图5－8　β－折叠片的结构示意图

3. β－转角

β－转角也是蛋白质中常见的一种二级结构（图5－9），它常出现在蛋白质肽链的急转弯处，弯曲处的第一个氨基酸残基的 —C═O 和第四个残基的 —N—H 之间形成氢键，形成一个不很稳定的环状结构。

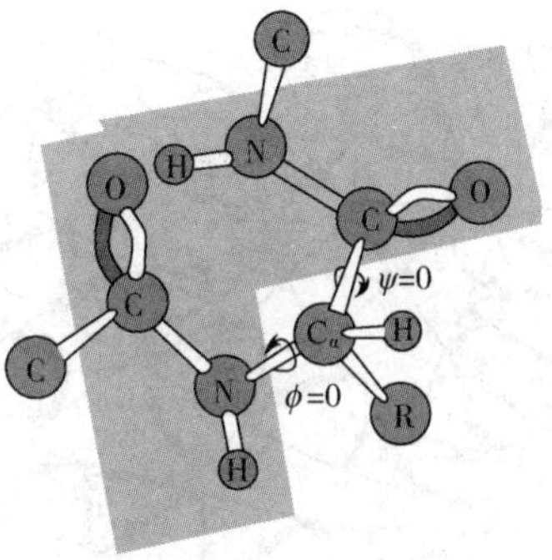

图5－9　β－转角示意图

4. 无规则卷曲

无规则卷曲又称自由回转，是指没有一定规律的松散肽链结构。酶的功能部位常常处于这种构象区域。

很多纤维蛋白往往由单一的二级结构构成。如毛发、鳞、角、蹄、喙甲、爪等主要

由几条 α－螺旋肽链左向缠绕而成，因此，毛发和羊毛等纤维有弹性。丝心蛋白则由几条反向平行的 β－折叠肽链组成。

三、 蛋白质的三级结构

三级结构指的是多肽链在二级结构的基础上，通过侧链基团的相互作用进一步卷曲折叠，借助次级键维系使 α－螺旋、β－折叠片、β－转角等二级结构相互配置而形成的特定构象。三级结构的形成使肽链中所有原子都达到空间上的重新排布。原来在一级结构的顺序排列上相距甚远的氨基酸残基可能在特定区域内彼此靠近。

对许多球状蛋白分子的研究表明，它们有如下特征。

（1）三级结构构象近似球形，分子中的亲水基团相对集中在球形分子的表面，疏水基团相对集中在分子内部，形成所谓“亲水表面，疏水核”。

（2）三级结构构象的稳定性主要靠疏水相互作用维系。

（3）三级结构形成后，蛋白质的生物活性部位就形成了。

如肌红蛋白是一条多肽链（含 153 个氨基酸残基）和一个血红素辅基构成的，英国人 J. Kendrew 用 X－射线晶体衍射分析，于 1963 年完成了抹香鲸肌红蛋白的空间结构分析（图 5－10）。肌红蛋白多肽链先折叠成 8 段长度为 7～23 个氨基酸残基的 α－螺旋，螺旋区之间的拐角处为 1～8 个残基的无规则卷曲，C－末端的 5 个残基也形成无规则卷曲，这些构象元件组合成扁平的菱形。肌红蛋白分子显得十分致密，分子内部只有一个能容纳 4 个水分子的空间。亲水的氨基酸残基几乎全分布在分子的表面，而疏水的残基几乎全被埋在分子内部。分子表面的极性基团正好与水分子结合，使之成为水溶性蛋白质。肌红蛋白分子表面形成一个洞穴，血红素垂直地伸入其中，通过配位键与肽链中的组氨酸结合。对脱去血红素的肌红蛋白进行的研究表明，血红素对肌红蛋白天然构象的形成与稳定产生了明显的效应。

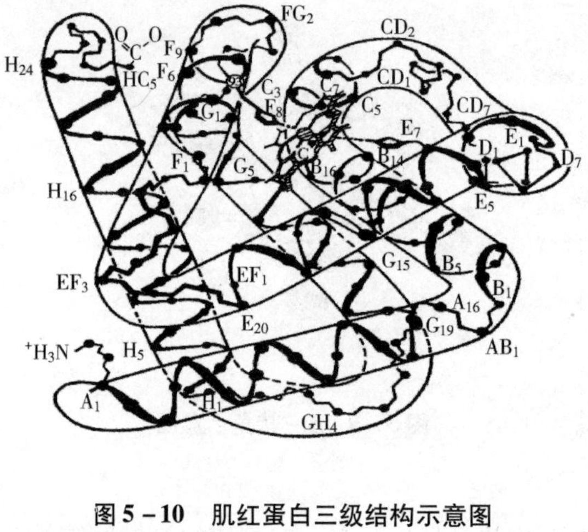

图 5－10 肌红蛋白三级结构示意图

四、 蛋白质的四级结构

有些较大的球蛋白分子，往往由几个称作亚基（Subunit）的亚单位组成，每个亚基本身都具有球状三级结构。亚基一般只包含一条多肽链，也有的由两条或两条以上二硫键连接的肽链组成。由几个亚基组成的蛋白称为寡聚蛋白（oligomeric protein）。四级结构是指由相同或不同亚基按照一定排布方式聚合而成的蛋白结构，维持四级结构稳定的作用力是疏水键、离子键、氢键、范德华力。亚基虽然具备三级结构，但单独存在时通常没有生物学活性或者活性低，只有缔合形成特定的四级结构时才具有生理功能。

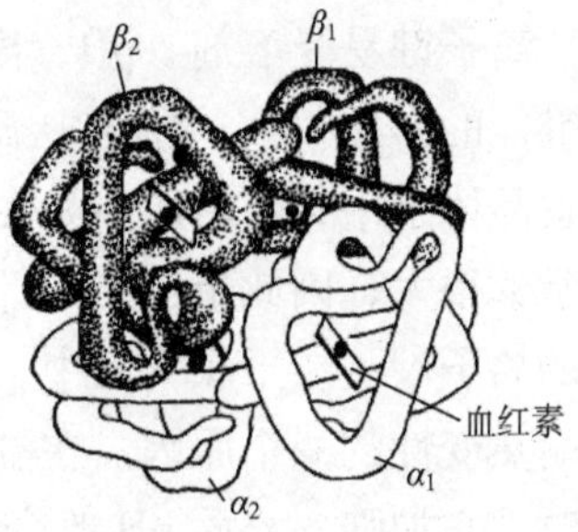

图 5－11　蛋白质的四级结构示意图

血红蛋白是最早阐明四级结构的蛋白质，由两个 α 亚基和两个 β 亚基组成，α 亚基含有 141 个氨基酸残基，β 亚基有 146 个氨基酸残基，各含一个血红素，折叠成与肌红蛋白十分相似的三级结构，再通过各自表面的次级键缔合成正四面体的血红蛋白（图5－11）。

五、 维系蛋白质高级结构稳定的作用力

维持蛋白质高级结构的次级键除氢键外，基本都是由蛋白质的氨基酸残基的侧基之间相互作用形成的。这些侧基间可形成二硫键、磷脂键、离子键、离子－偶极键、偶极键、氢键、疏水键、范德华力作用键。氢键也在肽键所含有的羧基氧和氨基间发生。另外，多肽链的氨末端和羧末端的 α－氨基和 α－羧基也参与高级结构的形成。

各种维系高级结构的键合力的键能一般都低于肽键，也低于各氨基酸残基分子内的其他共价键。因此，蛋白质一级结构的稳定性大于其他三级结构。不同蛋白质高级结构稳定性的差异受构成它们的不同次级键的键能和相对稳定性的影响，其键能差异、数量差异和组合方式差异决定着不同蛋白质高级结构稳定性的差异。

（1）二硫键　蛋白质中有一部分半胱氨酸通过氧化而形成二硫键，可使一条多肽变成环肽，也可使两条多肽交联，或使亚基之间结合。二硫键是维持蛋白质高级结构的最强的一种键，它属于共价键，但它比多数的其他共价键弱，其平均键能为 50.9kJ/mol。在食品中，一般在 80～150℃，二硫键就被破坏；氧化剂和还原剂在常温下也可破坏它。例如，面团中面筋蛋白质的二硫键可在面团揉捏过程中被蛋白质中的半胱氨酸巯基打开，并发生二硫键的交换，也有原有的半胱氨酸被氧化而结合成胱氨酸的少量发生，从而使多个水化面筋蛋白质单体结合成彼此交联的水化面筋体，这是麦粉可形成具有黏弹性面团的主要依据之一。

（2）离子键　蛋白质中的酸性氨基酸残基侧基上的负离子和碱性氨基酸残基侧基上的正离子可形成离子键。离子键是静电引力造成的。

离子键能（E）可以用式（5－1）表示。

$$E = q_1 q_2 / Dr \qquad (5-1)$$

式中　q——这对离子的电荷数；

r——这对离子的平均距离；

D——介质的介电常数。

离子键易受溶剂、pH、离子强度的影响。应该特别重视的是，介质的介电常数对离子键能的影响很大，在水中 $E=3.5\sim5.8$kJ/mol，在空气中 $E=277\sim460$kJ/mol。在生物和食品体系中，蛋白质多处在多水介质中，因为蛋白质表面比内部亲水，又因为水的介电常数很大，因此蛋白质内部的离子键远比外部的离子键强。食品热加工常可以破坏外部的离子键。在干燥食品中，蛋白质的离子键强度也能加强，这是干燥条件下食品蛋白质耐热变性的一个原因。在温度升高时，由于 r 增加，离子键的键能减弱。反之温度降低时，它加强。介质 pH 改变时，粒子的电荷数可能受到影响，或者加强离子键，或者减弱离子键。介质离子强度增加（减低）时，也可能降低（增加）离子的有效电荷数，同时降低（增加）介质的表观介电常数，引起离子键强度改变。

（3）离子－偶极键和偶极－偶极键　偶极矩（μ）是极性基电性的度量。离子和偶极以及偶极和偶极间的作用也属于静电相互作用。

离子－偶极键和偶极－偶极键的键能大小分别由下面两式表示。

$$E_{离-偶} = q\mu/Dr^2 \tag{5-2}$$

$$E_{偶-偶} = (\mu_1\mu_2/Dr^3)\cos\theta \tag{5-3}$$

式中　q——这对离子的电荷数；

r——这对离子的平均距离；

D——介质的介电常数；

θ——两个偶极矩的夹角。

$E_{离-偶}$的强度平均约为 20.9kJ/mol，$E_{偶-偶}$的强度更小。和离子键相同，在多水介质中，处在蛋白质内部的 $E_{离-偶}$和 $E_{偶-偶}$的强度大于外部的。食品热加工 pH 变化和介质改变等都易引起它们改变，并且所受的影响和变化规律与离子键相似。其他分子间的离子－偶极键和偶极－偶极键容易受到水的影响，还因为水具有的分子小、扩散快和本身具有偶极子的特点，能够争夺其他分子的偶极子或离子，形成水与其他分子的偶极－偶极键或水合离子，从而破坏其他分子间的离子－偶极键和偶极－偶极键。

（4）氢键　氢键可作为一种特殊的偶极－偶极键看待。氢键比起一般的偶极－偶极键来说，μ_1和 μ_2间的距离 r 更短，键能更强，通常为 $8.3\sim25$kJ/mol。一个电负性强的原子与一个氢原子形成共价键时，成键电子对强烈偏向电负性强的原子，形成一个强偶极子，氢原子核外几乎没有电子。当这个偶极子与另一个分子中的强偶极子相遇时，先发生偶极－偶极作用，接着后一个偶极子中电负性强的原子的核外电子云就会与氢原子分享，于是形成氢键。这种键形成后，两个电负性强的原子与氢原子的距离都很近，介于中间的体积相对很小的氢原子在振动过程中可能在两电负性强的原子间“摇摆”，为它们共有。氢键与偶极键相同，也易受到热加工、pH 变化、介质改变和周围水量的变化等影响，并且所受的影响和变化规律与离子键、离子－偶极键和偶极－偶极键相似。

（5）疏水键　疏水键也就是疏水相互作用，它指分散在水中的非极性物质自发排斥与水接触而相互靠拢的倾向。维持这种靠拢的能量即疏水键能。疏水相互作用的能量大于这些物质在同样状态下的范德华引力作用能量。事实上疏水相互作用不是范德华引力作用。

研究证明，测量将非极性物质从非极性有机溶剂转移到水中的自由能变化时，ΔG 是正值。所以，疏水相互作用的 ΔG 为负值。但是，疏水相互作用为吸热反应，其焓变为正值。那么，疏水相互作用的 ΔG 为负值的原因只可能是因为疏水相互作用的熵变为正值（$\Delta G = \Delta H - T\Delta S$）。但是，一般人会认为分散在水中的非极性物质相互聚集是由无序到有序的过程，其熵变应当是负值。

（6）离子－诱导偶极键　这种键不属于范德华力作用键，它是离子自身的电荷作用使旁边的非极性分子或基团发生极化，变成了诱导偶极子，这时便产生了离子－诱导偶极键。这种键能用式（5－4）表示。

$$E = \alpha q^2 / D^2 r^4 \tag{5-4}$$

式中　α——被诱导分子的极化率；

q——这对离子的电荷数；

r——这对离子的平均距离；

D——介质的介电常数。

该式说明极化率大的分子该键能大，离子与被诱导分子距离稍远，这种作用就可忽略。

（7）范德华作用力　广义的范德华力包括取向力（偶极－偶极键）、诱导力（永久偶极－诱导偶极键）和色散力（瞬间偶极－瞬间偶极键）。色散力是分子中原子振动造成的，所以是永远存在于任何分子间的作用力。诱导偶极子是非极性基遇到偶极子而被它诱导而临时产生的偶极子，所以诱导力是临时随机出现的作用力。永久偶极－诱导偶极键这种键能用式（5－5）表示。

$$E = 2\alpha q^2 / D^2 r^6 \tag{5-5}$$

式中　q——偶极子正电中心或负电中心所带的电荷数。

该式说明永久偶极子与非极性物质距离很近时，才会有不可忽略的相互作用。

另外，各种次级键的键能都具有一定范围，部分键能数据可供参考（表5－7）。

表5－7　部分次级键能能量范围

键类型	范德华作用力	静电作用力	氢键	疏水相互作用	共价键
键能/（kJ/mol）	0.2～0.8	40～80	8～40	4～10	330～380

除此之外，在现实的食品体系中，温度、离子强度和 pH、疏水环境和亲水环境等均对蛋白质的高级结构键合力产生着影响，如在常见温度范围内升高温度，离子键、离子－偶极键、偶极－偶极键、氢键、离子－诱导偶极键减弱，疏水相互作用键加强；降低温度，离子键、离子－偶极键、偶极－偶极键、氢键、离子－诱导偶极键加强，疏水相互作用键减弱等。

第五节 蛋白质的变性

一、 蛋白质变性的定义和变性蛋白质的特性

1. 蛋白质的变性

蛋白质二级以上的高级结构在酸、碱、盐、热、冷、有机溶剂、界面张力和剪切力等作用下发生的变化称为蛋白质变性。变性进行中，蛋白质的天然构象经历着去褶皱到重新排布和聚集，使其原有结构、性质和功能发生很大变化。在食品加工中，蛋白质变性有利有弊，一定程度上决定着其功能性质，必须加以很好的控制。蛋白质变性时的结构变化基本特征是维持高级结构的次级键破坏或改变，蛋白质高级结构部分解体，如图5－12所示。

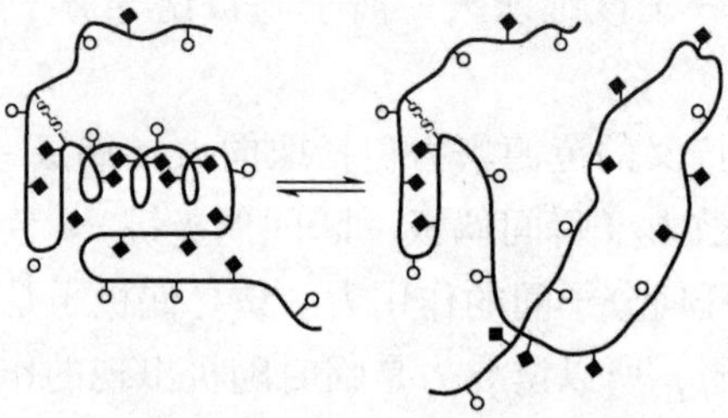

图5－12　蛋白质变性时结构变化示意图

2. 变性蛋白质的特性

蛋白质变性的特性主要在以下几方面：①变性蛋白失去生物活性；②变性蛋白疏水基更多暴露在分子表面，溶解度降低，结合水的能力改变；③变性后由于更多肽键的暴露，增加了对蛋白酶催化水解的敏感性；④蛋白变性时特征黏度增大；⑤变性蛋白质不能结晶。

二、 蛋白质变性的影响因素

1. 物理因素

（1）加热　加热是食品加工常见的处理过程，也是引起蛋白质变性最常见的因素。蛋白质在某一温度时，会产生状态的剧烈变化，这个温度是蛋白质的变性温度，此时天然蛋白质和变性蛋白质的浓度比为1∶1，所以蛋白质的变性温度（T_d）也称为蛋白质的熔点温度（T_m），不同蛋白质的变性温度有所差异（表5－8）。

表 5-8 不同蛋白质变性温度

蛋白质种类	羧肽酶	肌红蛋白	胰蛋白酶抑制剂	α-乳清蛋白	大豆球蛋白	燕麦球蛋白
T_d/℃	63	79	77	83	92	108

蛋白质经过热变性后，表现出了相当程度的伸展变性，如天然血清蛋白质是椭圆形的，长∶宽 =3∶1，而热变性后的血清蛋白的长∶宽 =5.5∶1，蛋白分子形状明显地伸展。对于许多反应来讲，其温度系数为 3～4，即反应温度升高 10℃，反应速度增加 3～4 倍。但对于蛋白质的变性，其变性的温度系数为 600 左右，即温度每升高 10℃，变性速度将增加 600 倍。这个性质在食品加工中有很重要的应用价值，如高温瞬时杀菌（HTST）、超高温瞬时杀菌（UHT）技术就是利用高温大大提升蛋白质的变性速度，短时间内破坏生物活性蛋白质或微生物中的酶，而由于其他营养素化学反应的速度变化相对较小，确保了其他营养素的较少损失。

蛋白质的热变性与蛋白质的组成、浓度、含水量、pH 和离子浓度等有关。如当蛋白质完全干燥时，热稳定性很高；当水与蛋白质质量比为 0～0.35 时，热敏性迅速增加；当水与蛋白质质量比为 0.35～0.75 时，热敏性很少增加；水再增加时，热敏性减弱；另外，在溶液中增加糖和盐常增加蛋白质的热稳定性，但盐浓度不能太高。快速升温和慢速升温造成的蛋白质热变性的程度有一定区别，快速升温到达蛋白质变性后，恢复常温时可能部分复性。

（2）冷冻　低温处理也可以导致某些蛋白质的变性，如 L-苏氨酸胱氨酸酶在室温下稳定，但在 0℃不稳定；11*S* 大豆蛋白质、乳蛋白在冷却或冷冻时可以发生凝集和沉淀。还有一些例外的情况，如一些氧化酶在较低温度下可被激活。

导致蛋白质低温变性的原因归纳为：①由于蛋白质的水合环境变化，破坏了维持蛋白质结构的作用力平衡，并且因为一些基团水化层被破坏，基团之间的相互作用引起蛋白质的聚集或重新重排；②由于体系结冰后的盐效应而导致蛋白质的变性；③冷冻引起的浓缩效应，可能导致蛋白质分子内、分子间的二硫键交换反应增加，从而导致蛋白质的变性。

（3）机械剪切　蛋白质溶液在强烈机械搅拌、振动、揉捏、挤压等机械剪切作用下，导致 α-螺旋破坏，网状结构改变。挤压和均质等加工过程时，会产生超声波脉冲及气窝现象，此时蛋白质会发生变性。剪切速度越高，变性越严重。热挤压加工食品时，由于高温和高剪切，可以引起蛋白质不可逆变性。

（4）超高压　在常温下，100～1200kPa 的超高静压能引起蛋白质变性，这主要是蛋白质内部存在空隙，并具有柔性和可压缩性（球状）。例如，水化蛋白质的空隙约在 0.74mL/g。水化程度越高，空隙越大。超高压引起的蛋白质变性常为可逆变性，当恢复常压后，蛋白质会慢慢复性。球蛋白比纤维蛋白对高压变性敏感。

由于高压处理只是导致酶或微生物的灭活，对食品中的营养物质、色泽、风味等不会造成破坏作用，也不形成有害的化合物，对肉制品进行高压处理还可以使肌肉组织中的肌纤维裂解，从而提高肉制品的品质。因此，高压技术是 21 世纪食品高新加工技术之一。

（5）电磁辐射　电磁波对蛋白质结构的影响与电磁波的波长和能量有关。一般可见光由于波长较长、能量较低，对蛋白质的构象影响不大，而像紫外线、X 射线、γ 射线等能量的电磁波，对蛋白质的构象会产生明显的影响。高能射线被芳香族氨基酸吸收后，将导致蛋白质构象改变，同时还会使氨基酸残基发生各种变化，如破坏共价键、分子离子化、分子游离基化等。所以辐射不仅可以使蛋白质发生变性，而且还可能因结构改变而导致蛋白质的营养价值的改变。

但是在食品进行一般的辐射保鲜时，辐射对食品蛋白质的影响极小，其原因在于：①由于食品处理时使用的辐射剂量较低；②食品中存在的水的裂解减少了其他物质的裂解，所以在安全性方面是不会有什么问题的。

（6）界面张力　蛋白质吸附在气－液、液－固或液－液界面后，可以发生不可逆的变性。如蛋白质溶液在高速搅打起泡和喷雾干燥时，溶液变成泡沫或雾这样的分散系，蛋白质将被吸附到气液界面上。由于在此受到高界面能的作用，蛋白质疏水基趋于朝向气相，亲水基趋于朝向水相，从而引起蛋白质变性。

2. 化学因素

（1）酸、碱因素（pH）　pH 的适度变化，一般不会引起蛋白质变性，食品中常见的蛋白质在 pH 为 4 ~ 9 时一般都不会强烈变性。在蛋白质的等电点，蛋白质可能轻度变性聚集，但常常为可逆变性。在极端 pH 下，因蛋白质分子内部可离解基团如氨基、羧基等的离解，将产生强烈的分子内静电相互作用，从而导致蛋白质分子发生伸展、变性。此时如果再伴有加热，其变性的速率会更大。

（2）离子强度　低浓度电解质（如氯化钠）存在于蛋白质溶液时，解离出的离子主要非特异地与蛋白质相互作用，使得蛋白质的电荷得到适度的中和，蛋白质间的静电作用有所减弱，常使得蛋白质结构的稳定性小幅增加。当电解质浓度 > 0.1mol/L 时，特别是 > 1mol/L 时，离子中就有一部分与蛋白质发生特异结合，较强地影响到蛋白质结构的稳定性。

不同阴离子对蛋白质结构的稳定性影响有差别，它们对蛋白质结构稳定性影响的顺序：$F^- < SO_4^{2-} < Cl^- < Br^- < I^- < ClO_4^- < SCN^- < Cl_3CCOO^-$。盐对蛋白质的作用又因它们对蛋白质水化作用的影响而造成。稳定蛋白质的盐加强蛋白质水化，其离子与蛋白质弱结合；破坏蛋白质稳定性的盐削弱蛋白质水化，其离子与蛋白质强结合。盐引起蛋白质变性后，可能造成蛋白质聚集沉淀，称为盐析。

（3）有机溶剂　有机溶剂对水溶液中的蛋白质的结构影响很复杂。一方面由于介电常数降低，蛋白质的静电相互作用大大加强，蛋白质的氢键也得到加强；另一方面，蛋白质的疏水相互作用大大削弱，非极性基与有机溶剂结合。在低浓度和低温下，由于蛋白质氢键加强抵消了疏水作用的削弱对蛋白质结构的总破坏，电荷作用受到的影响还不足以造成蛋白质严重变性时，有机溶剂引起的蛋白质沉淀就可保持其结构和功能。在高浓度和较高温度下，有机溶剂引起蛋白质强烈变性。

（4）氧化剂和还原剂　半胱氨酸等还原剂可以打开蛋白质的二硫键，使二硫键连接的亚基分离，相反，过氧化苯甲酰等氧化剂可氧化蛋白质的半胱氨酸，形成二硫键而使蛋白质交联，由此都可造成蛋白质相应的部分变性。食品中这些反应有时被作为工艺而加以利用。食品脂质氧化中产生的“活性氧”也是能氧化二硫键的反应物。其他更激烈的氧化还原条件造成蛋白质显著变性的情况很少在食品和生物中遇到。

(5) 金属离子 重金属离子，如汞、铅和镉离子，会和蛋白质特定的基团发生螯合（如酪氨酸的侧基与汞离子发生螯合），也和蛋白质的巯基形成复合物，从而使蛋白质空间结构改变，蛋白质内层的疏水基团外露，引起蛋白质相互聚集而沉淀。其他一些常见的多价金属离子，如铁、铜、钙、镁等离子，在一定浓度以上会与蛋白质的阴离子作用，通过形成金属离子盐桥而使蛋白质交联，还会和蛋白质的巯基形成复合物，从而改变蛋白质空间结构，引起变性。

对于天然的金属蛋白，其金属往往就是与蛋白质以离子键或配位键结合的某种离子，如果这些离子被透析脱除或被碱金属离子或质子取代，就可能引起蛋白质变性。

常常有两种以上不同的因素同时作用蛋白质，此时蛋白质往往更强烈地变性，但在少数情况下，两种因素对蛋白质的变性作用可以相互部分抵消。

3. 延缓蛋白质变性的保护剂

某些因素可以减缓蛋白质变性。例如，低温可减轻有机溶剂引起的蛋白质变性。这里要介绍的是某些物质被用来减缓蛋白质变性。例如，向蛋白质溶液中加入少量糖有可能提高许多蛋白质的热变性温度。炒鸡蛋时加入少量的砂糖，会使蛋白质变性的凝固温度上升，从而延缓了加热时间，加上砂糖具有保水性，因而可使蛋制品较长时间保持柔软。又如烹调糖醋鱼时，应先放糖，后放盐，否则食盐的“脱水”作用会促进菜肴中蛋白质凝固而“吃”不进糖分，造成外甜里淡。已知少量向多水肉制品中加入乳酸钠、蔗糖、山梨醇、多聚磷酸、增稠剂和稳定剂等有可能延缓其中蛋白质在该类食品低温储藏过程中的变性。添加抗冻剂能有效防止贝肉蛋白质冷冻变性，尤其能使贝肉糜肌原纤维蛋白质的稳定性大大提高。甘油、糖醇、磷酸盐、亲水性多糖等都对水分移动性、水分活度、水食品体系的黏度有影响，因而对这些食品中的蛋白质的稳定性具有保护作用。

第六节 蛋白质的功能性质

一、蛋白质功能性质的定义和分类

蛋白质的功能性质是指食品体系在加工、储藏、制备和消费过程中对食品产生需宜特征的那些物理、化学性质，如蛋白质的胶凝、溶解、泡沫、黏度等。表 5 - 9 举例说明了某些蛋白质在某些食品中发挥的功能性质。

表 5 - 9 食品蛋白质在食品体系中发挥的功能性质

食品	蛋白质类型	功能性质
蛋白饮料	乳清蛋白	良好的溶解性
汤、调味汁	明胶	良好的水分散性和增稠性
香肠、蛋糕	肌肉蛋白、鸡蛋蛋白	良好的持水性和乳化性

续表

食品	蛋白质类型	功能性质
肉、乳酪	肌肉蛋白、乳肉蛋白	黏结、黏弹性
肉、香肠、面条	肌肉蛋白、鸡蛋蛋白、面筋蛋白	良好的凝胶形成性
肉、面包	肌肉蛋白、麦类谷物蛋白	黏结、黏弹性
香肠、蛋糕	肌肉蛋白、鸡蛋蛋白	乳化性、凝胶形成性
冰淇淋、蛋糕	鸡蛋蛋白、乳清蛋白	较大起泡性
油炸面圈	谷物蛋白	脂肪和风味物结合性

各种食品和辅料对蛋白质功能特性的要求有差别。例如，制作蛋的代用品需要采用具有良好起泡性、乳化性和凝胶形成性的蛋白质；制作肉的代用品需要具有水和脂肪的吸收及保留性、不溶解性、黏着性、适宜热变性、组织形成性和一定咀嚼性的蛋白质；制作涂抹食品的涂层材料需要具有良好黏合性和黏着性的蛋白质；制作牛乳巧克力需要分散性和乳化性良好的蛋白质，更多的例子如表5-10所示。

表5-10　　各类食品对蛋白质功能特性的要求

食品	蛋白质应具有的功能特性
饮料	在一定pH范围下具有良好溶解度、热稳定性、低黏度
汤、调味汁	明胶
焙烤食品	肌肉蛋白、鸡蛋蛋白
乳制品	肌肉蛋白、乳肉蛋白
肉制品（香肠等）	乳化作用，胶凝作用，内聚力，对水和脂肪的吸收和保持
糖果制品（牛乳巧克力）	分散力，乳化作用

根据所发挥作用的特点，可以将其功能性质分为3大类。

（1）水合性质　根据蛋白质-水相互作用而产生的蛋白质功能性质统称为蛋白质的水合性质，主要包括水吸收性、水保留性、湿润性、膨胀性、黏性、分散性和溶解性等性质。

（2）蛋白质-蛋白质相互作用有关的性质　根据蛋白质-蛋白质相互作用而产生的功能性质属于此类，主要包括凝胶形成性、黏弹性、组织形成性、面团形成性、成膜性等性质。

（3）表面活性　蛋白质能被吸附在分散系界面上而发挥界面活性和保持分散系稳定作用的功能性质属于此类，主要包括乳化性和起泡性。

二、蛋白质的水合性质

蛋白质的水合性质由蛋白质和水的相互作用决定。水与蛋白质的带电基团作用生成离子-偶极结合，与蛋白质的肽基团、Asn和Gln残基的酰胺基及Ser、Thr和Tyr残基的羟基作用生成偶极-偶极键和氢键，与蛋白质非极性氨基酸残基作用生成疏水水合物。

干蛋白质吸湿时，水活度和水含量之间可以形成S形等温吸湿曲线。在水含量达到0.05～0.3g/g时，离子性和极性氨基酸残基就已完成单层水合，水含量达到0.3～0.5g/g时，蛋白质完成多层水合，这时蛋白质仅轻微膨胀，当与更多水接触时，可溶性蛋白质形成溶液，高亲水性蛋白分散形成溶胶，不可溶蛋白与水形成膨润体。蛋白质中包含的水包括单层和多层结合水、毛细管吸附水、蛋白质间隙滞留的水。

一种蛋白质与水结合的总能力可以依据它的氨基酸组成及各氨基酸的水合能力粗略估算，计算依据下列的经验公式。

$$\alpha = f_C + 0.4f_P + 0.2f_N \tag{5-6}$$

式中　α——蛋白质水合能力，g/g；

f_C、f_P和f_N——蛋白质中带电、极性和非极性氨基酸残基所占的质量分数。

一些蛋白质在90%相对湿度空气中的水合能力见表5-11。

表5-11　一些蛋白质在90%相对湿度空气中的水合能力　单位：g/g

纯化的蛋白质	水合能力（α）	纯化的蛋白质	水合能力（α）
核糖核酸酶	0.53	血清清蛋白	0.33
溶菌酶	0.34	血红蛋白	0.62
肌红蛋白	0.44	胶原蛋白	0.45
β-乳球蛋白	0.54	酪蛋白	0.40
胰凝乳蛋白酶原	0.23	卵清蛋白	0.30

三、蛋白质的溶解度

蛋白质的溶解度是反映其水合性质的一个重要指标，也是非常实用的指标，其准确含义是达到饱和溶解时每升水中溶解蛋白质的质量。蛋白质在水中的分散和聚集是一对相反的过程，二者存在平衡点。当平衡点偏向于分散时，蛋白质高度分散于水中形成溶胶或溶液。蛋白质分子（或胶粒）间的静电吸引和疏水相互作用有利于聚集，蛋白质间的静电排斥、立体排斥和蛋白质的水合作用有利于分散溶解。

食品生产中常用氮溶解指数（NSI）和蛋白质分散指数（PDI）表示蛋白质的溶解度，它们的定义式如下：

$$\mathrm{NSI} = \frac{\text{水溶性氮}}{\text{总氮}} \times 100\% \quad \mathrm{PDI} = \frac{\text{水分散蛋白质}}{\text{总蛋白质}} \times 100\% \tag{5-7}$$

所以，这些指标表示某一种蛋白质饱和溶液里单位水体积里溶解或高度分散的蛋白质含量。水溶性氮、总氮、水分散蛋白质和总蛋白质都可通过凯氏定氮法测定。

蛋白质溶解度的大小受到一些条件如pH、离子强度、温度、溶剂类型等的影响。

（1）pH与溶解度　蛋白质的溶解度在等电点时通常是最低的，pH在高于或低于等电点时，蛋白质所带的净电荷为负电荷或正电荷，其溶解度均增大（图5-13）。蛋白质的溶解度在pI时虽然是最低的，但是对不同的蛋白质，还是有差异的。一些蛋白质如酪蛋白、大豆蛋白在等电点时几乎不溶，而乳清蛋白在等电点时的溶解度仍然很好。对于溶解度随 pH 变化不大的蛋白质，则需要通过其他的方法才能达到分离、提取的目的。

（2）离子强度与溶解度　盐类对蛋白质的溶解度也产生不同的影响。当中性盐的浓度为0.1～1mol/L 时，可增大蛋白质在水中的溶解度，称为盐溶；在中性盐浓度大于1mol/L 时，可降低蛋白质在水中的溶解度，甚至产生沉淀，称为盐析。蛋白质发生盐溶或盐析时溶解度与盐类离子强度μ的数学关系为：

$$盐溶:S = S_0 + k\mu^{0.5}$$

$$盐析:\lg S = \lg S_0 - k\mu$$

式中　S_0 和 S——分别表示蛋白质在水中和盐溶液中的溶解度。

不同蛋白质的溶解度受离子强度的影响各有区别（图5－14）。

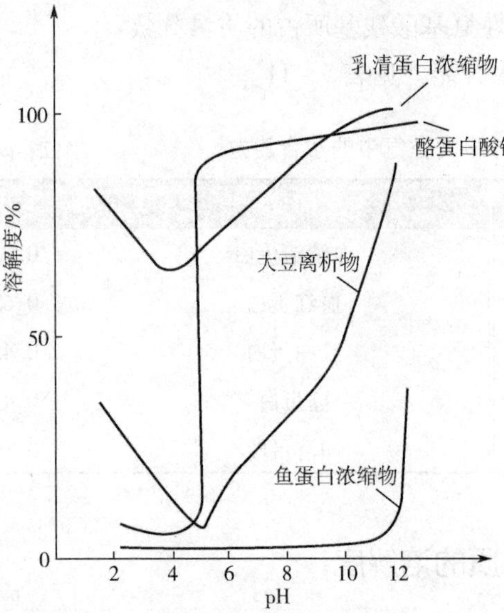

图5－13　几种蛋白质溶解度与 pH 的关系

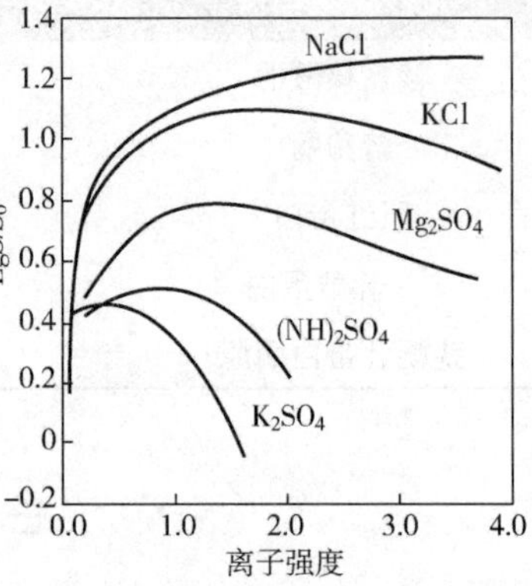

图5－14　不同盐产生的离子强度对相同蛋白质溶解度的影响

（3）温度与溶解度　温度升高时，蛋白质由氢键和离子－偶极作用结合的水量下降。继续增高温度，蛋白质将变性。对于天然蛋白质来说，只要尚未达到变性温度，适当增加温度时，由于介质中水活度提高，蛋白质的水合作用常有一定提高。对于经过加工、已高度变性的难溶性蛋白质来说，较大程度地提高温度，可能有利于其水合。大多数蛋白质的溶解度在0～40℃逐渐提高，但超过40℃，蛋白质很快接近其 T_d，发生变性时由于内部疏水基外露以及水－蛋白质氢键结合力随升温而降低，所以加强了蛋白质聚集，使蛋白质的水溶性较大下降（表5－12）。

表5－12　　　　天然和经加热的蛋白质的溶解度

蛋白质	处理	溶解度指数*/%	蛋白质	处理	溶解度指数*/%
牛血清清蛋白	加热	27	卵清蛋白	80℃，2.0min	76
β－乳球酪蛋白	加热	5		80℃，2.5min	71

续表

蛋白质	处理	溶解度指数*/%	蛋白质	处理	溶解度指数*/%
大豆分离	100℃，0.25min	100		80℃，3.0min	49
蛋白质	100℃，0.5min	92	油菜籽分	100℃，1.0min	39
	100℃，1.0min	54	离蛋白质	100℃，1.5min	14
	100℃，2.0min	15		100℃，2.0min	11

注：* 指每种蛋白质天然状态时的溶解度均为 100 计算的相对溶解度。

有些热稳定性高的蛋白质，T_d值在 50℃以上，甚至达 100℃，它们在 T_d以下的升温中，溶解度可能一直较高。常温下难溶的蛋白质遇到升温，由于内部结构受热松动和水活度提高，可能提高溶解度，如 β - 酪蛋白和一些谷物蛋白质。

（4）有机溶剂和溶解度　一些有机溶剂如丙酮、乙醇等，由于降低了蛋白质溶液中溶剂的介电常数，使得蛋白质分子之间的静电斥力减弱，蛋白质分子间的作用相对增加，从而使蛋白质发生凝集甚至产生沉淀，即有机溶剂可以降低蛋白质的溶解度。

由于蛋白质的溶解度与它们的结构状态紧密相关，因此在蛋白质（或酶）的提取，分离和提纯过程中常用它的变化来衡量蛋白质（或酶）变性的程度。

四、 蛋白质的界面活性

蛋白质的界面活性是指它作为一个大分子两亲物质，可以自动被吸附到分散系的界面上，降低界面张力并在界面上形成一层保护膜，使得乳化体系和泡沫体系容易形成和保持稳定。一般而言，蛋白质的初始溶解度越高，平均疏水性越强，则在界面上的吸附量越大，降低表面张力的能力越强，乳化活力和起泡能力越高，形成的乳状液和泡沫越稳定。

1. 蛋白质的乳化性质

（1）蛋白质的乳化性质及评价指标　蛋白质的乳化性质是其表面性质的一种。蛋白质是典型的两性物质，能自发地迁移至气 - 水界面或者油 - 水界面，到达界面后疏水基定向到油相和气相，亲水基定向到水相，并广泛展开和扩散，在界面形成一种蛋白质吸附层，从而起到稳定乳浊液的作用。蛋白质在食品乳状液和食品胶体中常常发挥着重要的乳化剂作用。蛋白质形成的分散系有油包水型（W/O）或水包油型（O/W），例如牛乳、冰淇淋、人造黄油、干酪、蛋黄酱和肉馅等是最常见的水包油型分散系。蛋白质在稳定这些乳状液体系时起重要作用，它在分散的油滴和连续水相的界面上吸附，能使液滴产生抗凝集性的物理学、流变学性质，如静电斥力、黏度等。可溶性蛋白质最重要的作用是它有向油 - 水界面扩散并在界面吸附的能力，一旦蛋白质的一部分与界面相接触，其疏水性氨基酸残基向非水相排列，降低了体系的自由能，蛋白质的其余部分发生伸展并自发地吸附在界面上，表现相应的界面性质。一般认为，蛋白质的疏水性越大，界面上吸附的蛋白质浓度越大（图 5 - 15），界面张力越小，乳状液体系因而也就更稳定；蛋白质在界面上以列车状、圈状、尾状等形式存在，列车状有利于表面张力的降低和乳状液的稳定（图 5 - 16）。

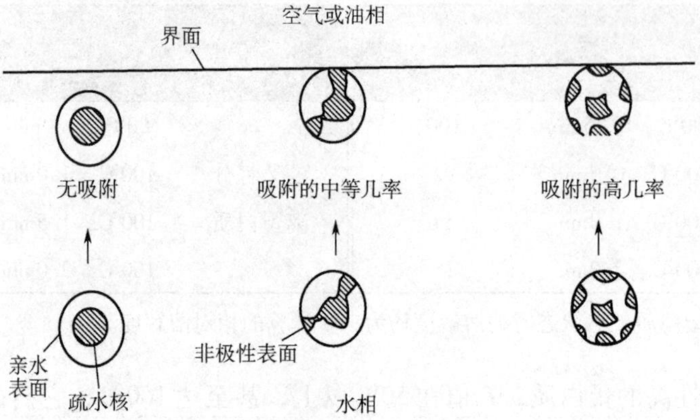

图 5-15　表面疏水小区对蛋白质吸附在气-水界面的几率的影响

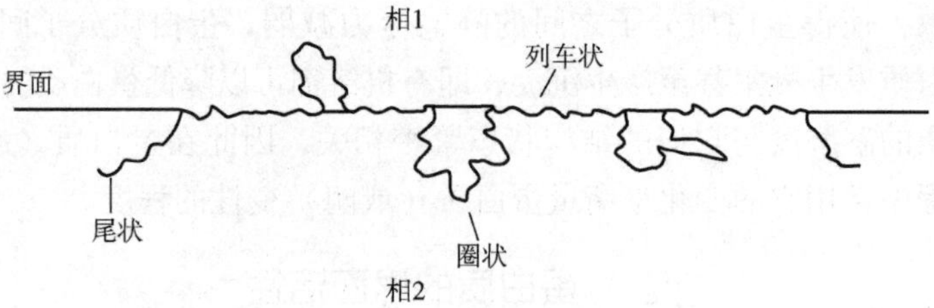

图 5-16　一个柔性多肽链在界面上的各种结构

球蛋白具有很稳定的结构和很大的表面亲水性，因此，它们不是一种很好的乳化剂，如血清蛋白、乳清蛋白。酪蛋白由于具有无规矩卷曲的结构，肽链上高度亲水区域和高度疏水区域是相对分开的，所以它是一种很好的乳化剂。大豆分离蛋白分离物、肉和鱼肉蛋白质的乳化性能都不错。

一般使用乳化活性指数（emulsifying activity index，EAI）、乳化容量（emulsion capacity，EC）、乳化稳定性（emulsion stability，ES）和乳化稳定性指标（emulsion stability index，ESI）。它们能够反映蛋白质帮助形成乳化体系及其稳定乳化体系的能力的大小。

乳化容量（EC）：

$$EC = \frac{\text{相转变前能乳化的油质量}}{\text{蛋白质质量}} \times 100 \tag{5-8}$$

EC 指每克蛋白质形成一定浓度水溶液中所能乳化油的最大克数（或毫升数）。实验测定：在连续搅拌下将油不断加入一定浓度和体积的蛋白质水溶液中，使形成乳化状态，直到加入的油量刚好造成乳状液出现相分离现象时，记录加入的油量（即“相转变前已乳化的油量”），然后通过蛋白质溶液的体积和浓度算出蛋白质量，最后计算出 EC。

乳状液稳定性（ES）：

$$ES = \frac{\text{乳状液最终体积}}{\text{乳状液最初体积}} \times 100 \tag{5-9}$$

ES 指蛋白质作为表面活性剂的水包油乳状液的相对稳定性。实验测定：按照 EC 的

1/2 或 3/4 油量将油乳化到一定浓度和体积的蛋白质水溶液中，立即记录乳状液的最初体积，然后在一定的时间后，记录乳状液的最终体积，然后计算出 ES。

乳化活性指数（EAI）：

$$EAI = \frac{2T}{(1-\Phi)\rho} \times 100 \tag{5-10}$$

EAI 是根据一定量蛋白质作为乳化剂所形成的水包油乳状液的混浊度来表示单位量蛋白质所能产生的油 - 水分散系界面。实验测定：在连续搅拌下将一定量油（V_1，mL）加入一定质量浓度（ρ，g/mL）和体积（V_2，mL）的蛋白质水溶液中，使完全形成乳化状态，此时记录总体积（V_3，mL），计算出分散相体积分数（$\Phi \approx V_1/V_3$）。同时，定量取少量乳状液，用十二烷基硫酸钠（SDS）稀溶液将其大量稀释（通常规定稀释 1000 ~ 5000 倍），使每一个油滴与水的界面上都因吸附着 SDS 而形成稳定的油乳滴，并且使每个油乳滴都彼此远离，然后取适量这种稀释液，以 SDS 水溶液在 600nm 的透光率为 100% 校正分光光度计，再测定这种稀释液在 600nm 的透光率 T。最后，将 T 和 Φ 代入公式计算出 EAI。

由于（$1-\Phi$）$\approx V_2/V_3$，且 600nm 的透光率 T 常被称为混浊度，所以，公式的分母部分实际约等于单位乳状液里参试蛋白质的质量 m（$m \approx \rho V_2/V_3$），EAI 实际约等于每克参试蛋白质在这一测定中所产生的混浊度。因为在一定的分散相体积分数下，混浊度越大，说明分散系界面越大，油被分散得越彻底，分散油滴的平均粒径越小，所以在同样实验条件和相同的 Φ 下，EAI 值越大的蛋白质的乳化活力越高。

乳化稳定性指数（ESI）：

$$ESI = \frac{EAI_1 - EAI_2}{t_2 - t_1} \times 100 \tag{5-11}$$

ESI 以一定量蛋白质作为乳化剂所形成的水包油乳状液的混浊度随乳状液储放时间的降低量来表示单位量蛋白质所能产生的油 - 水分散系界面的稳定性。实验测定：首先按测定 ES 的方法制出乳状液。在乳状液刚刚制成时（t_1）和制成一定时间后（t_2），分别从乳状液中定量取出一些用 SDS 溶液稀释，测出相应的 t_1 和 t_2，计算出相应的 ESI_1 和 ESI_2，然后代入公式计算出 ESI。

（2）影响蛋白质乳化性的因素　蛋白质自身的结构和性质影响其乳化功能内因，主要包括以下几点：①蛋白质首先必须有较好的初始溶解度，这样才能溶解后高度分散在水溶液中，并通过溶液迁移到界面上；②蛋白质应该有相对较高含量的疏水基，并且高级结构有较高的可调节性，这样的蛋白质在界面上才能表现较高的界面活性，形成的黏弹性界面也较稳定；③到达界面后，蛋白质经过界面变性，应仍然含有一定的静电荷，这样有利于使乳滴产生静电排斥，对乳滴聚集产生阻碍。

蛋白质所处的环境条件中的介质极性、pH、温度、离子强度也对乳化功能产生影响，这是外因。主要表现为：①pH 影响蛋白质的溶解度，也影响蛋白质的构象和荷电性，一般来说难溶蛋白质，远离等电点增强其乳化性，但也有某些蛋白质，在等电点乳化性更好，如明胶、卵清蛋白等；②加热通常降低了吸附于界面上的蛋白质膜的黏度，因而降低乳状液的稳定性，但是如果加热使蛋白质产生了凝胶作用，就能提高其黏度和硬度，提高乳状液的稳定性；③离子强度变化，蛋白质的水化性变化，在一定离子强度下蛋白质的乳化性能较好，例如，0.5～1.0mol/L 的氯化钠有利于肉馅中蛋白质的乳化。

蛋白质的乳化性质也是蛋白质重要的功能性质之一，蛋白质与脂类的相互作用有利于食品体系中脂类的分散及乳状液的稳定，但是也可能产生不利的影响，特别是从富含脂肪的原料中提取蛋白质时，会由于乳状液的形成而影响蛋白质的提取和提纯。

2. 蛋白质的起泡性质

（1）蛋白质的起泡性质及其评价指标　液态食品在搅拌、受热，尤其是搅打下会起泡沫，有些食品呈稳定的泡沫状才符合要求。所形成的泡沫是由一个连续的水相和一个分散的气相所组成。很多情况下，食品泡沫的形成和稳定都是依靠蛋白质作为界面活性剂的。在蛋白质溶液的搅打中，蛋白质快速地吸附至气－水界面，并在界面上展开和重排，一方面降低表面张力，另一方面形成一层黏合性膜覆盖在搅打产生的起泡上，漂浮到溶液上部聚成泡沫。

评价蛋白质起泡性也常用一些实验性指标。实验常用鼓泡法进行（图5－17）。在一个透明圆柱形刻度容器内装上一定体积和浓度的蛋白质水溶液，通过鼓气形成泡沫，记录一些特殊高度值，按以下公式得出评价指标的值。

$$膨胀率(又称超出率) = 100 \times V_B/V_A$$

$$起泡力 = 100 \times V_E/V_D$$

$$稳定泡沫体积(又称泡沫膨胀度) = 100 \times V_E/V_A$$

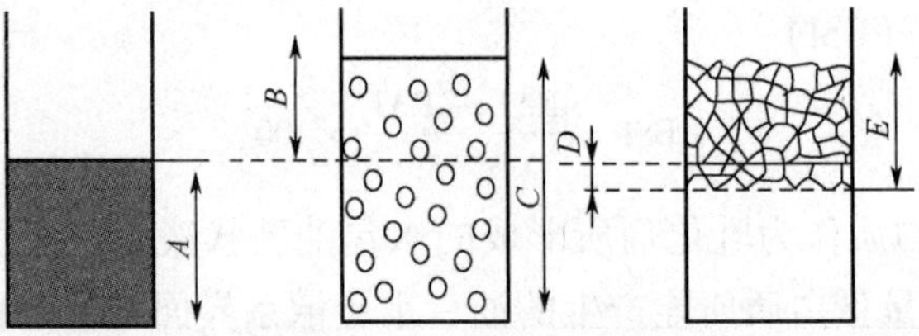

图5－17　鼓泡法形成泡沫示意图和有关的高度（乘以底面积等于体积）

V_A——液体体积　V_B——气体体积　V_C——汽乳胶体积　V_D——气泡中液体体积

V_E——泡沫体积

（2）影响蛋白质起泡性的因素

①内因：初始溶解度较大，到达界面上后能够迅速调整自身结构而分别与气相和液相达到充分接触的蛋白质，降低界面张力的能力相对强；在界面上的蛋白质吸附层厚一些、相互间有一定作用和黏度较大，保留一定的同种电荷的离子就能更好地防止两气泡聚结，稳定泡沫的作用就强。因此，具有起泡性的蛋白质必须满足以下几点：第一，它能快速地吸附至气－水界面；第二，它必须易于在界面上展开和重排；第三，它必须通过分子间相互作用形成黏合性膜；第四，蛋白质分子有一定疏水性。

②外因：包括以下几点：第一，盐类，氯化钠一般能提高蛋白质的发泡性能，但会使泡沫的稳定性降低，Ca^{2+} 和 Mg^{2+} 则能提高蛋白质气泡能力和泡沫的稳定性；第二，糖类，糖类会损害蛋白质起泡能力，但可以提高蛋白质泡沫的稳定性；第三，脂类，尤其

是磷脂对蛋白质的起泡和泡沫的稳定性都不利；第四，蛋白质浓度，实验说明，一般情况下蛋白质浓度为2%～8%时，起泡效果最好；第五，机械处理，过度的搅拌会使蛋白质产生絮凝，降低泡沫的稳定性；第六，加热处理，加热一般不利于泡沫的形成，若加热后可以导致蛋白质发生凝胶作用，则会提高泡沫的稳定性；第七，pH，在pH接近p*I*时，蛋白质的发泡性和稳定性均有所提高，在远离p*I*时，蛋白质的发泡能力通常较好，但稳定性不好。

五、 蛋白质的凝胶作用

1. 蛋白质凝胶的形成

食品凝胶大多是水合大分子或胶粒经共价键、离子键、其他非共价键、胶粒间的相互吸引作用而形成三维网状结构，并由它结合和截流大量水或水溶液而形成的凝胶态。其中多糖凝胶和蛋白质凝胶最常见。蛋白质胶体溶液在一定条件下，蛋白质之间相互作用形成三维有序网络，水分分散在网络中，体系失去流动性，成为具有一定形状、弹性的半固体“软凝胶”状态，这一过程叫蛋白质的胶凝作用。和多糖凝胶比较，一般蛋白质凝胶的黏性和弹性更高，柔软性更好。但是，蛋白质凝胶在受到挤压和变性作用时，会脱水，使硬度提高和弹性降低。蛋白质凝胶因具有三维网状结构，所以可以容纳其他的成分和物质，在肉类食品中，不仅可以形成半固态的黏弹性质地，同时还具有保水、稳定脂肪、黏结等作用，而且对豆腐、酸乳等蛋白质食品的生产非常重要，是此类食品品质形成的基础。除此之外，蛋白质凝胶食品还有皮冻、香肠、午餐肉、鱼糕、酸乳、乳酪、豆花脑、豆腐、煮蛋和皮蛋等。

凝胶中蛋白质的网状结构的形成主要包括以下几种作用力：一是蛋白质－蛋白质之间的相互作用；二是蛋白质－水之间的相互作用；三是邻近肽链之间的吸引力和排斥力作用。

蛋白质凝胶的形成方法一般包括以下几点：①先热处理溶胶然后适当冷却；②酸化溶胶到达等电点附近；③先加碱以提高蛋白质的分散性，然后再酸化至中性或p*I*；④向溶胶中添加适当的多价金属盐类；⑤均匀分散的蛋白质水溶液中适量加入特异性强的水解酶类；⑥在蛋白质溶胶中适度加入多糖凝胶剂如阿拉伯胶，然后调整pH使蛋白质和多糖静电吸引而共同凝胶化。以上方法有时可单独使用，有时可联合使用，总之是先让蛋白质适度变性，然后让它们有限地三维交联并保留一部分亲水基，维持高的水合能力。保持在网络内的还有大量水，它们被称为截留水。施加外力可使截留水部分流失，但结合水不能流失。

按照引起蛋白质凝胶形成条件的差异，将食品蛋白凝胶分为以下几种类型：①加热后再冷却而形成的凝胶，这种凝胶多为热可逆凝胶，如明胶凝胶；②在加热条件下所形成的凝胶，这种凝胶很多不透明，而且不可逆，如蛋清蛋白在加热时形成的凝胶；③由钙盐等二价离子盐形成的凝胶，如豆腐；④不加热而经部分水解或pH调整到等电点而形成的凝胶，如用凝乳酶制作干酪、乳酸发酵制作酸乳和皮蛋等食品的生产过程中，碱对蛋清蛋白的部分水解。

蛋白质形成凝胶，有两类不同的结构方式（图5－18）：一种是肽链的有序串形聚集排列方式，所形成的凝胶是透明或半透明的，例如血清蛋白、溶菌酶、卵白蛋白、大豆球蛋白等的凝胶；另一种是肽链的自由排列方式，此时形成的凝胶是不透明的，例如肌浆球蛋白在高离子强度下形成的凝胶，还有乳清蛋白、β－乳球蛋白所形成的凝胶。常见蛋白质的凝胶结构中，可同时存在这两种不同的结构，并且受凝胶条件（蛋白质浓度、pH、离子种类及强度、温度和加热时间）的影响。

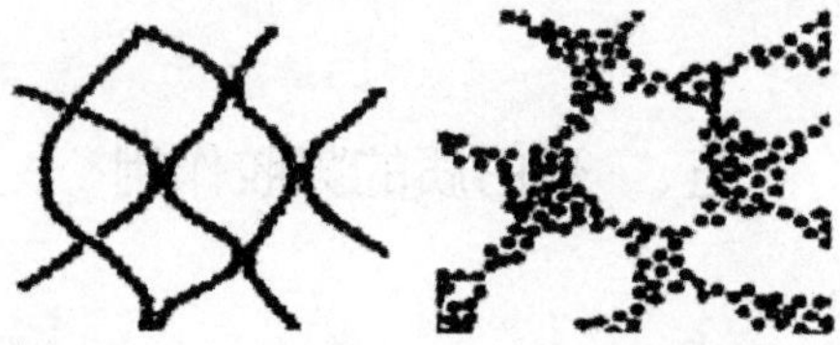

(1) 串形有序聚集　　(2) 自由聚集

图5－18　蛋白质凝胶的网状结构示意图

2. 影响凝胶强度的因素

凝胶强度包括凝胶硬度、弹性和脆性几个方面。凝胶中交联点数量多，交联点分布均匀，交联键的强度高，凝胶强度就高，不易受机械作用力破坏。交联点分布不均匀，凝胶脆性提高。交联键强度高、交联点分布均匀和凝胶网柔性高的凝胶弹性高。凝胶中的含水量对蛋白质凝胶的硬度和弹性具有重要影响，如脱水凝胶的硬度增加，弹性下降。

3. 食品蛋白质凝胶的举例

（1）明胶　明胶为动物的皮、骨、软骨、韧带、肌膜等所含有的胶原蛋白，经部分水解后得到的高分子多肽高聚物。这种多肽高聚合物具有三股多肽螺旋形成的超螺旋结构，三股多肽螺旋间存在多种化学交联。在其水溶液受热时，螺旋结构部分解开，出现了部分无定形区。在随后冷却中，无定形区在分子间相互结合，蛋白质构成三维网。因此明胶凝胶的交联点既包括新生成的分子间的相互结合键，又包括明胶分子中原有的交联结构。这种凝胶之所以需要冷却时才形成，是因为新生成的交联点主要不是共价键。这类凝胶又是热可逆凝胶，说明新生成的交联键是热不稳定的。

明胶在食品中被作为食品增稠剂广泛使用，它不但在低浓度下就可以成凝胶，而且凝胶的弹性大、透明、持水力高，无色无味。

（2）豆腐　豆腐的制作是先磨浆，然后煮浆至85～90℃，维持一定时间使蛋白质发生适度的热变性，然后点进卤水（含硫酸钙、氯化钙、硫酸镁、氯化镁等），在钙、镁离子的作用下，变性的大豆蛋白通过离子盐桥交联聚集，然后趁热对聚集的胶团溶液进行粗滤，趁热布包，压上适当重物（重物的重量与豆腐的软硬有关），排出部分水分，自然冷却后就形成了豆腐。

（3）鸡蛋蛋白在加热中形成凝胶　热加工鸡蛋的方法很多，以煮鸡蛋为例，随着温度上升，蛋清温度达到62℃以上时就变性凝固，蛋黄温度到达68℃以上也变性凝固。随着加热时间延长，凝胶中的蛋白质的交联增加，凝胶硬度增大。蛋白质间产生的交联键种类多样，其中疏水键贡献大。这种凝胶为不可逆凝胶。

（4）酸乳和内酯豆腐的形成　酸乳和内酯豆腐都是通过酸化至酪蛋白和大豆蛋白

的等电点附近而形成凝胶的。酸化速度都要求缓慢均匀，才能产生均匀细腻的产品。酸乳中的凝胶形成无需加热，凝胶为粒子性凝胶（胶粒为酪蛋白胶束），有一定可逆性。

内酯豆腐必须在加热中产生，加热首先使大豆蛋白发生一定程度变性，然后在缓慢酸化中形成凝胶，这种凝胶是不可逆的。

六、 蛋白质的组织形成性

在许多食品中，蛋白质是食品质地或结构构成的基础物质，如动物肉中蛋白质的复杂结构和相互作用使肉具有特有的组织结构，特别是肌纤维结构中的肌球蛋白、肌动蛋白和原肌球蛋白构成的肌原纤维，赋予肉特有的伸缩性、韧性、咀嚼性等特性。但是自然界中的有些蛋白质并不具备相应的组织结构和咀嚼性能，例如，从植物中分离出的可溶性植物蛋白或从牛乳中得到的乳蛋白，它们只不过是一种粉末状物质，因此在应用这些蛋白质配料时就存在一定的局限性。不过，一些加工处理可以使分离植物蛋白质制成类似于动物肌肉的组织形式，用作肉的代用品。能够由非组织状态转变为类似肉组织状态的性质称为组织形成性。

常见的组织形成方法有以下 3 种。

1. 热凝固和薄膜形成

大豆蛋白的浓溶液在平滑的热金属表面发生水分蒸发，蛋白随即产生热凝结作用，生成水合的蛋白薄膜；例如腐竹的制作方法：将豆浆加热至 93℃，然后静置保持在70～90℃浅盘中，由于豆油密度较低上浮，大豆蛋白受液－气界面上的表面张力吸附同时向表面转移，它们共同聚集在浆液表面，凝固在表面形成可揭下的膜。将这种膜卷成卷，在适当温度下烘干就形成腐竹。上述这些蛋白膜就是组织化蛋白，具有稳定的结构，加热处理不会改变，具有正常的咀嚼性能。

如果将蛋白质溶液（如玉米醇溶蛋白的乙醇液）均匀涂布在光滑物体的表面，溶液挥发后，蛋白质分子通过相互作用也可以形成均匀的薄膜，即蛋白膜。由于形成的蛋白膜具有一定的机械强度，对水、氧气等气体有屏障作用，可以作为可食性膜包装食品。

2. 热塑性挤压

植物蛋白通过热塑性挤压可得到干燥的多孔状颗粒或小块，复水后具有咀嚼性能和良好的质地。热塑性挤压方法是使含蛋白质的混合物依靠旋转螺杆的作用通过一个圆筒，在高压、高温和强剪切的作用下固体物料转化为黏稠状物，然后迅速地通过圆筒而进入常压环境，物料中的水分迅速蒸发以后，就形成了高度膨胀、干燥的多孔结构，即所谓的组织化蛋白（俗称膨化蛋白）。所得到的产品在吸收水分后，变为纤维状、具有咀嚼性的弹性结构，在杀菌条件下也是稳定的，可以用作肉丸、汉堡包等肉的替代物、填充物。该方法还可以用作血液、鱼肉及其他农副产品的蛋白质组织化，是目前最常用的组织化方法。

3. 纤维形成

将一定浓度的热浓豆浆经小孔喷射到能够引起蛋白质沉淀的溶液中，则大豆蛋白就以丝状沉于该溶液，接着将蛋白丝拉紧缠绕在热滚筒上，待滚筒上缠绕的蛋白丝达一定厚度时，切剥下它们，热压干燥后即成有类似肉丝样的组织化蛋白产品。

利用上述工艺产生组织化蛋白产品的质量和产量越高的植物蛋白，其组织形成性越高。比较三种蛋白质组织形成方法，其中热塑性挤压较为经济，工艺也较简单，原料要求比较宽松，既可以适用于蛋白质含量低的原料，也可以适用于蛋白质含量高的原料。

七、 面团的形成

小麦、黑麦、大麦、燕麦、青稞的面粉中都含有一定量的面筋蛋白质，这是这些面粉能够在常温下通过适当加水和揉捏形成面团的主要原因，水化面筋蛋白质能够形成黏弹性的面筋网络的性质称为蛋白质的面团形成性，以小麦粉的面团形成性最好。因此用小麦粉可以制作面包、馒头、面条等食品。其他几种麦粉的面团形成性差，同样工艺制作同类食品的品质也很差。

面筋蛋白质主要由麦谷蛋白（Glutenin）和麦醇溶蛋白（Gliadin）组成，它们在面粉中占总蛋白的80%以上，面团的特性与它们的性质直接有关。首先，这些蛋白质的可离解氨基酸含量低，所以在中性水中它们不溶解；其次，它们含有大量的谷氨酰胺和羟基氨基酸，所以易形成分子间氢键，使面筋具有很强的吸水能力和黏聚性质；最后，这些蛋白质中含有—SH 基，能形成二硫键，所以在面团中它们紧密连接在一起，使其具有韧性。当面粉被揉捏时，蛋白质分子伸展，二硫键形成，疏水相互作用增强，面筋蛋白转化成立体的、具有黏弹性的蛋白质网状结构，并截留了淀粉粒和其他成分，如果此时加入还原剂—S—S—，则可破坏面团的内聚结构，但如果加入氧化剂 $KBrO_3$ 使二硫键形成，则有利于面团的弹性和韧性。

麦谷蛋白和麦醇溶蛋白二者的适当平衡非常重要。麦谷蛋白相对分子质量高达 1×10^6，分子中含有大量的二硫键（链内与链间），它决定了面团的弹性、黏合性以及强度；而麦醇溶蛋白只有链内二硫键，它决定了面团的流动性、伸展性和膨胀性。面包的强度与麦谷有关，麦谷蛋白的含量过高会抑制发酵过程中残留的 CO_2 气泡的膨胀，抑制面团的鼓起，而麦醇溶蛋白含量过高则会导致过度的膨胀，使面筋膜易破裂和易渗透，面团塌陷。在面团中加入极性脂类，有利于麦谷蛋白和麦醇溶蛋白的相互作用，提高面筋的网络结构，而活性球蛋白的加入一般不利于面团结构，但是变性后的球蛋白加入面团则可消除其不利影响。

面团在揉捏时，揉捏的强度直接影响形成面团的强度，揉捏强度不足就会使面筋蛋白的三维网状结构不能很好形成，结果是面团的强度不足；揉捏强度过度则会使面筋蛋白的一些二硫键断裂，造成面团的强度下降。

第七节 食品蛋白质在加工和贮藏中的变化

食品加工和贮藏对食品来说存在有利和不利两方面的影响。如对一些酶类的灭活可以防止氧化反应发生，对微生物的灭活则可以提高食品的保存性，或者是将食品原料转化为有特征风味的食品。不利的方面主要是蛋白质强烈变性聚集使消化性降低、氨基酸残基变化失常使蛋白质消化性降低、必需氨基酸减少、产生毒性，以及蛋白质腐败分解，然后进一步反应产生腐胺、尸胺、硫化氢和毒素等。

一、热处理的影响

一般来说，食品在加工过程中以热处理对蛋白质的影响最大。

加热对蛋白质的影响也有有利的一面，一般的温和热处理都是有利的，例如，热烫和蒸煮可以使酶失活，可以避免酶促氧化产生不良的色泽和风味，有利于护色。植物组织中存在的大多数抗营养因子或蛋白质毒素，可通过加热变性或钝化，例如，大豆中胰蛋白酶抑制剂的灭活。同时，适当的热处理会使蛋白质发生伸展，从而暴露出被掩埋的一些氨基酸残基，这有利于蛋白酶的催化水解，所以有利于蛋白质的消化吸收。此外，蛋白质的适当热处理还会产生一定的风味物质，有利于食品感官质量的提高。

加热对蛋白质品质产生不利影响的一般是过度的热处理方式，因为强热处理会使氨基酸发生脱氨、脱硫、脱二氧化碳反应，导致氨基酸被破坏，从而降低了蛋白质的营养价值。当食品中含有还原糖时，赖氨酸残基可以与它们发生美拉德反应，形成了在消化道中不被酶水解的 Schiff 碱，从而降低了蛋白质的营养价值。非还原糖在高温下水解生成的羰基化合物、脂肪氧化生成的羰基化合物，都能与蛋白质发生美拉德反应。强热处理还会导致赖氨酸残基与谷氨酰胺残基之间的反应，蛋白质发生交联。而在高温下长时间处理，蛋白质分子中的肽键在无还原糖存在时可发生转化，生成蛋白酶无法水解的化学键，因此降低了蛋白质的生物可利用率。

在食品加工中，大多数食品是以加热的方式进行杀菌处理，因为加热会对蛋白质的一些功能性质产生不良影响，所以加热条件需要进行严格控制。例如，牛乳在72℃巴氏杀菌时，大部分酶可失活，而乳清蛋白和香味变化不大，因此对牛乳的营养价值影响不大；但若在更高温度下进行杀菌，则蛋白质发生凝集，酪蛋白发生脱磷酸作用，乳清蛋白发生热变性，从而对牛乳的品质产生严重的影响。再如在进行肉类杀菌时，肌浆蛋白和肌纤维蛋白80℃发生凝集，同时肌纤维蛋白中的 —SH 基氧化生成二硫键，90℃时则会释放出 H_2S，同时蛋白质会和还原糖发生美拉德反应（Maillard）反应，使某些必需氨基酸失去其营养价值。

二、低温处理的影响

低温处理有两种方法：一是冷却；二是冷冻及冻藏。

（1）冷却　即将食品的储藏温度控制在略高于食品的冻结温度，此时微生物的繁殖受到抑制，蛋白质较稳定，对食品风味的影响也比较小。

（2）冷冻及冻藏　对食品的风味有些影响，一般对蛋白质的营养价值无影响，但对蛋白质的品质往往产生严重影响。例如肉类食品经冷冻及解冻，组织及细胞膜被破坏，并且蛋白质间产生了不可逆的结合，因此肉类食品的质地变硬，保水性降低。又如，牛乳中酪蛋白在冷冻以后，极易形成解冻后不易分散的沉淀，从而影响感官品质。再如，鱼蛋白经过冷冻或冷藏以后，组织发生变化，肌球蛋白变性以后与肌动球蛋白结合导致肌肉变硬、持水性降低，解冻后鱼肉变得干且有韧性，同时由于鱼脂肪中不饱和脂肪酸含量一般较高，极易发生自动氧化反应，生成的过氧化物和游离基再与肌肉蛋白作用使蛋白质聚合，氨基酸也被破坏。

三、 脱水处理的影响

食品常用的脱水方式主要有以下几种。

（1）热风干燥 脱水后的肉类、鱼类会变坚硬、复水性差，烹调后既无香味又感觉坚韧。

（2）真空干燥 较热风干燥对肉类品质影响小，由于真空时氧气分压低，所以氧化速度慢，而且由于温度较低可以减少美拉德反应和其他化学反应的发生。

（3）冷冻干燥 可使食品部分蛋白质变性、持水性下降，对蛋白质的营养价值及消化吸收率无影响，特别适用于生物活性蛋白的加工，例如酶、益生菌等。

（4）喷雾干燥 由于液体食品以雾状进入快速移动的热空气，水分快速蒸发而成为小颗粒，颗粒物的温度很快降低，所以对蛋白质性质的影响较小。对蛋白质固体食品或一些蛋白质配料，喷雾干燥是常用的脱水方法。

四、 辐射的影响

辐射（irradiation）已在许多国家用于食品的保藏。辐射可以使水分子离解成游离基和水合电子，再与蛋白质作用，如发生脱氢反应、脱二氧化碳反应。但蛋白质的二、三、四级结构一般不被辐射离解，总的来讲，一般剂量的辐射对氨基酸和蛋白质的营养价值影响不大。在强辐射情况下，水分子可以被裂解为强游离基，强游离基与蛋白质分子作用产生蛋白质游离基，它的聚合导致蛋白质分子间的交联，因此导致蛋白质功能性质的改变。

五、 碱处理的影响

食品加工中若应用碱处理并配合热处理，特别是在高温碱性条件下，丝氨酸、苏氨酸、磷酸化的丝氨酸、磷酸化的苏氨酸和半胱氨酸等残基的侧基上的极性基团受到阴离子的作用，更容易发生消除和消旋反应（图 5 - 19），因此，脱氢丙氨酸和脱氢丁氨酸的产生量以及它们与其他氨基酸残基之间发生的交联（图 5 - 20）也会更多地出现。另外，由于碱对消除反应的催化作用，发生上述反应所需的温度也相对较低。

由于蛋白质消化酶不能作用这些交联氨基酸及其附近的正常氨基酸构成的肽键，所以这些异常交联的直接后果是降低了蛋白质的消化利用性和赖氨酸等必需氨基酸。

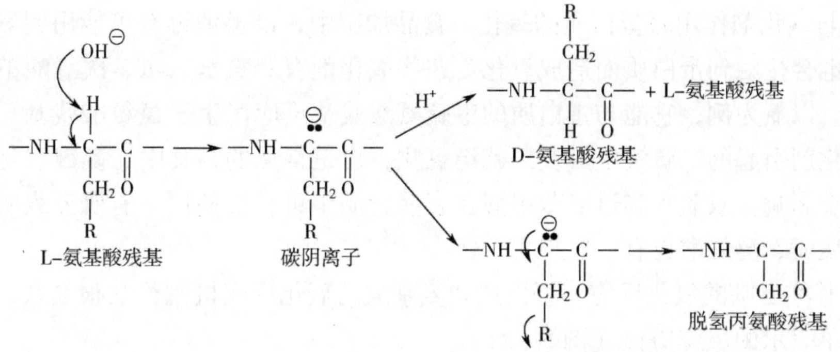

图 5－19　蛋白质在 200℃以上或在碱性环境下加热时发生的消旋和消除反应

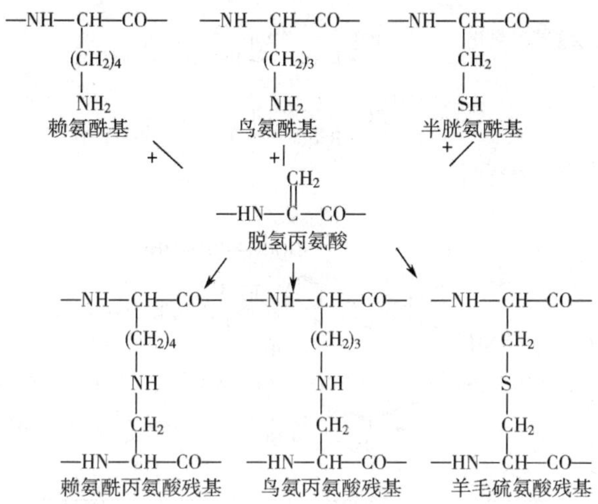

图 5－20　脱氢丙氨酸残基与赖氨酸、鸟氨酸、半胱氨酸残基形成交联

六、 氧化剂的影响

（1）在与被氧化的脂类共存时受到氧化　脂质，特别是多不饱和脂肪酸丰富的脂肪和磷脂易发生氧化，并产生许多活性氧（自由基和过氧化物等），它们遇到蛋白质就会引起蛋白质氧化，损失多种氨基酸并可能引起交联和形成有害物。研究说明，甲硫氨酸、组氨酸、胱氨酸、半胱氨酸和赖氨酸在这种氧化过程中损失较严重。例如，在酪蛋白和自动氧化后的亚油酸甲酯实验体系中，就可测到甲硫氨酸的损失，并且随着它们混合后氧化进行时间的延长，还观察到褐变发生。多不饱和脂肪酸丰富的脂肪氧化分解产物中有丙二醛，它可与蛋白质的氨基作用，生成烯胺键和亚胺键，并引起交联。有实验证明，丙二醛与胶原共存时，赖氨酸和酪氨酸损失最明显。在蛋白质和脂肪共存的体系，蛋白质发生氧化最快的时间与脂过氧化物生成量最大的时间同步。脂质氧化引起的蛋白质氧化和交联对蛋白质的消化性、营养性和溶解性也有显著降低。

(2) 与氧化剂作用时蛋白质的氧化　食品加工中，设备消毒有可能用到氧化剂，其残留可能也会接触到蛋白质而造成氧化。这些氧化剂有双氧水、氯、次氯酸钠和过氧化苯甲酰等。以氯为例，它能与蛋白质的甲硫氨酸残基反应产生三氯氨酸残基，但损失量不大。氧化剂引起的二硫键生成及二硫键氧化，也是常见的，其中二硫键氧化对营养和安全有一定影响。双氧水和过氧苯甲酸在有些食品中可直接使用。有研究表明，双氧水氧化蛋白质时，酪氨酸也有一定损失。

(3) 某些氨基酸氧化反应　蛋白质和氨基酸的氧化反应机制往往很复杂，这里只列举一些简单表示的反应历程（图5-21）。

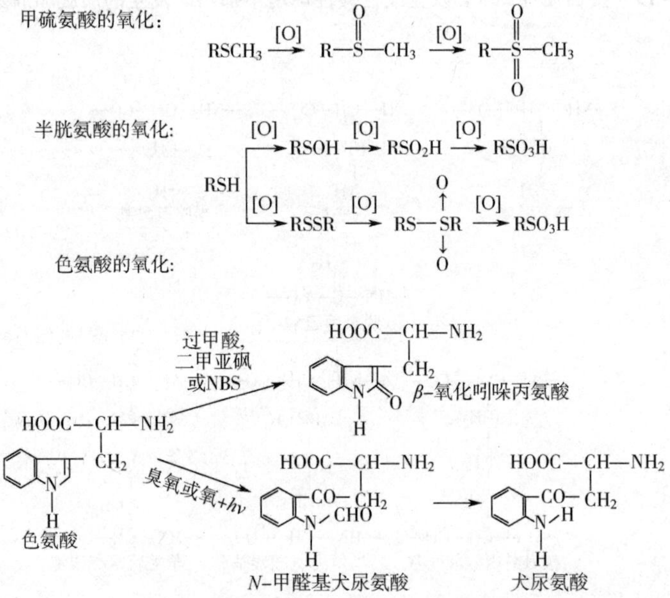

图5-21　一些氨基酸的氧化反应

七、美拉德反应

含有还原性糖或羰基化合物（如脂类氧化产生的醛和酮）的蛋白质食品，在加工和贮藏过程中可能发生非酶褐变（美拉德反应）。这个反应也往往是食品产生风味物质的重要途径之一，甚至是一些食品如面包、可可豆、茶叶、酱油等加工中产生风味物质的必需途径。但有时可能有副作用，如美拉德反应及美拉德反应产物与蛋白质作用的结果导致消化率下降、有效赖氨酸损失。

八、蛋白质在酶催化和微生物作用下可能发生的变化

在水产品的腐败变质中，蛋白质分解及产生的化合物对风味、安全性问题产生显著影响。当水产品污染的微生物繁殖到一定程度时，就可以分泌出蛋白质，蛋白酶分解蛋白质成游离氨基酸后，再将氨基酸分子的氨基、羧基脱去，生成低分子的风味化合物。

例如，由谷氨酸产生γ-氨基丁酸、由赖氨酸产生尸胺、由鸟氨酸产生腐胺、由组氨酸产生组胺、由色氨酸产生吲哚等，导致水产品的感官质量异常。此外，尸胺、组胺的毒性较大，人在食用组胺含量高的鱼类时可以产生过敏性食物中毒（如人体摄入量大于1.5mg/kg就可能产生中毒现象），鱼肌肉组织中组胺含量超过2g/kg也可产生毒性作用。

九、食品中蛋白质的其他反应

1. 与亚硝酸盐的反应

在土壤、水体和动植物组织中存在硝酸盐，农产品生产时如果加入过多的硝酸盐化肥或气候干燥，农产品中硝酸盐的含量就偏高；乳牛在饮用碱水时其乳汁中的硝酸盐含量也偏高。硝酸盐在一定条件下可以转化为亚硝酸盐，例如，在微生物还原作用下；蔬菜在正常储存、腐烂或腌制时，亚硝酸盐的含量也会大大增加。

在酸性条件下，食品中的亚硝酸盐能与仲胺作用生成亚硝胺（图5-22），该化合物具有致突变的作用，食品中游离的或结合的一些氨基酸，如脯氨酸、色氨酸、酪氨酸、半胱氨酸等是这一反应的活泼底物，该反应在蛋白质烹饪或消化过程中可发生。

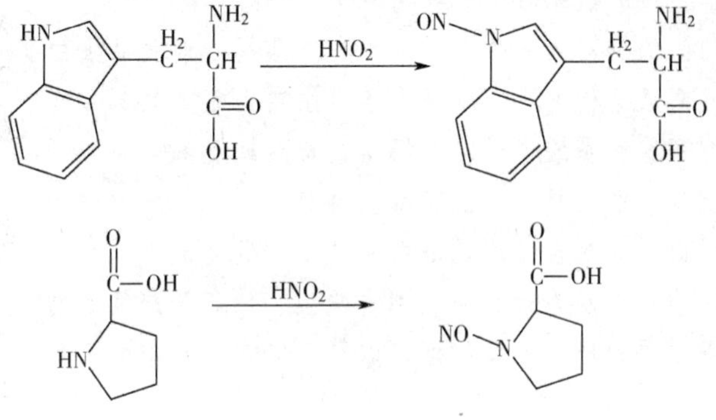

图5-22 亚硝胺的形成

2. 与亚硫酸盐的反应

亚硫酸盐还原蛋白质中的二硫键产生S-磺酸盐衍生物（图5-23）。在还原剂是半胱氨酸或巯基乙醇时，S-磺酸盐衍生物可以转化成为半胱氨酸；而在酸性或碱性条件下，S-磺酸盐衍生物分解生成二硫化合物。对二硫键的S-磺化作用不会影响半胱氨酸的生物利用性，然而由于增加了蛋白质的电负性和二硫键的断裂，导致蛋白质的分子构象改变并影响其功能性质。

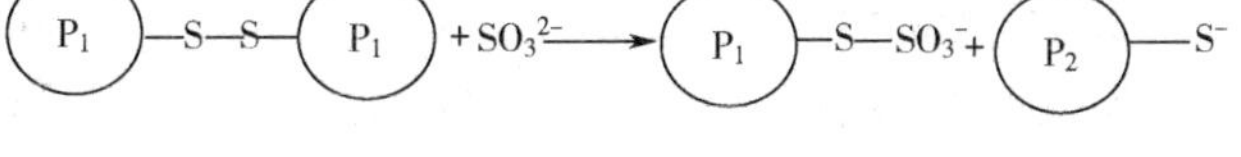

图5-23 亚硫酸盐与双硫键的作用

3. 蛋白质的交联反应

蛋白质分子上的游离氨基（一般为赖氨酸的ε-NH_2）可以与醛类发生缩合反应，

生成缩合产物 Schiff 碱。典型的例子就是蛋白质与脂类的氧化产物丙二醛的反应，由于是一分子丙二醛与两分子蛋白质作用，因而产生了蛋白质的交联（图 5 - 24）。

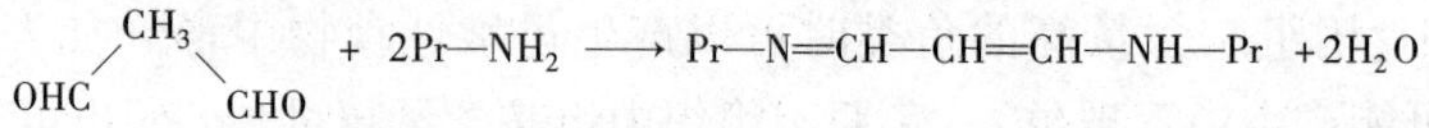

图 5 - 24　丙二醛与蛋白质的交联反应

蛋白质与丙二醛作用的结果改变了蛋白质的功能性质，例如蛋白质的溶解度、保水能力等。酪蛋白经过如此交联处理后，生成的交联酪蛋白甚至可以抗拒蛋白酶的水解作用。人体内由于脂类氧化生成的丙二醛与蛋白质发生交联反应，生成的产物在体内不断蓄积，随着年龄增长而成为所谓的脂褐质（lipofusin），又被称为增龄色素，这是机体衰老的标志。

复习思考题

1. 构成蛋白质的氨基酸是如何分类的?
2. 分析食品蛋白质的氨基酸组成有何意义?
3. 以原料类别为依据对食品蛋白质分类和以溶解性对食品蛋白质分类各有何意义?
4. 维持蛋白质高级结构的不同键合力各自主要由哪些氨基酸残基间形成的?
5. 蛋白质含有哪些氨基酸多时，二级结构相对缺乏?
6. 磷脂蛋白质含有哪些氨基酸残基可被磷脂化?
7. 为什么说蛋白质的水合性质是蛋白质最基本的功能性质?
8. 酪蛋白胶束的稳定性为什么会受到磷酸盐、钙离子浓度影响?
9. 总结不同蛋白质的功能性质特点，以及它们在食品中的应用。

CHAPTER 6

第六章 酶

[学习目标与要求]

1. 了解酶的化学本质及分类命名。
2. 熟悉酶促褐变反应机理、影响因素及控制手段。
3. 掌握食品加工中重要的酶类及酶在食品加工中的应用。

第一节 概述

一、 酶在食品科学中的重要性

酶学不仅是生物科学的基础，酶控制着生物体内所有重要的生物大分子（蛋白质、脂类等）和小分子（氨基酸、糖和维生素等）的合成和分解。

很久以前，人类就开始利用酶制备食品，尽管当时人类并没有任何有关催化剂和化学反应本质方面的知识，然而使用酶的技术还是流传了下来。在酿造中利用发芽的大麦来转化淀粉和用破碎的木瓜树叶包裹肉以使肉嫩化，是古代制备食品时使用酶的例子。早期研究表明，消化、发酵和水解反应体系中的酶都涉及食品。酶学也是现代食品科学的重要基础，在食物成分的消化吸收过程中，在食品加工保藏过程中，在食品原材料的开发和利用以及在食品的分析检测技术中，酶都有重要的作用和影响，因此酶一直以来备受食品科学家的关注。

食物的生长和成熟过程就离不开酶的作用，食物原料本身就含有种类繁多的内源酶，对食品的加工品质（包括感官指标、理化指标和卫生指标）都有很大的影响，其中某些酶在原料的加工期间，甚至在加工过程完成后仍然具有活性。这些酶的作用有的对食品加工是有益的，例如牛乳中的蛋白酶在乳酪成熟过程中能催化酪蛋白水解而赋予乳酪以特殊风味，茶叶、梅干中的脂肪氧合酶在它们干制过程中催化不饱和脂肪酸的氧化作用而赋予它们表面的颜色；而有的是有害的，例如番茄中的果胶酶在番茄酱加工中能催化果胶物质的降解而使番茄酱产品的黏度下降，另外在灌装果蔬中的脂肪氧化酶会使果蔬出现不同程度的褐变，降低产品品质。如何在加工过程中利用酶的特性，以达到我们所期待的结果，具有重要的意义。

除了受到食品原料中存在的内源酶的作用外，外源酶制剂在食品加工和保藏过程中已得到越来越广泛的使用，用以提高食品的质量和产量。目前，外源酶制剂在啤酒、白酒、黄酒、酒精、味精、葡萄糖、果糖、饴糖、果葡糖浆、麦芽糊精、山梨醇、异维生素C钠、乳酸、低聚糖等几十个行业都有应用。例如使用淀粉酶和葡萄糖异构酶生产高果糖浆，又如在牛乳中加入乳糖酶，将乳糖转化成葡萄糖和半乳糖，制备适合于有乳糖缺乏症人群饮用的牛乳。因此，酶对食品工业的重要性是显而易见的。

在食品工业领域中使用酶可以改善加工条件，降低生产成本，实现生产标准化，然而不正确的操作方式和使用条件可能会产生不希望的结果。了解有关酶的基本性质和各种特性，掌握有效的控制技术和手段，是食品化学的重要内容，在食品生产、科学研究和产品开发中有着重要的意义，让酶学在食品科学领域的广泛应用方兴未艾。

二、酶的化学本质

在1979年，Dixon和Webb将酶定义为“酶是具有催化性质的蛋白质”，甚至在食品科学领域里，一直认为广泛使用的酶都是蛋白质。1982年美国科学家T. Cech和S. Altman的研究发现了具有催化活性的天然RNA－核酶（Ribozyme），是酶学领域的最大突破之一。核酶用来描述具有催化活性的RNA，即表明RNA分子也可以像蛋白质一样，具有高度的催化活性。核酶的作用底物可以是不同的分子，可以是同一RNA分子中的某些部位。核酶的功能也很多，有的能够切割RNA，有的能够切割DNA，有的还具有RNA连接酶、磷酸酶等活性。实际上生物体内除了少数几种酶为核酶外，大多数的酶类都是蛋白质，而且核酶的催化效率与蛋白质酶相比很低，目前应用在食品科学领域中的酶都是蛋白质酶，或者以蛋白质为主导核心。因此，下面章节中提及的酶，也都专指化学本质为蛋白质的酶。

酶是球形蛋白质，与其他蛋白质一样，具有由氨基酸组成的一、二、三、四级结构，也具有两性电解质的性质。酶在受到环境因素的作用时结构发生变化，甚至丧失活性。例如酶在用热、强酸、强碱、重金属和洗涤剂处理时失活；酶与其他蛋白质不同之处在于，酶分子的空间结构上含有特定的具有催化功能的区域。酶通常由几百个氨基酸组成，相对分子质量一般为10^4～10^6。根据酶的组成成分不同，可以将酶分为单纯酶（simple enzyme）和结合酶（conjugated enzyme）两大类。

单纯酶的组分中只有蛋白质，属于单纯蛋白质，其基本组分单位是氨基酸，催化活性仅仅取决于其蛋白质结构。例如，脲酶、淀粉酶、酯酶、核糖核酸酶等均属于单纯酶。

结合酶的组成成分除蛋白质外，还有一些非蛋白质类的小分子物质，二者结合起来才具有活性，属于结合蛋白质。结合酶的蛋白质部分称为脱辅基酶蛋白，简称酶蛋白

（apoenzyme），非蛋白质部分则称为辅助因子（cofactors）。

酶蛋白与辅助因子间的比例为1∶1。酶蛋白与辅助因子单独存在时均无催化活性，只有把它们结合起来组成复合物才能显示出催化活性，此复合物也称全酶（holoenzyme）。酶蛋白的主要作用是识别底物，决定酶的专一性；辅助因子的作用是经常参与化学反应，决定酶促反应的类型。

全酶　=　酶蛋白　+　辅助因子

（结合蛋白质）（蛋白质部分）（非蛋白质部分）

根据酶中的蛋白质的特点，可以将酶分为单体酶（monomeric enzyme）、寡聚酶（oligomeric enzyme）和多酶复合体系（multienzyme complex）三大类。

单体酶的组分中只有一条具有活性部位的多肽链，相对分子质量在3500以下，例如胰蛋白酶、溶菌酶等均属于单体酶。属于这一类的酶很少，一般都是催化水解反应的酶。

寡聚酶由2个或多个相同或不相同亚基以非共价键相连而成。

多酶复合体系是由几个酶彼此嵌合形成的复合体，相对分子质量一般都在几百万以上，例如用于脂肪酸合成的脂肪酸合成酶是由十个亚基组成，这些亚基可以是相同的多肽链，也可以是不同的多肽链。亚基间不是共价结合，彼此很容易分开，相对分子质量从3500到几百万，例如糖代谢过程中酶复合体的相对分子质量为2200000；大肠杆菌（*Escherichia coli*）丙酮酸脱氢酶复合体的相对分子质量为4600000。

三、 酶的分类和命名

1. 酶的分类

根据酶所催化的反应类型，把酶分为六大类。

（1）氧化还原酶类　凡能催化底物发生氧化还原反应的酶，都称为氧化还原酶。在化学反应中，通常把脱氢加氧视为氧化，脱氧加氢视为还原。其中包括脱氢酶、加氧酶、氧化酶、还原酶、过氧化物酶等。

其中脱氢酶最多，脱氢酶的催化反应可以用以下通式表示：

$$AH_2 + B \longrightarrow A + H_2O$$

氧化酶所催化的反应可以用以下通式表示：

$$AH_2 + O_2 \longrightarrow A + H_2O$$

（2）转移酶类　凡能催化底物发生基团转移或交换的酶，都是转移酶。根据所转移的基团种类不同，常见的转移酶包括氨基转移酶、酰基转移酶、甲基转移酶、激酶和磷酸酶。

由转移酶催化的反应可以用以下通式表示：

$$A—R + B \longrightarrow A + B—R$$

R为被转移的基团。

（3）水解酶类　凡能催化底物发生水解反应的酶，均为水解酶。常见的水解酶有淀粉酶、麦芽糖酶、蛋白酶、脂酶、肽酶及磷酸酯酶等。

水解酶的催化反应可以用以下通式表示：

$$A—B + H_2O \longrightarrow AH + BOH$$

水解酶所催化的反应多数是不可逆的。

（4）裂解酶　凡能催化底物分子中 C—C（或 C—O、C—N 等）化学键的断裂，断裂后一分子底物转变为两分子产物的酶，都为裂解酶。

裂解酶的催化反应可以用以下通式表示：

$$A—B \longrightarrow A + B$$

常见的裂解酶有脱羧酶、脱氨酶、脱水酶、醛缩酶和异柠檬酸裂解酶。这类酶催化反应多数是可逆的。

（5）异构酶类　凡能催化底物分子发生几何学或结构学的同分异构变化的酶都为异构酶。常见的异构酶有磷酸葡萄糖变位酶、磷酸丙糖异构酶及磷酸甘油醛变位酶。

异构酶的催化反应可以用以下通式表示：

$$A \longrightarrow B$$

异构酶所催化的反应都是可逆的。

（6）合成酶类（又称连接酶）　能催化两个分子连接在一起，并伴随有 ATP 分子中的高能磷酸键断裂的一类酶。常见的合成酶有谷胱甘肽合成酶、谷氨酰胺合成酶和丙酮酸羧化酶。

催化反应可以用以下通式表示：

$$A + B + ATP \longrightarrow A—B + ADP + Pi$$

（无机磷酸）

$$A + B + ATP \longrightarrow A—B + AMP + PPi$$

（焦磷酸）

这类酶催化的反应多数是不可逆的。

2. 酶的命名

迄今为止已经发现的酶有3000 多种酶，在生物体内的酶的数量远远超过此数量，面对种类繁多且结构复杂的酶，很难用其化学结构来命名，而且随着酶学研究的进一步发展，还会发现更多的新酶。1961 年国际生物化学学会酶学委员会推荐了一套新的关于酶的系统命名及分类方法，建议将每一种酶应该有一个习惯名称和一个系统名称，已被国际生物化学学会接受。

（1）习惯命名法（又称俗名）　酶的习惯命名法的命名原则主要有以下几个方面：一是根据酶作用的底物命名，例如淀粉酶、脂肪酶和蛋白酶等；二是根据酶催化的反应性质命名，例如氧化还原酶类、水解酶类、转移酶类、合成酶、异构酶类和裂合酶类等；三是结合酶作用底物和酶催化的反应性质命名，例如乳酸脱氢酶；四是结合以上两种情况并根据酶的来源或某些特性而命名，例如木瓜蛋白酶、胃蛋白酶、胰蛋白酶等。

虽然习惯命名法使用起来比较简单，应用历史较长，但缺乏系统性，随着被认识的酶的数目的逐渐增多，这种酶的简单的命名方法有时会造成重复和混乱。

（2）系统命名法（又称学名）　系统命名法是以酶所催化的整个反应为基础，明确标明酶的作用底物和催化反应类型，即酶的系统命名包括两个部分，第一部分为酶的作用底物名称，若底物是两个或两个以上则通常用“:”把它们分开；若底物之一是水时，可将水省略（表6－1）。

表6－1　　酶的命名举例

习惯名称	系统命名	催化的反应
葡萄糖转移酶	ATP：D－葡萄糖磷酸转移酶	ATP＋D－葡萄糖→ADP＋D－葡萄糖－6－磷酸
谷丙转氨酶	丙氨酸：α－酮戊二酸氨基转移酶	丙氨酸＋α－酮戊二酸→D－谷氨酸＋丙酮酸
脂肪酶	脂肪：水解酶	脂肪＋H_2O→D－脂肪酸＋甘油

（3）国际系统分类法及酶的编号　根据国际酶学委员会的规定，每一种酶都采用四位数字编号系统，每位数字之间用“.”隔开。第一个数字指出酶属于六大反应类型的哪一类；第二个数字指出酶属于哪一亚类；第三个数字指出酶属于哪一亚亚类；第四个数字则表明该酶在亚亚类中的流水编号，前面冠以“EC”标志（酶学委员会“Enzyme Commission”的缩写）。

EC＋编号（大类．亚类．小类．序号）

例如，醇脱氢酶的编号为EC1.1.1.1，其中大类位置的“1”表示氧化还原酶类，亚类位置的“1”表示底物供体是CH—OH，次亚类位置的“1”表示NAD^+或$NADP^+$，最后位置的“1”表示次亚类的第一个酶。这些编号是永久性的。

这种系统命名虽然严格，但过于复杂，因此尚未普遍使用，广泛使用的仍然是酶的习惯名称。

四、 酶的特性

酶的化学本质是蛋白质，酶的相对分子质量很大，具有胶体性质，不能透析，能被蛋白酶水解。

酶催化反应具有高效性，它可以在常温常压和温和的酸碱条件下高效地进行。1个酶分子在1min内能引起数百万个底物分子转化为产物，酶的催化能力比一般催化剂的催化能力大1000万倍到10万亿倍。酶催化的另一个特点就是酶对底物的高度专一性。一种酶只能催化一种或一类物质反应，即酶是一种仅能促进特定化合物、特定化学键、特定化学变化的催化剂。酶还具有其作用受到调节控制、有些酶的作用还需要辅助因子（包括辅酶、辅基和金属离子）的参与等特点。

五、 酶的辅助因子

前面提过，结合酶在发挥作用时，需要有一个非蛋白组分辅助因子的存在，按照与酶蛋白结合程度不同，辅助因子又有辅酶（coenzyme）和辅基（prosthetic group）之分。辅酶与酶蛋白结合疏松，易用透析或超滤方法除去；辅基与酶蛋白结合紧密，不易用透析或超滤方法除去。辅酶和辅基之间并没有什么本质上的差别，二者之间也无严格的界限。通常一种酶蛋白只能与一种辅酶结合，组成一个酶，作用一种底物，向着一个方向进行化学反应。而一种辅酶，则可以和若干酶蛋白结合，组成若干个酶，催化若干种底物发生同一类型的化学反应。

辅助因子可以是小分子有机化合物或金属离子。结合酶的辅酶一般是一些化学稳定的小分子物质，主要用于在反应中传递电子、质子和一些基团，协助活性中心基团快速转移（进出），包括烟酰胺腺嘌呤二核苷酸（NAD）、烟酰胺腺嘌呤二核苷酸磷酸（NADP）、黄素单核苷酸（FMN）、黄素腺嘌呤二核苷酸（FAD）。常见的辅基一般是金属离子，与酶蛋白结合紧密，主要包括 Na^+、K^+、Mg^{2+}、Fe^{2+}、Cu^{2+}、Zn^{2+}、Mn^{2+}等。

六、 影响食品中酶活力的因素

食品中酶的浓度只能通过间接测定其催化活性来达到检测的目的，底物的浓度、酶的浓度、活化剂与抑制剂、温度、pH、反应介质的离子强度、水分活度和其他重要的环境条件等因素都会影响食品中酶的活力。本节将分别对以上各种影响因素进行讨论。

1. 底物浓度对酶活力的影响

在酶浓度、温度、pH 不变的情况下，酶反应的速度取决于底物浓度。酶促反应速度对底物浓度做图得到图 6－1。

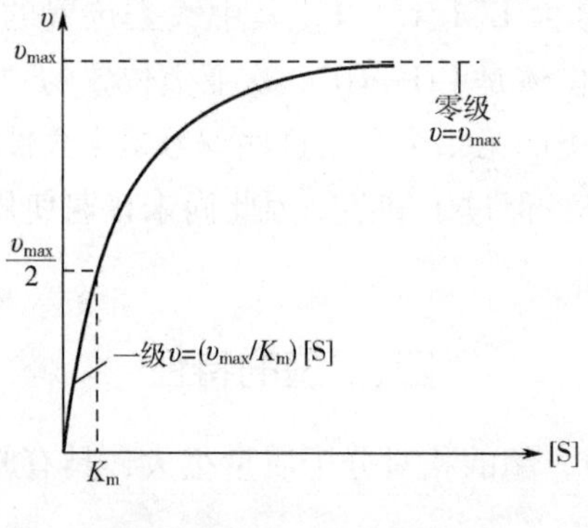

图 6－1 酶反应速率与底物浓度的关系

从图 6－1 可以看出，当酶浓度保持不变，底物浓度增加时，反应初速度随之增加，与底物浓度呈正比关系，为一级反应；之后随着底物浓度的增加，酶反应速度并不是直线增加，而是以双曲线形式达到最大速度，这一段反应为混合级反应；如果再继续增加底物浓度，反应速度不再增加，即酶分子已被底物所饱和，为零级反应。

2. 酶浓度对酶活力的影响

一般情况下，当酶促反应体系的温度、pH 不变，底物浓度需足够大时，反应速度与酶的浓度呈正比关系。也就是说，酶的数量越多，则生成的中间产物越多，反应速度也越快，见图 6－2。

因为在酶促反应中，酶分子首先与底物分子作用，生成活化的中间产物（或活化络合物），最后再转变为最终产物。但如果底物溶解度受到限制、底物中存在竞争抑制剂、底物缓冲剂或反应体系中有不可逆抑制剂，如 Hg^{2+}、Ag^+ 或 Pb^{2+} 等，也会影响酶的活力。

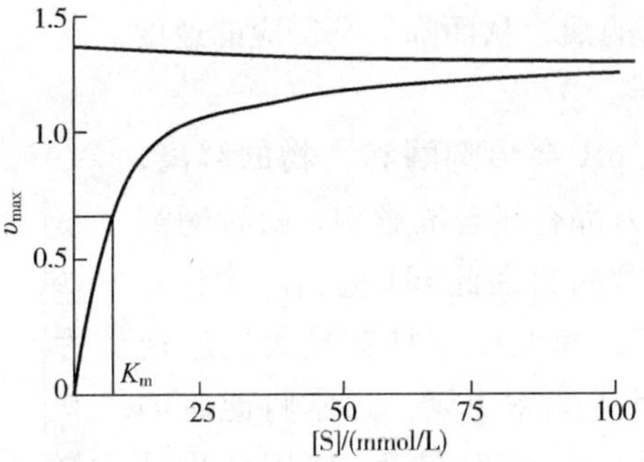

图 6－2　蔗糖浓度对转化酶活力的影响

3. 温度对酶活力的影响

温度影响酶催化反应的速度，反应速度与温度关系的动力学曲线如图 6－3 所示。

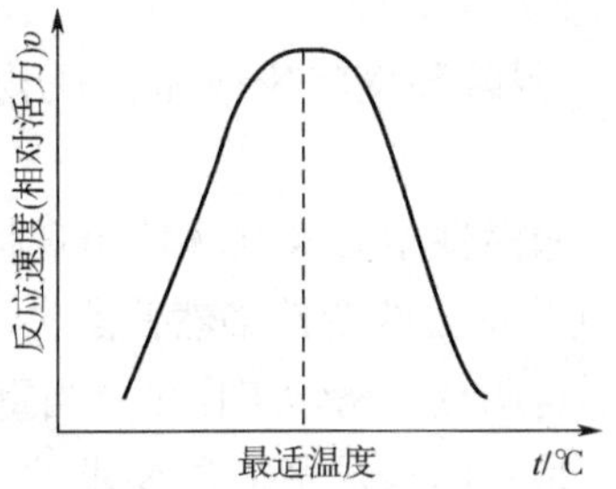

图 6－3　温度对酶促反应的影响

由图 6－3 可以看出，在一定温度下，酶反应具有最大速度，高于或低于此值，反应速度都下降，通常将酶表现为最大活力时的温度值称为酶反应的最适温度。酶最适反应温度是以上两种效应平衡的结果。热处理可以促进酶促反应，也可以通过使酶失活而阻止不利反应的发生，各种酶的热稳定性相差较大，大部分酶在 60℃以上即变性失活，因此食品工业中常采用快速升温的方法，通过热的作用钝化酶活性，减少某种酶反应对食品的影响。例如，牛乳中的脂肪酶和碱性磷酸酶对热不稳定，而酸性磷酸酶很稳定，由于碱性磷酸酶的活性比脂肪酶容易检测，因此用它来区分生乳和巴氏杀菌乳。冷藏和冷冻也是通过降低食品中某种酶的活力来延缓或抑制食品中的不利变化和反应。食品冷藏期间，如食品的黏度增加，可通过限制底物的扩散，降低酶活性；在温度低于 0℃时酶活有所下降，但冰晶的形成会造成酶和底物的浓缩，使酶的催化活性相对提高，例如，鳕鱼肌肉中磷脂酶的活力在－4℃时的活力相当于－2.5℃时的 5 倍。在完全冰冻的食品中，酶的催化活性暂时停止，解冻后酶活性会有所增加，大多数酶的酶活受冰冻的影响是可逆的。

热处理和冷藏处理是食品加工和储藏中的重要方法，温度对酶促反应速度的影响很大，表现为双重作用。

（1）与非酶促的化学反应相同，在低温范围内随着温度升高，活化分子数增多，酶促反应速度加快。对于许多酶来说，当温度从 22℃升高到 32℃时，酶反应速度就会增加 2 倍。

（2）由于酶是蛋白质，当超过一定的温度范围后，随着温度的升高酶会逐渐变性，酶活力或下降，甚至失去酶活，从而降低酶反应的速度。

4. pH 对酶活力的影响

酶的本质是蛋白质，pH 会影响酶和底物的解离，因此 pH 对大多数酶的活力都有显著的影响，每种酶都有一最适的 pH 范围，通常酶只在此 pH 范围内才具有催化作用，在一定 pH 下，酶促反应具有最大反应速率，高于或低于此值，反应速率下降，通常将此时的 pH 称为酶促反应的最适 pH。有时最适 pH 因底物种类、浓度、离子强度及缓冲液成分不同而不同，因此酶的最适 pH 并不是一个常数，而是在一定条件下才有意义。食品中的酶的最适 pH 一般在 5.5～7.5。反应速率与 pH 的关系通常呈钟形曲线，如图 6－4 所示。

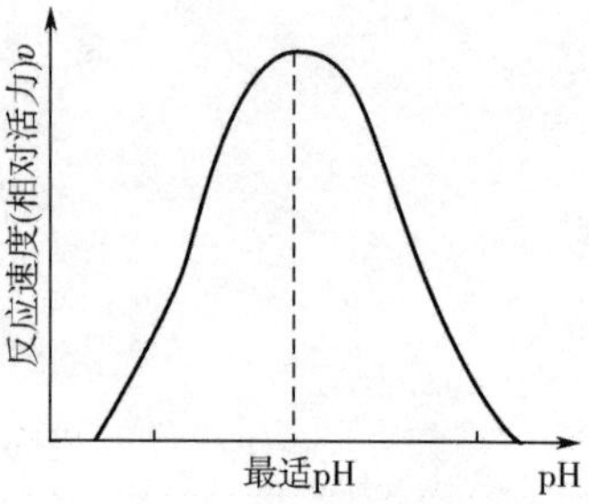

图 6－4 pH 对酶促反应的影响

pH 影响酶活力的原因有以下几个方面。

第一，当酶受酸碱处理后，酸碱环境将影响蛋白质构象，甚至使酶分子变性或失活，不可逆转。

第二，由于 pH 变化引起的酶活性中心及微环境出现构象上的可逆调整以致酶活性不能表现出来，这称为酶的可逆失活。酶变性必然使酶失活，但可逆性失活不等于酶变性。二者 pH 界限不相同，区别这两点在酶学工作中相当重要。

第三，酶的作用 pH 区限，是指酶表现活力所要求的 pH 环境，最低 pH 和最高 pH 是它的两端界限。酶的最适 pH 指酶表现出最大活力的 pH。一些酶的最适 pH 见表6－2。

表 6－2 一些酶的最适 pH

酶	最适 pH	酶	最适 pH
酸磷酸酯酶（前列腺腺体）	5	果胶裂解酶（微生物）	9.0～9.2
碱性磷酸酯酶（牛乳）	10	果胶酯酶（高等植物）	7
α－淀粉酶（人唾液）	7	黄嘌呤氧化酶（牛乳）	8.3
β－淀粉酶（红薯）	5	脂肪酶（胰脏）	7
羧肽酶 A（牛）	7.5	脂肪氧化酶－1（大豆）	9
过氧化氢酶（牛肝）	3～10	脂肪氧化酶－2（大豆）	7
纤维素酶（蜗牛）	5	胃蛋白酶（牛）	2
无花果蛋白酶（无花果）	6.5	胰蛋白酶（牛）	8
木瓜蛋白酶（木瓜）	7～8	凝乳酶（牛）	3.5
β－呋喃果糖苷酶（马铃薯）	4.5	聚半乳糖醛酸酶（番茄）	4
葡萄糖氧化酶（点青霉）	5.6	多酚氧化酶（桃）	6

5. 水分活度对酶活力的影响

水是酶进行催化作用的必需条件。水分对酶活力的影响，以水分活度表示要比用绝对含水量表示更为准确。因为在水分活度很高时，酶活力很快就能表现出来；而当水分活度很低时，即使含水量值达到理论上的水解作用值，酶仍没有表现出明显的活力。例如，完整的谷粒能储存数月或数年以上而不会变质，而受机械破损或磨成粉的谷粒在相同含水量条件下会很快变质。研究表明，即使水分活度很低时许多酶仍然可以保持酶活力。例如，脱水蔬菜最好在干燥前进行热烫，否则会很快产生干草味，而不宜贮藏；面粉在低水分（14%以下）时，脂酶能很快使脂肪分解成脂肪酸和醇类。

6. 激活剂对酶反应速率的影响

凡是能提高酶活性的物质，都称为激活剂。激活剂主要按分子大小分为三大类。

（1）无机离子　金属离子不仅对很多酶的构象稳定、底物与酶的结合等有影响，还可以作为电子载体参与催化反应的过程或影响路易斯酸形成，从而起到激活作用。其中作为激活剂起作用的金属阳离子有 K^+、Na^+、Mg^{2+}、Zn^{2+}、Fe^{2+} 和 Cu^{2+} 等。阴离子和氢离子也都具有激活作用，但不明显。Cl^- 和 Br^- 对动物唾液中的 α - 淀粉酶激活作用较弱。金属离子对酶的作用具有一定的选择性，即一种激活剂对某些酶能起激活作用，对另一些酶可能有抑制作用，有时离子之间还具有拮抗作用。例如 Mg^{2+} 激活的酶常为 Ca^{2+} 所抑制；Na^+ 抑制 K^+ 的激活作用。

（2）中等大小的分子　包括某些还原剂，如半胱氨酸、还原型谷胱甘肽、氰化物。使酶中二硫键还原成硫氢基，从而提高酶活力，例如还有木瓜蛋白酶和 D - 甘油醛 - 3 - 磷酸脱氢酶。EDTA 能螯合酶中的重金属杂质，从而消除这些杂质对酶的抑制作用，这也是在酶制备时常要加 EDTA 的原因。

（3）具有蛋白质性质的大分子物质能起到激活酶原的作用，使原本无活性的酶的前体转变为有活性的酶原。

7. 抑制剂对酶催化反应速率的影响

酶的抑制作用是指一些物质与酶结合后，使酶活力下降，但不影响酶蛋白变性的作用。凡是能降低酶催化反应速度的物质称抑制剂。酶的抑制作用与酶的失活作用是不同的，抑制作用不同于变性作用。食品组成中常存在酶抑制剂，例如豆料种子中存在的胰蛋白酶抑制剂、胰凝乳蛋白酶抑制剂、淀粉酶抑制剂；另外食品中还含有非选择性抑制较宽酶谱的组分，比如酚类和芥末油。此外，食品中因环境污染带来的重金属、杀虫剂和其他的化学物质都可以成为酶的抑制剂。

根据抑制剂的作用机理不同，酶的抑制剂分为不可逆抑制剂和可逆抑制剂。在不可逆抑制剂中，抑制剂与酶的活性中心发生了化学反应，不能用透析或凝胶法除去而恢复酶活性。可逆的抑制作用是指抑制剂与酶蛋白的结合是可逆的，可采用透析或凝胶法除去抑制剂，恢复酶的活性。

8. 影响酶活力的其他环境因素

除了底物浓度、酶浓度、温度、pH、激活剂与抑制剂、水分活度外，在食品加工和保藏中还有其他一些因素对酶活力也有影响。

（1）黏度对酶活力的影响　在冷冻食品过程中，由于90%以上的“自由”水在通常的冷藏温度下已被冻结，同时未冷冻相中，由于温度的下降和溶质浓度的增加，使黏度显著提高，在这样黏度的条件下，会显著地影响冷冻食品原料中酶的活力。反应体系黏度的增加会使各个反应组分（酶和底物分子）的移动性降低，而使酶的活力降低。

（2）压力对酶活力的影响　在通常的食品加工过程中，所采用的压力是不至于使酶失活的。然而在采用几种处理方式相结合的加工过程中，压力就会高到使酶失活。例如压力－高温处理和压力－高剪切处理食品，都能导致酶失活。在单独使用静水压力的情况下，只要食品组织还能保持完整，那么食品原料中的酶就不会完全失去活性。压力对酶的活性的影响与酶的结构也有关系。

（3）剪切对酶活力的影响　在食品加工过程中的一些剪切操作，例如挤压、混合和管道输送等操作会导致酶失活，酶活性失活与否与酶的性质和剪切条件有关。例如凝乳酶因剪切作用而失去活力，在剪切作用停止后会部分地恢复活力，类似于酶在受热作用失活后的部分活力再生。

（4）超声能量对酶活力的影响　超声能量也能使酶失活，采用超声波处理食品体系时，产生的空化作用会导致酶蛋白的界面变性，这个观点在研究木瓜蛋白酶时得到了证实。木瓜蛋白酶因超声作用而失活的程度与酶的浓度成正比。

（5）溶剂对酶活力的影响　与水不能互溶的溶剂具有稳定酶的作用。然而，能与水互溶的溶剂在浓度达到5%～10%时一般能使酶失活。这个效应还与温度有关，当温度较低时，酶在与水互溶的溶剂环境中较稳定。

（6）离子辐射作用对酶活力的影响　当食品原料经受离子辐射时，食品原料的酶可能失活。使酶失活所需的离子辐射的剂量高于使微生物孢子（失活）所需剂量的10倍。例如经辐射的肉中微生物数目已降到很低的水平，此时由于蛋白酶还存在活力，使肉的质构在储藏期变坏。通常采用热－离子辐射结合处理的方法，这样既可以使食品原料中的酶失活，又可以保持食品的高质量。

（7）高电场脉冲（high electric field pulses，HEFP）对酶活力的影响　HEFP又称高压电场脉冲，是食品保藏行业中近几年新发展的高新技术。它能有效地降低液体食品中的微生物，延长货架期，且对食品的感官、物理、化学性质均无明显影响。作为一项新的保鲜防腐技术，有着很好的发展前景。HEFP处理食品，由于能使酶电荷及结构改变，还可抑制食品中某些酶活性，增加食品的可储藏性。需要注意的是，有些酶在低脉冲电场作用下对其有激活作用，只是相对较高的脉冲电场作用较长时间才能失活。如溶菌酶（lysozyme）和胃蛋白酶（pepsin），在30pulses和13～80kV/cm作用下对其有激活作用。用30pulses和13.5kV/cm处理lysozyme酶，酶活损失60%，用30pulses和50kV/cm处理，其酶活损失80%。用HEFP（30pulses和40kV/cm）处理胃蛋白酶，其活性与对照相比达到260%。

第二节　酶促褐变

一、酶促褐变的机理

酶促褐变是指在氧气存在下，水果和蔬菜等新鲜植物性组织发生机械性的损伤（如削皮、切开、压伤、虫咬、磨浆等）及处于异常的环境条件下（如受冻、受热等）时，破坏水果和蔬菜中的氧化还原平衡，发生氧化产物的积累，造成褐变，这类由酶催化所引起的褐变作用非常迅速，称为酶促褐变。酶促褐变是一种在食品中不希望出现的变化，例如苹果、梨、香蕉、马铃薯、茄子等，在削皮、切开后都很容易褐变，应尽可能避免。但有些褐变对于像茶叶、可可豆等食品，是其形成良好的风味与色泽所必需的。

酶促褐变是酚酶催化酚类物质形成醌及其聚合物的反应过程。植物组织中含有酚类物质，在完整的细胞中作为呼吸传递物质，在酚 - 醌之间保持着动态平衡。当细胞破坏以后，氧气就大量侵入，使原来的平衡被破坏，发生醌的积累，醌再进一步氧化聚合形成褐色色素。例如马铃薯中酚酶作用的底物是马铃薯中最丰富的酚类化合物——酪氨酸，最后形成黑色素，这一机制也是动物皮肤、毛发中黑色素形成的机制。酚酶的最适 pH 接近 7，比较耐热，在 100℃ 下钝化酚酶需要 2 ~ 8min。水果和蔬菜中的酚酶底物，是邻二酚类和一元酚类。绿原酸是许多水果，特别是桃、苹果等褐变的关键物质。

二、影响酶促反应的因素

影响食品中酶促褐变反应的因素主要有以下几个：一是酚类的底物；二是酚氧化酶；三是氧，缺一个因素都不会发生酶促褐变。有科学家做过改变酚类底物结构的实验，至今尚未取得成功。在实践中影响酶促褐变的方法主要是通过控制酶活性和氧气这两个因素。常用的方法如下。

1. 热处理法

在适当的温度和条件下，热烫新鲜果蔬，使酚酶及其他相关的酶失活，是最广泛使用的控制酶促褐变的方法。热烫温度和时间是钝化酶的关键，过度加热会影响产品质量；相反，如果热烫处理不彻底，未能钝化酶，反而会加强酶和底物的接触而促进褐变。例如，韭菜、白洋葱如果热烫不彻底，褐变的程度比未热烫的更厉害。水煮和蒸汽处理是目前最广泛的热烫方法，近年来微波作为一种热能钝化酶的新手段，可以使食品组织内外一致迅速受热，并且能很好地保持食品的质地和风味。

2. 酸处理法

利用酸来影响酶促反应也是目前广泛使用的方法。常用的酸有柠檬酸、苹果酸、抗坏血酸和磷酸。酚酶的最适 pH 为 6 ~ 7，而这些酸可以降低反应体系的 pH 来控制酶活力，pH 低于 3 时已无活性。柠檬酸是使用最广泛的食用酸，苹果酸是苹果汁中的主要有机酸，苹果酸对酚酶的抑制作用比柠檬酸多。抗坏血酸能够更有效地抑制酚酶活性，作为一种维生素，其营养价值也是令人皆知的，即使浓度很大也无异味。

3. 二氧化硫及亚硫酸盐处理

二氧化硫及常用的亚硫酸盐，如亚硫酸钠（Na_2SO_3）、亚硫酸氢钠（$NaHSO_3$）、焦亚硫酸钠（$Na_2S_2O_5$）、连二亚硫酸钠即低亚硫酸钠（Na_2SO_4）等都是广泛应用于食品工业中的酚酶抑制剂，在蘑菇、马铃薯、桃、苹果等加工中已有应用。SO_2 及亚硫酸盐溶液在微酸性（pH 为 6）条件下对酚酶的抑制效果最好。

4. 驱除或隔绝氧气

具体措施有：①将去皮切开的水果、蔬菜浸没在清水、糖水或盐水中；②浸涂抗坏血酸溶液，使表面生成一层氧化态抗坏血酸隔离层；③用真空渗入法把糖水或盐水渗入组织内部将空气驱除。苹果、梨等果肉组织空隙中具有较多气体的水果最适宜用此法。

5. 加酚酶底物类似物

用酚酶底物类似物如肉桂酸、对位香豆酸及阿魏酸等酚酸可以有效地控制苹果汁的酶促褐变。这三种酸都是水果、蔬菜中天然存在的芳香族有机酸，在安全上无大问题。

第三节　食品中重要的酶类

一、淀粉酶

淀粉酶属于水解酶类，是水解淀粉（包括糖原、糊精）的一类酶的统称。它们不仅存在于动物中，而且也存在于高等植物和微生物中，是产量和应用最广泛的一类酶，其生产量占整个酶制剂总产量的50%以上。根据淀粉酶对淀粉水解方式的不同，可将淀粉酶分为4类：α-淀粉酶、β-淀粉酶、葡萄糖淀粉酶和异淀粉酶。

1. α-淀粉酶

α-淀粉酶系统名为α-1，4-葡聚糖-4-葡聚糖水解酶（EC 3.2.1.1），又称液化酶，α-淀粉酶广泛存在于动植物组织及微生物中。大多数α-淀粉酶的相对分子质量在50000左右。该酶作用于淀粉与糖原时，从底物分子内部随机地切开α-1，4-糖苷键，而生成麦芽糖、少量葡萄糖与一系列相对分子质量不等的低聚糖和糊精。由于它不水解支链淀粉的α-1，6-糖苷键，也不水解紧靠分支点α-1，6-糖苷键附近的α-1，4-糖苷键，因此它的水解终产物中除麦芽糖、麦芽寡糖外，还含有大量带有α-1，6-糖苷键的葡萄糖残基。由于所产生的还原糖在光学结构上是α-型，故称为α-淀粉酶。它作用的是以淀粉为主要成分的食品，对产品的黏度有重要的影响，例如布丁、奶油汤等。α-淀粉酶的性质如下。

（1）pH对α-淀粉酶作用的影响　α-淀粉酶一般在5.5~8.0时稳定，pH 4以下容易失活，酶的最适pH为5.0~6.0。不同来源的α-淀粉酶具有不同的pH特性。例如，人的唾液和猪的胰脏得到的α-淀粉酶具有较窄的最适pH范围（6.0~7.0）。枯草芽孢杆菌α-淀粉酶具有较宽的最适范围（5.0~7.0）。嗜热脂肪芽孢杆菌α-淀粉酶具有狭窄的最适pH范围（3.0左右）。大麦芽α-淀粉酶的最适pH是4.8~5.4；小麦芽α-淀粉酶的最适pH在4.5左右，当pH低于4.0时，活力显著下降，而pH超过5.0时活力缓慢下降。黑曲霉α-淀粉酶的耐受性强，其最适pH为4.0。

pH对α-淀粉酶稳定性和酶活力的影响具有很重要的实际意义。例如，黑麦粉中含有过量的α-淀粉酶，如果它能在pH 3.4~4.0时快速失活，那么用黑麦粉在较低pH下加工面包时，就能阻止因α-淀粉酶的作用而导致淀粉的过分糊精化和产生胶黏状的面包瓤，因此，谷类中的α-淀粉酶在低pH下对于加工高质量的面包是十分理想的性质。

（2）温度对 α－淀粉酶作用的影响　温度对 α－淀粉酶活性有很大的影响。通常 α－淀粉酶在 40℃时活力最高，50℃以上容易失活，一些细菌来源的 α－淀粉酶的最适温度为 70℃。但在有 Ca^{2+} 大量存在的条件下，酶的热稳定性会增加。在与 Ca^{2+} 相结合的条件下，α－淀粉酶的热稳定性高于 β－淀粉酶。α－淀粉酶的耐热性还受底物影响，在高浓度淀粉浆中，最适温度为 70℃的枯草芽孢杆菌 α－淀粉酶在 85～90℃时表现出最高活性。

α－淀粉酶是各种酶中耐热性较好的酶，不同来源的 α－淀粉酶具有不同的热稳定性，一般热稳定性按动物 α－淀粉酶、麦芽 α－淀粉酶、丝状菌 α－淀粉酶、细菌 α－淀粉酶的顺序而增强。

α－淀粉酶的高耐热性质在食品加工中是很重要的。例如：烘焙食品中通过添加 α－淀粉酶来改善质量。α－淀粉酶作用于糊化后的淀粉时，可从分子内部切开 α－1，4－糖苷键而生成糊精，使淀粉液黏度急剧下降。另外，由于 α－淀粉酶的作用使淀粉分子变小，更有利于 α－淀粉酶的作用，这样使面团中酵母可利用的糖量增加，促进酵母分子的代谢。这一点应用在快速发酵法生产面包中，有利于增加面包产品风味、表皮色泽，并改善面包的纹理结构，增大面包体积。

（3）钙离子对 α－淀粉酶作用的影响　α－淀粉酶是一种金属酶，每个酶分子中至少含有一个钙离子，多的可达 10 个钙离子，对大多数 α－淀粉酶的稳定性起重要作用，可使酶分子保持适宜的空间构象，从而维持酶的活性并提高其稳定性。事实上，存在于淀粉中的微量钙已足以活化不含钙的酶分子。然而，为了使 α－淀粉酶在高温下具有最高的稳定性，在使用时加入钙盐还是适宜的。但钙离子与酶分子结合的牢固程度，依据酶的来源不同而有所差别，其顺序为霉菌 > 细菌 > 动物 > 植物。钙与酶分子的结合是非常牢固的，结合常数达到 10^{12}～10^{16}mol/L。只有在低 pH（3.0）和同时用 EDTA 处理的条件下，才能将酶分子中的钙除去。但若添加与 EDTA 当量的钙离子，并将 pH 恢复至中性，仍可恢复酶活性。如果将酶分子中的钙完全除去，会导致酶基本上失活和对热、酸或脲等变性因素的稳定性降低。

除钙离子外，其他金属如钡离子、镁离子、钠离子、氮离子等都有助于提高淀粉酶的稳定性。

（4）α－淀粉酶的稳定性　α－淀粉酶制剂中添加钙离子、钠离子可以延长保藏期。例如 1g 结晶 α－淀粉酶添加 80g 醋酸钙、50g 食盐做成酶制剂后，稀释到任何浓度均可保持其耐热性。浓缩的枯草芽孢杆菌 α－淀粉酶液中可添加 5%～15% 食盐为稳定剂。甘油、山梨醇也是 α－淀粉酶的稳定剂。

不同阴离子的钙盐对 α－淀粉酶的稳定效果不同。其中醋酸钙的稳定效果最好，乳酸钙、甲酸钙效果较好，氯化钙最差。硼砂、硼酸氢钠可以增强细菌 α－淀粉酶的耐热性。例如，枯草芽孢发酵液中加入 10% 食盐、7% 氯化钙、1% 砂做成液体酶后，经 80℃处理 10min，残留活性 60.7%，而对照（无硼砂）残留活性只有 25.8%。

α－淀粉酶在食品工业中主要用于葡萄糖生产、饴糖与淀粉糖生产、柠檬酸、谷氨酸、抗生素、酶制剂等发酵生产。

2. β－淀粉酶

β－淀粉酶系统名为 α－1，4－葡聚糖－4－葡聚糖麦芽糖水解酶（EC 3.2.1.2），又称淀粉-1，4-麦芽糖苷酶。广泛存在于大麦、小麦、甘薯、豆类以及一些蔬菜中，一般单独存在或与α-淀粉酶共存。其中，大麦、小麦、甘薯、豆类来源的β-淀粉酶已被制成结晶。另外，不少微生物也能产生β-淀粉酶。

不同来源的β-淀粉酶在理化性质上有一定差异。一般来讲，植物来源的β-淀粉酶热稳定性的最适温度为40~60℃，最适pH偏酸性；微生物来源的β-淀粉酶热稳定性大都较差，最适pH一般为中性偏弱碱性，但蜡状芽孢杆菌（*Bacillus cereus*）例外，其作用底物的最适温度高达75℃，最适pH为5.5。钙离子能够降低β-淀粉酶的稳定性，与对α-淀粉酶的作用效果相反。利用这一差别，可在70℃、pH 6~7且有钙离子存在时，使β-淀粉酶失活，以钝化α-淀粉酶。当然，由于α-淀粉酶不耐酸性环境，可通过调节pH 3.0~3.5，使α-淀粉酶失活，保留β-淀粉酶的活性。

β-淀粉酶是一种端解酶，作用于淀粉时，能够从淀粉链的非还原端开始，断开α-1，4-糖苷键，顺次切下一个麦芽糖单位，生成麦芽糖及大分子的β-界限糊精。由于该酶作用于底物时，发生沃尔登转位反应（Walden inversion），使产物由α型变为β型麦芽糖，因此称为β-淀粉酶。该酶作用于直链淀粉时，理论水解率为100%，但实际上因直链淀粉中含有微量的分支点，故往往不能彻底水解。作用于支链淀粉时，不能作用于支链淀粉中的α-1，6-糖苷键，也不能绕过支链淀粉的分支点继续作用于α-1，4-糖苷键，故遇到分支点就停止作用，并在分支点残留1~3个葡萄糖残基。因此，β-淀粉酶对支链淀粉的作用是不完全的。β-淀粉酶不能作用于淀粉分子内部，所以β-淀粉酶又称为外端型淀粉酶。

作为一种糖化剂，β-淀粉酶在食品工业中主要用于制造麦芽糖浆、啤酒、面包、酱油等。

3. 葡萄糖淀粉酶

葡萄糖淀粉酶系统名为α-1，4-葡聚糖葡萄糖水解酶（EC 3.2.1.3），葡萄糖淀粉酶主要是由微生物的根霉、曲霉等生产。它能将淀粉全部水解成葡萄糖，通常用作淀粉的强化剂，目前年产量约70000，是中国产量最大的酶种。该酶广泛用于酒精、酿酒以及食品发酵工业。

葡萄糖淀粉酶最适作用温度为50~60℃，70℃以上会引起严重失活。不同来源的葡萄糖淀粉酶有不同最适温度和不同的耐热性。例如，曲霉来源的酶最适温度为55~60℃；根霉来源的酶为50~60℃；来自拟内孢霉的酶为50℃。红曲霉糖化酶耐热性较差，55℃以上就可致酶失活。黑曲霉来源的酶活力随作用温度的升高而提高，但当作用温度超过60℃时，酶活力随温度升高而下降。在不同的温度下，酶的热稳定性不同。例如，葡萄糖淀粉酶在50℃以下放置2h比较稳定，活性损失在5%以下；在60℃以上放置时即表现出不稳定，60℃放置2h，活力只剩下50%；70℃放置2h，活力只剩下13%。

葡萄糖淀粉酶最适作用pH为4~5，不同来源的葡萄糖淀粉酶有不同最适pH。糖化酶的热稳定性不同。例如，曲霉来源的酶最适pH为3.5~5.0；根霉来源的酶最适pH为4.5~5.5；来自拟内孢霉的酶最适pH为4.8~5.0。

葡萄糖淀粉酶也是一种端解酶，但它不仅能作用于淀粉分子的α-1，4-糖苷键，而且它还能作用于淀粉分子的α-1，6和α-1，3-糖苷键，只是作用于后两种键的速度很慢。葡萄糖淀粉酶水解 α-1，6-糖苷键的速度只有水解 α-1，4-糖苷键速度的 4%～10%。水解作用方式由底物分子的尾端进行，属于外切酶。

4. 异淀粉酶

异淀粉酶又叫脱支酶，系统名为支链淀粉 α-1，6-葡聚糖水解酶（EC 3.2.1.9）。在许多动植物和微生物中都可以发现异淀粉酶。异淀粉酶是水解淀粉和糖原分子中 α-1，6-糖苷键的一类酶的总称，只对支链淀粉、糖原等分支点有专一性。

二、蛋白酶

蛋白酶是生物体系中含量较多的一类酶，也是食品工业中重要的一类酶。

1. 蛋白酶的分类

蛋白酶的种类很多，分类也比较复杂。根据它们的作用方式可分为两大类：内切酶和端解酶。端解酶又可根据其开始作用的肽键末端分成氨肽酶和羧肽酶。前者从肽键的氨基末端开始水解肽键，后者从肽链的羧基末端开始水解肽键。根据它们的最适 pH 的不同，蛋白酶又可分为酸性蛋白酶、碱性蛋白酶和中性蛋白酶。根据其活性中心的化学性质不同，蛋白酶又可分为丝氨酸蛋白酶（酶活性中心含有丝氨酸残基）、巯基蛋白酶（酶活性中心含有巯基）、金属蛋白酶（酶活性中心含有金属离子）和酸性蛋白酶（酶活性中心含有两个羧基）。根据不同的来源，蛋白酶可分为动物性蛋白酶、植物蛋白酶和微生物蛋白酶。

2. 常用蛋白酶及其特性

（1）动物性蛋白酶　在人和哺乳动物的消化道中存在多种蛋白酶，如胃黏膜细胞分泌的胃蛋白酶，它可将各种水溶性的蛋白质分解成多肽；胰腺分泌的胰蛋白酶、胰凝乳蛋白酶、弹性蛋白酶和羧肽酶等内切酶和端解酶，可将多肽链水解成寡肽和氨基酸。人体摄取的蛋白质就是在消化道中蛋白酶的作用下，被消化成氨基酸而被吸收的。

蛋白酶在肉类嫩化中可以起着重要的作用。在动物组织细胞的溶酶体中有一种组织蛋白酶，最适 pH 为 5.5。当动物死亡后，随着组织的破坏和 pH 的降低，组织蛋白酶被激活，它对肌球蛋白-肌动蛋白复合物的作用使肌肉变得柔软和多汁；也可将外源蛋白酶、木瓜蛋白酶和菠萝蛋白酶加入到等级较低的肉中，通过它们将弹性蛋白和胶原蛋白部分水解而使肉嫩化。

动物蛋白酶由于来源少，价格昂贵，所以在食品工业的应用不是很广泛。

（2）植物蛋白酶　蛋白酶在植物中的存在比较广泛，木瓜蛋白酶、无花果蛋白酶和菠萝蛋白酶已被大量地应用于食品工业。

木瓜蛋白酶是番木瓜乳液中的一种巯基蛋白酶，最适 pH 在 5～7，在 pH 为 5 时稳定性最好，pH 在低于 3 或高于 11 时，酶就会很快失活，与其他蛋白酶相比，具有较高的热稳定性。无花果蛋白酶和菠萝蛋白酶主要存在于无花果乳液和菠萝汁中，也是巯基蛋白酶，对底物的特异性较宽，在 pH 为 6～8 时较稳定。这 3 种植物蛋白酶在食品工业上常用于肉的嫩化和啤酒的澄清。

（3）微生物蛋白酶　细菌、酵母菌、霉菌等微生物中都含有多种蛋白酶，它们是蛋白酶制剂的重要来源，其菌种主要限于枯草杆菌、黑曲霉、米曲霉 3 种。

微生物蛋白酶在食品加工中的用途越来越广泛。微生物蛋白酶在薄脆饼干的制造、肉类的嫩化、酱油的酿制和啤酒的制造中均有应用。

三、脂肪酶

脂肪酶也称甘油酯水解酶，能够逐步地将甘油三酯水解成甘油和脂肪酸，广泛地存在于动、植物和微生物组织中。脂肪酶反应条件温和，具有优良的立体选择性，并且不会造成环境污染，因此，广泛地应用在食品、医药、饲料、皮革和日用化工等领域，特别是在近几十年来，随着脂肪酶在水溶液中和非水介质中催化不同反应的研究，尤其是酶促反应的高度立体选择性可以专一地用于制备难以合成的手性化合物（如光学药性药物、农药、液晶等)，大大拓展了脂肪酶的应用领域。

脂肪酶只作用于甘油－水界面的脂分子，增加油－水界面能提高脂肪酶的活力，所以，在脂肪中加入乳化剂能大大提高脂肪酶的催化能力。脂肪酶的最适 pH 因为来源和底物及脂肪酶的纯度变化而不同，多数脂肪酶的最适 pH 在 8.0 ~ 9.0，也有部分脂肪酶的最适 pH 偏酸性。例如，成熟的蓖麻豆脂肪酶的最适 pH 为 6.3。微生物分泌的脂肪酶最适 pH 差异较大，在 5.6 ~ 8.5。脂肪酶的最适温度也因来源和作用底物等条件不同而有差异。大多数脂肪酶的最适温度在 30 ~ 40℃。除了温度对脂肪酶的活性有影响外，盐对脂肪酶的活性也有一定影响，对脂肪酶具有乳化作用的胆酸盐能提高酶活力，重金属盐一般对脂肪酶有抑制作用，钙离子能活化脂肪酶并可提高其热稳定性。

脂肪酶在食品加工中有着重要的用途。在乳品工业中，脂肪酶应用于乳酯水解，可以增强乳酪和乳粉风味，促进乳酪的熟化，奶油及冰淇淋的酯解改性。脂肪酶作用于乳酸并产生脂肪酸，能赋予乳制品独特的风味；脂肪酶释放的短碳链脂肪酸（C_4 ~ C_6）使产品具有一种独特强烈的奶油味，释放的中碳链脂肪酸（C_{10} ~ C_{14}）使产品具有皂似的风味。同时，由于脂肪酸参与到类似微生物反应过程中，增加了一些新风味物质的形成，如甲基酮类、风味酯类和乳酯类等，因此脂肪酶的使用能大大改善其原有的不良风味，促进新的风味形成。在面类食品生产时，将溶解脂肪酶的水加入面粉中，然后在常温下放置一段时间进行压延处理，产品的品质会大幅度提高，是由于脂肪酶能够调整面团的性能，如改进面团的流变性，增加面团在过渡发酵时的稳定性，增加烘焙膨胀性使面包有更大的体积。脂肪酶还可以改良面皮，使面皮不易破裂，有透明感。脂肪酶还可用于改良食品风味，在适当条件下，脂肪酶催化生成短链脂肪酸酯，能增加食品香味。脂肪酶也可用于改善稻米和酒精饮料的香味。例如，在酒精饮料的发酵过程中加入一定量的脂肪酶，可赋予产品类似奶酪的香味。脂肪酶还可用于无脂肪肉的生产、鱼加工过程中脂肪的去除。

四、其他酶类

1. 脂肪氧合酶

脂肪氧合酶（亚油酸：氧化还原酶；EC 1.13.11.12)，广泛存在于植物中，在各种植物的种子，特别是豆科植物的种子中含量丰富，尤其在大豆中的含量最高。脂肪氧合酶对食品的质量可产生有利的影响，如可以使小麦和大豆粉漂白；在制作面团时，脂肪氧合酶使面筋中形成二硫键，有利于面筋网络的形成，改善面团质量。脂肪氧合酶对食品质量也有很多不利的影响，例如，使食品中必需脂肪酸如亚油酸、亚麻酸和花生四烯酸遭受氧化性破坏；还可导致维生素和蛋白质等化合物的氧化性破坏；还可使食品中的风味和香气物质氧化变质。

由于脂肪氧合酶具有较强的耐低温能力，因此要想避免其对食品品质的破坏，最好事先经过热烫处理。例如，在低温储藏青豆、大豆、蚕豆时，最好先进行热烫处理，使脂肪氧合酶钝化；在加工豆浆时，将未浸泡的脱壳大豆在 80 ~ 100℃ 的热水中研磨，可以防止脂肪氧合酶作用产生的豆腥味。

2. 多酚氧化酶

多酚氧化酶（1，2 - 苯二酚：氧化还原酶；EC 1. 10. 3. 1）经常被称为酪氨酸酶或多酚酶。广泛存在于植物、动物和微生物（尤其是霉菌）中，还存在于果蔬的叶绿体和线粒体中。食品加工过程中发生的酶促褐变主要是由多酚氧化酶引起的，主要是由于多酚氧化酶作用的底物（一元酚、邻二酚、单宁类和黄酮类化合物）生成邻苯醌，邻苯醌不稳定，会进一步经受与氧气的非酶催化氧化和聚合反应形成黑色素，而导致食品发生褐变反应，例如，香蕉、苹果、桃、马铃薯、蘑菇、虾所发生的褐变和黑斑的形成，不仅对食品色泽造成不良影响，还会对食品的营养和风味产生影响，这类酶促褐变是我们不期望的褐变；然而对茶叶、咖啡、葡萄干和梅干的色素形成，这类褐变是需要的。为了消除酶类对食品色泽造成的不良影响，主要从控制多酚氧化酶和氧气入手，可以通过加热处理，70 ~ 95℃ 加热约 7s 可使大部分多酚氧化酶失活，这是普遍的控制酶促褐变的方法；还可以调节 pH，多酚氧化酶的最适 pH 在 6. 0 ~ 7. 0，可以将 pH 调节到 3 以下，酶几乎完全失去活性；也可以通过加入还原性化合物（抗坏血酸、亚硫酸氢钠）和螯合剂使酶失活。真空和充氮包装等措施也可以有效地防止或减缓酶促褐变。

3. 抗坏血酸氧化酶

抗坏血酸氧化酶是一种含酮酶，存在于瓜类、种子、谷物和蔬菜中。在柑橘加工中，抗坏血酸氧化酶对抗坏血酸的氧化作用对产品的质量影响很大，尤其是在提取果汁时，还原酶很不稳定，受到很大破坏，而使抗坏血酸氧化酶的活性显露出来。若在加工过程中能做到在低温下工作，快速榨汁，则可以减少维生素 C 的破坏。

第四节 酶对食品质量的影响

酶的作用对于食品质量的影响是非常重要的，也可以这样说，没有酶或许就没有人类的食品。食品原料中的内源酶，不仅在植物生长和成熟中起作用，而且在成熟之后的收获、保藏和加工过程中，酶会改变食品原料的特性，加快食品变质的速度或者是提高食品的质量。

在食品加工过程中有时将酶加入到食品原料中，使食品原料中的某些组分产生变化来改善食品的品质。

一、 酶对食品色泽的影响

任何食品，无论是新鲜的还是经过加工的，都具有代表自身特色的颜色，酶是导致食品颜色变化的一个关键因素。众所周知，新鲜的瘦肉应该是红色的，红色是来自氧合肌红蛋白。当氧合肌红蛋白发生氧化还原反应或其他反应时，会导致肉的颜色改变为紫色或褐色。莲藕本身是白色的，由于莲藕中的多酚氧化酶和过氧化酶催化了莲藕中的多酚类物质，使莲藕变成粉色，品质下降。导致水果和蔬菜色泽变化的 3 个关键性的酶是脂肪氧合酶、多酚氧化酶和叶绿素酶。

1. 脂肪氧合酶对食品色泽的影响

脂肪氧合酶对食品的影响，有些是有利的，有些是不利的。例如，用于小麦粉和大豆粉的漂白，制作面团时在面筋中形成二硫键等作用是有利的。然而，脂肪氧合酶对亚油酸酯的催化氧化则可能产生一些负面影响，破坏叶绿素和胡萝卜素，从而使色素降解而发生褪色；或者产生具有青草味的不良异味；破坏食品中的维生素和蛋白质类化合物；使食品中的必需脂肪酸，例如亚油酸、亚麻酸和花生四烯酸遭受氧化性破坏。脂肪氧合酶对食品的影响，都是来自酶对不饱和脂肪酸的直接氧化作用，形成自由基中间产物，然后，进一步发生非酶反应和其他不良异味化合物的生成。自由基和氢过氧化物会引起叶绿素和胡萝卜素的损失、多酚类氧化物的氧化聚合产生色素沉淀，以及维生素和蛋白质的破坏。食品中存在的一些氧化剂，例如维生素 E、没食子酸丙酯、去甲二氢愈创木酸等能有效阻止自由基和氢过氧化物引起的食品损伤。

2. 多酚氧化酶对食品色泽的影响

参见本章第三节“多酚氧化酶”的介绍。

3. 叶绿素酶对食品色泽的影响

叶绿素酶存在于植物和含有叶绿素的微生物中。叶绿素酶是一种酯酶，能催化叶绿素脱镁和叶绿素脱植醇，分别生成脱植基叶绿素和脱镁脱植基叶绿素。叶绿素酶在水、醇和丙酮溶液中均有活性，在蔬菜中的最适反应温度为 60 ~ 82.2℃，因此植物体采收后未经热加工，脱植基叶绿素不可能在新鲜叶片上形成。如果加热温度超过 80℃，酶活力降低，达到 100℃时则完全丧失活性。从加热至酶失活的时间长短对叶绿素保留量有重要的影响。

二、 酶对食品质构的影响

食品的质构是决定食品质量的另一个重要的指标。水果和蔬菜的质地主要与复杂的碳水化合物有关，例如果胶物质、纤维素、半纤维素、淀粉和木质素。影响各种碳水化合物结构的酶有果胶酶、纤维素酶、戊聚糖酶、淀粉酶，可能是其中的一种或多种，它们对食品的质地起着重要的作用，如水果后熟变甜和变软。此外，动物和高蛋白植物食品的质地变软，可能是蛋白酶催化降解的结果。

三、 酶对食品风味的影响

食用酶在食品风味物质的生成过程和不良风味物质的形成中都起着重要的作用。食品在加工和储藏过程中可以利用某些酶改变食品的风味。例如，脂肪酶在乳制品的增香过程中发挥着重要作用，在加工时适量添加可增强干酪和黄油的香味，将增香黄油加入奶糖、糕点等可节约用量；充分利用食品原料中的糖苷酶也能提高食品中的香气成分，例如，在茶叶加工时，适当地摊放可提高茶鲜叶中β-葡萄糖苷酶的活性，随着其酶活性的提高，游离态香气成分增加。食品在加工和贮藏过程中，由于酶的作用可能使原有的风味减弱或失去，甚至产生异味，例如，不恰当的热烫处理或冷冻干燥，由于过氧化物酶、脂肪氧合酶等的作用，会导致青刀豆、玉米、莲藕、冬季花菜和花椰菜等产生明显的不良风味。当不饱和脂肪酸存在时，过氧化物酶能促进不饱和脂肪酸的过氧化物降解，产生挥发性的氧化风味化合物。青刀豆和玉米产生的不良风味和异味主要是脂肪氧合酶催化氧化的作用，而冬季花椰菜却主要是在半胱氨酸裂解酶的作用下形成不良风味。

四、 酶对食品营养质量的影响

食用酶对营养质量的影响的研究已有较多报道。

脂肪氧合酶氧化不饱和脂肪酸，会导致食品中亚油酸、亚麻酸和花生四烯酸这些必需脂肪酸含量的下降；脂肪氧合酶催化不饱和脂肪酸氧化过程中，产生的自由基能降低类胡萝卜素（维生素 A 的前体）、生育酚（维生素 E）、维生素 C 和叶酸在食品中的含量；破坏蛋白质中的半胱氨酸、酪氨酸、色氨酸和组氨酸残基，或者引起蛋白质交联。

多酚氧化酶引起褐变的同时也降低了蛋白质中有效的赖氨酸含量。一些蔬菜（如西葫芦）中的抗坏血酸能够被抗坏血酸酶破坏。

此外，存在于一些微生物中的核黄素水解酶能降解核黄素。超氧化物歧化酶（Superoxide dismutase，SOD）是广泛存在于动植物体内的一种金属酶，由于 SOD 有延缓衰老的作用，可大大提高食品的营养强度，作为抗衰老的天然食品营养的强化剂，目前已被国内外广泛应用。目前用 SOD 作为添加剂的有蛋黄酱、牛乳、可溶性咖啡、啤酒、口香糖等。

第五节 酶在食品加工中的应用

一、 酶在碳水化合物加工中应用

酶在制糖工业的应用历史悠久。约3000 年前，淀粉制糖首先开始于中国，麦芽将米中淀粉水解成麦芽糖用作食品甜味料，这就是酶技术的应用。西方国家开始较晚，1811

年 Kirchoff 在德国添加硫酸于马铃薯淀粉胶黏剂，错误地多加了酸，得到甜的糖浆，这是淀粉制糖的开始。20 世纪 20 年代初，美国较大规模生产淀粉糖品，用酸法技术制葡萄糖和糖浆等。60 年代初酶法技术获得发展，先是酸酶法，以后是双酶法，不同酶法逐步代替了酸法技术。1967 年又采用异构化酶将甜度较低的葡萄糖转变成更甜的果糖，生产果葡糖浆，大大促进了淀粉制糖工业的发展。酶不仅用于生产葡萄糖、果葡糖浆、麦芽糖，还可以用于生产饴糖、高麦芽糖浆、麦芽糖醇等。生产这些产品过程中主要应用的酶有 α - 淀粉酶、β - 淀粉酶、葡萄糖淀粉酶、异淀粉酶和葡萄糖异构酶、环状糊精葡萄糖基转移酶等。下面就以生产葡萄糖为例，介绍酶法制糖在葡萄糖生产中的应用。

20 世纪 50 年代末，日本成功地应用酶法水解淀粉制得葡萄糖，之后葡萄糖的生产在国内外都逐渐采用酶法，与传统的酸法制糖相比，酶法生产葡萄糖具有如下优点。

（1）酶法制糖工艺可直接使用淀粉质粗原料，如大米、玉米、木薯片等，而酸法制糖需要使用精原料，如玉米淀粉、木薯淀粉等。

（2）酶法制糖工艺水解反应条件温和，不纯产物较少，淀粉转化率高，可达 96% 以上；而酸法制糖工艺水解反应激烈，不纯产物也多，淀粉转化率一般只有 90% ~92%。

（3）酶法制糖工艺蛋白质凝聚结团好，去除率高，糖液色泽浅，透光率常在 80% 以上，远高于酸法工艺的 40% ~60%。

（4）酶法制糖工艺投料浓度高于酸法制糖工艺，不需要耐酸耐压设备，糖化液无苦味和色泽生成，而且水解中止时不必中和，而酸法制糖要求设备耐酸耐压，糖化液有强烈苦味，色泽深，为使水解率达到要求，工艺管理困难，水解中止需要中和。

酶法生产葡萄糖所用的酶主要是 α - 淀粉酶和葡萄糖淀粉酶。生产中使用的 α - 淀粉酶有中温 α - 淀粉酶和耐高温 α - 淀粉酶。α - 淀粉酶以随机的方式作用于淀粉而产生还原糖。以直链淀粉为底物时，反应一般按两个阶段进行。首先直链淀粉快速地降解产生寡糖，在这一阶段，直链淀粉的黏度以及与碘发生呈色反应的能力很快地下降；第二阶段的反应比第一阶段要慢得多，它包括寡糖缓慢地水解生成最终产物葡萄糖和麦芽糖。第二阶段的反应并不遵循第一阶段随机作用的模式。α - 淀粉酶作用于支链淀粉时，产生葡萄糖、麦芽糖和一系列 α - 极限糊精（由 4 个或更多个葡萄糖基构成的寡糖），后者都含有 α - 1，6 - 糖苷键。葡萄糖淀粉酶是一种外切酶，它从淀粉分子非还原性末端逐个地将葡萄糖单位水解下来，具有较低的特异性，既能作用于 α - 1，4 - 糖苷键，又能作用于 α - 1，3 - 糖苷键和 α - 1，6 - 糖苷键，但水解这三种糖苷键的速率是不同的。当有 α - 淀粉酶参与作用时，葡萄糖淀粉酶可使淀粉完全降解。商业上各种不同纯度的葡萄糖淀粉酶主要是从霉菌中的曲霉和根霉生产的。

酶法生产葡萄糖是以淀粉为原材料，先经 α - 淀粉酶液化，再用糖化酶催化生成葡萄糖。其简单工艺过程如下：

淀粉→调浆→酶法液化（最好采用喷射液化法）→酶法糖化→脱色→过滤→离子交换→真空浓缩→液体葡萄糖→固体葡萄糖

葡萄糖产品可以是结晶或粉状的固体葡萄糖，也可以不经结晶及干燥制成液体葡萄糖浆。液体葡萄糖可进一步用于生产果糖、高果糖浆，也可用作各种发酵产品，如酒精、白酒、谷氨酸等的生产原料。

二、 酶在油脂加工中应用

在油脂生产中应用的酶主要是脂肪酶。脂肪酶的主要功能是催化甘油三酯水解为甘油和脂肪酸。脂肪酶具有宽广的底物专一性，可以催化甘油酯键、硫酯键、酰胺键的水解。脂肪酶功能的多样性更表现在它在有机溶剂（如正已烷、超临界 CO_2）中具有良好的稳定性和完全的催化活性，在近无水环境中，脂肪酶也可以催化酯化反应，一些脂肪酶的酯化催化活性高于水解催化活性，脂肪酶的这些特点可以被广泛应用于油脂改性加工的各个方面，生产出许多有价值的产品。

下面就以油脂水解和提取为例，介绍酶在油脂生产中的应用。

脂肪酶是分解天然油脂的酶，水解发生的位置是油脂的酯键。脂肪酶的底物甘油三酯的醇部分是甘油，而酸部分是水不溶性的 12 个碳原子以上的长链脂肪酸，工业上已用于油脂水解的脂肪酶主要是微生物脂肪酶。大多数微生物脂肪酶作用于甘油三酯的 α－位。但发现黑曲霉、柱状假丝酵母等菌所产生的脂肪酶无位酯专一性，既能水解 α－位酯键，也能水解 β－位酯键。酶法水解油脂与高压水解、高温高压蒸汽裂解及皂化法相比，具有能耗低、设备投资低、脂肪酸色泽浅和质量高、水解率高等优点，特别是一些含有不饱和键较多、易氧化和产生副反应的油脂水解更为适宜。

在油脂提取过程中，应用细胞壁降解酶（如半纤维素酶、纤维素酶和果胶酶）的混合物可以很好地应用于传统的原料，特别是热带油料，如椰子、橄榄油的采油，至于菜籽油等其他油的酶法提取还在进一步研究之中。

另外，磷脂酶和脂肪氧合酶在油脂生产中也有应用。此领域中最新实用例子是磷脂酶 A_2 用于油脂的脱胶，利用磷脂酶 A_2 将磷脂分子上 β－位酯键水解生成大豆溶血磷脂，简化了油脂制造工艺，避免了水的加入。大豆磷脂的亲水性和乳化能力都显著改善，在高温和低温条件下都能保持良好的乳化性，且不受盐浓度的影响。溶血磷脂具有抗氧化性和抗菌性，在日本有工业化生产。特别是磷脂酶已被用来将鱼油中得到的多不饱和脂肪酸掺入磷脂中，对磷脂进行改性，目的在于改善磷脂的营养价值。此外，磷脂酶还可以提高蛋黄酱和小麦粉的加工性能等。改性后的脂肪氧合酶最早从大豆中得到，研究历史最短，脂肪氧合酶专一地催化 1，3－戊二烯结构的不饱和键生成 S－构型的氢过氧化物。氢过氧化物可发生酶解、水解、降解或环合等反应，生成许多有用的脂肪酸衍生物。

三、 酶在核酸及核苷酸生产中的应用

随着 20 世纪 80 年代，核酶发现者 T. Cech 和 S. Ahman 被授予诺贝尔化学奖，核酶的应用越来越广泛。目前核酶的应用主要体现在生命起源的研究、医学领域及农业领域等方面的应用。

1. 在生命起源研究方面的应用

体内选择技术的应用已经找到一些催化基本生化反应（如 RNA 剪切、连接、合成以及肽键合成等）的核酶，这些结果支持了在蛋白质产生以前核酶可能参与催化最初的

新陈代谢的设想。

2. 在医学领域中的应用

（1）提高识别特定位点而抑制目标基因的表达，抑制效率高，专一性强。

（2）针对核糖核酶而言，催化结构域小，既可作为转基因表达产物，也可以直接以人工合成的寡核苷酸形式在体内转运。

（3）用于RNA的修复　核酶、反义核酸和小分子RNA（snRNA）是RNA修复发热的常用工具。核酶是天然具有催化能力的RNA分子，能特异性地催化RNA剪接。经过基因工程改造的核酶，可以位点特异性地切割任意给定的RNA分子。

（4）抗肿瘤的治疗　核酶能在特定位点准确有效地识别和切割肿瘤细胞的mRNA，抑制肿瘤基因的表达，达到治疗肿瘤的目的。

3. 在农业及其他领域的应用

防治动、植物、病毒侵害：马铃薯纺锤形块茎类病毒负链的多价核酶构建，马铃薯卷叶病毒复制酶基因负链的突变核酶的克隆等。

四、 酶在其他加工中的应用

除了以上所讲述的酶的应用，酶在其他加工过程中也起到至关重要的作用。

在焙烤食品加工中，可以通过α-淀粉酶来改善产品的质量，应用蛋白酶能改变面筋性能，而添加适量的脂肪氧合酶可以防止面包老化。在果蔬食品、饮料生产中，应用果胶酶作为果汁的澄清剂和稳定剂；使用新型酶制剂——粥化酶，可以使果汁的生产过程更便捷，成本大大降低。在肉制品和水产品中的应用，提高使用蛋白酶水解蛋白质，可以提高制品的营养价值、改善品质、增加溶解度、降低气泡性或凝聚性、改善乳化性、除去异味以及毒性物质等。在乳制品工业中的应用，目前在乳制品工业中起重要作用的酶主要有凝乳酶、蛋白酶、乳糖酶、脂肪酶和过氧化氢酶等，主要用于对乳品质量的控制，改善干酪的成熟程度以及废液乳清的处理。

复习思考题

1. 酶对食品科学的重要性？
2. 食品中酶促褐变机理及其控制措施？
3. 影响食品中酶活力的因素有哪些？
4. 食品中重要的酶类有哪几种？它们都有哪些特性？
5. 酶对食品质量都有哪些影响？
6. 在食品加工应用中有哪些酶类？食品加工中应用酶的目的是什么？
7. 举例说明酶在碳水化合物加工和油脂加工中的应用。

CHAPTER 7

第七章 维生素和矿物质

[学习目标与要求]

1. 了解维生素的分类与命名。
2. 掌握脂溶性维生素的种类及其性质。
3. 掌握水溶性维生素的种类及其性质。
4. 掌握维生素在食品加工中的变化。
5. 了解矿物质的分类与功能。
6. 掌握矿物质的性质。

第一节 概述

一、 维生素的定义及特征

维生素的拉丁原文是 Vitamin，意思是维持生命，所以维生素也称维他命。维生素是一类有机化合物，为人体正常组织发育以及健康、生长所必需的一种营养物质。虽然人体每日对维生素的需要量非常少，但一旦缺乏，可引起一类特殊的疾病，称为“维生素缺乏症”，如缺乏维生素 A 时易患夜盲症。由于食物中缺乏维生素或用餐量减少，导致摄入量不足，可引起原发性维生素缺乏症。机体吸收维生素的能力下降、机体维生素的需要量增加或一些药物的干扰作用都能导致继发性维生素缺乏症。

维生素是维持机体正常生理功能所必需的一类微量低分子有机化合物。目前已知的维生素有 30 多种，因其结构和理化性质不同而各具特殊的生理功能，但有其共同特性。

①维生素均以本体或前体化合物的形式存在于天然食物中。

②它们在体内不提供热能，也不是机体的组成成分，但有生理功能，多以辅酶的形

式参与酶催化反应。

③它们一般不能在体内合成，或者合成量很小，必须从食物中摄取。

④它们是食品中的微量成分，机体需要量极少，在毫克（mg）或微克（ug）水平。

⑤它们是与疾病有关的物质，当某种维生素缺乏或者不足时，会出现与其相应的症状。

二、 维生素的命名和分类

维生素有三种命名系统，一是按发现的历史顺序，以英文字母顺序命名（个别除外），如维生素 A、维生素 B、维生素 C、维生素 D、维生素 E 等；二是按其生理功能命名，如抗坏血酸、抗干眼病维生素和抗凝血维生素等；三是按其化学结构命名，如视黄醇、硫胺素和核黄素等。三种命名系统相互通用。

维生素都是小分子有机化合物，它们在化学结构和生理功能上差异很大，有脂肪族、芳香族、脂环族和甾类化合物等，无法按化学结构进行分类。通常根据其溶解度，将其分为脂溶性维生素和水溶性维生素两大类。脂溶性维生素包括维生素 A、维生素 D、维生素 E、维生素 K。水溶性维生素包括 B 族维生素（维生素 B_1、维生素 B_2、烟酸、泛酸、维生素 B_6、叶酸、维生素 B_{12}、生物素、胆碱）和维生素 C。

第二节　脂溶性维生素

食品中的脂溶性维生素有维生素 A、维生素 D、维生素 E 和维生素 K。它们均不能溶于水，而能溶于脂类及有机溶剂，在食物中与脂类共存，并随脂类一起吸收，吸收后该类维生素可以在体内，尤其是在肝内储存。

一、 维生素 A

维生素 A 是一类具有营养活性的不饱和碳氢化合物，有多种形式。其羟基可被酯化或转化为醛或酸，也能以游离醇的状态存在。主要有维生素 A_1（视黄醇）及其衍生物（醛、酸、酯）和维生素 A_2（脱氢视黄醇），结构如图 7 - 1 所示。

维生素 A_1结构中存在共轭双键（异戊二烯类），有多种顺、反立体异构体。食物中的维生素 A_1主要是全反式结构，生物效价最高。维生素 A_2的生物效价只有维生素 A_1的 40%，而 1，3 - 顺异构体（新维生素 A）的生物效价是维生素 A_1的 75%。新维生素 A 在天然维生素 A 中约占 1/3，而在人工合成的维生素 A 中很少。

维生素 A_1主要存在于动物的肝脏和血液及海鱼中，维生素 A_2主要存在于淡水鱼中。蔬菜中没有维生素 A，但蔬菜中含有的类胡萝卜素进入体内后可转化为维生素 A_1，故此类胡萝卜素称之为维生素 A 原或维生素 A 前体，其中以 β - 胡萝卜素转化效率最高，1 分子的 β - 胡萝卜素可转化为 2 个分子的维生素 A。日常的食品中，除鱼肝油中维生素 A

含量比较丰富以外，在鱼肉、牛肉、蛋黄、牛乳及乳制品中维生素 A 的含量也较丰富。类胡萝卜素则在一些蔬菜中含量较高，如胡萝卜、甘薯、番茄和花椰菜等。

加工食品和贮藏食品中，维生素 A 对光、氧和氧化剂敏感，高温和金属离子可加速其分解，在碱性和冷冻环境中较稳定，贮藏中的损失主要取决于脱水的方法和避光情况。在缺氧情况下，维生素 A 或维生素 A 原可能产生许多变化，比如蔬菜被烹调、罐装或无氧杀菌时就会产生 5% ~50% 的损失量。在高温和脱水操作时，维生素 A 容易发生氧化反应。

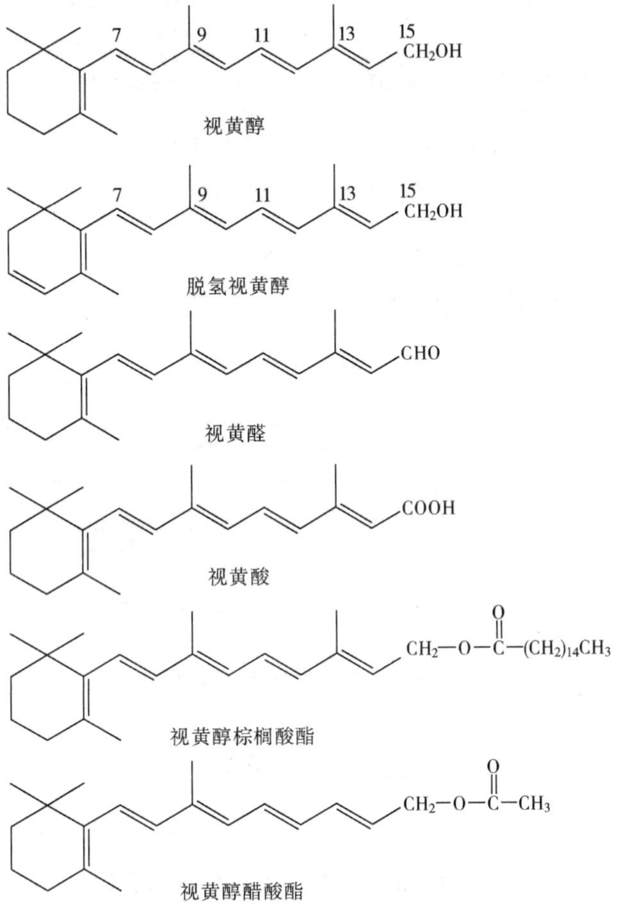

图 7-1　维生素 A_1 及其衍生物的化学结构

食品中维生素 A 和类胡萝卜素会发生直接过氧化反应，或由脂肪酸氧化产生的自由基引发间接氧化。在氧气分压较低时，β-胡萝卜素与其他类胡萝卜素具有抗氧化作用，但在氧气分压较高时，它们可作为助氧化剂。作为抗氧化剂，β-胡萝卜素可清除单线态氧羟基和超氧自由基以及与过氧化自由基（ROO·）反应。过氧化自由基可攻击β-胡萝卜素的双键，在 C7 位上生成过氧加成物（ROO·-β-胡萝卜素）。显然β-胡萝卜素和其他类胡萝卜素会丧失全部或部分维生素 A 活性，自由基会攻击视黄醇及其酯类的 C14 和 C15 位。β-胡萝卜素的氧化会生成5，6-环氧化合物，后者进一步异构化成

5，8－环氧化合物，这是光化学降解的主要产物。高温处理时，β－胡萝卜素会分解成很多小分子挥发性化合物，影响食品风味。图 7－2 总结了维生素 A 降解反应。

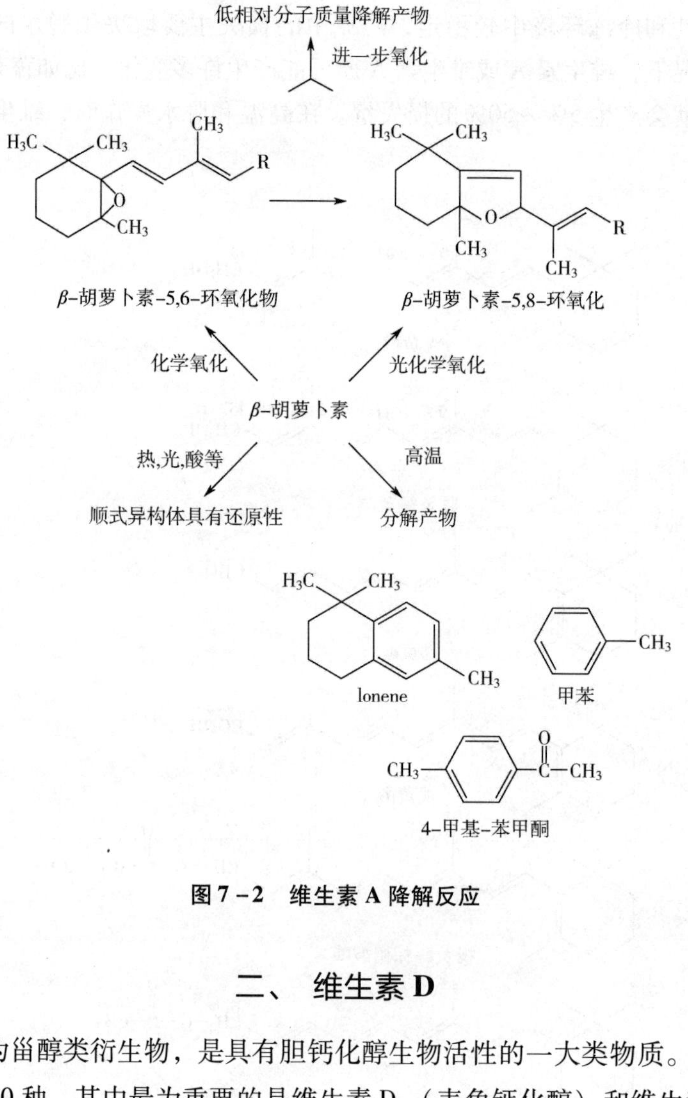

图 7－2　维生素 A 降解反应

二、 维生素 D

维生素 D 为甾醇类衍生物，是具有胆钙化醇生物活性的一大类物质。目前已知的维生素 D 至少有 10 种，其中最为重要的是维生素 D_2（麦角钙化醇）和维生素 D_3（胆钙化醇）两种，两者的结构十分相似，其区别仅在侧链上维生素 D_2 比维生素 D_3 多一个双键和一个甲基，其结构式见图 7－3。

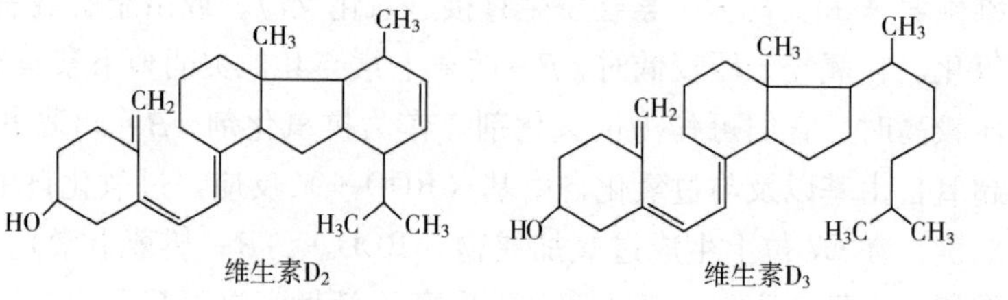

图 7－3　维生素 D 的化学结构

植物油和酵母中含麦角固醇，而7－脱氢胆固醇则是在鱼肝油及人体和其他动物的皮肤里发现的。在人和动物体内，胆固醇脱氢生成7－脱氢胆固醇，后者经日光或紫外光照射生成维生素D_3，这是人体维生素D的主要来源，并足够维持生物机体的需要。植物油和酵母中的麦角固醇，经紫外线照射可转化为维生素D_2。因此7－脱氢胆固醇和麦角固醇常被称为维生素D原。

维生素D还可从膳食中获得，尤其是海产鱼肝油中特别丰富。维生素D_3广泛存在于动物性食品中，以鱼肝油中含量最高，鱼、蛋黄、奶油中含量也相当丰富，牛乳、黄油、干酪中含量较少。维生素D性质十分稳定，消毒、煮沸及高压灭菌对其活性无影响；冷冻贮存对牛乳和黄油中维生素D的影响不大。维生素D的损失主要与光照和氧化有关。其光解机制可能是直接光化学反应或由光引发的脂肪自动氧化间接涉及反应。维生素D易发生氧化主要因为分子中含有不饱和键。

维生素D的主要生理功能是调节钙、磷代谢，维持血钙和血磷水平，从而维护牙齿和骨骼的正常生长和发育。当维生素D缺乏时，肠道内钙、磷吸收发生障碍，血液中钙、磷浓度降低，儿童引起佝偻病，成人特别是孕妇和哺乳妇女会引起软骨病。但是过多服用维生素D，则会引起恶心、腹泻、头痛等中毒症状，严重时，甚至会出现骨损坏、动脉硬化等。发现维生素D中毒后，应及时停止摄入维生素D，避免日光和紫外线的照射，并给予治疗。

三、 维生素E

维生素E是具有α－生育酚类似活性的生育酚和生育三烯酚的总称。生育三烯酚除在侧链3′、7′和11′处有双键外，其余部分与生育酚具有相同的结构。根据环结构的5、7和8位甲基的数目和位置的差别，生育酚和生育三烯酚可被分为α－、β－、γ－和δ－四种形式，结构式见图7－4。这几种异构体具有相同的生理功能，以α－生育酚最重要、活性最大，其他生育酚的生物活性仅是α－生育酚的1%～5%。

维生素E具有抗氧化的作用，是动物和人体中最有效的氧化剂。它可保护维生素A、维生素C以及不饱和脂肪酸等免受氧化破坏，保护细胞膜结构等的完整；同时，动物实验表明维生素E对多种化学毒物，特别是环境中空气污染物具有防护作用；此外，维生素E还可消除脑细胞等细胞中的过氧化脂质色素，并可改善皮肤弹性、延缓性腺萎缩，在预防衰老上有重要意义。维生素E还与动物生殖功能有关，缺乏维生素E时，动物生殖器官受损而不育，临床上常用来治疗先兆性流产和习惯性流产。

维生素E广泛分布于动植物性食品中。人体所需的维生素E大多来自谷类和食用油类，如麦胚油、玉米油、花生油和芝麻油中含量丰富；肉类、水产、禽、蛋、乳、豆、水果，以及几乎所有的绿叶蔬菜等都含有一定量的维生素E。一般正常情况下很少发生维生素E的缺乏，当小肠吸收不良或膳食因素造成长期维生素E摄入不足时可引起溶血性贫血；早产婴儿或用配方食品喂养的婴儿，由于体内缺乏维生素E，易患溶血性贫血。维生素E缺乏的主要症状是不能生育，此外，还会出现肌肉萎缩、肾脏损坏、身体各部分渗出液聚合等症状。

食品在加工贮藏中常常会造成维生素E的大量损失。例如，谷物机械加工去胚时，

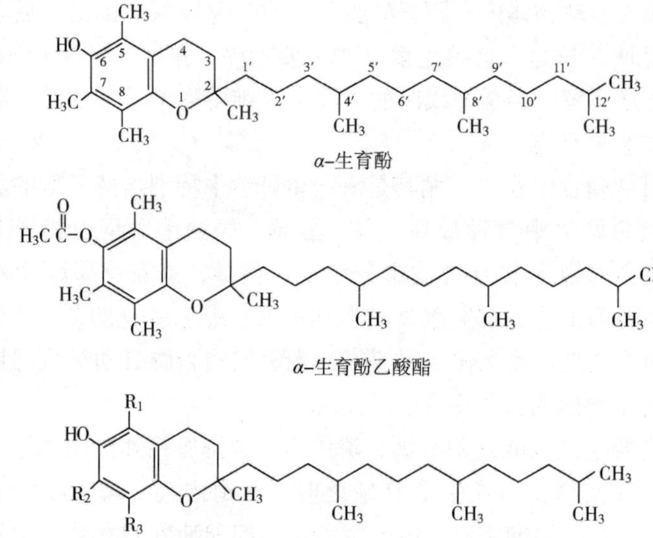

	R_1	R_2	R_3
α	CH_3	CH_3	CH_3
β	CH_3	H	CH_3
γ	H	CH_3	CH_3
δ	H	H	CH_3
生育酚母核	H	H	H

图 7-4　生育酚的结构式

维生素 E 大约损失 80%；油脂精炼也会导致维生素 E 的损失；脱水可使鸡肉和牛肉中维生素 E 损失 36% ~45%；肉和蔬菜罐头制作中维生素 E 损失 41% ~65%；油炸马铃薯在 23℃下贮存一个月维生素 E 损失 71%，贮存两个月损失 77%。此外，氧、氧化剂和碱对维生素 E 也有破坏作用，某些金属离子如 Fe^{2+} 等可促进维生素 E 的氧化。

四、 维生素 K

维生素 K 是脂溶性萘醌类的衍生物。天然维生素 K 分为维生素 K_1（叶绿醌或叶绿基甲基萘醌）、维生素 K_2（聚异戊烯基甲基萘醌）和维生素 K_3（2 - 甲基萘醌，4 - 二甲基萘醌）。维生素 K_1 主要存在于绿叶植物中，维生素 K_2 是由许多微生物，包括人和其他动物肠道中的细菌合成，是人体肠道细菌的代谢产物，因此，长期服用抗菌药物可使肠道细菌合成维生素 K_2 减少，影响维生素 K 的来源。此外，还有几种人工合成的化合物具有维生素 K 活性，其中最重要的是 2 - 甲基萘醌、4 - 二甲基萘醌，又称为维生素 K_3，其活性比维生素 K_1 和维生素 K_2 高，结构式如图 7 - 5 所示。

维生素 K 对热相当稳定，遇光易降解。其萘醌结构可被还原成氢醌，但仍具有生物活性，但怕酸、碱。维生素 K_1 为浅黄色黏稠油液体状，维生素 K_2 是黄色晶体，均不溶于水，溶于油脂。维生素 K 具有还原性，可清除自由基，是良好的止血剂。它还可以保护食品中其他成分（如脂类）不被氧化，并减少肉品腌制中亚硝胺的生成。

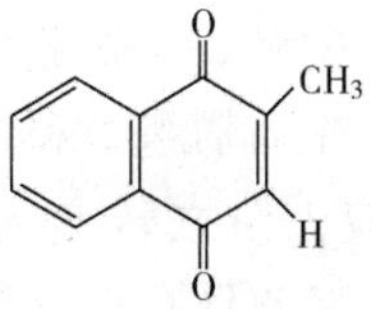

甲萘醌

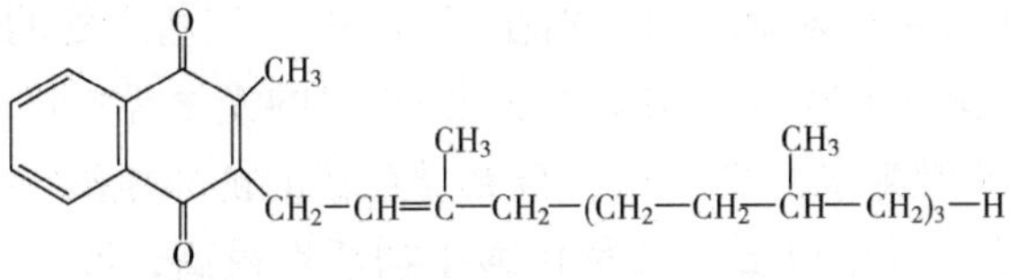

维生素K_1

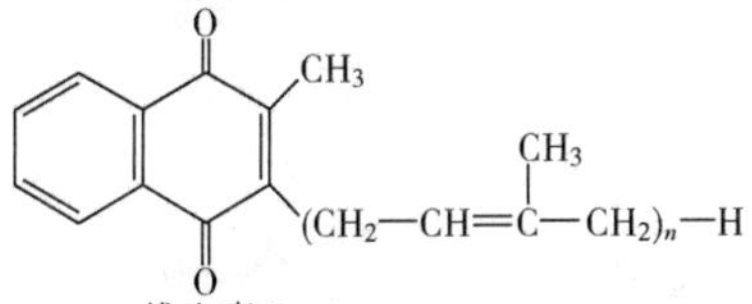

维生素K_2

图7－5　维生素K的结构式

维生素K的生理功能有：①促进肝脏合成凝血酶原，调节凝血因子Ⅶ、凝血因子Ⅸ、凝血因子Ⅹ的合成，促进血液凝固；②作为电子传递链的一部分，参与氧化磷酸化过程；③参与骨盐代谢，骨化组织中也存在维生素K依赖的蛋白质，被称为骨钙蛋白。

维生素K在食物中分布很广，以绿叶蔬菜（如菠菜）的含量最为丰富，一些植物油和蛋黄等也是维生素K的良好来源，而鱼、肉、乳等含量较少。人体肠道中的大肠杆菌也可以合成维生素K。缺乏维生素K，凝血酶原合成受阻，导致凝血时间延长，常发生肌肉和肠道出血。

第三节　水溶性维生素

维生素C、B族维生素等易溶于水而不溶于有机溶剂，因此称为水溶性维生素。B族维生素主要有维生素B_1、维生素B_2、维生素PP、维生素B_6、泛酸、生物素、叶酸和维生素B_{12}等。B族维生素是辅酶的重要组成部分，而且该类辅酶在肝脏和酵母中含量最丰富。与脂溶性维生素不同，从肠道吸收后通过循环进入人体的多余的水溶性维生素及其代谢产物均从尿液排出，在体内贮存甚少。当在体内饱和后，食入的水溶性维生素越多，尿中的排出量越大，因而，不易出现中毒症状。

一、维生素C

维生素C又名抗坏血酸（ascorbic acid，AA），是一个羟基羧酸的内酯，具烯二醇结构（图7-6），有较强的还原性，是一种十分重要的生物活性物质。维生素C有四种异构体：D-抗坏血酸、D-异抗坏血酸、L-抗坏血酸和L-脱氢抗坏血酸。抗坏血酸主要以还原型的L-抗坏血酸存在于水果和蔬菜中，在动物组织和动物加工产品中含量较少。抗坏血酸的双电子氧化和氢离子的解离反应，使之转变为L-脱氢抗坏血酸（DHAA），DHAA在体内可以完全还原为抗坏血酸，因此具有与抗坏血酸相同的生物活性。L-异抗坏血酸和L-抗坏血酸的差别在于C5位上羟基所处的位置，它们是C5位的光学异构体，D-抗坏血酸是L-抗坏血酸在C4位的光学异构体，它们与抗坏血酸的化学性质相似，但没有维生素C的活性。自然界存在的抗坏血酸主要是L-异构体，而D-异构体的含量很少。其中以L-抗坏血酸生物活性最高，所以一般所称的维生素C是指L-型抗坏血酸。

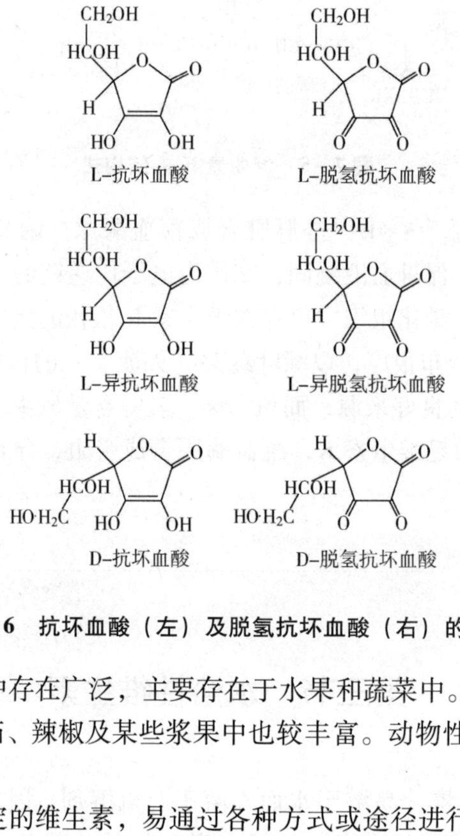

图7-6 抗坏血酸（左）及脱氢抗坏血酸（右）的结构

维生素C在自然界中存在广泛，主要存在于水果和蔬菜中。猕猴桃、刺梨和番石榴中含量高；柑橘类、番茄、辣椒及某些浆果中也较丰富。动物性食品中只有牛乳和肝脏中含有少量维生素C。

维生素C是最不稳定的维生素，易通过各种方式或途径进行降解。影响抗坏血酸降解的因素很多，包括加热、水分活度、盐浓度、pH、糖浓度、氧、酶、金属离子等。此外，含有Fe和Cu的酶，如抗坏血酸氧化酶、多酚氧化酶、过氧化物酶和细胞色素氧化酶对维生素C也有破坏作用。水果受到机械损伤、成熟或腐烂时，由于其细胞组织被破坏，导致酶促反应的发生，使维生素C降解。某些金属离子螯合物对维生素C有稳定作用；亚硫酸盐对维生素C具有保护作用。纯的维生素C为无色晶体，在干燥条件下比较稳定，但在受潮、加热或光照时不稳定；它在酸性溶液（$pH < 4$）中较稳定，但在中性以上的溶液中（$pH > 7.6$）非常不稳定。

图7-7表明了氧和重金属对降解反应途径和产物的影响。在有氧存在下，抗坏血

酸首先降解形成单阴离子（HA^-），可与金属离子和氧形成三元复合物，按照 Buettner 的观点，单阴离子（HA^-）的氧化有多种途径，取决于金属催化剂（M^{n+}）的浓度和氧分压的大小。一旦 HA^- 生成后，很快通过单电子氧化途径转变为脱氢抗坏血酸（A）。在这一过程中，当有金属催化剂如 Cu^{2+} 和 Fe^{2+} 存在时，抗坏血酸的降解速度要比自发氧化快许多倍（几个数量级）。

在抗坏血酸的降解过程中，脱氢抗坏血酸（A）通过较温和的还原反应仍可转化成抗坏血酸。因此，维生素 C 活性的损失仅发生于内酯开环水解生成 2，3－二酮古洛糖酸（DKG）以后，DKG 等其他降解产物不再具有抗坏血酸的生理活性。

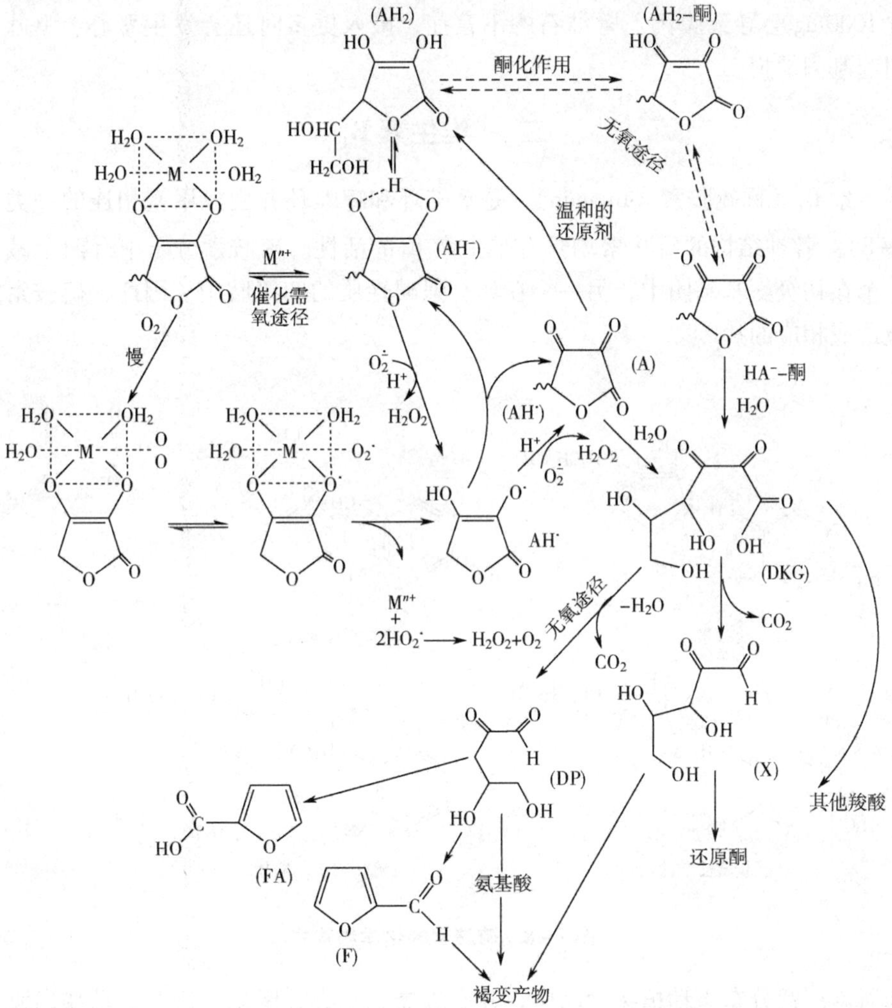

图 7－7　抗坏血酸氧化和无氧降解

维生素 C 是维持人体身体健康不可缺少的物质，具有参与体内氧化还原反应、促进伤口愈合、参与肝脏中胆固醇的羟化、防治贫血、减弱某些转运金属离子毒性的影响、刺激免疫系统、增强抵抗力、防止感冒及防癌和抗衰等重要功能。

维生素 C 广泛用于食品工业中，它可保护食品中其他成分不被氧化；可有效地抑制酶促褐变和脱色；在腌制肉制品中促进发色并抑制亚硝胺的形成；在啤酒工业中作为抗氧化剂；在焙烤工业中作面团改良剂；对维生素 E 或其他酚类抗氧化剂有良好的增效作用；能捕获单线态氧和自由基，抑制脂类氧化；作为营养添加剂有抗应激、加速伤口愈合、参与体内氧化还原反应和促进铁的吸收等。

植物及绝大多数动物均可在自身体内合成维生素 C，但人体内不能合成维生素 C，故必须从食品中摄取，成人每天需摄入 50 ~ 100mg，当人体缺乏维生素 C 时，可引起坏血症；其症状表现为牙龈疼痛出血、伤口愈合慢、骨骼和牙齿易于折断或脱落，严重时会有皮下、黏膜、肌肉出血。但大量食用维生素 C 也会引起中毒。当每天摄入的维生素 C 超过 1000mg 会导致腹泻、肾结石的不育症，摄入更多时还会发生恶心、呕吐，甚至还会引起基因缺损。

二、 维生素 B_1

维生素 B_1 又称硫胺素（thiamin），是嘧啶环和噻唑环并由亚甲基相连的一类化合物（图 7 - 8）。各种结构的硫胺素均具有维生素 B_1 的活性。硫胺素分子中有两个碱基氮原子，一个在初级氨基基团中，另一个在具有强碱性质的四级胺中。因此，硫胺素能与酸类反应形成相应的盐。

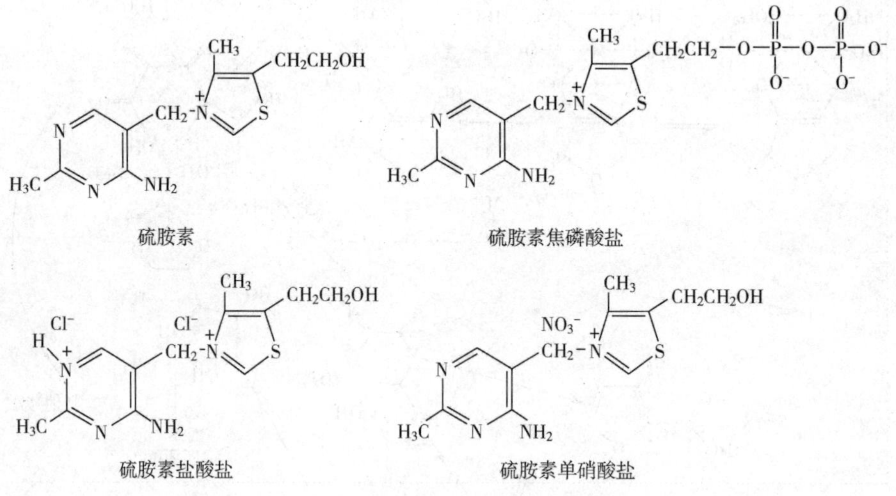

图 7 - 8　硫胺素的化学结构式

硫胺素广泛分布于动植物食品中，其中谷类、豆类、坚果、肉类、动物内脏及蛋类都含有丰富的维生素 B_1，酵母中含量也很丰富，蔬菜、水果中含量不高，谷类过分碾磨精细或淘洗过度都会造成维生素 B_1 的大量损失。

硫胺素为白色晶体，溶于水，微溶于乙醇，气味似酵母。硫胺素是 B 族维生素中最不稳定的一种。在中性或碱性条件下易降解；对热和光不敏感；酸性条件下较稳定。食品中其他组分也会影响硫胺素的降解，例如单宁能与硫胺素形成加成物而使之失活；

SO_2或亚硫酸盐对其有破坏作用；胆碱使其分子裂开，加速其降解；蛋白质与硫胺素的硫醇形式形成二硫化物，阻止其降解。

在食品加工和贮藏中硫胺素也有不同程度的损失。比如：20%的硫胺素在面包焙烤中被破坏；3%～20%的硫胺素在牛乳的巴氏消毒中损失；20%～30%的硫胺素被滚筒干燥损失；30%～50%的硫胺素被高温消毒损失。烹调鱼、肉时硫胺素的损失与切割的大小、脂肪的含量有关，如煮沸损失15%～40%，油炸40%～50%，罐装50%～75%。部分食品在加工后硫胺素损失见表7-1。

表7-1 食品加工后硫胺素的存留率

食品	加工方法	硫胺素的保留率/%
谷物	膨化	48～90
马铃薯	浸没水中16h后炒制	55～60
	浸没亚硫酸盐中16h后炒制	19～24
大豆	水中浸泡后在水中或碳酸盐中煮沸	23～52
蔬菜	各种热处理	80～95
肉	各种热处理	83～94
冷冻鱼	各种热处理	77～100

硫胺素在低A_w和室温下贮藏表现良好的稳定性，而在高A_w和高温下长期贮藏损失较大（图7-9）。

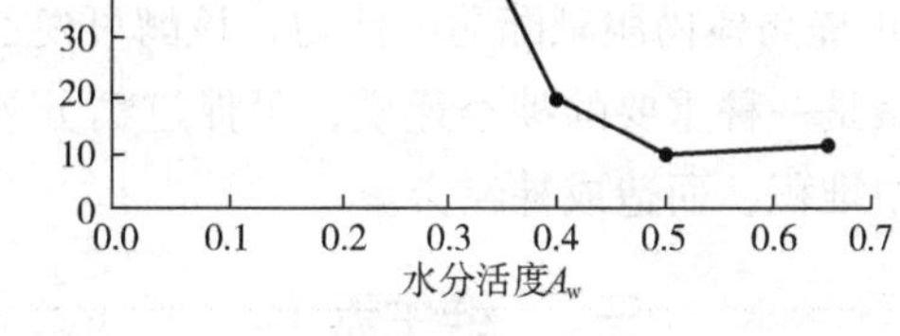

图7-9 水分活度与温度对实验食品中硫胺素保留情况的影响

当A_w在0.1～0.65及37℃以下时，硫胺素几乎没有损失；温度上升到45℃且A_w高于0.4时，硫胺素损失加快，尤其A_w在0.5～0.65；当A_w高于0.65时硫胺素的损失又降低。因此，贮藏中温度是影响硫胺素稳定性的一个重要因素，温度越高，硫胺素的损失越大（表7-2）。

表 7-2　　食品贮藏中硫胺素的保留率

食品	贮藏 12 个月后的保留率/%	
	38℃	1.5℃
杏	35	72
青豆	8	76
利马豆	48	92
番茄汁	60	100
豌豆	68	100
橙汁	78	100

硫胺素在一些鱼类和甲壳动物类中不稳定，过去认为是硫胺素酶的作用，但现在认为至少应部分归因于含血红素的蛋白对硫胺素降解的非酶催化作用。在降解过程中，硫胺素的分子未裂开，可能发生了分子修饰。现已证实，热变性后的含血红素的蛋白参与了金枪鱼、猪肉和牛肉贮藏加工中硫胺素的降解。

硫胺素的热降解通常包括分子中亚甲基桥的断裂，其降解速率和机制受 pH 和反应介质影响较大。当 pH 小于 6 时，硫胺素热降解速率缓慢，亚甲基桥断裂释放出较完整的嘧啶和噻唑组分；pH 在 6~7 硫胺素的降解速率加快，噻唑环碎裂程度增加；在 pH 8 时降解产物中几乎没有完整的噻唑环，而是许多种含硫化合物等。因此，硫胺素热分解产生“肉香味”可能与噻唑环释放下来后进一步形成硫、硫化氢、呋喃、噻唑和二氢噻吩有关。

维生素 B_1易被小肠吸收，但此时不具有生物活性，当它被运至肝内中，经硫胺素激酶催化，与 ATP 作用转变成焦磷酸硫胺素（TPP）时才具有活性。由于维生素 B_1与糖代谢有密切关系，所以当维生素 B_1缺乏时，体内的 TPP 含量减少，从而使丙酮酸氧化脱羧作用发生障碍，导致血、尿和神经组织中丙酮酸含量升高。另外在正常情况下，神经组织的能量来源主要靠氧化供给，当维生素 B_1缺乏时，神经组织能量供应不足，就会产生烦躁易怒、四肢麻木、心肌萎缩、心力衰竭，下肢水肿等症状，临床上称为脚气病。

据研究，维生素 B_1可提高体内胆碱酯酶的活力，该酶可使乙酰胆碱水解，影响神经传导作用，因为乙酰胆碱是一种重要的神经递质，可促进糖分氧化，缺乏时，出现丙酮酸及乳酸等在神经组织中堆积，而造成神经炎。

三、 维生素 B_2

维生素 B_2又称核黄素（riboflavin），是具有糖醇结构的异咯嗪衍生物。自然状态下常常是磷酸化的，在机体代谢中起辅酶作用。它的一种形式是黄素单核苷酸（flavin mononucleotide，FMN），另一种形式为黄素腺嘌呤二核苷酸（flavin adanine dinucleotide，FAD）（图 7-10），它们是细胞色素还原酶、黄素蛋白等的组成部分。FAD 起着电子载体的作用，在葡萄糖、脂肪酸、氨基酸和嘌呤的氧化中起重要作用。两种活性形式之间可通过食品中或胃肠道内的磷酸酶催化而相互转化。所以核黄素是一种重要的维生素。

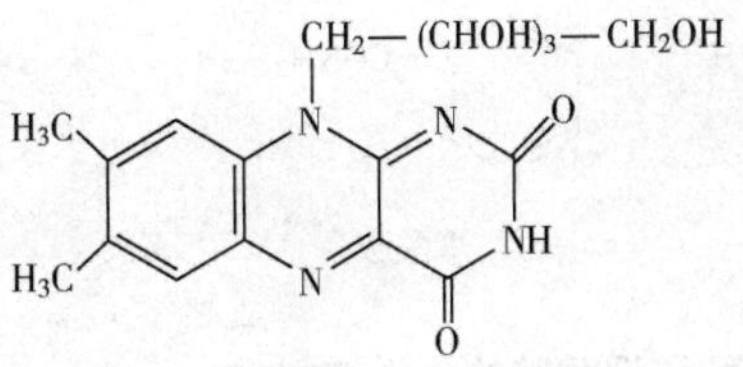

核黄素

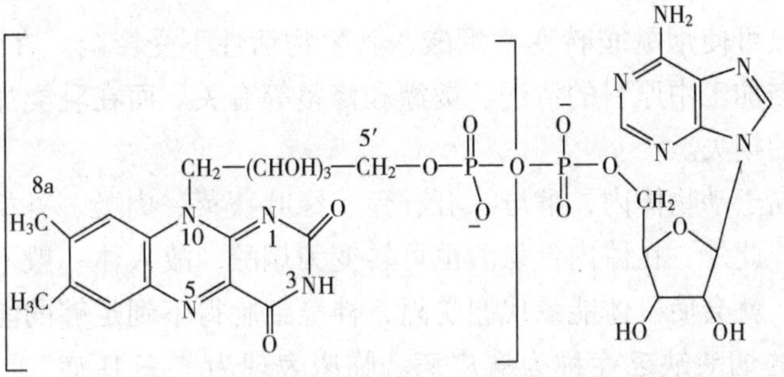

黄素单核苷酸　　　　黄素腺嘌呤二核苷酸

图7-10　核黄素的化学结构式

核黄素呈黄绿色，加氢后的还原型为无色，它对热稳定，在食品加工、脱水和烹调中损失不大。核黄素在酸性条件下最稳定，中性条件下稳定性降低，在碱性介质中不稳定。引起核黄素降解的主要因素是光，酸性条件下，核黄素光解为光色素（lumichrome），碱性或中性下光解生成光黄素（lumiflavin）。光黄素是一种强氧化剂，对其他维生素尤其是抗坏血酸有破坏作用。核黄素的光氧化与食品中多种光敏氧化反应关系密切。例如，牛乳在日光下存放2h后核黄素损失50%以上；放在透明玻璃器皿中也会引起营养价值的损失，且会产生一种不良的风味——“日光臭味”，导致营养价值降低。若改用不透明容器存放就可避免这种现象的发生。牛乳制品进行加工时，巴氏杀菌对牛乳中核黄素破坏甚微，食品加工方法对核黄素的破坏也很少。

维生素 B_2广泛存在于自然界中，小麦、绿色蔬菜、大豆、乳类、蛋类、米糠等都含有丰富的维生素 B_2，动物性食品富含核黄素，尤其是动物肝脏、肾脏及酵母细胞中含量较高，绿色植物及某些细菌和霉菌能合成核黄素，但在动物体内却不能合成，必须由食物供给。核黄素参与机体内许多氧化还原反应，一旦缺乏将影响机体呼吸和代谢，出现溢出性皮脂炎、口角炎和角膜炎等病症。

四、烟酸

烟酸又称维生素 PP，包括烟酸（niacin）和烟酰胺（图7-11）。它们的天然形式均有相同的烟酸活性。在生物体内其活性形式是烟酰胺腺嘌呤二核苷酸（nicotinamide adenine dinucleotide，NAD）和烟酰胺腺嘌呤二核苷酸磷酸（nicotinamide adenine dinucleotide phosphate，NADP）。它们是许多脱氢酶的辅酶，在糖酵解、脂肪合成及呼吸作用中发挥重要的生理功能。在动物组织中的维生素 B_5的主要形式为烟酰胺。

烟酸是 B 族维生素中最稳定的维生素，对光、热、酸、碱、氧等均不敏感。在酸性

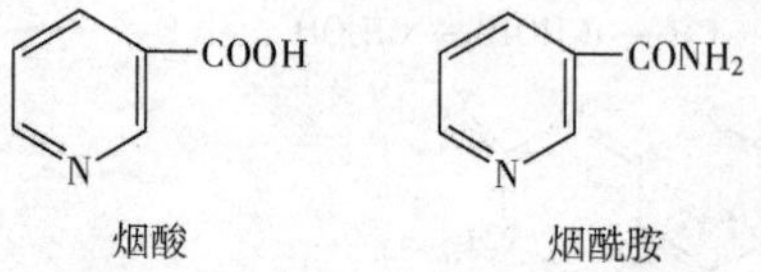

图 7-11　烟酸和烟酰胺的化学结构

或碱性条件下加热可使烟酰胺转变为烟酸，其生物活性不受影响。在食品加工过程中，烟酸的损失主要与加工中原料的清洗、烫漂和修整等有关。而在乳类加工、烤肉制品中似乎很少有烟酸的损失。

烟酸广泛存在于动物体内，酵母、肝、鱼、绿叶蔬菜、肉类、谷类、黄豆、牛乳及花生中含量丰富，此外，在体内色氨酸也可转变为烟酸，故人体一般不会缺乏。一旦人体长期缺乏烟酸，就会使机体能量代谢受阻，神经细胞得不到足够的能量，致使神经功能受影响，典型的烟酸缺乏症称为癞皮病。临床表现为“三 D 症”，即皮炎（dermatitis）、腹泻（diarrhea）和痴呆（dementia）。出现烟酸缺乏癞皮病这种情况常发生在以玉米为主食的地区，因为玉米中的烟酸与糖形成复合物，阻碍了在人体内的吸收和利用，碱处理可以使烟酸游离出来。

五、维生素 B_6

维生素 B_6 是指在性质上紧密相关、具有潜在维生素 B_6 活性的三种天然存在的化合物，包括吡哆醛（pyridoxal）、吡哆醇（pyridoxol）和吡哆胺（pyrodoxamine），结构式如图 7-12。三者均可在 5′-羟甲基位置上发生磷酸化，三种形式在体内可相互转化。其生物活性形式以磷酸吡哆醛为主，也有少量的磷酸吡哆胺。吡哆醛在氨基酸代谢中，它是氨基酸转氨酶和脱羧酶的辅酶，可以帮助体内的蛋白质、糖类、脂类的代谢，也可以帮助糖原分解利用。

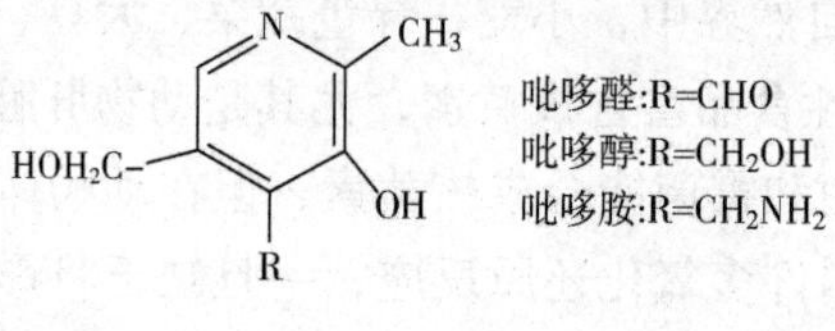

图 7-12　维生素 B_6 的化学结构

维生素 B_6 分布较广，在蛋黄、肉、鱼、乳、全谷物、白菜和豆类中含量丰富。其中，谷物中主要是吡哆醇，动物产品中主要是吡哆醛和吡哆胺，牛乳中主要是吡哆醛。

维生素 B_6 的各种形式对光敏感，光降解最终产物是 4-吡哆酸或 4-吡哆酸-5′-磷酸。这种降解可能是自由基中介的光化学氧化反应，但并不需要氧的直接参与，氧化速度与氧的存在关系不大。维生素 B_6 的非光化学降解速度与 pH、温度和其他食品成分关系密切。在避光和低 pH 下，维生素 B_6 的三种形式均表现良好的稳定性，吡哆醛在 pH 5 时损失最大；吡哆胺在 pH 7 时损失最大。其降解动力学和热力学机制仍需深入进行研究。

在食品加工中维生素 B_6 可发生热降解和光化学降解。吡哆醛可能与蛋白质中的氨基酸反应生成含硫衍生物，导致维生素 B_6 的损失；吡哆醛与赖氨酸的 ε - 氨基反应生成 Shiff 碱，降低维生素 B_6 的活性。维生素 B_6 可与自由基反应生成无活性的产物。在维生素 B_6 三种形式中，吡哆醇是最稳定的，常被用于营养强化。

缺乏维生素 B_6 可产生呕吐、中枢神经兴奋、惊厥、低色素性贫血等症状。特别是酗酒者和长期服用异酰胺的结核病患者最容易缺乏此维生素，因为乙醇在体内氧化为乙醛，而乙醛可促使磷酸吡哆醛分解；吡哆醛易与异酰胺结合成异烟腙失去活性。

六、泛酸

泛酸（pantothenic acid）是自然界中分布十分广泛的维生素。泛酸的结构为 D（+）-*N*-2，4-二羟基-3，3-二甲基丁酰-β-丙氨酸（图 7-13），它是辅酶 A 的重要组成部分。在生物体内，辅酶 A 是泛酸的主要活性形式，常简写为 Co-A。辅酶 A 起传递酰基的作用，是各种酰化反应中的辅酶。辅酶 A 在糖代谢、脂类代谢和蛋白质代谢的相互关系中是一个很重要的穿梭物质。临床上，辅酶 A 被用作各种疾病的辅助药物，例如白细胞减少症、心肌梗死等疾病。

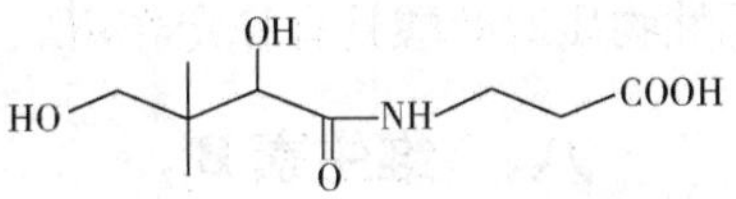

图 7-13　泛酸的结构

泛酸在空气中稳定，但对热不稳定，在 pH5~7 内最稳定，在碱性溶液中易分解。食品加工过程中，食品加工处理对泛酸的含量有较大影响，其含量往往随温度的升高和水溶流失程度的增大而降低，其中损失 30%~80%。热降解的原因可能是 β-丙氨酸和 2，4-二羟基-3，3-二甲基丁酸之间的连接键发生了酸催化水解。食品贮藏中泛酸较稳定，尤其是低 A_w 的食品。

泛酸广泛存在于动植物中，特别是蜂王浆中含量最多，同时肠内细菌也能合成泛酸供人体使用，所以人类极少发生泛酸缺乏症。

七、叶酸

叶酸是 1941 年由菠菜中分离出来而命名的（最初是由肝脏分离出来，随后发现绿叶中含量丰富，故命名此名）。叶酸（folic acid）包括一系列结构相似、生物活性相同的化合物，分子结构中含有蝶呤（pteridine nucleus）、对氨基苯甲酸（*p*-aminobenzoic acid）和谷氨酸（glutamic acid）三部分。其商品形式中含有一个谷氨酸残基，称为蝶酰谷氨酸，天然存在的蝶酰谷氨酸有 3~7 个谷氨酸残基。其结构如图 7-14 所示。

叶酸是所有氧化水平碳原子一碳单位（除 CO_2 之外）的重要受体和供体。叶酸还起着传递一碳基团的作用，参与体内重要物质如嘌呤、嘧啶、甲硫氨酸、胆碱等的合成。同时，

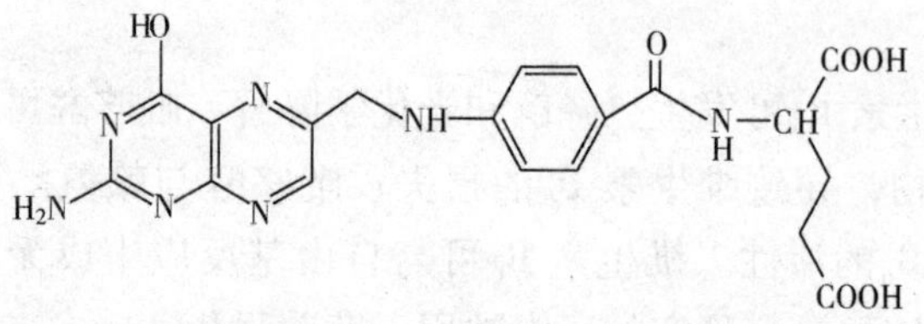

图7-14 叶酸化学结构

叶酸在核酸和蛋白质代谢中同样具有重要作用，当叶酸缺乏时将引起红细胞中核酸合成受阻，使红细胞的发育和成熟受到影响，红细胞比正常的大而少，称为巨幼红细胞性贫血。此类贫血以婴儿和妊娠期妇女较多见，可用叶酸治疗，所以叶酸又称抗贫血维生素。

绿色蔬菜和动物肝脏中富含叶酸，乳中含量较低。蔬菜中的叶酸呈结合型，而动物肝脏中的叶酸呈游离态。人类肠道中也能合成叶酸，一般不易缺乏。但当怀孕时，由于叶酸需求增多；或肠道吸收不好；或长期使用抗生素等情况下可能会导致叶酸缺乏。

叶酸对热、酸较稳定，但在中性和碱性条件下很快被破坏，光照更易分解。各种叶酸的衍生物以叶酸最稳定，四氢叶酸最不稳定，当被氧化后失去活性。亚硫酸盐使叶酸还原裂解，硝酸盐可与叶酸作用生成 *N*-10-硝基衍生物，对小白鼠有致癌作用。Cu^{2+} 和 Fe^{3+} 催化叶酸氧化，且 Cu^{2+} 作用大于 Fe^{3+}；柠檬酸等螯合剂可抑制金属离子的催化作用；维生素 C、硫醇等还原性物质对叶酸具有稳定作用。

八、 维生素 B_{12}

维生素 B_{12} 由几种密切相关的具有相似活性的化合物组成，这些化合物都含有钴，又称钴胺素（cobalamin），是一种红色的结晶物质，也是唯一含有金属元素的维生素。维生素 B_{12} 是一共轭复合体，中心为三价的钴原子，化学结构较为复杂，其结构如图7-15所示。因含钴又呈红色，故称红色维生素，是少数有色的维生素。

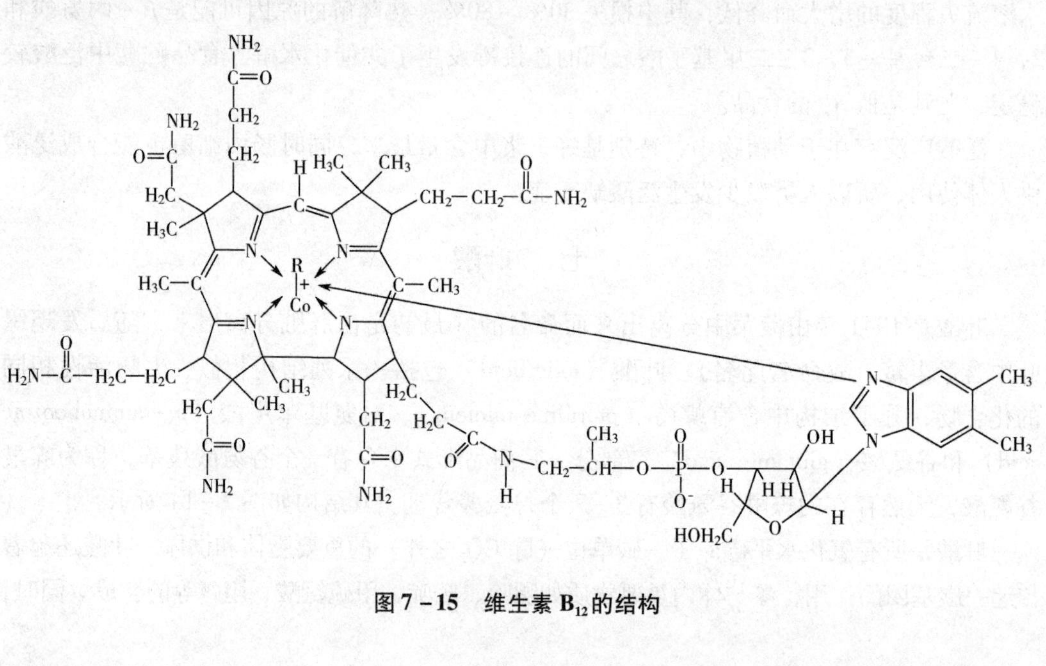

图7-15 维生素 B_{12} 的结构

钴胺酰胺和甲基钴胺是维生素 B_{12} 的两种活性形式，是几种变位酶的辅酶，辅酶 B_{12} 也是甲基转移酶的辅酶。维生素 B_{12} 对维持机体正常生长和营养有着重要的影响。机体中凡有蛋白质合成的地方、红细胞的产生、神经系统正常都需要维生素 B_{12} 的参与。当机体缺乏维生素 B_{12} 时，不能正常产生红细胞，导致恶性贫血，幼龄动物发育不良，神经系统受损，手足麻木、缺乏平衡感、忧郁易怒、思维迟缓和健忘等。

在自然界中，只有动物食品才富含维生素 B_{12}，特别是动物的肝脏，其次为菌类食品、发酵食品、瘦肉、蛋、乳类、蛋黄等，另外发酵豆制品如腐乳、豆豉等食物中也含有，植物性食品中维生素 B_{12} 很少。人体肠道细菌也可合成部分的维生素 B_{12}，但人体吸收甚微。

维生素 B_{12} 在 pH 4 ~7 时最稳定；在接近中性条件下，长时间加热可造成较大的损失；碱性条件下酰胺键发生水解生成无活性的羧酸衍生物；pH 低于4 时，其核苷酸组分发生水解，强酸下发生降解，但降解的机理目前尚未完全清楚。

抗坏血酸、亚硫酸盐、Fe^{2+}、硫胺素和烟酸可促进维生素 B_{12} 的降解。辅酶形式的维生素 B_{12} 可发生光化学降解生成水钴胺素，但生物活性不变。食品加工过程中热处理对维生素 B_{12} 影响不大，例如肝脏在100℃水中煮制 5min，维生素 B_{12} 只损失 8%；牛乳巴氏杀菌只破坏很少的维生素 B_{12}；冷冻方便食品如鱼、炸鸡和牛肉加热时可保留 79% ~100% 的维生素 B_{12}。

九、 生物素

生物素（biotin）的基本结构是脲和带有戊酸侧链噻吩组成的五元骈环，有八种异构体，天然存在的为具有活性的 D－生物素，结构如图 7－16 所示。

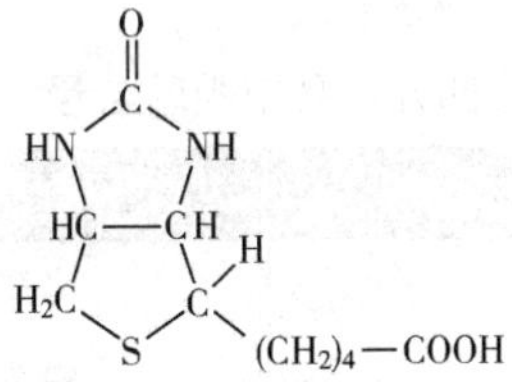

图 7－16 生物素的结构

生物素广泛存在于动植物食品中，以肉、肝、肾、牛乳、蛋黄、酵母、蔬菜和蘑菇中含量丰富。生物素在牛乳、水果和蔬菜中呈游离态，而在动物内脏和酵母等中与蛋白质结合。人体肠道细菌可合成相当部分的生物素。人类一般不缺乏生物素，但是生鸡蛋清中含有一种抗生物素蛋白，能与生物素结合成一种无活性、人体不易吸收的结合蛋白，故长期食用生鸡蛋可引起生物素缺乏病，导致疲劳、食欲不振、四肢皮炎、肌肉疼痛、毛发脱落、贫血等症状。加热可破坏这种拮抗作用。

生物素相当稳定，加热只引起少量损失，中性和微酸性溶液中稳定，但强酸、强碱会导致其降解。某些氧化剂如过氧化氢使生物素分子中的硫氧化，生成无活性的生物素或生物素硫氧化物。此外，生物素环上的羰基也可与氨基发生反应。食品加工和贮藏中生物素的损失较少，所引起的损失主要是溶水流失，也有部分是由于酸碱处理和氧化造成。在谷物的碾磨过程中也有相当部分生物素损失。

十、 维生素类似物

除前面介绍的维生素外，还有一些物质从目前的研究材料还不能完全证明它们是维生素，但不同程度上具有维生素的属性。我们将这类物质称为维生素类似物（vitamin - like substances），主要有以下几种。

1. 胆碱

胆碱（choline）又称维生素 B_4，是一种比较简单的有机化合物。无色、黏滞状、具强碱性的液体，溶于水，易吸潮。结构式如图 7 - 17 所示。

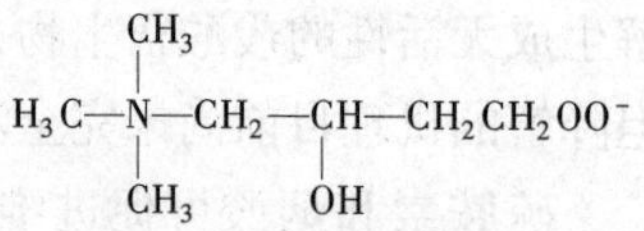

图 7 - 17 胆碱的结构

在 1894 年胆碱首次由 Streker 从猪胆汁中分离出来，1962 年被正式命名为胆碱，现已成为人类食品中常用的添加剂。美国的《联邦法典》中胆碱被列为“一般认为安全”（generally recognized as safe）的产品；欧洲联盟 1991 年颁布的法规将胆碱列为允许添加于婴儿食品的产品。

胆碱广泛分布于食物中，其中以动物性食品如肝脏、蛋黄、鱼和脑中含量最高，一般以乙酰胆碱和卵磷脂形式存在；绿色植物、酵母、谷物幼芽、豆科籽实、油料作物籽实同样是丰富的植物性食品来源。胆碱对热稳定，在食品加工、贮藏、烹饪中几乎无损失。表 7 - 3 列出了一些食品中胆碱的含量。

表 7 - 3 部分食品中胆碱含量

食品	含量/（mg/kg）	食品	含量/（mg/kg）
玉米	620	高粱	678
黄玉米	442	糙米	992 ~ 1014
小麦	1022	肉粉	2077
大麦	930 ~ 1157	玉米蛋白粉	330

胆碱的生物功能主要有：①防止脂肪肝，胆碱是一种亲脂剂，可促进脂肪以卵磷脂的形式被输送，防止脂肪在肝脏中的反常积累，保证肝功能的正常；②神经传导，它可帮助越过神经细胞的间隙，产生传导脉冲；③促进人体代谢。

2. 肉碱

肉碱（carnitine）又称肉毒碱，于 1905 年由两位俄国科学家 Gulewitsch 和 Krimberg 在肌肉抽提物中发现。1927 年 Tomita 和 Sendju 确定了其分子结构。1948 年 Fraenkel 发现大黄粉虫的生长需要一种生长因子并将之命名为维生素 B_T；1952 年 Carter 等人确认维生素 B_T即为左旋肉碱；1953 年美国《化学文摘》将左旋肉碱列在 Vitamin B_T的索引栏目下。1984 年 FDA 确定 L－肉碱是一种重要的食品营养强化剂，我国于 1994 年将 L－肉碱列入食品营养强化剂范畴。

肉碱有 D 型和 L 型两种形式，其中 L 型具有生物活性，而 D 型是竞争性抑制剂。其官能团和组合键具有较好的吸水性和溶水性。L－肉碱呈白色粉末状，易吸潮，耐高温，稳定性好。在 pH 3～6 下贮存一年以上几乎无损失。肉碱化学结构式如图 7－18 所示。

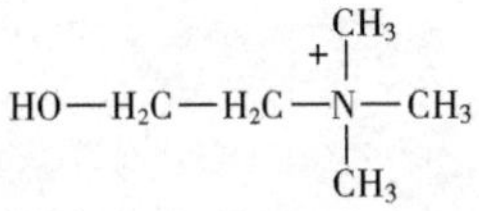

图 7－18　肉碱的结构式

自然界中只存在 L－肉碱，它是动物、植物、微生物的基本成分之一。大多数动物可以合成 L－肉碱。膳食中的 L－肉碱主要来源于动物性食品，而植物性食品中几乎不存在肉碱。肉碱在食品加工中的变化也很小。部分食物中 L－肉碱含量见表 7－4。

表 7－4　部分食物中 L－肉碱的含量

食物	含量/（mg/kg）	食物	含量/（mg/kg）
山羊肉	2100	大麦	10～38
羔羊	780	小麦	3～12
牛肉	640	玉米	5～10
猪肉	300	花生	1
兔肉	85～145	高粱	15
鱼肉	75	油菜籽	10
鸡肉	26	面包	6
羊肝	20	花椰菜	1

3. 肌醇

肌醇（inositol）是有六个羟基的六碳环状物。它有九种立体构型，但只有肌型肌醇具有生物活性。结构如图 7－19 所示。

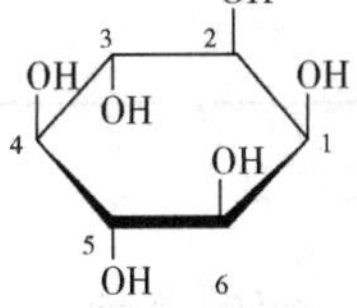

图 7－19　肌醇的化学结构（以 1，4 为轴，内消旋）

肌醇主要来源于心、肝、肾、脑、柑橘类水果、酵母中，谷物中的肌醇一般以植酸或植酸盐的形式存在，对谷物食品的矿物质营养物质的吸收产生影响。肌醇的稳定性很高，耐碱、酸及加热，一般在食品加工和贮藏中损失很少。

肌醇对肝硬化、脂肪肝、血管硬化、胆固醇过高等有明显疗效，还可用于治疗 CCl_4 中毒、脱发症等。此外，肌醇还是磷酸肌醇的前体。肌醇中的三磷酸肌醇（inositol triphosphates，IP_3）具有良好的清除自由基的功能，对心脑血管疾病、糖尿病和关节炎具有良好的预防和治疗效果。

第四节　食品中维生素损失的常见原因

食品中的维生素在加工与贮藏中受各种因素的影响，其损失程度取决于各种维生素的稳定性。食品中维生素损失的因素主要有食品原料本身如品种和成熟度、加工前预处理、加工方式、贮藏的时间和温度等。此外，维生素的损失与植物采后或动物宰后的生理也有一定的关系。因此，在食品加工与贮藏过程中应最大限度地减少维生素的损失，并提高产品的安全性。

一、 食品原料本身的影响

1. 成熟度

水果和蔬菜中维生素随着其成熟度的变化而变化。所以，选择适当的原料品种和成熟度是果蔬加工中十分重要的问题。例如，番茄在成熟前维生素 C 含量最高（表 7－5），而辣椒成熟期时维生素 C 含量最高。

表 7－5　　番茄不同成熟期维生素 C 的含量

开花期后周数	平均质量/g	色泽	维生素 C 含量/（mg/100g）
2	33.4	绿	10.7
3	57.2	绿	7.6
4	102	黄－绿	10.9
5	146	红－绿	20.7
6	160	红	14.6
7	168	红	10.1

2. 不同组织部位

植物不同组织部位维生素含量有一定的差异。一般而言，维生素含量从高到低依次为叶片＞果实、茎＞根；对于水果则表皮维生素含量最高而核中最低。

3. 采后或宰后的变化

食品中维生素含量的变化是植物性原料从收获时开始，动物性原料从屠宰后开始，其体内的变化以分解代谢为主。由于酶的作用，某些维生素的存在形式发生了变化，脂肪氧化酶和维生素 C 氧化酶的作用直接导致维生素的损失，例如豌豆从收获、运输到加工厂 30min 后维生素 C 含量有所降低；新鲜蔬菜在室温贮存 24h 后维生素 C 的含量下降 1/3 以上。因此，加工时应尽可能选用新鲜原料或将原料及时冷藏处理以减少维生素的损失。

二、 食品加工过程中预处理的影响

加工前的预处理与维生素的损失程度关系很大。水果和蔬菜的去皮、整理常会造成浓集于表皮或老叶中的维生素的大量流失。据报道，苹果皮中维生素 C 的含量比果肉高 3～10 倍；柑橘皮中的维生素 C 含量比汁液高；莴苣和菠菜外层叶中 B 族维生素和维生素 C 含量比内层叶中高。水果和蔬菜在清洗时，一般维生素的损失很少，但要注意避免挤压和碰撞；也尽量避免切后清洗造成水溶性维生素的大量流失。对于化学性质较稳定的水溶性维生素如烟酸、叶酸、核黄素等，溶水流失是最主要的损失途径。

1. 碾磨

碾磨是谷物所特有的加工方式。谷物在磨碎后其中的维生素比完整的谷粒中含量有所降低，并且与种子的胚乳和胚、种皮的分离程度有关。因此，粉碎对各种谷物种子中维生素的影响不一样。此外，不同的加工方式对维生素损失的影响也有差异，谷物精制程度越高，维生素损失越严重。

2. 热处理

（1）烫漂　烫漂是水果和蔬菜加工中不可缺少的处理方法。通过这种处理可以钝化影响产品品质的酶类、减少微生物污染及除去空气中的氧，有利于食品贮存期间保持维生素的稳定。但烫漂往往造成水溶性维生素大量流失，其损失程度与 pH、烫漂的时间和温度、含水量、切口表面积、烫漂类型及成熟度有关。通常，短时间高温烫漂维生素损失较少。烫漂时间越长，维生素损失越大。产品成熟度越高，烫漂时维生素 C 和维生素 B_1 损失越少；食品切分越细，单位质量表面积越大，维生素损失越多。不同烫漂类型对维生素影响的顺序为沸水 > 蒸汽 > 微波。

（2）干燥　脱水干燥是保藏食品的主要方法之一。具体方法有日光干燥、烘房干燥、隧道式干燥、滚筒干燥、喷雾干燥和冷冻干燥。维生素 C 对热不稳定，干燥损失为 10%～30%，但冷冻干燥对其影响很小。喷雾干燥和滚筒干燥时乳中硫胺素的损失大约为 10% 和 15%，而维生素 A 和维生素 D 几乎没有损失。蔬菜烫漂后空气干燥时硫胺素的损失平均为豆类 5%、马铃薯 25%、胡萝卜 29%。

（3）加热　加热是延长食品保藏期最重要的方法，也是食品加工中应用最多的方法之一。热加工有利于改善食品的某些感官性状如色、香、味等，提高营养素在体内的消化和吸收，但热处理会造成维生素不同程度的损失。高温加快维生素的降解，pH、金属离子、反应活性物质、溶氧浓度以及维生素的存在形式影响降解的速度。隔绝 O_2、除去某些金属离子可提高维生素 C 的存留率。

不同的加热方式造成的维生素损失见表 7－6，罐装食品加工时维生素的损失见表 7－7。

表 7-6　不同热处理牛乳中维生素的损失　单位:%

热处理	维生素 B_1	维生素 B_2	维生素 B_6	维生素 H	维生素 B_{12}	维生素 C	维生素 A	维生素 D
63℃，30min	10	0	20	0	10	20	0	0
72℃，15s	10	0	0	0	10	10	0	0
超高温杀菌	10	10	20	0	20	10	0	0
瓶装杀菌	35	0	*	0	90	50	0	0
浓缩	40	0	*	10	90	60	0	0
加糖浓缩	10	0	0	10	30	15	0	0
滚筒干燥	15	0	0	10	30	30	0	0
喷雾干燥	10	0	0	10	20	20	0	0

表 7-7　罐装食品加工时维生素的损失　单位:%

食品	生物素	叶酸	维生素 B_6	泛酸	维生素 A	维生素 B_1	维生素 B_2	烟酸	维生素 C
芦笋	0	75	64	—	43	67	55	47	54
青豆	—	57	50	60	52	62	64	40	79
甜菜	—	80	9	33	50	67	60	75	70
胡萝卜	40	59	80	54	9	67	60	33	75
玉米	63	72	0	59	32	80	58	47	58
蘑菇	54	84	—	54	—	80	46	52	33
青豌豆	78	59	69	80	30	74	64	69	67
菠菜	67	35	75	78	32	80	50	50	72
番茄	55	54	—	30	0	17	25	0	26

3. 冷却或冷冻

热处理后的冷却方式不同对食品中维生素的影响不同。空气冷却比水冷却维生素的损失少，主要是因为水冷却时会造成大量水溶性维生素的流失。

冷冻通常认为是保持食品的感官性状、营养及长期保藏的最好方法。冷冻一般包括预冻结、冻结、冻藏和解冻。预冻结前的蔬菜烫漂会造成水溶性维生素的损失；预冻结期间只要食品原料在冻结前贮存时间不长，维生素的损失就小。冷冻对维生素的影响因食品原料和冷冻方式而异。冻藏期间维生素损失较多（表 7-8），损失量取决于原料、预冻结处理、包装类型、包装材料及贮藏条件等。冻藏温度对维生素 C 的影响很大。据报道，温度在 -18 ~ -7℃，温度上升 10℃可引起蔬菜如青豆、菠菜等维生素 C 以 6 ~ 20 倍的速度加速降解；水果如桃和草莓等维生素 C 以 30 ~ 70 倍速度快速降解。动物性食品如猪肉在冻藏期间维生素损失大。解冻对维生素的影响主要表现在水溶性维生素，动物性食品损失的主要是 B 族维生素。

表 7-8 蔬菜冻藏期间维生素 C 的损失

食品	鲜样中含量/（mg/100g）	-18℃贮存 6~12 个月的损失率（平均与范围）/%
芦笋	33	12（12~13）
青豆	19	45（30~68）
青豌豆	27	43（32~67）
菜豆	29	51（39~64）
嫩茎花椰菜	113	49（35~68）
花椰菜	78	50（40~60）
菠菜	51	65（54~80）

4. 辐照

辐照是利用原子能射线对食品原料及其制品进行灭菌、杀虫、抑制发芽和延期后熟等以延长食品的保存期，尽量减少食品中营养素的损失。

辐照对维生素有一定的影响。水溶性维生素对辐照的敏感性主要取决于它们是处在水溶液中还是食品中，或是否受到其他组分的保护等。维生素 C 对辐照很敏感，其损失随辐照剂量的增大而增加，这主要是水辐照后产生自由基破坏的结果。B 族维生素中维生素 B_1 最易受到辐照的破坏，其破坏程度与热加工相当，大约为63%。辐照对烟酸的破坏较小，经过辐照的面粉烤制面包时烟酸的含量有所增高，这可能是因为面粉经辐照加热后烟酸从结合型转变成游离型造成的。脂溶性维生素对辐照的敏感程度大小依次为维生素 E > 胡萝卜素 > 维生素 A > 维生素 D > 维生素 K。

5. 添加剂

在食品加工中为防止食品腐败变质及提高其感官性状，通常加入一些添加剂，其中有些对维生素有一定的破坏作用，例如，维生素 A、维生素 C 和维生素 E 易被氧化剂破坏。因此，在面粉中使用漂白剂会降低这些维生素的含量或使它们失去活性；SO_2 或亚硫酸盐等还原剂对维生素 C 有保护作用，但因其亲核性会导致维生素 B_1 的失活；亚硝酸盐常用于肉类的发色与保藏，但它作为氧化剂引起类胡萝卜素、维生素 B_1 和叶酸的损失；果蔬加工中添加的有机酸可减少维生素 C 和硫胺素的损失；碱性物质会增加维生素 C、硫胺素和叶酸等的损失。

6. 贮藏过程

食品在贮藏期间，维生素的损失与贮藏温度关系密切。罐头食品冷藏保存一年后，维生素 B_1 的损失低于室温保存。包装材料对贮存食品维生素的含量有一定的影响，例如透明包装的乳制品在贮藏期间会发生维生素 B_2 和维生素 D 的损失。

食品中脂类的氧化作用产生的氢过氧化物、过氧化物和环过氧化物会引起胡萝卜素、维生素 E 和维生素 C 等的氧化，也能破坏叶酸、生物素、维生素 B_{12} 和维生素 D 等；过氧化物与活化的羰基反应导致维生素 B_1、维生素 B_6 和泛酸等的破坏；糖类非酶褐变产生的高度活化的羰基对维生素同样有破坏作用。

第五节　矿物质

食品中的各种元素，除碳、氢、氧、氮四种元素以外，其余元素不论含量多少，统称为矿物质，又称为无机盐。食品中的矿物质有60多种，一般含量较少，通常以灰分来衡量。矿物质总量虽然只占人体体重的4%～5%，但却是不可或缺的部分，绝大部分矿物质都具有重要的生理功能。人体内的矿物质一部分来自作为食物的动植物组织，另一部分来自饮水、食盐和食品添加剂。矿物质与其他有机营养素不同，它们既不能在人体内合成，也不能在代谢过程中消失，仅能随排泄物重回环境中去。

一、食品中矿物质的分类

1. 按元素在人体的含量或摄入量分类

习惯上将矿物质元素分成两大类：常量元素、微量元素。

（1）常量元素　指在人体内含量大于0.01%的矿物质元素，或日需量大于100mg/d的元素，如：钙（Ca）、镁（Mg）、钾（K）、钠（Na）、磷（P）、氯（Cl）、硫（S）等。

（2）微量元素　指在人体内含量小于0.01%，或日需量小于100mg/d的元素，目前已知有14种微量元素是人和动物营养所必需的，即铁（Fe）、锌（Zn）、铜（Cu）、碘（I）、锰（Mn）、钼（Mo）、钴（Co）、硒（Se）、铬（Cr）、镍（Ni）、锡（Sn）、硅（Si）、氟（F）、钒（V）。其中后5种是1970年以后确定为必需元素的。

2. 按生理作用分类

按生理作用将矿物质元素分成三种类型。

（1）必需元素　是指存在于一切机体的正常组织中，且含量比较固定，缺乏时能发生组织上和生理上的异常，当补充这种元素后即可恢复正常的一类元素。换言之，在人体内的正常生理作用已经基本清楚的元素是必需元素。

（2）非必需元素　普遍存在于组织中，有时摄入量很大，但对人的生物效应和作用目前还不清楚。

（3）有毒（有害）元素　能显著毒害机体的元素，主要为铅（Pb）、镉（Cd）、汞（Hg）、砷（As）。

3. 按酸碱性分类

矿物质元素可以按照其在人体内消化代谢的末端产物呈酸性或碱性分为两类：酸性矿物质元素、碱性矿物质元素。酸性矿物质元素如：磷（P）、氯（Cl）、硫（S）、碘（I）等。碱性矿物质元素如：钙（Ca）、镁（Mg）、钾（K）、钠（Na）等。

二、 食品中矿物质的主要作用及来源

（一）常量元素

1. 钠和钾

钠（Na）和钾（K）的作用与功能关系密切，二者均是人体的必需营养素。钠是人体中含量最多的元素，它作为血浆和其他细胞外液的主要阳离子，在保持体液的酸碱平衡、渗透压和水的平衡方面起重要作用；并和细胞内的主要阳离子钾共同维持细胞内外的渗透平衡，参与细胞的生物电活动，在机体内循环稳定的控制机制中起重要作用；在肾小管中参与氢离子交换和再吸收；参与细胞的新陈代谢。在食品工业中钠可激活某些酶如淀粉酶；诱发食品中典型咸味；降低食品的 A_w，抑制微生物生长，起到防腐的作用；作为膨松剂改善食品的质构。钾可作为食盐的替代品及膨松剂。

钠的主要来源是食盐和味精，钾的主要食物来源是水果、蔬菜和肉类。人们一般很少出现钠、钾缺乏症，但当钠摄入过多时会造成高血压。表 7－9 列出了动物性食品中的钠、钾含量。

表 7－9 动物性食品中钠和钾的含量 单位：mg/100g

食物名称	钾含量	钠含量
猪肉（后腿）	330	11.0
猪肝	230	20.0
牛肉（后腿）	330	11.0
牛乳	157	49.0
鸡肉	340	12.0
鸡蛋	60	73.0
鸭蛋	60	82.0
带鱼	220	112.0
鲤鱼	359	44.0
黄鳝	325	47.0
对虾	150	20.0

2. 钙和磷

钙（Ca）和磷（P）也是人体必需的营养素之一。体内 99% 的钙和 80% 的磷以磷酸盐的形式存在于骨骼和牙齿中，其余 1% 的钙则存在骨骼以外的血液或肌肉里，称之为功能钙质；20% 的磷大多数是以有机磷化合物形式存在于细胞中。钙的总量在成人体内约为 1200g，占人体总体重的 1.5% ～2.0% 。钙对血液凝固、心脏的正常收缩、神经肌肉的兴奋性、细胞的黏着、肌肉的收缩、酶反应的激活以及激素的分泌都起着决定性的作用。磷是核酸、磷脂、辅酶的重要组成部分，对生物体的遗传、代谢、生长发育提供能量，并维持着人体细胞膜的完整性和通透性。磷对于碳水化合物、脂肪和蛋白质的吸收与代谢是必需的。磷酸盐能调节维生素 D 的代谢，维持钙的内环境稳定。

由于钙能与带负电荷的大分子形成凝胶，如低甲氧基果胶、大豆蛋白、酪蛋白等，加工中可通过加入钙盐来提高果蔬组织的坚硬性，因此，在食品工业中广泛用作质构改良剂。磷在软饮料中用作酸化剂；三聚磷酸钠有助于改善肉的持水性；在剁碎肉和加工乳酪时使用磷可起到乳化助剂的作用，此外，磷还可充当膨松剂。

钙是维持人体生长健康必不可少的营养物质，与维生素 D、镁和磷一起作用效果更佳。人体缺钙时，儿童常出现软骨病、佝偻病，中老年出现骨质疏松症、受伤易流血不止等疾病，严重缺乏时还会引起肌肉痉挛。对于成长中的婴幼儿、低血糖者、生理性腹绞痛者、孕妇及授乳期和停经后的女性，尤其应注意补充钙质。成人正常钙摄入的平均营养指标为100mg/L。人体从食品中摄入的磷，不论是以有机磷的形式还是以无机磷的形式存在，均能在胃肠道吸收。由于磷来源广泛，一般食品中能满足供应。

钙最丰富的食物来源是乳制品，其中牛乳、酸乳、干酪等含钙量非常高。此外，海产品（如鱼类、贝类、虾皮等）、豆类、绿色蔬菜、葵花籽等食物钙的含量也比较丰富；磷主要来源于动物性食品。植物性食品中含有大量的磷，但大多数以植酸磷的形式存在（表 7 - 10），难以被人体消化与吸收，可通过发酵或浸泡等加工手段将其水解，释放出游离的磷酸盐，从而提高磷的生物利用率。

表 7 - 10　　食品中植酸磷的含量　　单位：g/kg 干物质

食品	总磷含量	植酸磷含量	食品	总磷含量	植酸磷含量
大米	3.5	2.4	豌豆	3.8	1.7
小米	3.5	1.91	大豆	7.1	3.8
小麦	3.3	2.2	马铃薯	1.0	0
玉米	2.8	1.9	燕麦	3.6	2.1
高粱	2.7	1.9	大麦	3.7	2.2

3. 镁

镁（Mg）虽然是常量元素中体内总含量较少的一种元素，但具有非常重要的生理功能。镁是骨骼和牙齿的重要组成成分之一，它与钙、磷构成骨盐，与钙在功能上既协同又对抗。镁与钙合用，可帮助钙的吸收利用，巩固骨骼和牙齿；还可有效保护心脏、心脑血管，预防高血压、糖尿病等。当钙不足时镁可部分替代；当镁摄入过多时，又阻止骨骼的正常钙化。镁是细胞内的主要阳离子之一，和 Ca、K、Na 一起与相应的阴离子协同，维持体内的酸碱平衡和神经肌肉的应激性。细胞内大多数镁集中线粒体中，作为辅基参与体内的各种磷酸化反应；通过对核糖体的聚合作用，参与蛋白质的合成，使 mRNA与 70*S* 核糖体连接；参与 DNA 的合成与分解，维持核酸结构的稳定。

食品工业中镁主要用作色泽改良剂。因为镁是叶绿素的重要组成之一，在蔬菜加工中常因叶绿素中的镁脱去生成脱镁叶绿素，使色泽变暗。膳食中的镁来源于全谷、坚果、豆类和绿色蔬菜中，主要集中在胚及糠麸中，胚乳中含量较少，精米、白面含镁量甚微。此外，某些海产品（如牡蛎）中镁的含量也很高，一般很少出现缺乏症。

4. 硫

硫（S）对机体的生命活动起着非常重要的作用，在体内主要作为合成含硫氨基酸如胱氨酸、半胱氨酸和甲硫氨酸的原料。食品工业中常利用 SO_2 和亚硫酸盐作为褐变反应的抑制剂；在制酒工业中广泛用于防止和控制微生物生长。硫分布广，富含含硫氨基酸的动植物食品是硫的主要膳食来源。

（二）微量元素

1. 锌

锌（Zn）在人体内含量仅次于铁，为 2 ~ 4g。几乎所有的机体组织都有锌分布。锌在体内主要通过某些酶类直接发挥作用来调节生命活动，据资料显示，它是人体 100 多种酶的成分，例如 Cu/Zn 超氧化物歧化酶、RNA 聚合酶（Ⅰ、Ⅱ、Ⅲ）等。作为负责调节基因表达的反式作用因子的刺激物，参与 DNA、RNA 和蛋白质的代谢。锌与胰岛素、前列腺素、促性腺素等激素的活性有关；锌具有提高机体免疫力的功能，与人的视力及暗适应能力关系密切。此外，锌还有促进淋巴细胞增殖和活动能力的作用，对维持上皮和黏膜组织正常，防御细菌、病毒侵入，促进伤口愈合，减少痤疮、皮肤病变均有妙用。

一般动物性食品中锌的含量较高，生物有效性也高于植物性食品，肉中锌的含量为 20 ~ 60mg/kg，而且肉中的锌与肌球蛋白紧密连接在一起，可以提高肉的持水性。除谷类的胚芽外，植物性食品中锌含量较低，如小麦含 20 ~ 30mg/kg，且大多与植酸结合，不易被吸收与利用。水果和蔬菜中含锌量很低，大约 2mg/kg。有机锌的生物利用率高于无机锌。

缺锌的现象比较普遍，人体缺锌最明显的现象是食欲不振、味觉、嗅觉迟钝，所以锌有“味觉元素”之称。其次是身体发育不良，反应迟钝，影响智力和大脑发育。动物性蛋白质食品如鱼、肉、肝以及贝类食品，有效锌的含量均较丰富，缺锌者可在膳食中合理搭配。

2. 铁

铁（Fe）是人体必需的微量元素之一，也是体内含量最多的微量元素（表 7 - 11）。机体内的铁都以结合态存在，没有游离的铁离子存在。铁是血红素的组成成分之一；铁参与血红蛋白和肌红蛋白的构成；参与细胞色素氧化酶、过氧化物酶的合成；维持其他酶类如乙酰辅酶 A、黄嘌呤氧化酶等活力以保持体内三羧酸循环顺利进行。在机体氧的运输、交换与组织呼吸中发挥重要作用。铁还影响体内蛋白质的合成，提高机体的免疫力。

铁有助于形成肌肉组织中的肌红蛋白、血红素铁，易被人体吸收，主要存在于动物肝脏、血液和瘦肉中，存在于乳、蛋、谷类、果蔬中的为非血红素铁，不易被人体吸收。一般膳食中血红素铁较少，所以机体由于缺铁而引起的缺铁性贫血还是比较普遍的。在食品加工中去除植酸盐或添加维生素 C 有助于铁的吸收。铁的吸收为二价亚铁离子，三价铁离子不能被吸收，维生素 C 具有还原性，它能把三价铁离子还原成二价铁离子。事实上，人体对食物铁的吸收利用率很低，只有 10% 被吸收。

表 7-11 人体内铁的分布

名称	总量/g	铁含量/mg	含铁百分率/%
血红蛋白	900	3100	73
肌红蛋白	40	140	3.3
细胞色素	0.8	3.4	0.08
过氧化氢酶	5.0	4.5	0.11
铁传递蛋白	7.5	3.0	0.07
铁蛋白和血铁黄素	3.0	690	16.4
未鉴定成分		300	7.1

食品工业中铁主要有以下几方面的作用：①通过 Fe^{2+} 与 Fe^{3+} 催化食品中的脂质过氧化；②色泽改良剂，与多酚类形成绿色、蓝色或黑色复合物，在罐头食品中与 S^{2-} 形成黑色的 FeS；在肌肉中以其价态不同呈现不同的色泽，如 Fe^{2+} 呈红色，而 Fe^{3+} 呈褐色；③营养强化剂，在越来越多的食品中使用铁进行营养强化。不同化学形式的铁，其强化后的生物有效性也不同（表 7-12）。

表 7-12 不同化学形式铁的生物有效性

化学形式	相对生物有效性/%
硫酸亚铁	100
柠檬酸铁铵	107
硫酸铁铵	99
葡萄糖酸亚铁	97
柠檬酸铁	73
焦磷酸铁	45
还原铁	37
氧化铁	4
碳酸亚铁	2

动物性食品如肝脏、肌肉、动物血、鱼类、蛋黄中富含铁，且吸收率高。植物性食品如豆类、菠菜、苋菜等中含铁量稍高，其他如黑木耳、大枣、山楂、核桃、草莓、芝麻含铁量较低，且大多数与植酸结合，难以被吸收与利用。一般成人吃普通膳食，铁的摄入量可以满足需要，不会出现缺铁。

3. 铜

人体中的铜（Cu）总量约 80mg，分布于机体所有组织中，肝脏和脑中含铜量最高，其次是肾脏、心脏和头发。大多数铜以结合状态存在，如血浆中大约有 90% 的铜以铜蓝蛋白的形式存在。铜通过影响铁的吸收、释放、运送和利用来参与造血过程。铜能加速血红蛋白及卟啉的合成，促使幼稚红细胞成熟并释放。铜是体内许多酶的组成成分，如超氧化物歧化酶；对结缔组织的形成和功能具有重要作用；与毛发的生长和色素的沉着有关；促进体内释放许多激素，如促甲状腺激素、促黄体激素、促肾上腺皮质激素和垂体释放生长激素等；影响肾上腺皮质类固醇和儿茶酚胺的合成，并与机体的免疫有关。

食品加工中铜可催化脂质过氧化、抗坏血酸氧化和非酶氧化褐变；作为多酚氧化酶的组成成分催化酶促褐变，影响食品的色泽。但在蛋白质加工中，铜可改善蛋白质的功能特性，稳定蛋白质的起泡性。绿色蔬菜、鱼类和动物肝脏中含铜丰富，牛乳、肉、面包中含量较低。食品中锌过量时会影响铜的利用。但铜过量也会中毒，造成肝及肾脏损伤并很快死亡。

4. 碘

碘（I）在机体内主要通过构成甲状腺素而发挥各种生理作用。它能调节机体的能量转移，调节蛋白质、脂类与糖的代谢，促进生长发育、智力发展，参与 RNA 的诱导作用及蛋白质的合成。面粉加工焙烤食品时，KIO_3 作为面团改良剂，能改善焙烤食品质量。

海带及各类海产品是碘的丰富来源（表 7－13）。乳及乳制品中含碘量在 200～400μg/kg，植物中含碘量较低。食品加工中一些含碘食品如海带长时间的淋洗和浸泡会导致碘的大量流失。机体缺碘会产生甲状腺肿，幼儿缺碘会导致呆小病。内陆地区常会出现缺碘症状，沿海地区很少缺碘。一般可通过营养强化碘的方法预防和治疗碘缺乏症。目前，通常使用强化碘盐即在食盐中添加碘化钾或碘酸钾使每克食盐中碘量达 70μg。

表 7－13　部分食品中碘的含量　单位：μg/kg

食品	碘含量	食品	碘含量
海带（干）	240000	蛏干	1900
紫菜（干）	18000	干贝	1200
发菜（干）	11000	淡菜	1200
鱼肝（干）	480	海参（干）	6000
蚶（干）	2400	海蜇（干）	1320
蛤（干）	2400	龙虾（干）	600

5. 硒

硒（Se）是 1837 年由瑞典科学家 Berzelius 发现的第一种非金属元素，直到 1957 年研究发现硒是机体重要的必需微量元素。硒在生物体内是一种特异性非常强的抗氧化剂，参与谷胱甘肽过氧化物酶（glutathione peroxidase，GSH－Px）的合成，保护细胞膜结构的完整性和正常功能的发挥。硒的抗氧化功能是通过 GSH－Px 来实现的。GSH－Px 催化还原型谷胱甘肽转变成氧化型的谷胱甘肽，将脂肪酸氧化产生的氢过氧化物（ROOH，H_2O_2）还原成羟基脂肪酸，并使 H_2O_2 分解。

硒能加强维生素 E 的抗氧化作用，但维生素 E 主要防止不饱和脂肪酸（unsaturated fatty acid，UFA）氧化生成氢过氧化物（ROOH），而硒使氢过氧化物（ROOH）迅速分解成醇和水。硒还具有促进免疫球蛋白生成和保护吞噬细胞完整的作用。硒可能通过诱发神经细胞凋亡而降低细胞存活率。

硒的生物利用率与硒化合物的形态有关（表7-14），最活泼的是亚硒酸盐，但它化学性质最不稳定。许多硒化合物有挥发性，在加工中有损失，例如，脱脂乳粉干燥时大约损失5%的硒。硒的食物来源主要是动物内脏，其次是海产品、淡水鱼、肉类；蔬菜和水果中含量最低。

硒缺乏与中毒与地理环境有关。我国黑龙江克山县一带是严重缺硒地区，土壤中的含硒量仅为0.06mg/kg，这些地区的人易患白肌病或大骨节病；而陕西的紫阳和湖北的恩施部分地区为高硒区，硒的含量的变化为0.08~45.5mg/kg，平均为9.7mg/kg，常会出现硒中毒现象。

表7-14　　无机化合物中硒的生物利用率　　单位:%

化合物	硒的价态	利用率
硒化钠	-2	44
硒	0	3
亚硒酸钠	4	100
硒酸钠	6	74

6. 铬

自1957年Schwarz和Mertz首次提出并证实啤酒酵母中含有葡萄糖耐量因子（glucose Tolerance Factor，GTF）的假设，并于1959年进一步证实了GTF中具有重要生物活性的结构部分是Cr^{3+}后，铬（Cr）的生物学功能引起了人们的广泛关注。现已证明，铬是人和动物必需的微量元素，在体内具有重要的生理功能。铬通过协同和增强胰岛素的作用，影响糖类、脂类、蛋白质及核酸的代谢。目前尚未完全清楚GTF的化学结构，普遍认为它是一种铬的烟酸盐，含有Cr^{3+}、烟酸和另外三种氨基酸（谷氨酸、胱氨酸和甘氨酸）。

Cr^{3+}在葡萄糖磷酸变位酶中起着关键性的作用。铬作用于细胞上的胰岛素敏感部位，增加细胞表面胰岛素受体的数量或激活胰岛素与膜受体之间二硫键的活性，加强胰岛素与其受体位点的结合，刺激外周组织对葡萄糖的利用，维持体内血糖的正常水平。铬可增强脂蛋白脂酶和卵磷脂胆固醇酰基转移酶的活力，促进高密度脂蛋白（high density lipoprotein，HDL）的生成。铬可促进氨基酸进入细胞，影响核蛋白、RNA和核酸的合成，保护RNA免受热变性，维持核酸结构的完整性。Cr^{3+}可能具有改变和调节基因的功能。铬与DNA作用的色谱学研究表明，Cr^{3+}催化核苷三磷酸分子脱去焦磷酸，并且通过DNA-DNA交联而促进DNA的聚合。

铬的最丰富来源是啤酒酵母；未精制的谷类、动物肝脏、胡萝卜、红辣椒等中含铬较多。有机铬易被吸收，Fe、Zn及植酸盐等妨碍铬的吸收，而Mn、Mg及草酸盐可促进铬的吸收。膳食中缺铬时导致一系列的代谢紊乱。例如，缺铬时血清胆固醇及血糖均升高，产生动脉粥样硬化，这主要与内皮细胞通透性增高有关。表7-15列举了部分食物中铬的含量。

表 7-15　　部分食物中铬的含量　　单位：mg/kg

食物	铬含量	食物	铬含量
麦麸	2.18	粗红糖	0.24～0.35
粗面粉	2.19	精白糖	0.02～0.13
全小麦	1.75	糖浆	0.75
细面粉	0.60	玉米糖	0.15
精面粉	0.23	葡萄糖	0.03
黑面包	0.40	蜂蜜	0.29
白面包	0.14		

7. 钴

钴（Co）是早期发现的人和动物体内必需的微量元素之一。1879 年被发现钴对机体造血有利；1933 年首次报道了缺钴的动物可产生严重贫血；1935 年钴被正式认定为人和动物营养中必需的微量元素。

钴可增强机体的造血功能，其途径有：①直接刺激作用，钴促进铁的吸收和贮存，使铁易进入骨髓被利用；②间接刺激作用，钴能抑制细胞内许多重要的呼吸酶的活力，从而使促红细胞生成素的合成量增加，产生代偿性造血机能亢进。钴可通过维生素 B_{12} 参与体内甲基的转移和糖代谢；钴还可以提高锌的生物利用率。

食物中钴的含量变化较大。豆类中含量稍高，大约在 1.0mg/kg，玉米和其他谷物中含量很低，大约在 0.1mg/kg。

8. 其他微量元素

（1）锰　1931 年人们发现缺锰会引起啮齿动物的生长不良和生殖功能障碍，从而确定了它是一种必需的元素。现已证明，锰（Mn）是体内精氨酸酶、丙酮酸羧化酶等的组成成分以及转葡萄糖苷酶、磷酸烯醇式丙酮酸羧基激酶和谷氨酰胺合成酶等的激活剂。锰参与体内蛋白质代谢、凝血酶原的合成以及抑制恶性肿瘤等。茶叶和咖啡中含量最高，范围是 300～600μg/mL；谷物、坚果、干果等含锰丰富，大约为 20μg/g；肉、鱼中含量较低（0.2μg/g），蔬菜中含量为 0.5～2μg/kg。

（2）氟　氟（F）是人体必需的微量元素，对牙齿和骨骼的形成和结构有重要作用，是唯一能降低儿童和成人龋齿患病率或减轻龋齿病情的营养素。适量的氟可促进铁的吸收，有利于体内钙、磷的利用，加强骨骼的形成，增强钙、磷在骨中的沉积，增强骨骼的硬度。此外，适量的氟能被牙釉质中的羟磷灰石吸附，形成坚硬质密的氟磷灰石表面保护层，起到防龋齿作用。海鱼中氟的含量高达 5～10mg/kg，干旱地区茶叶中含氟量为 100mg/kg。但摄入过量的氟会损害牙齿和骨骼，典型症状为牙氟中毒。氟的日摄入量为 1.5～4mg/d。

（3）钼　钼（Mo）发现于 1778 年。1953 年因发现黄嘌呤氧化酶是含钼的金属酶而首次确定了它是一种必需的微量元素。人体内肝脏、骨骼和肾脏中都含有钼。钼是形成尿酸不可缺少的微量元素，同时钼在体内也作为黄嘌呤氧化酶、醛氧化酶和亚硫酸氧化酶的组成成分。其中黄嘌呤氧化酶、醛氧化酶参与细胞内电子传递，加速细胞色素 C 的还原作用；黄嘌呤氧化酶在核酸代谢中具有关键作用，主要催化体内的嘌呤化合物的氧化代谢，催化肝内的铁蛋白释放铁，加速铁进入血浆的过程，使 Fe^{2+} 很快氧化成 Fe^{3+}。一般谷物种子、豆类、乳及其制品、动物肝脏、肾脏富含钼，水果中含量很低。

（4）砷　一直以来，人们认为砷（As）是有毒物质的同义词，但砷制剂作为治疗厌食、营养障碍、梅毒、神经痛、风湿病、哮喘、糖尿病、疟疾、结核病、皮肤病和各种血液学疾病的特效药被人们广泛接受。砷影响蛋氨酸、精氨酸形成的各种代谢物；影响不稳定甲基的代谢和某些酶的活性，使未致敏和植物血凝素刺激的人淋巴细胞 DNA 合成增加。此外，砷可能调节基因表达。谷类、豆类、蔬菜一般含砷在 0.1mg/kg 以下，但海产品含砷量较高（表 7－16）。

表 7－16　几种海产品中含砷量　单位：mg/kg 干重

海产品	总砷量	有机砷含量	无机砷含量
海带	51.2 ±14.92	0.8 ±0.47	43.6 ±13.8
紫菜	30.4 ±9.5	0.5 ±0.48	28.8 ±15.32
虾皮	30.9 ±15.3	0.1	30.8 ±15.32
淡菜	9.25 ±11.3	0.2	9.1 ±1.33

（5）硼　1923 年 Warrington 提出硼（B）是植物的必需元素。现已证明硼也是动物的必需营养素。硼的生物学功能目前尚未完全清楚，但硼可能是代谢调节剂，通过与多种在有利部位有羟基的底物或反应物形成复合物起作用，从而改变某些酶的活力。硼常以硼砂或硼酸的形式在食品中被用作防腐剂。植物性食品中以非柑橘类水果、叶菜、果仁、豆类含硼丰富，肉、鱼、乳类含硼较少。

（6）镍　镍（Ni）是 1751 年发现的。研究发现镍能促进红细胞的再生，调节体内激素的释放，增强体内某些酶的活性，影响体内矿物质的代谢，具有 DNA 和 RNA 结构的功能。富含镍的食物主要有巧克力、果仁、干豆和谷类。

三、食品加工过程中矿物质的损失

食品中矿物质的损失与维生素不同，在食品加工过程中常常不会因光、热、氧等发生化学反应引起，而是通过物理作用丢失或与其他物质形成另外一种不易被人体吸收与利用的化学形态而损失。食品在加工和烹调过程中对矿物质的影响是食品中矿物质损失的常见原因，如罐藏、烫漂、水煮、碾磨等加工工序都可能对矿物质造成影响。

1. 预加工

食品加工最初的整理和清洗等过程会直接带来矿物质的大量损失，如水果和蔬菜在加工中往往要进行去皮处理，芹菜等蔬菜要进行去叶处理等，由于靠近皮的部分、外层叶片和所有绿叶往往正是植物性食品中矿物质含量最高的部分，这些处理都可能引起富含矿物质的部分被废弃损失。

2. 烫漂、水煮、沥滤

果蔬食品加工过程常常要经过烫漂工序，由于要用水，在沥滤时可能会引起某些矿物质的损失。溶水流失是矿物质在加工过程中的主要损失途径，其损失多少与矿物质的溶解度有关，溶水流失主要影响可溶性矿物质，如钠、钾、镁等元素。热烫也有对矿物质有利的一面，除去蔬菜中的草酸，从而提高钙和镁的生物利用率；除去硝酸盐则可提高蔬菜的安全性。

3. 精制

精制是造成谷物中矿物质损失的主要因素，因为谷物中的矿物质主要分布在糊粉层和胚芽组织中，碾磨时促使矿物质含量减少，且碾磨越细，微量元素损失越大（表7－17）。通常要在谷物食品中添加一些微量元素来弥补加工过程中矿物质的损失。这里需要指出的是，由于某些谷物如小麦外层所含的抗营养因子在一定程度上妨碍矿物质在体内的吸收，因此，需要适当进行加工，以提高矿物质的生物可利用性。

表7－17　碾磨对小麦矿物质含量的影响

矿物质	含量/（mg/kg）				相对损失率/%
	全麦	面粉	麦胚	麦麸	
铁	43	10.5	67	47～78	76
锌	35	8	101	54～130	77
锰	46	6.5	137	64～119	86
铜	5	2	7	7～17	60
硒	0.6	0.5	1.1	0.5～0.8	16

4. 烹调过程

溶水流失是矿物质在加工过程中的主要损失途径。食品在烫漂、蒸煮或烹调过程中，遇水溶解而引起矿物质的大量损失，其损失多少与矿物质的溶解度有关（表7－18）。烹调方式不同，对于同一种矿物质的损失影响也不同（表7－19）。

烹调中食物间的搭配对矿物质也有一定的影响。若搭配不当时会导致矿物质的生物可利用率降低。例如，含钙丰富的食物与含草酸盐较高的食物共同煮制，就会形成螯合物，非常不容易溶解，在消化道中被机体吸收利用的程度很低，大大降低钙在人体中的利用率。

表7－18　菠菜烫漂后矿物质的损失

矿物质	含量/（mg/100g）		损失率/%
	未烫漂	烫漂	
钾	6.9	3.0	56
钠	0.5	0.3	43
钙	2.2	2.3	0
镁	0.3	0.2	36
磷	0.6	0.4	36
硝酸盐	2.5	0.8	70

表 7-19　不同烹调方式对马铃薯中铜含量的影响

烹调方式	含量/（mg/100g 鲜重）
生鲜	0.21 ±0.10
煮熟	0.10
烤熟	0.18
油炸薄片	0.29
马铃薯泥	0.10
法式油炸	0.27

5. 加工设备和包装材料

加工时矿物质含量的增加，可能是由于加工用水的加入而导致的，或接触金属容器和包装材料而造成。例如，牛乳中镍含量本来很低，但经过不锈钢容器、设备处理后镍的含量会明显上升；罐头食品中锡含量的增加就与食品罐头镀锡有关。

复习思考题

1. 食品中维生素的定义与特性？
2. 试述各类维生素的生理功能。
3. 维生素 A 与 β-胡萝卜素之间有什么关系？哪些物质是维生素 A 原？
4. 加热、氧化和碱性条件对哪些维生素的稳定性有影响？
5. 影响维生素 C 降解的因素有哪些？维生素 C 在食品工业中的作用有哪些？
6. 维生素中哪些维生素最稳定？哪些维生素最不稳定？
7. 简述食品加工与储藏过程中维生素的变化。
8. 什么是矿物质？食品中矿物质元素是如何分类的？
9. 哪些矿物质是人体所必需的？它们发挥了哪些主要作用？其中哪些是人体容易缺乏的？
10. 试述铁的生理功能及铁在食物中的存在形式对吸收率的影响。
11. 试述矿物质在食品加工中的变化。

CHAPTER 8

第八章 色素和着色剂

[学习目标与要求]

1. 了解食品中常见的色素以及食品加工过程中常用的着色剂的种类及特性；
2. 掌握叶绿素、血红素的结构性质及对产品质量的影响；
3. 熟悉花色苷、黄酮类化合物、类胡萝卜素、食品中允许使用的着色剂的种类、性质及应用。

第一节 概述

食品的色泽是通过它们反射或发射不同波长（380～770nm）的可见光，这些可见光能对人眼的视神经产生刺激所致。色素是指存在于细胞或组织中具有色泽的正常成分，着色剂是指有色泽的任何化学物质，食品级着色剂需获得某些官方机构的批准方可使用，如美国由食品与药物管理局（FDA）负责审核批准，称之为许可的着色剂。

食品的质量除营养价值和卫生安全性外，还包括颜色、风味和质地。颜色是食品感官质量最重要的属性，食品的颜色不仅能引起人们产生食欲，而且是鉴别食品质量优劣的一项重要感官指标，同时还影响人们对风味的感知。因此，了解食品色素和着色剂的种类、特性及其在加工和贮藏过程中如何保持食品的天然颜色，防止颜色变化，是食品化学中值得重视的问题。

在介绍食品色素和着色剂之前，我们先了解几个相关的概念：颜色是指人们对有色物质的感觉；色素是存在于细胞或组织中具有色泽的正常成分；着色剂是指有色泽的任何化学物质；色淀指吸附在惰性载体表面上的食品着色剂；染料是用在纺织工业上的着色剂，不能用于食品。

食品色素包括原料中固有的天然色素、添加于食物中的发色物质，以及食品在加工过程中某些原料成分转化成的有色物质。天然色素一般对光、热、酸、碱和某些酶是敏感的，所以在食品加工中广泛使用合成色素以达到食品着色的目的。近来合成色素的安全性问题已引起人们的关注，合成色素颜色鲜艳稳定，但一般都具有不同程度的毒性，甚至有的还有致癌作用。因此，天然资源中无毒色素的开发利用已成为食品科学的重要研究课题。

第二节　食品中的天然色素

食品中的天然色素按来源分为动物色素（如血红素、胭脂虫色素、卵黄素等）、植物色素（叶绿素、类胡萝卜素、辣椒红素等）和微生物色素（红曲色素、核黄素等）三大类。按其化学结构可分为卟啉类衍生物类色素（如叶绿素、血红素和胆色素）、异戊二烯衍生物类色素（如类胡萝卜素）、多酚类色素（花青素、类黄酮、儿茶素和单宁等）、酮类衍生物色素（红曲色素、姜黄色素）和醌类衍生物色素（虫胶色素和胭脂虫色素等）；这些不同来源的天然色素按其溶解度的不同可分为脂溶性色素（叶绿素、类胡萝卜素）和水溶性色素（花青素）。

随着天然色素工业的发展，很多天然色素已经分离出来作为食品添加剂使用，但部分天然色素物质还有待科研工作者研究。应该指出，天然色素物质并不都是无毒的，作为食品添加剂的使用，天然色素也必须经过毒理学的评价，确定出使用标准和质量标准，经有关部门审查后方可正式生产使用。

我国天然色素资源非常丰富，大力发展色素生产有十分广阔的前景。几年来，我国科技工作者相继研制出了一批安全性高、性能优良的天然色素品种，有的还填补了国际天然色素生物空白。

一、卟啉类色素（四吡咯类色素）

卟啉类色素是以四个吡咯环的 α - 碳原子通过次甲基相连成卟啉环为基础结构的天然色素。在其中央，4 个 N 原子以共价键和配位键与金属离子结合。卟啉环是一个复杂的共轭体系，具有吸光性，而不同卟啉类色素，吡咯环位置上有不同的取代基或螯合了不同的金属离子，从而使其呈现各种颜色。典型的卟啉类色素包括植物组织中的叶绿素及动物组织中的血红素。

1. 叶绿素

（1）叶绿素的结构　叶绿素是高等植物和其他能进行光合作用的生物体含有的一类绿色色素，存在于叶绿体中类囊体的片层膜上，在植物光合作用中进行光能的捕获和转换。叶绿素包括叶绿素 a、叶绿素 b、叶绿素 c 和叶绿素 d，以及细菌叶绿素和绿菌属叶绿素等。与食品有关的主要是高等植物中的叶绿素 a 和叶绿素 b 两种，其区别仅在于其中一个吡咯环中 3 位碳原子（图 8－1 中的 R）上的取代基不同。取代基是甲基时为叶绿素 a（蓝绿色），是醛基时为叶绿素 b（黄绿色），二者的比例一般为3∶1。当细胞死亡后，叶绿素即从叶绿体内游离出来，游离叶绿素很不稳定，对光、热、酸、碱都很敏感。

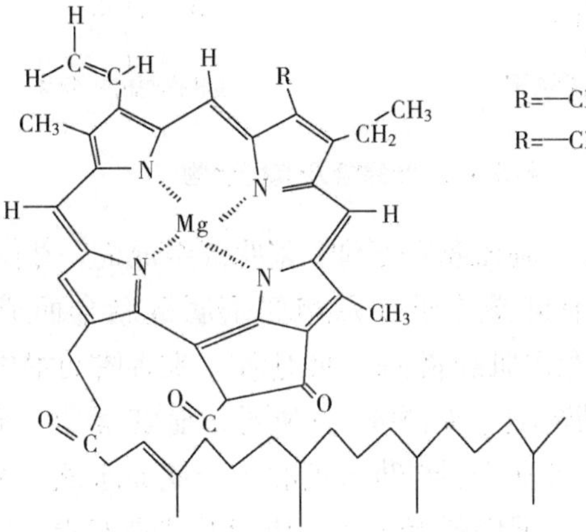

图 8－1　叶绿素的结构

（2）叶绿素的性质　叶绿素 a 和脱镁叶绿素 a 均可溶于乙醇、乙醚、苯和丙酮等溶剂，不溶于水，而纯品叶绿素 a 和脱镁叶绿素 a 仅微溶于石油醚。叶绿素 b 和脱镁叶绿素 b 也易溶于乙醇、乙醚、丙酮和苯，纯品几乎不溶于石油醚，也不溶于水。因此，极性溶剂如丙酮、甲醇、乙醇、乙酸乙酯、吡啶和二甲基甲酰胺能完全提取叶绿素。叶绿素 a 纯品是具有金属光泽的黑蓝色粉末状物质，溶点为 117～120℃，在乙醇溶液中呈蓝绿色，并有深红色荧光。叶绿素 b 为深绿色粉末，熔点 120～130℃，其乙醇溶液呈绿色或黄绿色，有红色荧光，叶绿素 a 和叶绿素 b 都具有旋光活性。菠菜是含叶绿素最丰富的蔬菜。

叶绿素在食品加工中最普遍的变化是生成脱镁叶绿素，在酸性条件下叶绿素分子的中心镁原子被氢原子取代，生成暗橄榄褐色的脱镁叶绿素，加热可加快反应的进行。单用氢原子置换镁原子还不足以解释颜色急剧变化的原因，很可能还包含卟啉共振结构的某些移位。在酸性条件下，叶绿素分子中的镁离子被两个质子取代，生成橄榄色的脱镁叶绿素，依然是脂溶性的。在叶绿素酶作用下，分子中的植醇由羟基取代，生成水溶性的脱植叶绿素，仍然为绿色的。焦脱镁叶绿素的结构中除镁离子被取代外，甲酯基也脱去，同时该环的酮基也转为烯醇式，颜色比脱镁叶绿素更暗。这些化合物之间的相互关系如图 8－2 所示。绿色蔬菜在长期贮藏中，蔬菜内的有机酸会使叶绿素生成脱镁叶绿素，最后使蔬菜变黄甚至变褐。在低温或干燥状态时，叶绿素的性质稳定，所以常常用冷冻法或冷冻干燥保绿。

2. 血红素

（1）血红素的结构　肌红蛋白和血红蛋白都是血红素与球状蛋白结合而成的结合蛋白，因此，肉的色素化学实际上是血红素色素化学。血红素是存在于高等动物血液和肌肉中的主要色素，肌肉中 90% 以上的色素是血红素，故肌肉的颜色主要为血红素的紫红

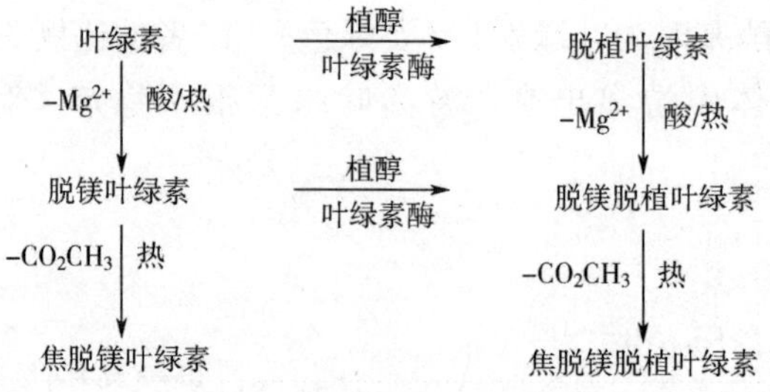

图 8－2　叶绿素及其衍生物

色。肌肉中的肌红蛋白是由 1 个血红素分子和 1 条肽链组成的，相对分子质量为 17000。而血液中的血红蛋白由 4 个血红素分子分别和四条肽链结合而成，相对分子质量为 68000。血红蛋白分子可粗略看作肌红蛋白的四连体。在活体动物中，血红蛋白和肌红蛋白发挥着氧气转运和储备的功能。如图 8－3 所示，血红素是一种铁卟啉化合物，中心铁离子有 6 个配位键，其中 4 个分别与卟啉环的 4 个氮原子配位结合。还有一个与肌红蛋白或血红蛋白中的球蛋白以配价键相连结，结合位点是球蛋白中组氨酸残基的咪唑基氮原子。第六个键则可以与任何一种能提供电子对的原子结合。

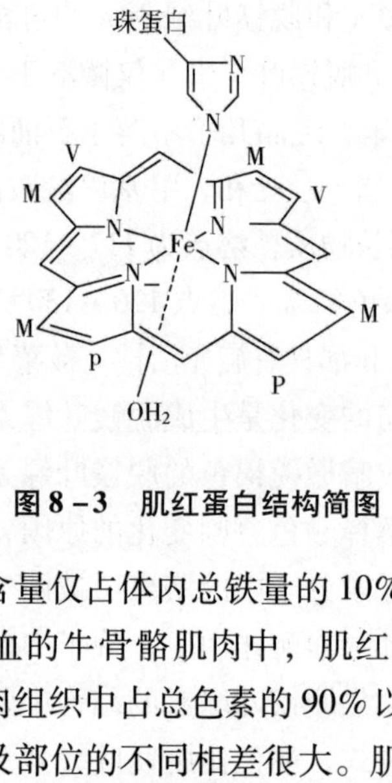

图 8－3　肌红蛋白结构简图

活动物体中肌红蛋白的铁含量仅占体内总铁量的 10%，在屠宰放血时大部分铁以血红蛋白的形式除去，在完全放血的牛骨骼肌肉中，肌红蛋白所含的铁占剩余总铁量的 95%或更多，肌红蛋白此时在肉组织中占总色素的 90%以上。肌肉组织中肌红蛋白的含量因动物种类、年龄和性别以及部位的不同相差很大。肌红蛋白及其各种化学形式并不是肌肉中唯一的色素，也不是生物学上最重要的色素，但它却是使肉类产生颜色的主要色素，其他肌肉色素含量少不足以呈色，它包括细胞色素类（类似卟啉－蛋白质复杂结构中含铁的红色血红素）、维生素 B_{12}（比肌红蛋白的结构要复杂得多，含有与血红素和细胞色素同样的卟啉环，但配位原子是钴原子而不是铁原子）、辅酶黄素（与细胞中的电子传递体系有联系）及血红蛋白。

（2）血红素的性质　动物屠宰放血后，对肌肉组织的供氧停止，新鲜肉中的肌红蛋白则保持还原状态，肌肉的颜色呈稍暗的紫红色。当鲜肉存放在空气中，肌红蛋白向两种不同的方向转变，部分肌红蛋白与氧气发生氧合反应生成鲜红色的氧合肌红蛋白，这一过程称为氧合作用。部分肌红蛋白与氧气发生氧化反应，使 Fe^{2+} 转变成 Fe^{3+}，生成褐色的高铁肌红蛋白。这两种反应可用图 8－4 来表示。

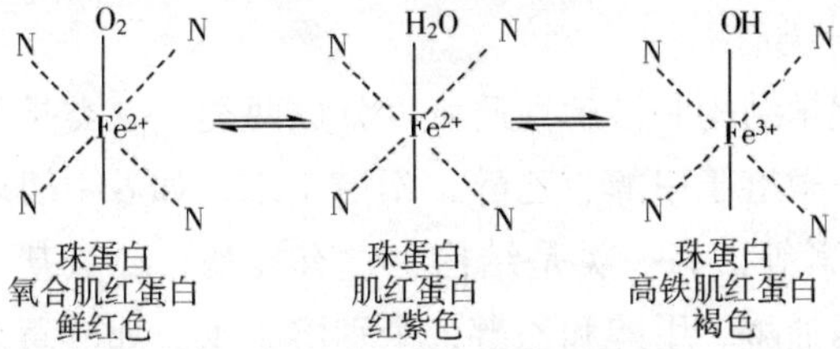

图 8－4　肌红蛋白的相互转化

新鲜肉放置空气中，表面会形成很薄一层氧合肌红蛋白的鲜红色泽。而在中间部分，由于肉中原有的还原性物质存在，肌红蛋白就会保持还原状态，故为深紫色。当鲜肉在空气中放置过久时，还原性物质被耗尽，高铁肌红蛋白的褐色就成为主要色泽。图 8－5 显示出这种变化受氧气分压的强烈影响，氧气分压高时有利于氧合肌红蛋白的生成，氧气分压低时有利于高铁肌红蛋白的生成。

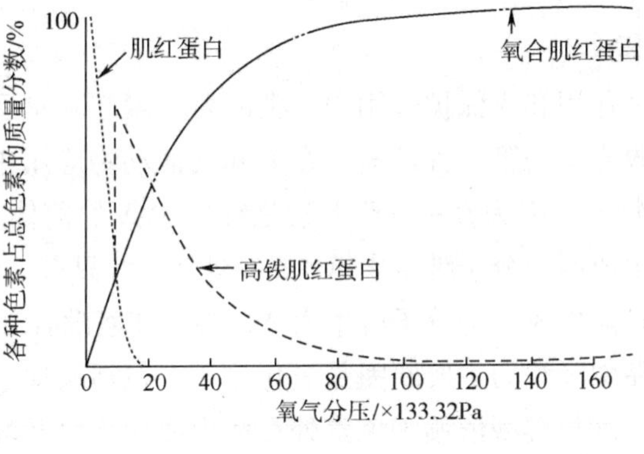

图 8－5　氧气分压对肌红蛋白相互转化的影响

鲜肉在热加工时，由于温度升高以及氧分压降低，肌红蛋白的球蛋白部分变性，铁被氧化成三价铁，产生高铁肌色原，熟肉的色泽呈褐色。当其内部有还原性物质存在时，铁可能被还原成亚铁，产生暗红色的肌色原。

火腿、香肠等肉类腌制品的加工中经常使用硝酸盐或亚硝酸盐作为发色剂。血红素的中心铁离子可与氧化氮以配价键结合而转变为氧化氮肌红蛋白，加热则生成鲜红的氧化氮肌色原。因此，腌肉制品的颜色更加诱人，并对加热和氧化表现出更大的稳定性。但可见光可促使氧化氮肌红蛋白和氧化氮肌色原重新分解为肌红蛋白和肌色原，并被继续氧化为高铁肌红蛋白和高铁肌色原，这就是腌肉制品见光褐变的原因。

二、类胡萝卜素

类胡萝卜素广泛分布于自然界，据估计自然界每年生成类胡萝卜素达 1 亿 t 以上，其中大部分存在于高等植物中，主要包括叶黄素、堇菜黄质和新黄质，以及各种藻类中的岩藻黄质。其他类胡萝卜素化合物在自然界中虽然也广泛存在，但数量较少，例如，β－胡萝卜素和玉米黄素。还有一些属于此类化合物的色素，例如，番茄中的番茄红素、红辣椒中的辣椒红以及胭脂树橙中的胭脂树素。

1. 类胡萝卜素的分类

类胡萝卜素按其化学结构和溶解性质可以分成两类，一类是称为胡萝卜素的纯碳氢化合物，溶于石油醚，微溶于甲醇、乙醇，不溶于水，如α－胡萝卜素、β－胡萝卜素、γ－胡萝卜素及番茄红素等；另一类是结构中含有羟基、环氧基、醛基、酮基等含氧基团的叶黄素类，溶于石油醚、甲醇和乙醇，个别溶于水，如叶黄素、玉米黄素、辣椒红素、虾黄素、藏红花素等。

2. 类胡萝卜素的结构

类胡萝卜素包括胡萝卜素及其含氧衍生物叶黄素，它们的结构特征是具有共轭双键，构成其发色基团，这类化合物由8个异戊二烯单位组成，异戊二烯单位的连接方式是在分子中心的左右两边对称。从番茄红素的基本结构可知，在中心碳原子对的周围为对称排列，两端环化生成β－胡萝卜素，以15－15′这对碳原子形成分子的中心。另一些类胡萝卜素亦具有相同的中心结构，但末端基团不相同。图8－6是一些常见类胡萝卜素的结构。

3. 类胡萝卜的性质

在植物组织的光合作用和光保护作用中，类胡萝卜素起着重要的作用，它是所有含叶绿素组织中能够吸收光能的第二种色素。在人和其他动物应用中，类胡萝卜素主要是作为维生素A的前体物质，因为β－胡萝卜素是维生素A的前体。β－胡萝卜素的分子中心位置发生断裂可生成两个分子维生素A。α－胡萝卜素只有一半的结构与β－胡萝卜素是相同的，所以它只能生成一个分子维生素A，番茄红素没有维生素A活性。

类胡萝卜素在食品中降解的主要原因是氧化作用，包括酶促氧化、光敏氧化和自动氧化三种历程。氧化程度与类型依赖于色素处在体内或体外以及环境条件。在未损伤的活体组织中，色素的稳定性很可能与细胞的渗透性和起保护作用的成分存在有关，例如，番茄红素在番茄果实中非常稳定，但提取分离得到的纯色素不稳定。类胡萝卜素由于高度共轭与不饱和结构，降解产物非常复杂。以β－胡萝卜素为例，在氧化反应初期生成环氧衍生物与羰基化合物，进一步氧化形成短链的单环氧或双环氧化合物，包括环氧β－紫罗酮。通常环氧结构是在末端形成，然而在链的其他任何位置都可发生氧化反应。一旦类胡萝卜素的环被环氧化后，则失去维生素A原的活性，当自动氧化程度严重时将使类胡萝卜素褪色或完全失去颜色。亚硫酸盐或金属离子的存在将加速β－胡萝卜素的氧化。许多组织中存在着能迅速降解类胡萝卜素的酶体系，特别是脂肪氧合酶。例如，绿叶在室温下浸渍20min，有一半的类胡萝卜素损失。在许多食品中由于脂肪氧合酶的作用而加速类胡萝卜素降解，这是一种间接机制引起的。脂肪氧合酶首先催化不饱和或多不饱和脂肪酸氧化，产生过氧化物，随即过氧化物快速地与类胡萝卜素反应，使颜色褪去。

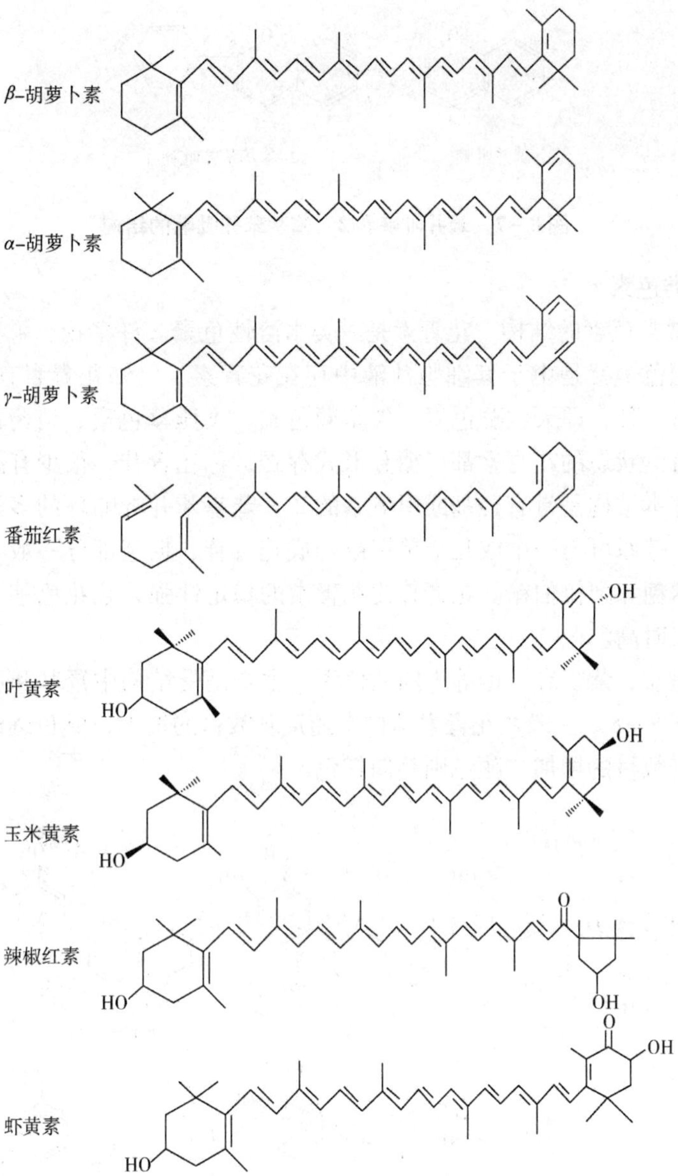

图8-6 常见类胡萝卜素的结构

三、 多酚类色素

多酚类色素是一类在自然界分布最广泛的水溶性色素，具有各种不同的色泽。其分子结构的特点是含有多个酚羟基，并有一个基本母核苯并吡喃，又称苯并吡喃衍生物，结构如图8-7所示。根据多酚类色素结构上的差异，可以分为花青素类色素、黄酮类色素和无色花青素。在食品加工过程中，花青素稳定性不高导致颜色变化非常大，是植物性食品产生色变的重要原因。除为植物组织提高色泽外，多酚类化合物是重要的食品添加剂及功能食品成分。

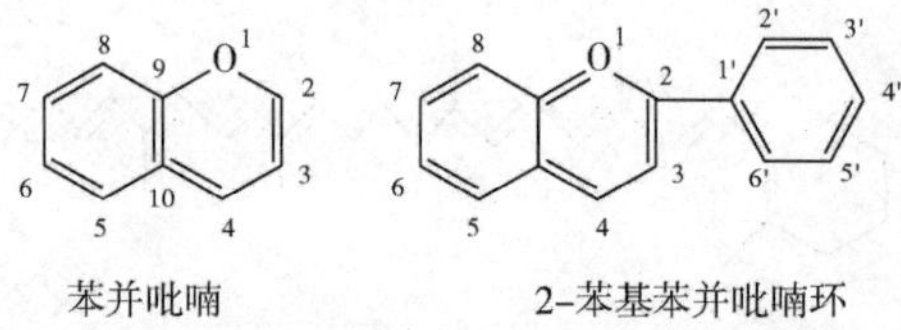

图 8－7　苯并吡喃和 2－苯基苯并吡喃的结构

1. 花青素类色素

（1）花青素类色素的结构　花青素是一类水溶性色素。许多花、果实、茎和叶之所以具有鲜艳的颜色，就是由于其细胞汁液中存在花青素。已知花青素有 20 多种，但在食物中重要的有 6 种，即天竺葵色素、矢车菊色素、飞燕草色素、芍药色素、牵牛色素和锦葵色素。自然状态的花青素都以糖苷形式存在，称花青苷，很少有游离的花青素存在。花青素的基本结构是带有羟基或甲氧基的 2－苯基苯并吡喃环的多酚化合物，称为花色基原。花色基原可与一个或几个单糖结合成花青苷，糖基部分一般是葡萄糖、鼠李糖、半乳糖、木糖和阿拉伯糖。花青苷比花青素的稳定性强，且花色基原中甲氧基多时稳定性比羟基多时高。

花青素可呈蓝、紫、红、橙等不同的色泽，主要是受结构中羟基和甲氧基的取代作用的影响，见图 8－8。一般在花青素结构中随羟基数目的增加，颜色逐渐向紫蓝方向增强；随着甲氧基数目的增加，颜色则趋向红色。

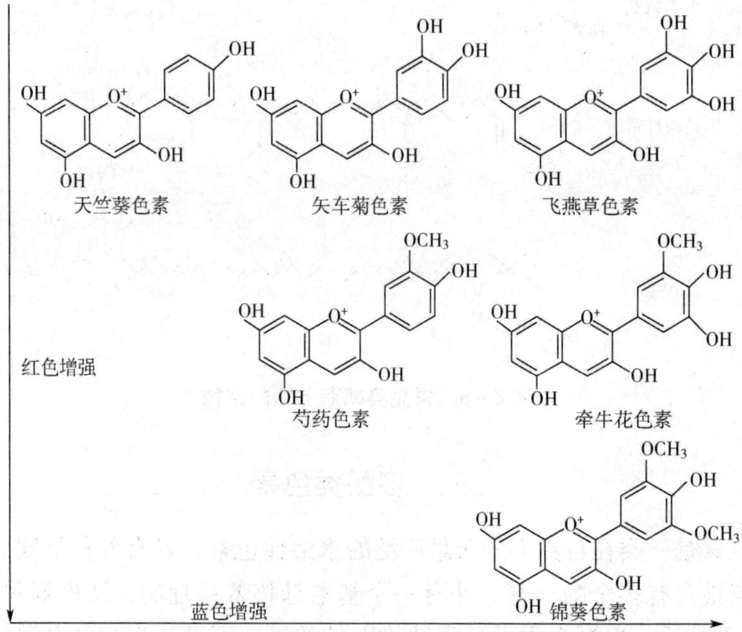

图 8－8　食品中常见花青素及取代基对其颜色的影响

（2）花青素的性质　花青素和花青苷的化学稳定性不高，在食品加工和贮藏中经常因化学作用而变色。影响变色反应的因素包括 pH、温度、光照、氧、氧化剂、金属离子、酶等。苯并吡喃环结构遇氧和氧化剂发生氧化作用，使色素分解和褪色，该类色素使用时应尽量避免与氧和氧化剂接触。此外，花青素类色素能和一些食品添加剂（如亚硫酸盐、抗坏血酸等）发生加成或缩合反应，生成另一种无色化合物，使色素褪色，所以该类色素应尽量避免与这些物质共同使用。

①pH 的影响：在花青苷分子中，其吡喃环上的氧原子是四价的，具有碱性，而其酚羟基上的氢可以解离，则具有酸性。这使花青苷在不同 pH 下出现 4 种结构形式，由图8－9 可见，花青素的颜色随之发生相应改变。以矢车菊色素为例，在酸性 pH 中呈红色，在 pH 8～10 时呈蓝色，而 pH >11 时吡喃环开裂，形成无色的查耳酮。

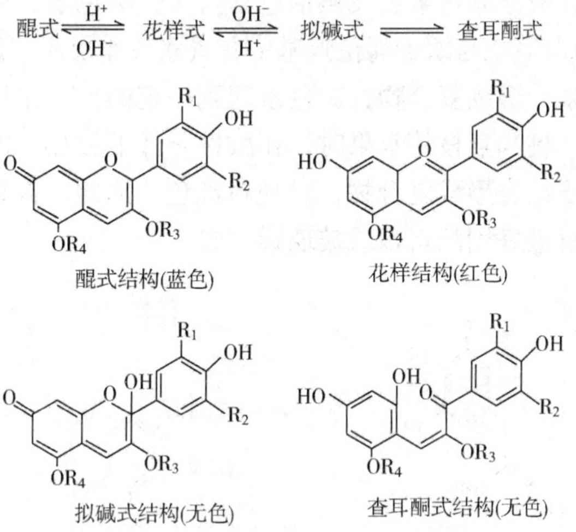

图 8－9 花青苷在不同 pH 下结构和颜色的变化

②温度和光照的影响：高温和光照会影响花青素的稳定性，加速花青素的降解变色。一般来说，花色基原中含羟基多的花青素的热稳定性不如含甲氧基或含糖苷基多的花青素。光照下，酰化和甲基化的二糖苷比非酰化的二糖苷稳定，二糖苷又比单糖苷稳定。

③抗坏血酸的影响：果汁中抗坏血酸和花青素的量会同步减少，且促进或抑制抗坏血酸和花青苷氧化降解的条件相同。这是由于抗坏血酸在被氧化时可产生过氧化氢，过氧化氢亲核进攻花色基原的 2 位碳，使吡喃环阳离子开裂，产生无色的醌和香豆素衍生物，这些产物还可进一步降解或聚合，最终在果汁中产生褐色沉淀。

④二氧化硫的影响：贮藏和加工时添加亚硫酸盐或二氧化硫可导致花色素迅速褪色，同时水果中存在其他色素而产生微黄色或无色。如图 8－10 所示，其原因是亚硫酸在花色素 2 或 4 碳位置上发生加成反应，生成无色的化合物。二氧化硫使花色素褪色的过程可以是可逆或不可逆的，在加工果酱时煮沸和酸化可使亚硫酸除去，于是又重新形成花色素。

⑤金属元素的影响：花青素可与 Ca、Mg、Mn、Fe、Al 等金属元素形成络合物，如

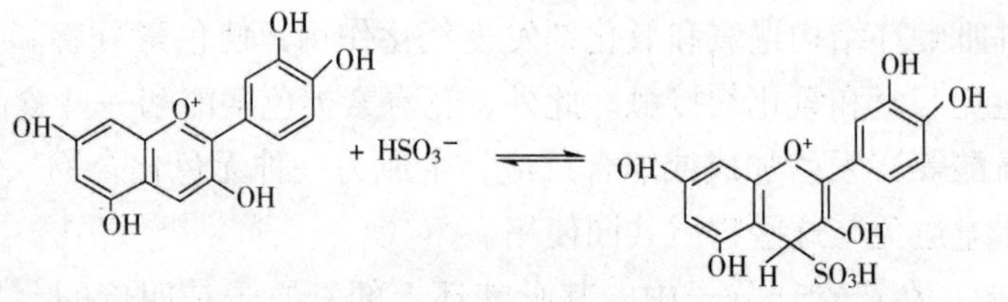

图8－10　花青素与二氧化硫形成复合物

图8－11所示，产物通常为暗灰色、紫色、蓝色等深色色素，使食品失去吸引力，所以生产和使用该类色素食品时一般不用铁罐、锡罐等盛装。利用$AlCl_3$能与花色素反应的性质可以将牵牛花色素，矢车菊色素、飞燕草色素与天竺葵色素、芍药色素和锦葵色素区别开来。这是因为$AlCl_3$不能与缺少邻位羟基的花青素发生反应。还必须注意的是，某些金属离子也能和花色素苷形成复合物，对色素起到一定的保护作用，同时也能引起果汁变色，尤其是加工梨、桃和荔枝等水果时，在酸性条件下加热，由于原花青素转变为花色素，继而与金属离子结合形成复合物，呈现粉红色。因此，含花青素的果蔬加工时不能接触金属制品，并且最好用涂料罐或玻璃罐包装。

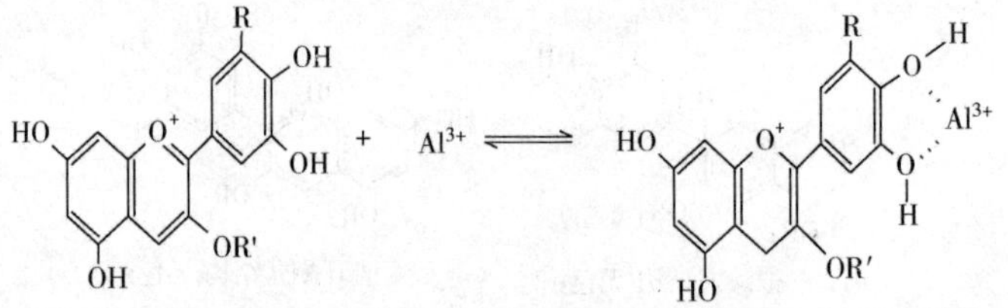

图8－11　花色苷与金属离子形成络合物

⑥糖及糖的降解产物的影响：高浓度的糖有利于花色素的稳定，原因是糖浓度高，水分活度较低，花青素生成拟碱式结构的速度减慢，故花青苷的颜色较稳定。但浓度低时恰恰相反，糖及其降解产物会加速花青素的降解，而且与糖的种类有关，其中果糖、阿拉伯糖、乳糖和山梨糖对花色素苷的降解作用大于葡萄糖、蔗糖和麦芽糖。花青素的降解速率取决于糖转化为糖醛的速率。糖醛能与花色素缩合形成褐色化合物，在果汁中这类反应非常明显，其反应机理不清楚。但可以肯定，缩合反应与温度密切相关，氧能加速反应进行。

⑦酶促变化：花青素的降解与酶有关，糖苷酶和多酚氧化酶能引起花青素失去颜色，因此，有时将它们称为花色素苷酶。糖苷酶的作用是水解花青苷的糖苷键，生成糖和配基花青素，颜色的损失是由于花青苷在水中的溶解度降低或转变为无色化合物。多酚氧化酶是在有氧和邻二酚存在时，首先将邻二酚氧化成为醌，其次邻苯醌与花青苷反应形成氧化的花青苷和降解产物，从而导致褪色。

2. 黄酮类色素

（1）黄酮类色素　黄酮类色素广泛分布于植物组织细胞中，是一类水溶性色素，常为浅黄或无色，有时为鲜明的橙黄色。黄酮类色素的母核是 2 - 苯基苯并吡喃酮，如图 8 - 12 所示。

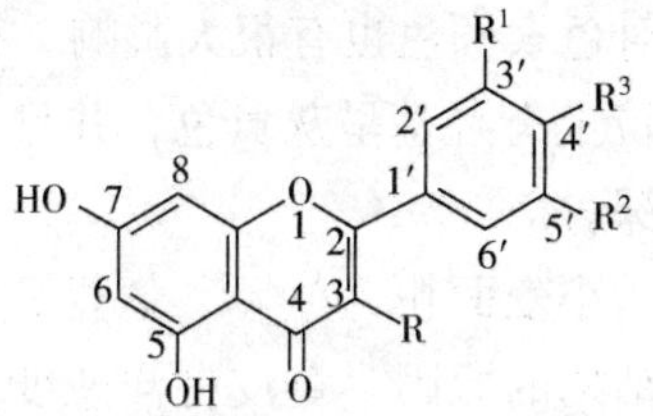

图 8 - 12　黄酮类色素母核的结构

黄酮类色素的类似物还有：黄酮、黄酮醇、黄烷酮、黄烷酮醇、双黄酮等衍生物，它们的结构见图 8 - 13。

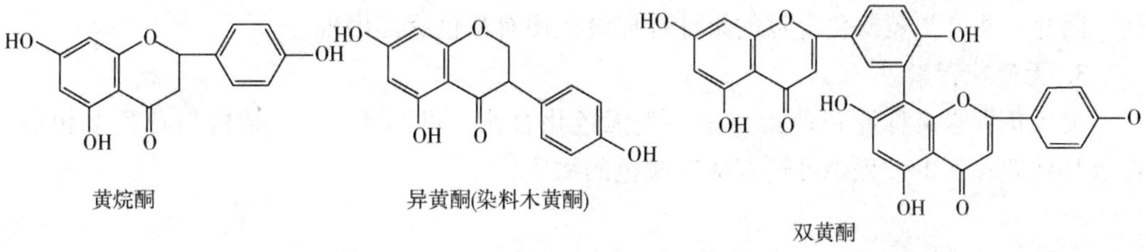

图 8 - 13　部分类黄酮类物质的结构

黄酮类母核在不同碳位上发生羟基或甲氧基取代，即成为黄酮类色素。食品中常见黄酮类色素的结构如图 8 - 14 所示。黄酮类多以糖苷的形式存在，成苷位置一般在母核的 4、5、7、3′碳位上，其中以 C - 7 位最常见。成苷的糖基包括葡萄糖、鼠李糖、半乳糖、阿拉伯糖、木糖、芸香糖、新橙皮糖和葡萄糖酸。

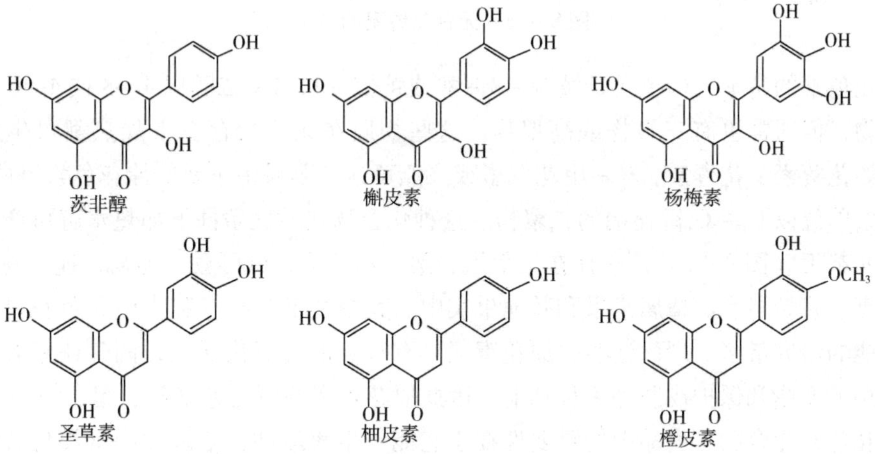

图 8 - 14　常见黄酮类色素的结构

（2）类黄酮的性质　类黄酮的羟基呈酸性，因此，具有酸类化合物的通性。自然条件下，类黄酮的颜色从浅黄到无色，但在碱性溶液中类黄酮易开环生成查耳酮型结构而呈黄色、橙色或褐色。在酸性条件下，查耳酮又恢复为闭环结构，于是颜色消失。类黄酮中酚羟基数目和结合的位置对色素颜色也有很大影响，在3′或4′碳位上有羟基（或甲氧基）多呈深黄色，而在3碳位上有羟基呈灰黄色，并且3碳位上的羟基还能使3′或4′碳位上有羟基的化合物颜色加深。

一些食品如马铃薯、稻米、小麦面粉、芦笋、荸荠等在碱性水中烹煮变黄，即是黄酮物质在碱作用下形成查耳酮结构的原因。黄皮种洋葱变黄的现象更为显著，在花椰菜和甘蓝中也有变黄现象发生。因此，在果蔬加工中要用柠檬酸调整预煮水的 pH 来控制黄酮类色素的变化。

类黄酮可与多价金属离子形成络合物。例如，与 Al^{3+} 络合后会增强黄色，与铁离子络合后可呈蓝、黑、紫、棕等不同颜色，这与分子中3′、4′、5′碳位上的羟基数目有关。3碳位上的羟基与三氯化铁作用呈棕色。类黄酮色素在空气中放置容易氧化产生褐色沉淀，因此一些含类黄酮化合物的果汁存放过久便有褐色沉淀出现。

3. 无色花青素

无色花青素又称原花色素，是一类无色化合物，见图8－15。结构与花色素相似，在食品处理和加工过程中可转变成有颜色的物质。

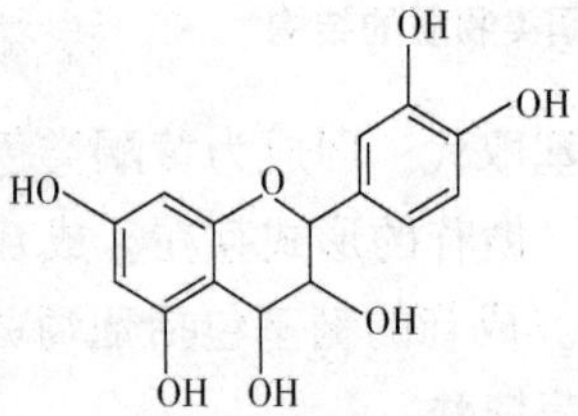
黄烷-3,4-二醇

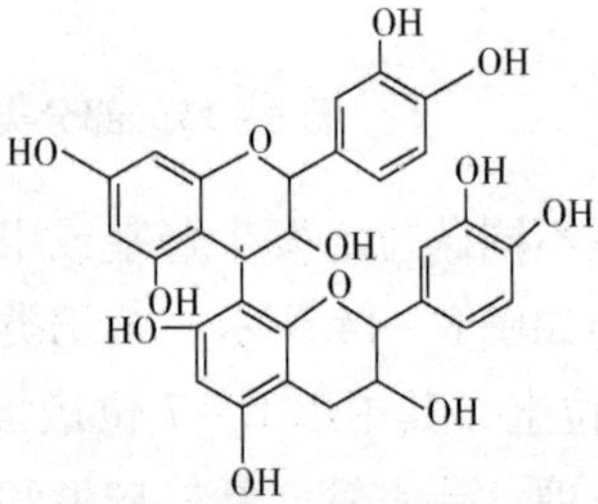
无色花色素

图8－15　无色花青素的结构

原花色素的基本结构单元是黄烷－3－醇或黄烷－3，4－二醇以4→8或4→6键形成的二聚物，但通常也有三聚物或高聚物。这些物质在无机酸存在下加热都可生成花色素，例如花葵素、花青素、3′－甲花翠素或飞燕草素。苹果中主要的原花色素是两个L－表儿茶素单位以 C_4-C_8 键连接的二聚物。这种化合物在酸性条件下加热水解可产生花色素和表儿茶素（图8－16），它存在于苹果、梨、柯拉果、可可豆、葡萄、莲、高粱、荔枝、沙枣、蔓越橘、山楂属浆果和其他果实中。其中关于葡萄籽和皮中无色花青素的结构和功能的研究最多。现已证实，原花青素具有很强的抗氧化活性，同时还具有抗心肌缺血、调节血脂和保护皮肤等多种功能，因此原花青素的研究愈来愈引起人们的重视。

原花色素化合物在食品中的重要性在于它能产生收敛性，苹果汁中这类化合物可产生特征的口味，对增加许多水果和饮料（例如柿、蔓越橘、橄榄、香蕉、巧克力、茶、葡萄酒等）的风味和颜色都是很重要的。另一方面，这类化合物的邻位羟基在水果和蔬

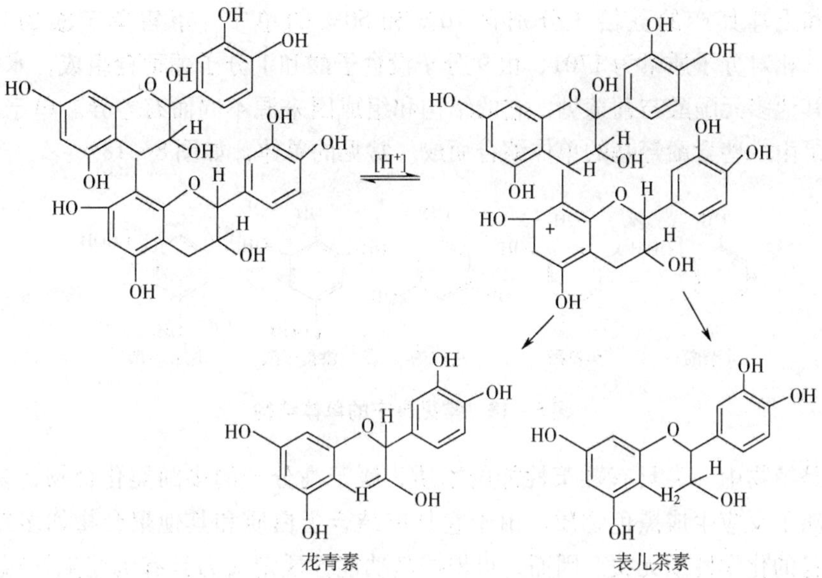

图 8－16　原花青素的结构单元和水解机制

菜中，可引起酶促褐变反应和在空气中或光照下降解，生成稳定的红褐色衍生物，使啤酒及葡萄酒产生浑浊和涩味，这主要是由于原花青素的 2～8 聚合体与蛋白质作用。

4. 单宁

单宁（Tannins）又名单宁酸、倍单宁酸（鞣酸），通常称为鞣质，广泛存在于植物中，在五倍子、柿子等植物中含量较高。目前单宁还没有严格的定义，许多结构不同的化学物质都罗列在这一名称下。

食品中单宁包括两种类型，一类是缩合性单宁，在稀酸作用下，单宁不但不发生分解，反而会进一步缩合为高分子；另一类是水解单宁，包括倍单宁和鞣花单宁，在较温和的条件下（如稀酸、酶、煮沸等），它可被水解为构成分子的单体，然后这些单体又互相缩合成酯、酐或苷等新化合物。鞣花单宁为没食子酸和鞣花酸的聚合物。典型的鞣花单宁含有没食子酸、鞣花酸和一个葡萄糖分子，称为诃黎勒鞣花酸，其结构见图 8－17。

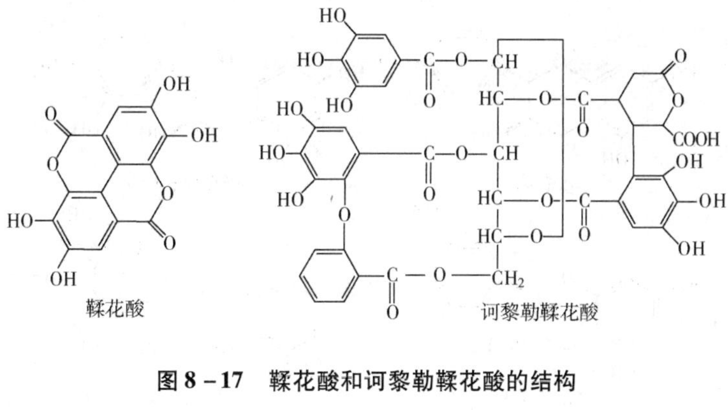

图 8－17　鞣花酸和诃黎勒鞣花酸的结构

我国和土耳其产的五倍子分别含70%和50%的单宁。市售单宁酸的分子式为$C_{75}H_{52}O_{46}$，相对分子质量为1701，由9分子没食子酸和1分子葡萄糖组成，水解生成没食子酸或其他多元酚酸与葡萄糖，它的结构和组成因来源不同而有差异。单宁的结构很复杂，都是由一些含酚羟基的单体缩合而成。常见的单体，如图8-18。

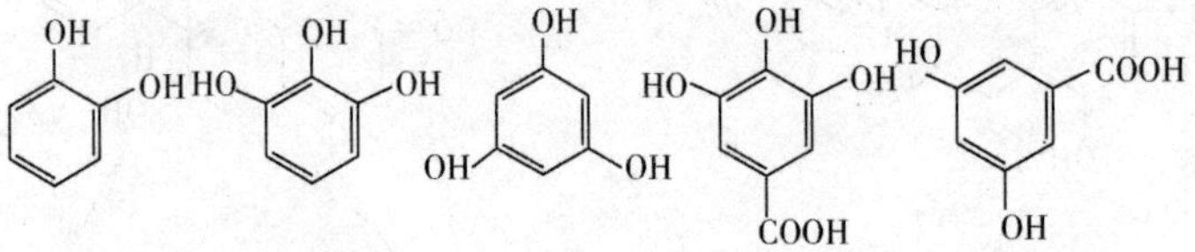

儿茶酚　焦棓酚　根皮酚　没食子酸　原儿茶酸

图8-18　常见单宁的单体结构

单宁是植物中一类具有鞣革性能的物质，属于高分子的多酚类化合物，易被氧化，易与金属离子反应生成黑色物质。由于它具有结合蛋白质和其他聚合物如多糖的能力，而与其本身的化学性质无关。因而，可根据其功能性质定义为具有沉淀生物碱、明胶和其他蛋白质能力的，且相对分子质量在500～3000的水溶性多酚化合物。单宁可使食品具有收敛性涩味，并产生酶促褐变反应，其作用机理尚不完全了解。

5. 儿茶素

儿茶素是存在于茶叶中的一类茶多酚物质，在茶叶中含量非常高，其中最常见的有六种，即：L-表没食子儿茶素，L-没食子儿茶素，L-表儿茶素，L-儿茶素，L-表儿茶素没食子酸酯，L-表没食子儿茶素没食子酸酯。“表”字意思是母核中2，3位的取代基处于吡喃环的同侧。儿茶素本身无色，具有较轻的涩味。

儿茶素又称黄烷-3-醇衍生物，结构见图8-19。儿茶素特异的性质取决于其结构中的2-苯基苯并吡喃和—OH取代基，能够与蛋白质、金属离子生成有色的沉淀，具有还原性，易被空气、多酚氧化酶氧化为有颜色的物质，在高温下更易发生氧化。所以当含有儿茶素的植物组织受机械损伤时，植物组织中的酶就会使儿茶素发生酶促褐变。儿茶素与金属离子结合产生白色或有色沉淀，例如，儿茶素溶液遇到三氯化铁生成黑绿色沉淀，遇醋酸铅生成灰黄色沉淀。高温、潮湿的环境下，遇到氧，儿茶素也会发生自动氧化。

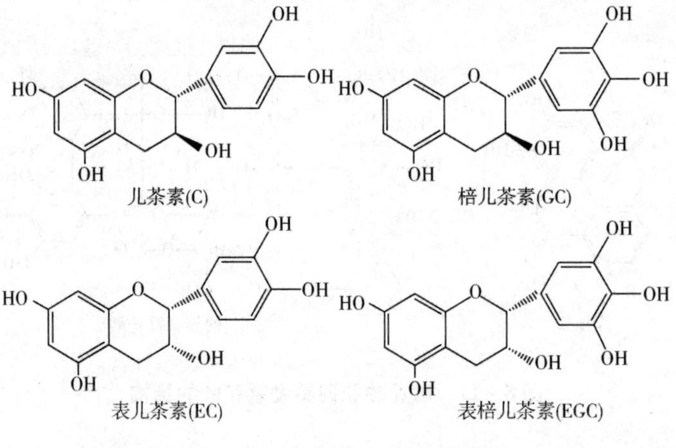

图8-19　儿茶素化合物的结构

第三节　食品中的天然着色剂

着色剂根据来源不同分成人工合成着色剂和天然着色剂。合成着色剂的着色力强、色泽鲜艳、不易褪色、稳定性好、易溶解、易调色、成本低，但安全性低。天然着色剂主要从各种植物中提取，其中很多品种均具有生理活性。相对合成着色剂而言，天然食用色素更加安全。天然着色剂主要根据来源来命名，例如：红曲红、辣椒红、胭脂虫红、高粱红、姜黄、栀子黄、红花黄色素等。许多天然着色剂具有一定的生理活性，例如红曲米有降血脂作用，姜黄有抗癌作用，红花黄有降压作用，辣椒红有抗氧化作用，菊花黄有抗氧化作用，高粱红有抗氧化作用，玉米黄有抗氧化作用，沙棘黄有抗氧化作用，桑葚红有降血脂作用，葡萄皮红有调脂作用，紫草红有抗炎症作用，茶绿素有调血脂作用。

一、红曲色素

红曲色素来源于红曲米，是由红曲霉菌丝分泌产生的微生物色素，早在我国古代就有用它给食品着色的做法。目前已证实红曲色素为混合物，一般粗制品含有 18 种成分，已确定结构的有 6 种成分，分别为黄色的红曲素和黄红曲素、橙色的红斑红曲素和红曲玉红素、紫红色的红斑红曲胺和红曲玉红胺，在化学结构上均属于酮类衍生物，其中应用最多的是橙色的红斑红曲素和红曲玉红素。6 种红曲色素的结构式见图 8 – 20。

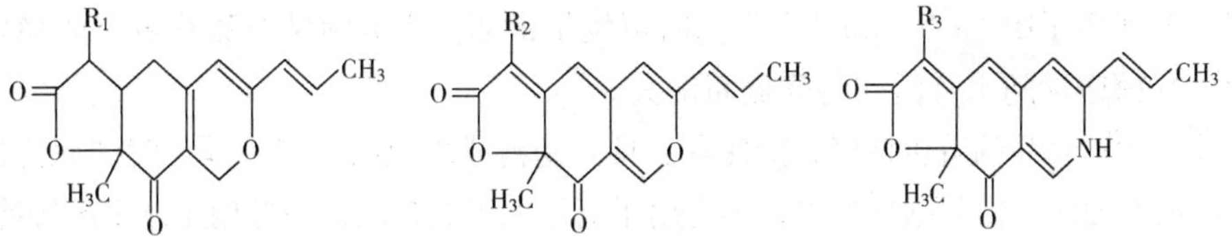

(黄色红曲色素)
R_1= —COC_3H_{11}红曲素
R_1= —COC_7H_{15}黄红曲素

(橙色红曲色素)
R_2= —COC_5H_{11}红斑红曲素
R_2= —COC_7H_{15}红曲玉红素

(紫色红曲色素)
R_3= —COC_7H_{15}红斑红曲胺
R_3= —COC_5H_{11}红曲玉红胺

图 8 – 20　6 种红曲色素的结构

红曲色素易溶于中性及偏碱性水溶液，在 pH4 以下介质中，溶解度极低，极易溶于乙醇、丙二醇、丙三醇及其水溶液，不溶于油脂及非极性溶剂，具有较强的耐光、耐热等优点。几乎不受金属离子的影响，也不易被氧化或还原，对一些化学物质例如亚硫酸盐、抗坏血酸有较好的耐受性。在 0.25% 色素溶液中，添加 100mg/kg 的抗坏血酸或亚硫酸钠、过氧化氢，放置 48h 后仍然不变颜色。但强氧化剂次氯酸钠易使其漂白，Ca^{2+}、Mg^{2+}、Fe^{2+} 和 Cu^{2+} 等离子对色素的颜色均无明显影响。红曲色素是我国食品卫生法规定允许使用的食用色素之一，广泛用于肉制品、豆制品、糖、果酱和果汁等的着色。

二、 甜菜色素

甜菜色素是存在于食用红甜菜中的天然植物色素，由红色的甜菜红素和黄色的甜菜黄素所组成。甜菜红素中主要成分为甜菜红苷，占红色素的75%～95%，其余尚有异甜菜苷、前甜菜苷等。甜菜黄素包括甜菜黄素Ⅰ和甜菜黄素Ⅱ。其结构如图8－21所示，是一种吡啶衍生物。

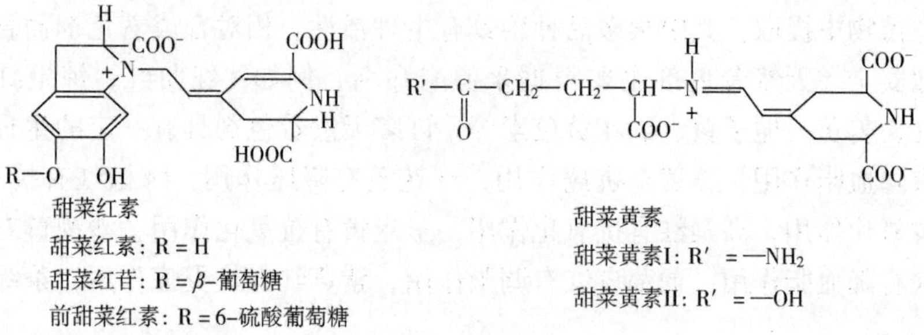

图8－21　甜菜红的结构

甜菜红素一般以糖苷的形式存在，有时也有游离的甜菜红素。甜菜红素分子在缺氧、酸性或碱性条件下很容易在C_{15}位上发生差向异构，形成异甜菜红素。

甜菜色素易溶于水，不溶于油脂，其溶液呈红紫色，在pH 4.0～7.0不变色；pH小于4.0或大于7.0时，溶液颜色由红变紫；pH超过10.0时，溶液颜色迅速变黄，此时甜菜红素转变成甜菜黄素。

甜菜色素的耐热性不高，在pH 4.0～5.0时相对稳定，光、氧、金属离子等可促进其降解。金属离子中Fe^{3+}、Cu^{2+}含量高时可发生褐变。水分活性对甜菜色素的稳定性影响较大，其稳定性随水分活性的降低而增大。

甜菜色素对食品的着色性好，能使食品具有杨梅或玫瑰的鲜红色泽，我国允许用量按正常生产需要而定。但其耐热性差，不宜用于高温加工的食品，最好用于冰淇淋等冷食。

三、 姜黄色素

姜黄素是从草本植物姜黄根茎中提取的一种黄色色素，属于二酮类化合物，其分子结构见图8－22。姜黄素易溶于冰醋酸、乙酸乙酯和碱性水溶液，溶于甲醇、乙醇、丙二醇，不溶于水、热水、乙醚。

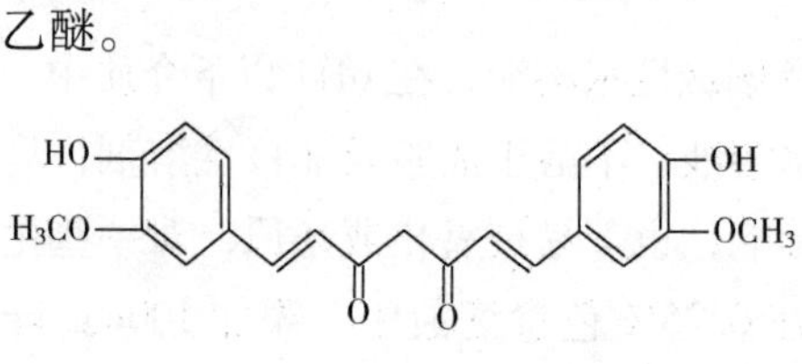

图8－22　姜黄素的结构

姜黄素为橙黄色粉末，具有姜黄特有的香辛气味，味微苦。在中性和酸性溶液中呈黄色，在碱性溶液中呈褐红色。对热较稳定，与金属离子，尤其是与铁离子可以结合成螯合物，导致变色。易受氧化而变色，但耐还原性好，对蛋白质的着色力强。对光稳定性差，光照后颜色变浅。可以作为糖果、冰淇淋等食品的增香着色剂。我国允许的添加量因食品而异，一般为0.01g/kg。

四、 虫胶色素

虫胶色素是一种动物色素，它是紫胶虫在蝶形花科黄檀属、梧桐科芒木属等寄生植物上分泌的紫胶原胶中的一种色素成分。在我国主要产于云南、四川、台湾等地。

虫胶色素有溶于水和不溶于水两大类，均属于蒽醌衍生物。溶于水的虫胶色素称为虫胶红酸，包括A、B、C、D、E五种组分，结构如图8－23所示。

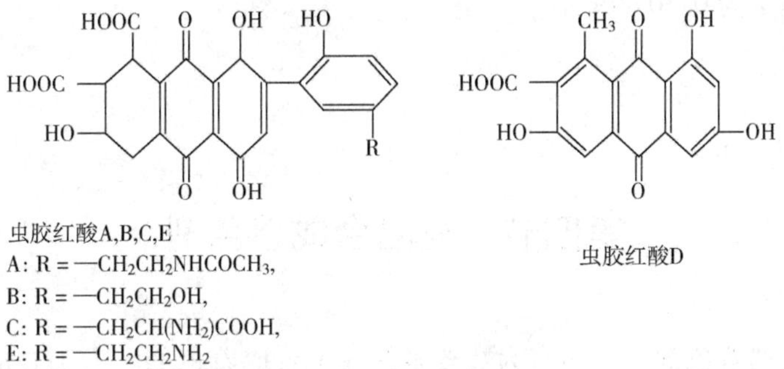

图8－23　虫胶红酸结构图

虫胶红酸为鲜红色粉末，微溶于水、乙醇，易溶于碱性溶液。溶液的颜色随pH变化而变化，pH小于4.5为黄色，pH＝4.5～5.5为橙红色，pH大于5.5为紫红色。虫胶红酸易与碱金属以外的金属离子生成沉淀，在酸性时对光、热稳定，在强碱性溶液（pH＞12）中易褪色。虫胶色素适于在偏酸性食品、饮料中使用，常用于饮料、糖果、罐头着色，我国允许的最大使用量为0.5g/kg。

五、 焦糖色素

焦糖色素也称酱色，是蔗糖、饴糖、淀粉水解产物等在高温下发生不完全分解并脱水聚合而形成的红褐色或黑褐色的混合物。如蔗糖，在160℃下形成葡聚糖和果聚糖，在185～190℃下形成异蔗聚糖，在200℃左右聚合成焦糖烷和焦糖烯，200℃以上则形成焦糖块，酱色即上述各种脱水聚合物的混合物。

焦糖色素无臭或略带特殊的甜香气和愉快的焦苦，着色力强、性质稳定、水溶性好、安全无毒。在不同pH下呈色稳定，耐光、耐色性均好，但当pH大于6时易发霉。根据加工过程中使用催化剂的不同可分为四类：a普通焦糖、b苛性亚硫酸盐焦糖、c氨法焦糖、d亚硫酸铵焦糖。在我国允许使用的为a、c、d类，a、c类焦糖主要用于果汁（味）饮料、酱油、调味罐头、糖果生产，d类焦糖主要用于碳酸饮料、黄酒生产。其用量无特殊规定。

六、 叶绿素铜钠盐

叶绿素铜钠盐（sodium copper chlorophyll）为墨绿色粉末，是以天然的绿色植物组织，如蚕粪、三叶草、苜蓿、竹子等植物的叶子为原料，用丙酮、甲醇、乙醇、石油醚等有机溶剂提取，以铜离子取代叶绿素中心的镁离子，同时用碱对其进行皂化，除去甲基和植醇基后的羧基成为羧酸二钠盐。因而，叶绿素铜钠盐为半合成色素，与其结构和生成原理类似的叶绿素系列色素还有叶绿素铁钠盐、叶绿素锌钠盐等。

叶绿素铜钠盐有吸湿性，易溶于水且水溶液呈蓝绿色，透明，其耐光性和耐酸性强于叶绿素，着色坚牢度强，色彩鲜艳，但在酸性食品或含钙食品中使用时产生沉淀，遇硬水亦生成不溶性盐而影响着色和颜色。

我国规定，叶绿素铜钠盐可用于果味水、果味粉、果子酱、汽水、配制酒、糖果和罐头，最大使用量为0.50g/kg。

第四节　食品合成着色剂

着色剂除天然着色剂外，还有为数较多的人工合成着色剂。人工合成着色剂中，油溶性偶氮类着色剂不溶于水，进入人体内不易排出体外，毒性较大，目前基本上不再使用。水溶性偶氮类着色剂较容易排出体外，毒性较低，目前世界各国使用的合成着色剂几乎全是水溶性偶氮类着色剂。人工合成色素用于食品着色有很多优点，例如，色彩鲜艳、着色力强、性质较稳定、结合牢固等，这些都是天然色素所不及的。但人工合成色素有很多是对人体有害的，多数人工合成着色剂属于偶氮化合物，有一定的致癌性。因此与天然色素相比，合成色素安全性较差。

一、 合成色素分类、 结构和性质

不同国家允许用于食品着色的合成色素种类是不同的。在中国允许使用的合成色素有：苋菜红、胭脂红、柠檬黄、靛蓝、赤藓红、新红、日落黄和亮蓝。

1. 苋菜红

苋菜红即食用红色2号，又名蓝光酸性红，化学名称为1－（4′－磺酸基－1′－萘偶氮）－2－萘酚－3，6－二磺酸三钠盐，其化学结构如图8－24所示。

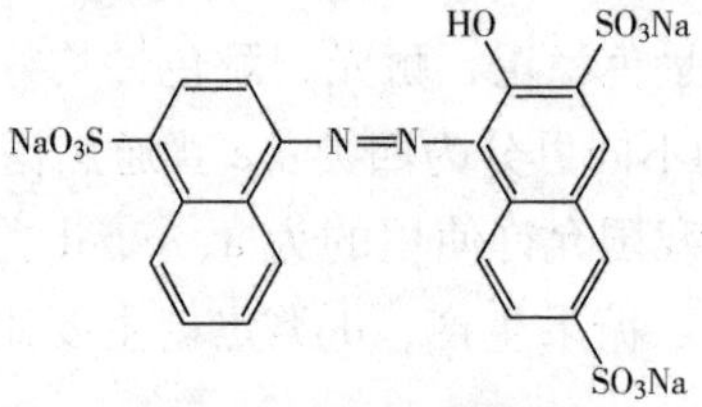

图8－24　苋菜红的结构

苋菜红属偶氮磺酸型水溶性色素，为红褐色或暗红色颗粒或粉末状，无臭味，易溶于水，可溶于甘油及丙二醇，不溶于油脂等其他有机溶剂。0.01%苋菜红水溶液呈红紫色。对光、热和盐类较稳定，耐酸性好，遇碱变为暗红色。与铜、铁等金属接触易褪色，易被细菌分解。此外，这种色素对氧化还原作用较为敏感，不宜用于有氧化剂或还原剂存在的食品（例如发酵食品）的着色。最近几年对苋菜红进行的毒性慢性试验发现，它可使受试动物致癌、致畸和降低生育能力，因而对其安全性问题产生争议。我国和其他很多国家目前仍广泛使用这种色素，我国卫生法规定苋菜红在食品中的最大允许用量为50mg/kg食品，主要限用于糖果、汽水和果子露等的着色。

2. 胭脂红

胭脂红（ponceau 4R）即食用红色1号，又名丽春红4R，其化学名称为1-（4′-磺酸基-1-萘偶氮）-2-萘酚-6，8-二磺酸三钠盐，是苋菜红的异构体，结构式见图8-25。

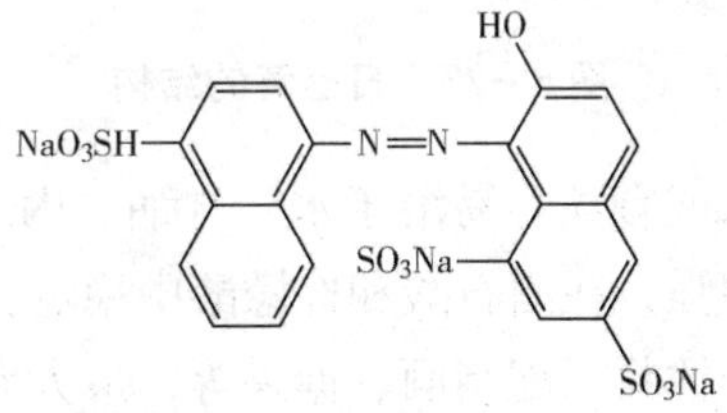

图8-25　胭脂红的结构

胭脂红为偶氮类红色水溶性色素，易溶于水，溶于甘油，难溶于乙醇，不溶于油脂，为红色至暗红色颗粒或粉末状物质，无臭味，对光、热（105℃）和酸较稳定，能被细菌所分解，遇碱变成褐色。着色力强，安全性高，可用于多种非脂食品。美国、加拿大、挪威禁止在食品中添加胭脂红，中国、欧盟、日本等国允许在食品中添加胭脂红，但对其使用范围和最高使用量都有严格规定。我国食品添加剂使用标准规定胭脂红最大允许用量为50mg/kg。胭脂红作为食品色素可用于果汁饮料、配制酒、碳酸饮料、糖果、糕点、冰淇淋、酸奶等食品的着色，而不能用于肉干、肉脯制品、水产品等。

3. 柠檬黄

柠檬黄又名酒石黄肼，化学名称为3-羧基-5-羟基-1-（对-磺苯基）-4-（对-磺苯基偶氮）-邻氮茂的三钠盐，其结构式见图8-26。

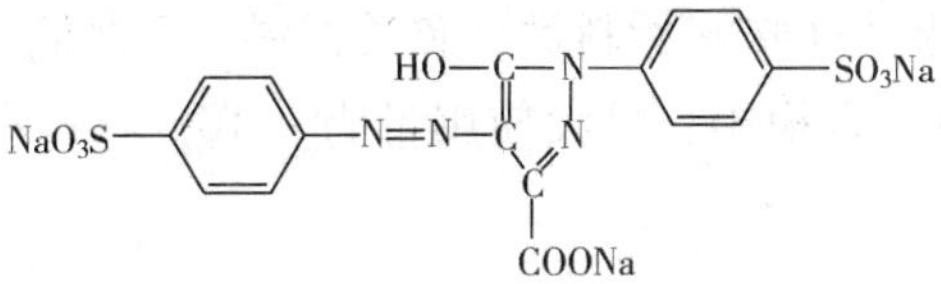

图8-26　柠檬黄的结构

柠檬黄即食用黄色5号，外观为橙黄色粉末，为水溶性色素，也溶于甘油、丙二醇，稍溶于乙醇，不溶于油脂，对热、酸、光及盐均稳定，耐氧化性较差，还原时褪色，遇碱变红色，着色力强。广泛用于冷冻饮品、果冻、风味发酵乳、饮料、罐头、糖果包衣等的着色。我国食品添加剂使用标准规定最大允许使用量为100mg/kg。

4. 日落黄

日落黄（sunset yellow，FCF）又称橘黄、晚霞黄，属水溶性偶氮类色素，化学名称为1－（4′－磺基－1′－苯偶氮）－2－苯酚－6－磺酸二钠盐，呈橘黄色，化学结构式见图8－27。

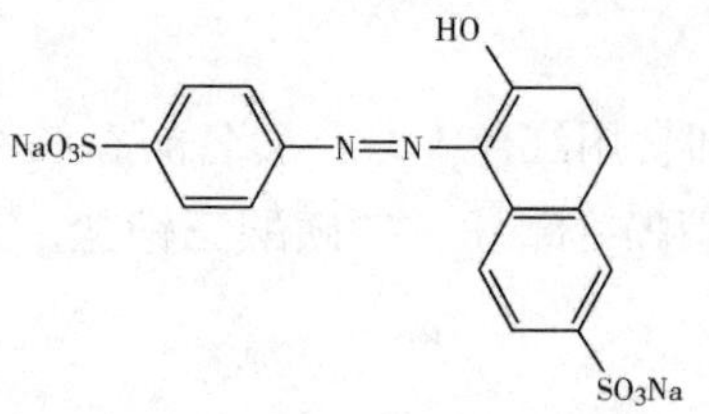

图8－27　日落黄的结构

日落黄是橙黄色均匀粉末或颗粒。易溶于水、甘油、丙二醇，微溶于乙醇，不溶于油脂。吸湿性、耐热性、耐光性强，在酒石酸和柠檬酸中稳定，遇碱变红褐色，还原时褪色。着色力强，安全性高。可用于饮料、配制酒、糖果等，最大允许使用量为100mg/kg食品。

5. 靛蓝

靛蓝（indigo carmine）又名食品蓝1号、酸性靛蓝或磺化靛蓝，其化学名称为5，5′－靛蓝素二磺酸二钠盐，属水溶性非偶氮类色素，是世界上使用最广泛的食用色素之一。其结构式见图8－28。

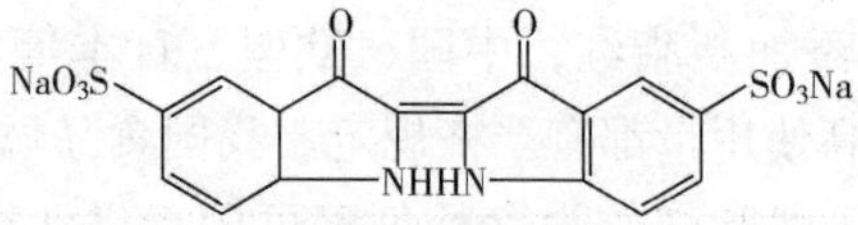

图8－28　靛蓝的结构

靛蓝的水溶液呈深蓝色，微溶于水、乙醇、甘油和丙二醇，不溶于油脂。对热、光、酸、碱、氧化作用均较敏感，耐盐性也较差，易被细菌分解，还原后褪色。靛蓝易着色，有独特的色调，常与其他色素配合使用以调色。我国规定可用于红绿丝中，最大使用量为0.02g/kg，在果汁（味）饮料类、碳酸饮料、配制酒、糖果、糕点上彩装、染色樱桃罐头（系装饰用）、青梅中，最大使用量为0.10g/kg；在浸渍小菜中最大使用量0.01g/kg。

6. 亮蓝

亮蓝又名蓝色1号、酸性蓝，其化学名称为4－［*N*－乙基－*N*－（3′－磺基苯甲基）－氨基］苯基－（2′－磺基苯基）－亚甲基－（2，5－亚环己二烯基）－（3′－磺基苯甲基）－乙基胺二钠盐。化学结构式见图8－29。

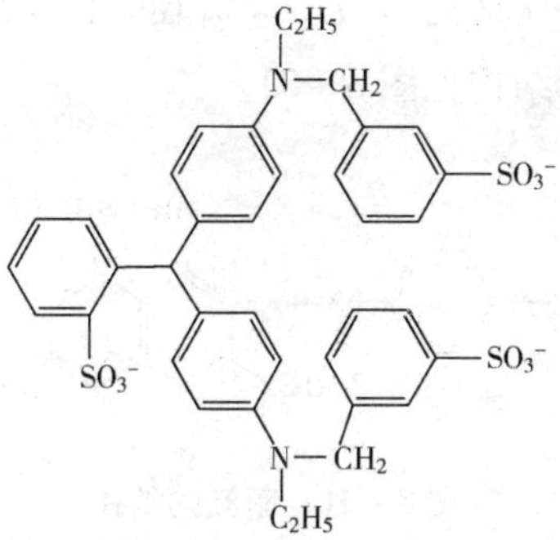

图 8 - 29　亮蓝的结构

亮蓝是紫红色均匀粉末或颗粒，有金属光泽。有较好的耐光性、耐热性、耐酸性和耐碱性，耐还原性也较强，但遇金属盐会慢慢沉淀。其安全性高，色度极强，我国最大允许使用量为 25mg/kg 食品。

亮蓝色素可用于高糖果汁（味）、果汁（味）饮料、碳酸饮料、配制酒、糖果、糕点彩装、染色樱桃罐头（系装饰用，不宜使用）。用于青梅、虾（味）片，最大使用量 0.025g/kg；用于冰淇淋，最大使用量 0.022g/kg；用于红绿丝，最大使用量 0.1g/kg。

7. 赤藓红

赤藓红（erythrosine，BS）又名樱桃红或新酸性品红，即食用红色 3 号，其化学名称为 2，4，5，7 - 四碘荧光素，结构式见图 8 - 30。

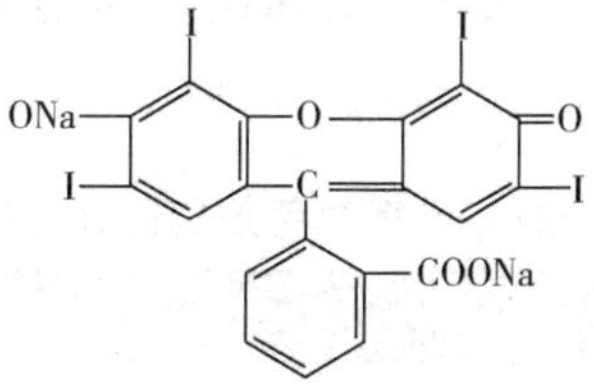

图 8 - 30　赤藓红的结构

赤藓红由荧光素碘化而成，为红 - 红褐色颗粒或粉末，属水溶性非偶氮类色素，水溶液为樱桃红色，溶解度 7.5%（21℃），对碱、热、氧化还原剂的耐受性好，耐菌性好，染着力强，但耐酸及耐光性差，在 pH <4.5 的条件下，形成不溶性的酸。在消化道中不易吸收，即使吸收也不参与代谢，故被认为是安全性较高的合成色素。ADI < 2.5mg/kg 体重（FAD/WHO，1972）。因其耐热性、还原性较好，在发酵食品及烤制糕点中被广泛应用，且对蛋白质着色性良好，但在酸性条件下不溶，所以不用于水果糖等酸性食品的着色。其在饮料、配制酒和糖果、糕点等中最大允许使用量为 50mg/kg 食品。

8. 新红

新红（new red）的化学名称为2－（4′－磺基－1′－苯氮）－1－羟基－8－乙酸氨基－3，7－二磺酸三钠盐，其结构见图8－31。

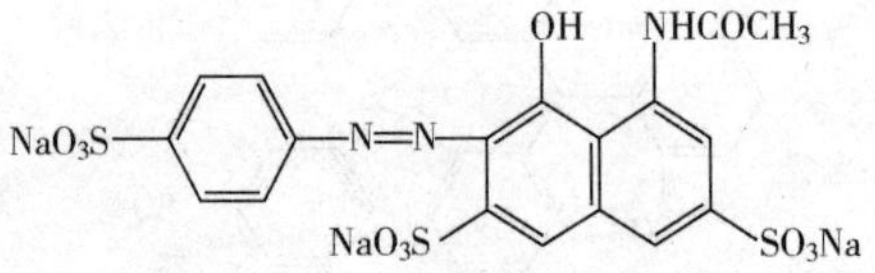

图8－31 新红的结构

新红为红色粉末，属水溶性偶氮类色素，易溶于水，微溶于乙醇，不溶于油脂，着色力强，安全性高，可用于饮料、配制酒、糖果等，最大允许使用量50mg/kg食品。

上述合成的水溶性色素与氧化铝在一定条件下作用而生成的色素称铝色淀。这些色淀和相应的母体色素除水溶性有别外，使用范围和使用量与母体色素相同。

二、合成着色剂的安全性

与天然着色剂相比，人工合成着色剂色彩鲜艳，性质稳定，着色力强，并可任意调色，使用方便，成本低廉，但安全性较低，具有不同程度的毒性。研究表明，过量摄入人工合成着色剂，将会在体内蓄积，对肾脏、肝脏产生一定的伤害。生产中实际使用的合成着色剂品种正在逐渐减少，目前各国许可使用的着色剂均是在进行大量的毒理学试验的基础上，经过联合国粮农组织（FAO）和世界卫生组织（WHO）或者是各国的研究机构评价后确认是否能在食品中使用，并最终确认使用范围和标准的，其安全性较高。表8－1列出了部分合成与天然着色剂的日允许摄入量（ADI）。

表8－1 部分合成与天然着色剂的日允许摄入量 单位：mg/kg体重

合成着色剂	日摄入量*	天然着色剂	日摄入量*
柠檬黄	7.5	β－阿朴－8′－胡萝卜素醛	2.5
日落黄	5.0	β－胡萝卜素	5.0
苋菜红	1.5	斑蝥黄	25.0
赤藓红	1.25	核黄素	0.5
亮蓝FCF	12.5	叶绿素	GMP**
靛蓝	2.5	焦糖色素	GMP

注：＊“日摄入量”是指照此标准执行，终身安全。

＊＊GMP：良好生产规范。

复习思考题

1. 食品天然色素、食品着色剂的分类。
2. 食品中有哪些多酚类色素？有哪些黄酮类的化合物？
3. 叶绿素和类胡萝卜素常见的变色反应和降解反应有哪些？
4. 红曲色素与其他天然色素的比较有什么不同之处？
5. 食品中合成色素包括哪些？非偶氮化合物代表性色素有哪些？
6. 花青素的稳定性如何？哪些条件会引起其颜色变化？
7. 合成色素的优缺点是什么？哪些合成色素属于偶氮色素？
8. 论述合成着色剂的安全性。

CHAPTER 9

第九章 食品风味

[学习目标与要求]

1. 了解食品中呈味物质的相互作用，常见气味物质的分子结构与气味关系，一些重要动植物食品的香气特征和呈香物质。

2. 熟悉食品呈味物质的呈味机理和食品香气的形成途径。

3. 掌握常见食品呈味物质（甜味剂、酸味剂、苦味剂、鲜味剂等）的呈味特点及其在食品加工中的应用；熟悉食品香气物质在食品加工中的应用。

第一节 概述

一、风味的概念

随着经济技术的发展，人们生活水平的日益提高，对作为人类赖以生存的基本物质——食品的要求也越来越高，要求它不仅要具备较好的营养功能，而且还应该具有良好或独特的风味。

食品的风味主要包括以下几个要素：

第一要素是味道，食品的味是人体味觉器官对食品的成分在人的口腔内的刺激而产生的感觉和反应，即通常所说的口味，其基本表述为好吃或不好吃。可以理解为，味是食品的性质和特色，而口味则是对这一特性的感觉和反应。味觉一般有甜、酸、苦、咸、辣、鲜、涩七种，但基本味感只有四种，即酸、甜、苦、咸，其他味觉都与触觉神经末梢有关，如辣味是食物刺激人的口腔黏膜、鼻腔黏膜、皮肤和三叉神经而引起的一种痛觉，与食物直接刺激味蕾产生的基本味觉不同。

第二要素是嗅觉，食物中各种微量挥发性成分对鼻腔的神经细胞产生的兴奋作用，若令人感到高兴和快乐称之为芳香。嗅觉一般有香、臭等，它可以分为花香、甜香、樟脑臭、刺激臭和恶臭等 8 种，对于种类繁多的嗅觉，都是几种分子同时刺激受体产生的复合气体。

第三要素是涩、辛辣、热和清凉等感觉。还有触觉是指硬、黏、热等；视觉一般有色、形状等，听觉一般有声音等。

从广义上来讲，食品的风味是指食物在摄入前后刺激人体的所有感官而产生的各种感觉的综合，它主要包括味觉、嗅觉、触觉、听觉、视觉等感官反应而引起的化学、物理和心理感觉的综合效应，也就是说食品的风味是该食品给摄食者产生的综合效应（图 9－1）。

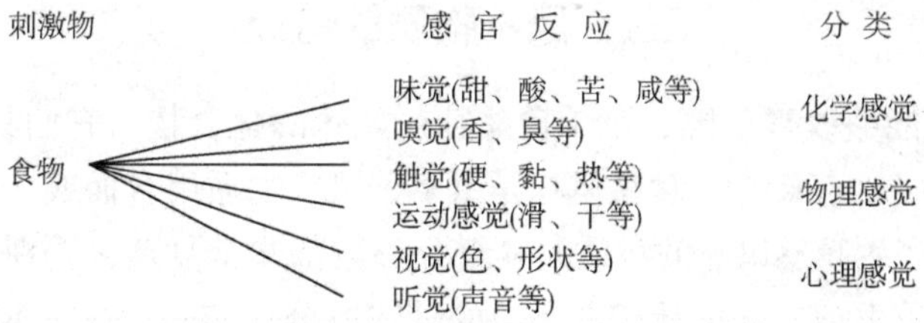

图 9－1　食品产生的感官反应及分类

二、 风味的分类

食品的风味是食品中的某些化合物的综合体现，这些能体现食品风味的化合物称为风味物质，一种食品对其风味产生影响的物质往往很多，任何一种风味或香味也不可能由某一类化合物单独构成。由于食品的风味是由几种味综合作用的结果，因此食品的风味丰富多彩、变化万千，而这些风味又有明显的不同和区别，对其进行分类是很有必要的，但是到目前为止尚无一个全面、完整而又严谨的分类方法，Ohloff 曾于 1972 年提出了一个分类方法，将食品中的风味分为 9 类（见表 9－1）。

表 9－1　　食品风味的分类

风味种类	细分项目	典型例子	风味种类	细分项目	典型例子
水果风味	柑橘型（萜烯类）	橙、柑、橘、柚、葡萄	肉类风味	哺乳动物风味	牛肉、猪肉
	浆果型（非萜烯类）	苹果、香蕉、草莓		海产动物风味	虾、蟹、蛤
蔬菜风味		莴苣、芹菜	脂肪风味		奶油、花生油、猪油
调味品风味	芳香型	姜、肉桂	饮料风味	非发酵风味	果汁、牛乳
	辣味型	辣椒、胡椒、花椒		发酵风味	白酒、啤酒
	催泪型	大蒜、葱、韭菜		复合风味	软饮料、兴奋性饮料

续表

风味种类	细分项目	典型例子	风味种类	细分项目	典型例子
烹调风味	肉汤风味	牛肉汤、鸡肉汤	烘烤风味	熏肉风味	火腿、熏肉
	蔬菜风味	豆类、青菜		油炸风味	油条、炸鸡
	水果风味	柑橘酱		焙烤风味	咖啡、茶叶、面包
恶臭风味		臭豆腐、干酪			

三、风味物质的特点

风味物质是指能够改善口感，赋予食品特征风味的化合物，它们具有以下特点。

（1）种类繁多，相互影响　食品风味是由多种风味物质组合而成。形成某食品特定风味的物质，尤其是产生嗅感风味的物质，其组分一般都非常复杂，类别众多，几乎涵盖了有机化合物的大多数类型，据估计，食品中的气味成分可多达5000～10000种。风味物质的各组分之间，可能会产生相互协同或拮抗作用。例如，当1mg/kg的（3*Z*）－乙烯醛单独存在时，会产生青豆气味，而当13mg/kg的（3*Z*）－乙烯醛和12.5mg/kg的（2*E*，4*E*）－癸二烯共同存在时，气味就会消失。如目前已分离鉴定茶叶中的香气成分达500多种；咖啡中的风味物质有600多种；白酒中的风味成分也有300多种。一般食品中风味物质越多，食品风味越好。

（2）含量极微，效果显著　在一般的食品中，嗅感风味物质的含量都极微小，占食品的$10^{-16}\%\sim10^{-7}\%$。味感风味物质的含量因食品种类的不同而差异较大，通常比嗅感物质多一些。但在整个食品中所占的比例仍然很低，不过它们对食品整个风味的影响却很大。例如，马钱子碱在食品中的含量达到7×10^{-9}时，便会产生苦味；当水中含有5×10^{-6}mg/kg的乙酸异戊酯时，就会产生香蕉气味。

（3）稳定性差，易被破坏　很多能产生嗅感的物质易挥发、易热解、易与其他物质发生作用，因而在食品加工中，哪怕是工艺过程很微小的差别，都将导致食品风味很大的变化。食品贮藏期的长短对食品风味也有极显著的影响。

（4）结构与风味物质之间缺乏普遍规律性　食品风味物质是由多种不同类别的化合物组成，通常根据嗅感和味感的特点分类，如酸味物质、香味物质。但是同类风味物质不一定有相同的结构特点，酸味物质具有相同的结构特点，但香味物质结构差异很大。物质的结构与呈味之间关系密切，即使分子结构发生微小的变化，都可能引起味感的极大变化（见图9－2）。

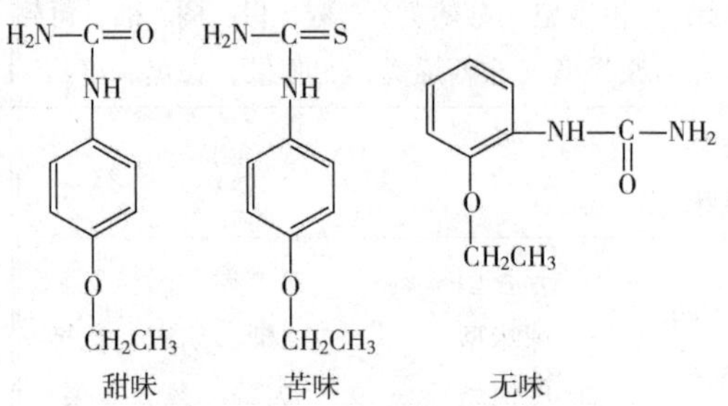

图9－2　结构与风味之间的关系

此外，风味物质还容易受浓度、介质等外界环境的影响。例如，2-戊基呋喃在低浓度时呈现豆腥味，而在高浓度时则表现出甘草味；味精在 pH 为 6.0 时，鲜味最强，在 pH >7.0 时，不呈鲜味，这主要与味精在不同介质中的解离程度有关。

第二节 味感及味感物质

一、味感的定义及影响因素

1. 味感的定义

味感是食品在人的口腔内对味觉器官化学系统的刺激而产生的一种感觉。口腔内的味觉感受体主要是味蕾，其次是自由神经末梢。味蕾主要分布在口腔黏膜中。在不同的动物和人中，味蕾的数量和形状有着很大差别。例如，婴儿味蕾的个数约有 10000 个，而一般成年人只有数千个，这说明了人味蕾的个数是随着年龄的增长而减小的，同时对味的感受敏感性随之降低。

它产生的基本途径是：呈味物质溶解刺激口腔的味觉感受体，然后通过一个收集和传递信息的神经感觉系统传导到大脑的味觉中枢，最后通过大脑的综合神经中枢系统的分析，从而产生味感。

世界各国对味感的分类并不一致。例如我国习惯上把味感分为酸、甜、苦、咸、鲜、辣、涩 7 种；而日本将其分为酸、甜、苦、咸、辣 5 种；欧美各国分为酸、甜、苦、咸、辣、金属味 6 种；印度分为酸、甜、苦、咸、辣、淡味、涩味、不正常味 8 种等。但从生理角度上来说，酸、甜、苦、咸这 4 种是基本的味觉。

2. 影响味感的因素

（1）呈味物质的结构 物质的结构是影响味感的关键因素。一般来说，化学结构上的“糖”多呈现甜味，如葡萄糖、果糖、蔗糖等；化学上的“酸”多呈现酸味，如酒石酸、柠檬酸、醋酸等；化学上的“盐”多呈现咸味，如氯化钠、氯化钾等；重金属盐、生物碱则多呈现苦味。但也有例外，如草酸呈涩味、碘化钾呈苦味等。

（2）浓度和溶解度对食品味感的影响 呈味物质的浓度不同则味感不同，只有适当的浓度才会使人产生愉快的味感。不同呈味物质与味感的关系是不同的。例如，任何浓度的甜味物质都会给人带来愉快感；单纯的苦味物质差不多任何浓度都能带来不愉快的感觉；而酸味和咸味在低浓度时可使人产生愉快感，高浓度则会使人感到不愉快（图 9-3）。

呈味物质只有溶解后才能刺激味蕾，因此，味觉的产生就有快有慢，维持味觉的时间也有长有短。例如，菜肴经过烹调后，大量可溶性呈味物质溶于汤汁中，所以汤汁产生味觉的时间要快得多；肉脯、肉干因水分少，因此必须在口腔内溶于唾液后才产生味觉，故产生味觉的时间要慢些。

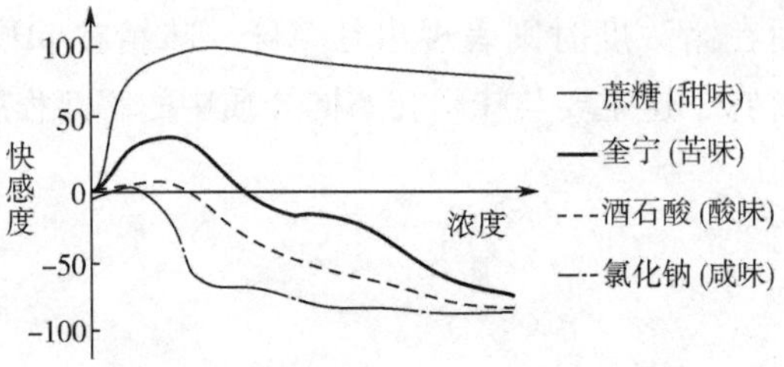

图 9-3 味感物质浓度对快感度的影响

(3) 温度对食品味感的影响　据测定，最能刺激味感的温度在 10～40℃，尤其以 30℃时味感最敏感，高于或低于此温度，对味感的影响都会有所减弱。温度对不同的味感的影响也是不同的，其中对糖精甜度的影响最大，对盐影响最小。

(4) 年龄对食品味感的影响　有资料显示，婴儿的味蕾数超过 10000，高于成年人的 9000。随着年龄的增长，人的味觉敏感性发生衰退，年龄到 50 岁左右，敏感性衰退得更加明显。对不同味敏感性衰退有差异，对酸味敏感性衰退不明显，甜味降低 50%，苦味只有约 30%，咸味仅剩 25%。

(5) 呈味物质的相互作用对食品味感的影响

①食品味的对比作用：两种呈味物质以适当的浓度调配在一起，使其中的一种呈味物质的味觉更为强烈或协调可口，这种现象称之为味的对比。两个同时的味感称同时对比；在已有的味感之上再感受新的一个称继时对比。例如，在 100g 10% 蔗糖溶液中添加 0.15g 食盐，其甜味比 10% 的纯糖溶液更甜爽；任何浓度的醋酸，添加少量的食盐，可使醋酸味增强；味精也由于添加适量食盐而使其鲜味得到增强。

食品味的对比作用在实际中应用得也十分广泛。在制作菜肴时，在确定菜肴的主味后，再加上辅味以协调为主。例如，在制作以咸味为主的菜肴时，添加少量糖后，虽感觉不到有甜味，但可使咸味更鲜醇；在制作以酸甜味为主的菜肴时，加上适量的食盐，则酸甜味更加浓厚。

②食品味的变调作用：两种味的相互影响会使味改变，特别是先摄入的味给后摄入的味造成质的变化，称之为味的变调作用，也称之为阻碍作用。在日常饮食中常有这样的现象，例如，刚喝过中药或盐开水，再喝无味的开水就会感觉有些甜味；当吃过甜的食物后，再喝酒就会感觉有苦味。与对比作用相同点在于：它们都是先味影响后味的作用；不同在于：对比作用是指第二口味的忽强忽弱，而变调现象则是味质本身的变化。因此，在实际调味过程中，使用调味料必须注意下料恰当、适时，添加时要先后有序，分清主次，数量要准确。

③食品味的相乘作用：将两种相同味感的呈味物质共同使用时，使食品的味感显著增强的作用称为味的相乘作用，也称为协调作用。例如，谷氨酸是人们所熟知的食品增鲜剂，随后发现 5′-肌苷酸和 5′-鸟苷酸等动物性鲜味后，与谷氨酸并用使鲜味明显增加。谷氨酸和肌苷酸的相乘效果是很明显的，在 1% 食盐溶液中分别添加 0.02% 肌苷酸钠，两者只有咸味而无鲜味，但是将其混合在一起就有强烈的鲜味。甜味剂的并用也有

许多相乘作用的例子，例如甘草铵本身甜度为蔗糖的 50 倍，当它与蔗糖共同使用时，其甜度可以增加到蔗糖的 100 倍。

④食品味的相抵作用：与相乘作用相反，将两种相同味感的呈味物质以适当的浓度混合时，使每种味觉都减弱的作用叫作相抵作用，也称为消杀作用。例如，在 100g 1% ~2% 食盐水溶液中添加 7 ~ 10g 蔗糖，则咸味大部分消失，咸味也可由添加味精而减弱；苦味可因添加蔗糖或食盐而减弱。这些作用在烹调或调味加工食品时都具有实际意义。例如，菜肴过咸时，可添加适量糖和味精使其咸味减弱；烹调带有苦味的苦瓜时，可以添加适量糖和食盐，使菜肴的苦味适当可口。

二、甜味及甜味物质

甜味是具有糖和蜜一样的味道，是最受人类欢迎的味感。甜味不仅能给人带来愉快感，还能够用于改进食品的可口性和某些食用性质。甜味的强弱可以用相对甜度来表示，它是甜味剂的重要指标，通常以 5% 或 10% 的蔗糖水溶液为标准，在 20℃、与浓度相等的其他糖溶液来比较得到相对甜度。表 9 – 2 是几种甜味剂的相对甜度。

表 9 – 2　一些甜味剂的相对甜度

甜味剂	相对甜度	甜味剂	相对甜度
蔗糖	1	甘油	0.8
乳糖	0.27	果糖	1.1 ~ 1.5
麦芽糖	0.5	木糖醇	0.9 ~ 1.4
山梨糖醇	0.5	甘草酸苷	50
半乳糖	0.6	糖精	500 ~ 700
葡萄糖	0.5 ~ 0.7	柚皮苷二氢查耳酮	100
甘露糖醇	0.7	新橙皮苷二氢查耳酮	1500 ~ 2000

具有甜味的物质分为天然甜味剂和合成甜味剂，其中前者较多，可分为天然营养型甜味剂和天然非营养型甜味剂，包括葡萄糖、蔗糖、果糖、乳糖、麦芽糖和蜂蜜等；它们存在于各种食品中，既是食品工业中主要的甜味剂，也是日常生活中的调味品，可以供给人们热量；天然非营养型甜味剂有甘草及其抽提物、甜叶菊苷、麦芽糖醇、山梨糖醇和木糖醇等。合成甜味剂大多较天然甜味剂甜度大，价格低廉，只有几种人工合成甜味剂允许在食品加工中使用。下面简单地介绍几种甜味物质。

1. 天然营养型甜味物质

（1）食糖　食糖是制作糕点、甜味菜肴的主要原料。食糖的主要成分是蔗糖。蔗糖是由 α – D – 吡喃葡萄糖和 β – D – 呋喃果糖基头与头相连，属于非还原糖。蔗糖广泛存在于植物中，尤其在甘蔗和甜菜中含量较多。蔗糖不能直接被人体吸收，它必须在肠道内经转化酶催化水解生成 D – 葡萄糖和 D – 果糖后，才能为人体吸收并提供能量。食糖有以下品种。

①白砂糖：纯度较高，蔗糖含量为99%以上，甜度高且味纯正，易溶于水。白砂糖色泽洁白明亮，按晶粒大小有粗砂、中砂、细砂之分。粗砂多用于食品工业，烹饪中调味主要用细砂糖。

②绵白糖：与白砂糖不同点是绵白糖晶粒较细，较白砂糖绵软，总糖分不及白砂糖高，还原糖和水分较白砂糖高，但人在感觉上总认为绵白糖比白砂糖甜，这是由于绵白糖晶粒微细，入口后比白砂糖易溶化，而白砂糖晶粒大，入口后需要有一个溶化过程，所以甜味的感觉慢些。另外，绵白糖中还含有2%左右的转化糖（等量葡萄糖和果糖），甜度高于蔗糖。

③冰糖：冰糖有两种。一种是以白砂糖为原料，经过溶解、过滤、蒸发浓缩等过程后，再结晶而形成的，它的纯度比白糖高，结晶成块，呈半透明状，味清甜纯正，不易潮解；另一种是用甘蔗一次提炼而成的，其形状是不规则块型，色发暗，味甜香。

（2）蜂蜜　蜂蜜是由蜜蜂采集并积累起来的花蜜，它的主要成分是糖，占75%~80%，葡萄糖约占36%，果糖占37%，蔗糖占2%~3%。此外还有一些糊精、蛋白质、灰分（主要是磷、铁）以及核黄素等，是营养丰富的食品。良好的蜂蜜制品呈透明色、黄褐色，有香气，一般蜂蜜在低温下易结晶。

（3）葡萄糖　广泛分布于自然界。葡萄糖甜度为蔗糖的65%~75%，其甜味有凉爽感。葡萄糖可不经消化而被身体直接吸收，适于食用或直接注射到血液中急救重症病人。葡萄糖液能被多种微生物发酵，是发酵工业的重要原料。

（4）果糖　多与葡萄糖共存于果实及蜂蜜中。果糖易溶于水，吸湿性强，因而从水溶液中结晶较困难。果糖比糖类中的其他糖都甜，尤其是β-果糖的甜度最大，其甜度随温度而变。果糖很容易消化，能直接被人体代谢利用。

（5）乳糖　乳糖是乳中特有的糖，在乳中的含量分布随动物的种类不同而异。乳糖甜度约为蔗糖的1/5，是糖中甜度较低的一种，水溶性较差。乳糖不能被酒精酵母发酵，但在乳酸菌作用下能引起乳酸发酵。食用后在小肠内受β-半乳糖酶作用，而分解成半乳糖和葡萄糖被人体吸收，并有助于人体对钙的吸收。

2. 天然非营养型甜味物质

（1）木糖　主要是由木聚糖水解得到，是构成半纤维素的主要成分，在植物中的秸秆（稻草、甘蔗渣、玉米芯）和种子壳（稻壳、棉籽壳）的分布较多。木糖为无色针状结晶粉状，易溶于水中，有类似果糖的甜味，其甜度约为蔗糖的65%，溶解度及渗透性大，很容易引起褐变反应，不易被微生物发酵。在人体内不易吸收利用，是不产生热能的甜味剂，专供糖尿病和高血压患者食用。

（2）甜叶菊苷　在自然界中，甜叶菊苷存在于甜叶菊的茎、叶内。甜叶菊苷为白色粉末状结晶，甜度为蔗糖的200~300倍，是最甜的天然甜味物质之一，它的甜味纯正、残留时间长，后味可口，有一种轻快的甜味，在天然甜味物质中，其品质最接近于蔗糖。它溶解性好，对热、酸、碱稳定，没有发泡性，因此在多种食品或饮料中作为甜味改良剂和增强剂，可单独或与蔗糖混合使用。食用后，不被人体吸收，不产生热能，所以是糖尿病和肥胖病患者很好的甜味剂。

3. 合成甜味物质

（1）木糖醇　广泛存在于香蕉、杨梅、胡萝卜、莴笋、菠菜等果蔬中。木糖醇和蔗糖一样甜，与蔗糖的热量相等，并具有防龋齿的性能。木糖醇是白色结晶粉末，易溶于水，木糖醇除用作甜味剂外，还具有保湿性，可以防止糖、盐等析出结晶，还能增加食品的风味，保持甜、酸、苦味强度的平衡。

（2）麦芽糖　由麦芽糖氢化制得麦芽糖醇。麦芽糖醇甜味为蔗糖的75%～95%，在水中溶解度大，具有保湿性。人体食用后，不会产生热量，不使血糖升高，也不增加胆固醇和中性脂肪的含量，是心脏病、糖尿病、动脉硬化、高血压等患者疗效食品的一种理想甜味物质。

（3）糖精　糖精为无色晶体，不溶于水，一般商品糖精是它的钠盐，习惯上称糖精，其溶解度较大，相对甜度为300～500。糖精本身无甜味，但在水中解离后，其阴离子有强甜味，当浓度超过0.5%时，就会显出苦味。糖精不被人体消化，食用后又以原状大部分由尿排出，少量从粪便排出，故糖精无营养价值。关于糖精是否参与或干预人体的代谢及其安全性，尚无一致的认识。所以在尚未找到更理想的合成甜味剂的情况下，许多国家仍允许使用限量的糖精。我国允许在食品中使用糖精的最大用量不得超过0.15g/kg，而在婴儿食品中不允许使用糖精。

三、酸味及酸味物质

酸味是由酸类化合物离解出来的氢离子所引起的味感，是对人类具有较强刺激性的一种味感，适当的酸味能给人以爽快的感觉并促进食欲。不同的酸味化合物具有不同的味感，一般来说酸的浓度越大，其解离出的氢离子越多，酸度越大，但两者之间没有函数关系，在氢离子浓度过大（$pH<3.0$）时，酸味令人难以忍受，而且很难感受到浓度变化引起的酸味变化。酸味还与食品中同时存在的其他物质、食品的缓冲能力有关。例如，在相同pH时，酸味强度为醋酸＞甲酸＞乳酸＞草酸＞盐酸。另外，阴离子还决定酸的风味特征，如柠檬酸和维生素C的酸味爽快，葡糖糖酸具有柔和的口感，醋酸刺激性强，乳酸具有刺激性的臭味，磷酸等无机酸则有苦涩感。

酸味物质是食品中的重要调味料，并有抑制微生物的作用，食品中最常用的酸是醋酸，其次是柠檬酸、乳酸、酒石酸、葡萄糖酸、苹果酸、富马酸和磷酸等。醋酸是日常生活中食醋的主要成分；柠檬酸为食品加工中使用量最大的酸味剂；苹果酸与人工合成的甜味剂共用时，可以很好地掩盖其后苦味；葡萄糖-δ-内酯是葡萄糖酸的脱水产物，在加热条件下可以生成葡萄糖酸，这一特性使其成为迟效性酸味剂，在需要时受热产生酸，可用于豆腐生产作凝固剂和饼干、面包中作疏松剂；磷酸酸味温和爽快，略带涩味，主要用于可乐型饮料的生产中。

四、苦味及苦味物质

苦味本身并不是令人愉快的味感，但它和其他味感适当组合时，可以形成一些食品的特殊风味，而且苦味还是一些食品特征感官质量标志，例如，茶叶、咖啡和啤酒等。物质的化学结构多种多样，生物碱类一般具有苦味，其中奎宁是苦味代表物，在评价苦味物质的苦味强度时，一般就是利用盐酸奎宁为标准物（强度为100，阈值约0.0016%），而番木碱是目前已知的最苦物质。

食品中的苦味物质，植物来源主要是生物碱、萜类、糖苷类等，动物性来源主要是胆汁。

（1）咖啡碱、茶碱、可可碱　咖啡碱、茶碱、可可碱都是嘌呤类衍生物，是食品中重要的生物碱类苦味物质。咖啡碱存在于茶叶、咖啡和可可中；可可碱存在于可可和茶叶中，都有兴奋中枢神经的作用（图9-4）。

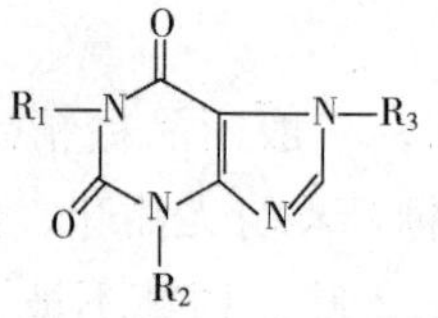

图9-4　咖啡碱和可可碱的结构

（2）柚皮苷、新橙皮苷　柚皮苷、新橙皮苷是柑橘类果实中的主要苦味物质，柑橘皮中含量较多，都是黄烷酮糖苷类化合物，可溶于水。

（3）啤酒中的苦味物质　啤酒所具有的苦味是由酒花中含有的苦味物质，以及在酿造过程中产生的苦味物质形成的。啤酒中的苦味物质主要是α-酸及其异构物。α-酸是结构相似物的混合物，在麦芽汁煮沸时α-酸转化为异α-酸，异α-酸是啤酒的主要苦味物质。

（4）胆汁　胆汁是动物内脏分泌并储存在胆囊中的一种液体，味极苦，胆汁中苦味的主要成分是胆酸、鹅胆酸和脱氧胆酸。在畜、禽、水产品加工中稍不注意，破损胆囊，即可导致无法洗净的苦味。

五、咸味及咸味物质

咸味是中性盐显示的味，是由盐类离解出的正负离子共同作用的结果。正离子和负离子对咸味味觉感受器的作用存在着依赖的关系，正离子被味觉感受器中蛋白质的羟基或磷酸基吸附产生咸味，而负离子只对咸味及副味的强弱产生影响。无机盐类的咸味或所具有的苦味与阳离子、阴离子直径和有关，在直径和小于0.65nm时，盐类一般为咸味，超出此范围则出现苦味。例如，氯化镁（$MgCl_2$）（离子直径和达到0.85nm）就是相当得苦。咸味是食品中不可或缺的、最基本的味，典型的代表物是氯化钠（NaCl），只有NaCl才产生纯正的咸味，其他盐多带有苦味，但过量摄入咸味物质会带来健康方面的不利影响（FDA已经认可在食品标签中可以表示食盐与高血压之间的关系），所以现在提倡低盐食品。目前作为食盐替代物的化合物主要有KCl，如20%的KCl与80%的NaCl混合所组成的低钠盐，苹果酸钠的咸度约为NaCl咸度的1/3，所以可以部分代替食盐。

六、鲜味及鲜味物质

鲜味是一种很复杂的综合味觉，它是能够使人产生食欲、增加食物可口性的味觉。当这些物质的使用量高于阈值时，使食品的鲜味增加；当使用量低于阈值时，也能增加食品的风味，所以鲜味剂也被称为呈味剂、风味增强剂。它们对蔬菜、乳制品、肉类、禽类、鱼及其他海鲜食品的风味起着显著而良好的作用。

鲜味物质从结构特征上区分，可分为氨基酸类、核苷酸类、有机酸类。不同鲜味特征的鲜味剂的典型代表化合物有 L - 谷氨酸一钠（MSG）、5′ - 肌苷酸（5′ - IMP）、5′ - 鸟苷酸（5′ - GMP）、琥珀酸一钠等，它们的阈值浓度分别为 140mg/kg、120mg/kg、35mg/kg 和 150mg/kg。其中谷氨酸一钠是最早被发现和实现工业生产的鲜味剂，在自然界中分布广泛，海带中含量丰富，是味精的主要成分，但是其食用的安全性曾经一度受到质疑，后来经过 FAO 和 FDA 等机构的多方科学评价，认为谷氨酸一钠是安全的，可以在食品中正常使用；5′ - 肌苷酸在鸡、鱼和肉汁中分布广泛，主要来自于动物肌肉的降解；5′ - 鸟苷酸是以香菇为代表的蕈类鲜味的主要成分；其中 IMP、GMP 和谷氨酸一钠合用时可明显提高谷氨酸一钠的鲜味，例如，1% IMP + 1% GMP + 98% MSG 的鲜味为单纯谷氨酸一钠的四倍。琥珀酸一钠在自然界中分布广泛，在鸟、兽、禽、畜和软体动物中都有较多存在，特别是贝类中含量最高，是贝类鲜味的主要成分，在酱油、酱和黄酒等微生物发酵的食品中也少量存在。另外，天冬及其一钠盐也有较好的鲜味，被认为是竹笋等植物中的主要鲜味物质。食品中存在的鲜味物质还包括一些其他物质或混合物，脱氧肌苷酸、脱氧鸟苷酸、氨基酸的混合物（包括酱油、酵母自溶物）等都具有鲜味。

七、 辣味及辣味物质

辣味是调味料和蔬菜中存在的某些化合物所引起的辛辣刺激感觉，不属于食品的味觉，它是舌、口腔和鼻腔黏膜受到辛辣味物质刺激产生的辛辣、刺痛、灼热的感觉。辛辣味具有增进食欲、促进人体消化液分泌的功能，是日常生活中不可缺少的调味品，同时它们还影响食品的气味。辣味物质主要有以下来源。

（1）辣椒　辣椒的主要辣味物质辣椒素，是一类不同链长（$C_8 \sim C_{11}$）的不饱和的一元羧酸的香草胺，同时还含有少量含饱和支链羧酸的二氢辣椒素。二氢辣椒素已经可以人工合成，侧链为 $C_9 \sim C_{10}$ 时最辣，各种辣椒中辣椒素的含量差异很大，一般的红辣椒中含量约为 0.06%，牛角红辣椒中含量可达 0.2%，印度的萨姆辣椒含 0.3%，非洲的乌干达辣椒中含 0.85%。

（2）胡椒　胡椒中的主要辣味成分是胡椒碱（见图 9 - 5）。它是一种酰胺化合物，有三种异构体，差别在于 2，4 - 双键的顺、反异构体上，顺式双键越多越辣。胡椒在光照和储藏时辣味会损失，这主要是由这些双键异构化所造成的。

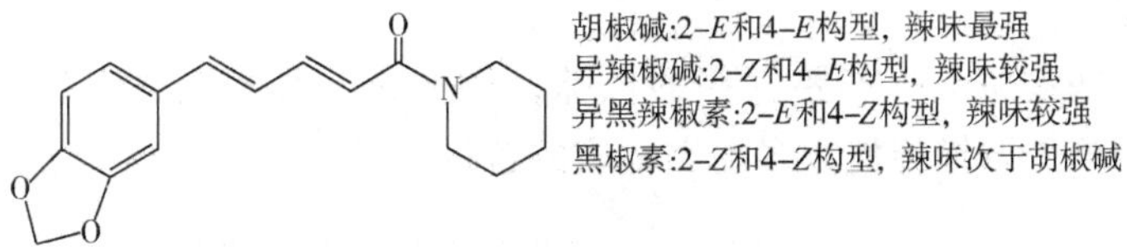

图 9 - 5　胡椒的主要辣味化合物

(3) 花椒　花椒的主要辣味成分是花椒素，也是酰胺类化合物。

(4) 生姜　新鲜生姜中以姜醇为主，陈姜中或鲜姜加热时存在姜酮，是由姜烯酚转化而来的。新鲜生姜经干燥储藏生成姜酚类化合物，辣味最强，姜醇次之，而姜酮的辣味较缓和（图9-6）。

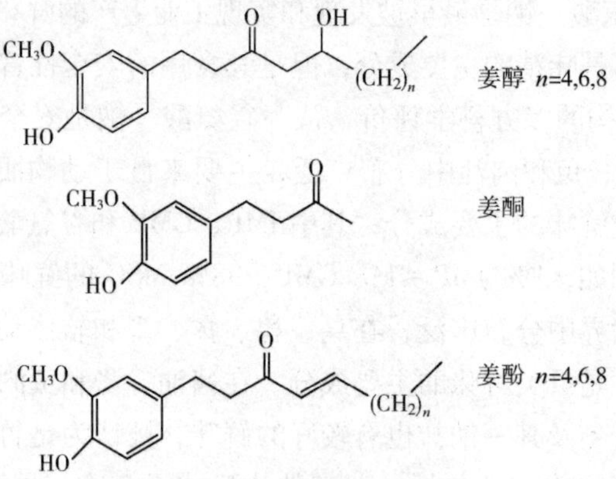

图9-6　姜中辣味成分

(5) 大蒜、葱、韭菜　大蒜中的辛辣成分是含硫有机化合物，它们由蒜氨酸分解产生，主要有二烯丙基二硫化合物；对于韭菜、葱等中的辣味物质也是有机硫化合物。这些含硫化合物在加热时生成甜味的硫醇，所以葱、蒜煮熟后其辛辣味减弱，而且有甜味。

(6) 芥末、萝卜、辣根　芥末、萝卜、辣根的辣味成分主要是芥子苷所产生的芥子油，是异硫氰酸酯类的总称。

八、涩味及涩味物质

当口腔黏膜的蛋白质被凝固时，所产生的收敛感觉就是涩味，涩味也不属于食品的基本味觉，而是物质刺激触觉神经末梢而产生的口腔发干、粗糙的结果。

食品中的主要涩味物质是单宁等多酚类化合物，典型的例子就是未成熟的水果中大量存在的单宁、无色花青苷；茶叶中的茶多酚，其次是一些盐类（例如明矾），还有一些醛类、有机酸（例如草酸、奎宁酸）也具有涩味。水果在成熟过程中由于多酚化合物的分解、氧化、聚合等，涩味逐渐消失，例如柿子，红茶发酵后，由于茶多酚被氧化，所以涩味低于绿茶。

涩味是在一些食品中所需要存在的风味，例如茶、红葡萄酒，但是涩味又不宜太重，在生产中就要采取措施控制多酚类物质的含量。

第三节　嗅感和香气物质

一、嗅觉理论

关于嗅觉产生的理论很多，至今不下50种。它们所能说明的主要是嗅觉过程的第一阶段，即嗅感物质与鼻黏膜之间所引起的变化，至于下一个阶段的刺激传导和嗅感之间的关系的研究还很少，没能得到解释。这些嗅觉理论可归纳为两方面。

1. 微粒理论

包括香化学理论、吸附理论、象形的嗅味理论等。这种理论主张嗅觉是气味分子以微粒的形式扩散，进入鼻腔后与嗅细胞之间发生了某种化学反应或物化反应而形成的。这类学说中较有名的有三个，一个是立体结构学说，认为嗅感都是由有限的几种原臭组成，每种原臭都有特定的嗅细胞受体；第二个是渗透和穿刺学说，认为嗅细胞能被气味的刚性分子所渗透和极化，定向双脂膜可能暂时被穿孔，并借此进行离子交换，产生神经脉冲；第三是外形-功能团说，认为气味分子的形状、大小以及功能团的性质、位置不同，因而吸附在嗅黏膜后的排列状态也不一样，使嗅细胞产生不同的刺激而形成嗅感。

2. 电波理论

即振动理论，这种理论认为香物质的分子由于价电子振动时将电磁波传达到嗅觉感受器而产生嗅觉。其中一种学说认为，香味物质的气味特征与气味分子振动特性相关。在体温下，气味分子的振动能量处在红外光谱或拉曼光谱区，人的嗅觉受体能感受分子的振动能谱而获得气味信息。另一种观点主张，有效的刺激是嗅感分子中价电子等分子内振动，只有分子与受体膜实际接触才会产生嗅觉信息。它们都认为，由于不同气味分子所产生的振动频率不同，从而形成不同的嗅感。振动理论不仅能解释现有的气味物质的分子光谱数据与气味特征的相关性，还能预测一些化合物的嗅觉特征。

二、气味和气味物质结构间的关系

关于食品的气味和气味结构间的关系方面的理论很多，但因种种原因，至今仍为达到确立基本规律的程度，以下仅是就近些年来有关的研究成果进行介绍。

1. 气味与功能团间的关系

有气味的物质一般在分子中都有某些原子或原子团，这些形成气味的原子或原子团又称为功能团、发香团或嗅感基团。

无机化合物中除SO_2、NO_2、NH_3、H_2S等少数气体具有强烈气味外，其余大部分均无明显气味。发香原子在元素周期表中从Ⅳ族至Ⅶ族，其中P、S、N、As等都是能发出恶臭的原子。挥发性的有机物则大多具有气味，发香团有羟基（—OH）、羧基

(—COOH)、醛基（—CHO）、酯基（—COOR′）、羰基（—CO—）、硝基（$—NO_2$）、酰胺基（$—CONH_2$）、异氰基（—CN—）、苯基（$—C_6H_5$）、杂环化合物等。但是功能团对气味的影响，只有在化合物的相对分子质量较小、功能团在整个分子中所占的比例较大时，才会明显表现出来，有时可根据分子中的功能团估计其气味特点。

2. 气味与分子结构形状和大小的关系

研究表明，气味不仅与气味分子中的功能团有关，还与分子的外形以及大小密切相关。在同系列的化合物中，低级化合物的气味决定于所含的气味原子团，而高级化合物的气味则决定于分子结构的形状和大小。

一些小极性分子（例如 H_2S、CH_3SH、NH_3、CH_3NH_2 等）在与嗅黏膜受体结合时，由于极性功能团有利于定向和高效率相互作用，容易进入受体的适宜位置，从而产生一种有高度复杂综合特征的强烈嗅感，这时气味的性质特征主要取决于极性功能团的本质。随着相对分子质量的增大，分子体积增加，嗅感分子与受体的相互作用才变得具有选择性，嗅感的信息也由复杂变得较为简单、基本，这时气味的性质也由受极性功能团的特定影响而转变为越来越受分子外形的影响。美国学者 Amoore 根据立体化学数据，提出了化合物分子大小和形状对气味有着重要作用的理论，认为只有当分子的几何形状与特定形状的感受器位置相吻合时，才有相似的气味产生，气味与分子空间形状有高度的相关性。按照这种理论，如果知道了一个分子的几何形状，就有可能预测出它的气味来，在实际的研究中，有些预测已被实验证实。

三、 各类有机物的气味

1. 含硫化合物

含硫化合物包括硫化物、含有巯基（—SH）的化合物及有机硫化合物等一大类化合物。此类化合物一般都有强烈的嗅感，即使含量极微少，也能对食品的气味产生影响。

2. 脂肪烃含氧衍生物

脂肪烃类化合物多具有石油气味，但气味一般较弱，因此实际上在食品的香味中不是重要的。而在脂肪烃含氧衍生物中，低相对分子质量的链状醇、醛、酮、酸、酯等化合物由于挥发性强、功能团的比重大，因而功能团特有的气味也较强烈。随着分子碳链的增长，其气味按果实香型－清香型－脂肪臭型的方向变化，而且气味的持续性也变强；增到 $C_{15} \sim C_{20}$ 时，功能团在整个分子中的影响大为减弱，此类化合物会变成无嗅成分。

3. 芳香族化合物

芳香族化合物多有特殊的嗅感，虽然苯的气味不受欢迎，但苯环上引入烃基后，嗅感会发生变化。对甲基异丙苯有类似胡萝卜的气味；α－及 β－萜品烯与莩有柠檬香气。

4. 含氮化合物

低分子胺类大多具有不愉快的气味，例如甲胺、二甲胺、乙胺、吲哚、甲基吲哚等，它们均有恶臭气味，而且大多数具有毒性。

5. 含氧杂环化合物

肉香味物质中有不少属于含氧杂环化合物，除此之外，能赋予食品诱人香味的含氧杂环化合物还有一些焦糖香味物质，例如，麦芽酚、乙基麦芽酚、甲基环戊烯酮醇、3－甲基－2－羟基－2－环戊烯酮等。

四、 其他气味及风味物质

清凉味是某些化合物与神经或口腔组织接触时刺激特殊的味觉受体产生的。薄荷醇和D－樟脑代表一类清凉风味物，它们既有清凉嗅感，又有清凉味感。其中薄荷醇是食品加工中常用的清凉风味剂，在糖果、清凉饮料中使用较广泛。这类风味产物产生清凉感的机制尚不清楚。

第四节 植物性食品的香气

一、 水果的香气

与其他食品相比，水果中的香气成分比较单纯，具有浓郁芬芳的天然清新的香气，其香气成分中以有机酸酯类、醛类和萜类化合物为主，其次是醇类、醚类和挥发酸等。

水果中的香气主要是经过生物体内合成而产生的，主要包括以下几个途径。

1. 脂肪酸经酶促反应产生的香气

在植物组织中，不饱和脂肪酸在酶作用下的氧化裂解普遍存在，它产生了某些成熟水果的特征芳香。例如，苹果、菠萝、香蕉等水果风味物质形成的途径主要是由于水果中的多不饱和脂肪酸（多为亚油酸和亚麻酸）被脂肪氧化酶催化氧化，生成的过氧化物经过裂解酶作用后，生成相应的醛、酮、醇等化合物。梨、桃、杏和其他水果成熟时的香味一般是由长链脂肪酸的β－氧化生成的中等链长（$C_8 \sim C_{12}$）挥发物引起的，其中最典型的是反－2，顺－4－二烯酸乙酯，该酯具有巴梨的特征芳香。

2. 支链氨基酸产生的香气

支链氨基酸是一些成熟水果，例如香蕉和苹果的重要风味的生成合成前体。其形成途径见图9－7所示。此反应所发生的转氨和脱羧作用产生的醛、醇和酸都对成熟的水果的风味直接产生影响，但酯才是具有特征影响的关键化合物。例如，人们早就知道乙酸异戊酯在香蕉风味中非常重要，但是使香蕉具有完美的风味还需要其他化合物。2－甲基丁酸乙酯比3－甲基丁酸乙酯更具有苹果的芳香，它形成了成熟金香苹果香气的重要特征。

3. 萜类化合物产生的香气

在柑橘类水果中，萜类化合物是重要的芳香物质。萜类化合物是由异戊二烯途径合成的。在萜类化合物中，倍半萜中的甜橙醛、努卡酮分别是橙和葡萄柚的特征芳香成分。单萜中的柠檬醛和苧烯分别具有柠檬酸和酸橙特有的香味。

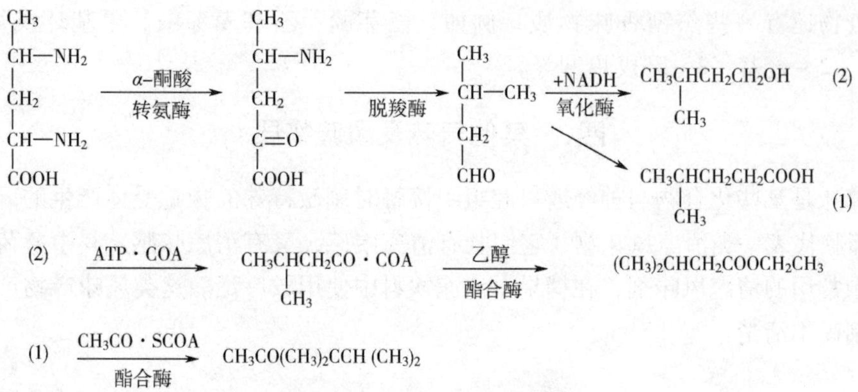

图 9-7 由亮氨酸生成异戊酸乙酯和乙酸异戊酯的途径

二、蔬菜的香气

除少数品种外，大多数蔬菜的香气较清淡，但有些蔬菜，例如葱、蒜、韭菜、洋葱等都含有特殊而强烈的气味。蔬菜中的气味多样化，有的具有辛辣气味，如萝卜；有的具有微刺鼻的特殊芳香与清香，如香菜；有的具有显著的青鲜气味，如青椒。

1. 百合科蔬菜

洋葱、韭菜、细香葱、大蒜、芦笋等是重要的百合科蔬菜，百合科蔬菜的风味物质一般是含硫化合物所产生的，其中主要是硫醚化合物，例如，（丙烯基、正丙基、烯丙基、甲基）硫醚、二烯基二硫化物、二烯基三硫化物、二烯基四硫化物等，还有硫代丙醛类、硫氰酸和硫氰酸酯类、硫代亚磺酸类。这些化合物是其风味前体组织破碎时经过酶的作用转变而来的。

洋葱的风味前体是 S－（1－丙烯基）－L－半胱氨酸亚枫，是由半胱氨酸转化来的。蒜氨酶很快地把这个前体水解成丙烯基次磺酸、丙酮酸和氨，丙烯基次磺酸经进一步重排产生催泪的 S－氧化硫代丙醛，它对洋葱的香气起重要作用，形成了洋葱的特征香气。大蒜的风味前体是蒜氨酸，其降解形成风味化合物的途径同洋葱非常类似，反应过程中没有硫代丙醛亚砜化合物形成，生成的蒜素具有强烈刺激性气味，但不产生具有催泪作用的 S－氧化催泪化合物。大蒜的蒜素（二烯丙基硫代亚磺酸酯）的重排反应同洋葱一样，生成硫醇、二硫化合物和其他的香味化合物。大蒜蒜素和蒜油（二烯丙基二硫化物）、甲基烯丙基二硫化物共同形成大蒜的特征香气。

大蒜还具有杀菌作用。大蒜中的蒜氨酸在蒜酶作用下分解成蒜素。蒜素除了有辛辣味，还具有很强烈的杀菌作用，形成过程如图 9－8。

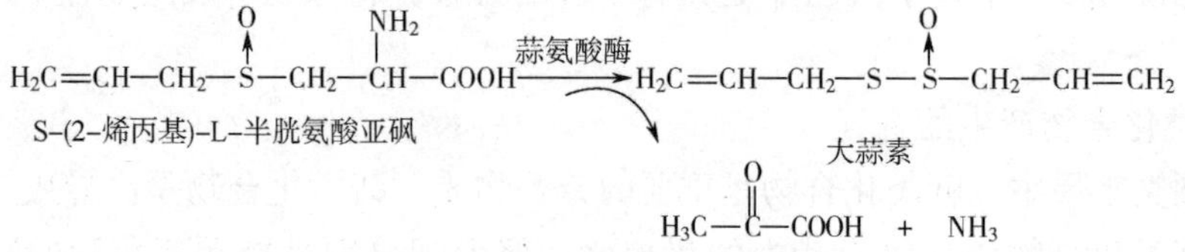

图 9－8 大蒜生成蒜素的反应

2. 十字花科蔬菜

结球甘蓝、花椰菜、芥菜、萝卜、辣根等都是十字花科蔬菜，其中，芥菜、萝卜、辣根有很强烈的辛辣芳香气味，一般和葱一样有催泪性或对鼻腔有刺激性。这种芳香气味主要是由异硫氰酸酯产生（例如2－乙烯基异硫氰酸酯、3－丙烯基异硫氰酸酯、2－苯乙烯基异硫氰酸酯），异硫氰酸酯是由硫代葡萄糖苷经酶水解产生，除异硫氰酸酯外，还可以生成硫氰酸酯和氰类。

3. 葫芦科和茄科蔬菜

葫芦科蔬菜主要是许多瓜类，黄瓜是较为重要的一个品种。茄科蔬菜主要有辣椒、柿子椒、番茄、马铃薯等。

黄瓜有特殊的清香气味，该特征风味成分是2，6－壬二烯醛，2，6－壬二烯－1－醇则起着辅助作用。反－2－顺－6－壬烯醇、壬醛、反－2－已烯醛、反－2－壬烯醛和反－2－顺－6－壬烯醛等都是黄瓜的风味成分，这些风味化合物都是以亚油酸和亚麻酸为前体生物合成的。番茄的香气成分已鉴定出300多种，特征香气物质主要是顺－3－已烯醇、反－2－已烯醛和顺－3－已烯醛。某些氨基酸，特别是甲硫氨酸是番茄香气成分的前体物。柿子椒的特征香气成分是2－甲氧基－3－异丁基吡嗪，其他芳香成分有显示青气味的叶醇和芳樟醇。马铃薯的香气成分含量极微，种类很少，3－乙基－2－甲氧基吡嗪是生成马铃薯香气的特征化合物。

4. 伞形花科蔬菜

胡萝卜、芹菜是比较重要的伞形花科蔬菜。胡萝卜、芹菜主要的风味物质是萜烯类化合物，它们和醇类及羰基化合物共同组成主要风味物质，形成有点刺鼻的清香。但芹菜中的特征香气物是3－丁基苯酞、丙酮酸酰－3，顺－已烯酯和丁二酮。

5. 食用菌

食用菌是可食用的蕈类，种类很多。鲜味和香味是食用菌风味的主体。蕈类的香气成分前体是香菇精酸，它经*S*－烷基－L－半胱氨酸亚砜裂解酶等的作用，产生蘑菇香精。此外，异硫氰酸苄酯、硫氰酸苯乙酯、苯甲醛氰醇等也是构成蘑菇香精的主要成分。

6. 其他常见蔬菜

莴苣的主要香气成分有2－异丙基－3－甲氧基吡嗪和2－仲丁基－3－甲氧基吡嗪。豌豆的主要香气成分有丙醇、戊醇、$C_4 \sim C_8$的2－醇和3－顺－已烯醇等醇类和$C_6 \sim C_9$的2－烯醛、2－异丙基－3－甲氧基吡嗪、2－仲丁基－3－甲基吡嗪等。罐装青刀豆的主要香气成分是2－甲基四氢呋喃、邻甲基苯甲醚和吡嗪类化合物等。

三、茶叶的香气

茶叶的香气是决定茶叶品质好坏的重要因素，茶叶的香型和特征香气化合物与茶叶品种、生长条件、采摘季节、成熟度、加工方法、发酵过程等均有很大的关系。鲜茶叶中原有的芳香物质只有几十种，而茶叶中有500多种香气化合物存在，这些化合物是通过复杂的反应而生成的。

1. 绿茶

绿茶是不发酵茶，有典型的烘炒香气和鲜青气味。构成绿茶香气的成分以鲜叶原有的香气成分为主，另一部分是在制造过程中因热处理产生的芳香产物。鲜茶叶主要的挥发性成分是青叶醇（3－顺－己烯醇、2－顺－己烯醇）、青叶醛（3－顺－己烯醛、2－顺－己烯醛）等，具有强烈的青草味。在杀青过程中，一部分低沸点的青叶醇、青叶醛挥发，同时使部分青叶醇、青叶醛异构化生成具有清香的反式青叶醇（醛），成为茶叶青香的主体。高沸点的芳香物质如芳樟醇、苯甲醇、苯乙醇、苯乙酮等显露出来，特别是芳樟醇，占到绿茶芳香成分的10%，这类芳香物质具有良好香气，是构成绿茶香气的主要成分。

2. 乌龙茶

乌龙茶是半发酵茶的典型代表，香气介于绿茶和红茶之间。其香气成分主要是香叶醇、顺－茉莉醇、茉莉酮酸甲酯、橙花叔醇、苯甲醇氰醇、乙酸乙酯等。

3. 红茶

红茶是发酵茶，其茶香浓郁。在红茶的加工过程中经过凋萎、揉搓、发酵、二次干燥等工艺发生了各种变化，茶叶的香气成分从鲜叶的数十种增加到成品茶的数百种之多。在红茶的茶香中，醇、醛、酸、酯的含量较高，特别是紫罗兰酮类化合物对红茶的特征茶香起重要作用。

生成红茶风味物质的前体主要有类胡萝卜素、氨基酸、不饱和脂肪酸等。在红茶的加工中，β－胡萝卜素氧化降解产生紫罗酮等化合物，再进一步氧化生成二氰海葵内酯和茶螺烯酮，后两者是红茶香气的主要成分。

茶叶中的不饱和脂肪酸，特别是亚麻酸和亚油酸，在加工中发生酶促氧化，生产C_5～C_{10}的醛、醇。茶叶中的脂肪酸还与醇酯化，生成的酯有芳香，例如，茉莉花香的乙酸苯甲酯、甜玫瑰香的苯乙酸乙酯、有花香的苯甲酸甲酯等，这些成分对茶叶的茶香有重要影响。

第五节　动物性食品的香气

一、 畜禽肉类食品的香气

新鲜的畜类一般都带有家畜原有的腥膻气味，风味物质主要由硫化氢、硫醇（甲硫醇、乙硫醇）、醛类（乙醛、丙醛、丁醛）、醇类（甲醇、乙醇）和氨等挥发性化合物组成，有典型的血腥味。例如，对猪肉的研究发现，生猪肉中有三百多种挥发性化合物组成，主要物质种类包括碳氢化合物、醛、酮、醇、酯、呋喃化合物、含氮化合物和含硫化合物。不同动物的生肉有各自特有的气味，主要与所含脂肪有关，生牛肉、猪肉没有特殊的气味；羊肉有膻味，与肉中的甲基支链脂肪酸如4－甲基辛酸、4－甲基壬酸、4－甲基癸酸有关；狗肉有腥味，与所含的三甲胺、低级脂肪酸有关。禽畜的性别不同，生肉的味道也不相同。例如，没有阉割的公猪有强烈的异味，产生这种异味的是5α－

雄-16-烯-3-酮和5α-雄-16-烯-3α-醇两种化合物。

与新鲜生肉相比，加热处理后的禽畜肉因其诱人的肉香味而受到人们的喜爱。在动物肌肉组织加热过程中，香味化合物的形成总体上可以分为三种途径： 第一，由于脂质的氧化、水解等反应形成醛、酮、酯类等化合物；第二，氨基酸、蛋白质与还原糖反应生成的风味化合物；第三，不同风味化合物的进一步分解或者相互之间反应生成的新风味化合物。经过加热处理，禽畜肉产生特有的香气（风味前体形成风味化合物），并且香气的组成与烹调加工时的温度、加工方法有关，因此肉汤、烤肉和煎肉的香味不同。熟的猪肉中挥发性物质数量减少，主要为醛、酮、羧酸、含硫化合物等。在禽畜肉中的风味前体最重要的可能是一些非挥发性风味前体，包括游离氨基酸、肽、糖类、维生素和核苷酸等，在加热时它们发生化学反应，生成大量的中间体和风味物质，并由此产生肉的相应味道。

脂类物质在畜肉的风味形成过程中具有重要作用。含有脂肪的牛肉加热时产生的挥发性化合物中有脂肪酸、醛、酮、醇、醚、呋喃、吡咯、内酯、烃芳香族、硫化合物（噻唑、噻吩、硫烷）、含氮化合物（噁唑、吡嗪）等，对牛肉香气有很大影响。猪脂肪加热也能检出相同的香气化合物。这些物质是通过脂质（脂肪和磷脂）的降解、氧化或者是其他的反应而生成，在低温下（ <100℃）烹饪的猪肉中，由脂肪衍生出的风味化合物占熟猪肉中风味化合物的多数。挥发性化合物已被鉴定出600多种，可将它们分为酸性、中性、碱性三类。煮肉时生成的香气化合物主要是中性的香气成分异硫化物、呋喃类化合物和苯环化合物，而烤肉时生成碱性化合物，主要成分是吡嗪、吡咯、吡啶及异戊醛等羰基化合物，以吡嗪类化合物为主。不论以何种加热方式，含硫化物都是肉类香气最重要成分。肉类可以用烟熏的方法来增加其香味和保藏性，熏烟中含有酚类、甲醛、乙醛、丙酮、甲酚、脂肪酸、醇、糖醛、愈创木酚等主要组分，其中的脂肪酸、酚类和醇可使肉制品产生特殊的风味和香味。

二、 水产品的香气

水产品的风味物质与畜肉明显不同，风味物质也随其种类（鱼类、贝类、甲壳类）品种的不同而不同。非常新鲜的活鱼和生鱼片具有优美的芳香，主要是由挥发性羰基化合物、醇类产生，其风味成分主要是C_6、C_8、C_9的醛、酮、醇类化合物，例如，1-辛烯-3-酮、反-2-壬烯醛、1-顺-5-辛二烯-3-酮、1-辛烯-3-醇等，是由特定的脂肪氧合酶催化不饱和脂肪酸得到的。一般认为挥发性羰基化合物产生的香味比较浓郁，而醇类产生的香味比较柔和，其中的一些化合物对新鲜鱼烹饪后的气味产生重要作用。属于甲壳类和软体水生动物的乌贼、章鱼、贝类等，其鲜味是由氨基酸、肽、酰胺和琥珀酸等成分共同组成的结果，与其他水产品相比另有独特的风味。

水产品鲜度下降时会产生令人厌恶的腐臭气味，主要成分有氨、二甲胺（DMA）、三甲胺（TMA）、甲硫醇、吲哚、粪臭素及脂肪氧化产物等。它们都是碱性物质，添加醋酸等酸性溶液可以中和，降低臭气。随着鱼鲜度的下降，逐渐呈现出一种特殊的鱼腥气，它的特征成分是鱼皮黏液中含有的δ-氨基戊醛、δ-氨基戊酸和六氢吡啶类化合物，具有强烈腥味。淡水鱼的土腥味是由于淡水浮游生物如颤藻、微囊藻、念珠藻、放线菌等分泌的一种泥土物质排入水中，通过鳃和皮肤渗透进入鱼体，使鱼产生泥土味。咸水鱼在贮存过程中所产生的“氧化鱼油味”或者是“鱼肝油味”是$\omega-3$多不饱和脂肪酸发生氧化反应的结果，因为亚麻酸、花生四烯酸、二十二碳六烯酸等是鱼油的主要不饱和脂肪酸，其自动氧化分解产物具有令人不快的异味。氧化反应导致的气味各不相同，在早期为清香味或黄瓜味，到后来转变为鱼肝油味。

三、乳及乳制品的香气

1. 牛乳的香气成分

新鲜的牛乳具有特有的清香味，气味很淡，但组成牛乳的香气成分却很复杂，主要有挥发性有机酸、羰基化合物、酯类和硫化物。牛乳中的酸类化合物目前已测出了140多种，主要是$C_2 \sim C_{18}$的偶数碳饱和羧酸、$C_{10} \sim C_{18}$的偶数单烯酸、C_{18}的二烯酸和三烯酸、$C_{10} \sim C_{18}$的偶数酮酸和羟基酸以及一些异烷酸，而且它们的绝大多数含硫极低，但是高级脂肪酸作为香气前体对牛乳的香气影响较大。乳中的一些酮酸和羟基，经过加热后分别形成甲基酮和内酯类化合物，对加热后的乳品香气有贡献，但$C_4 \sim C_{12}$的低、中级脂肪酸对香气的直接贡献最大。甲硫醚在牛乳中虽然含量极少，却是牛乳风味主要香气成分。

乳品中主要的硫化物是二甲硫醚、硫化氢、甲硫醇，其中二甲硫醚对香气贡献很大。牛乳加热后二甲硫醚的含量也会增加，认为牛乳中含有对热不稳定的二甲硫醚的前体物质S-甲基甲硫氨酸硫盐。

乳中的酯类主要有$C_1 \sim C_{10}$、C_{12}脂酸的甲酯或乙酯以及苯甲酸甲酯。内酯化合物主要是$C_6 \sim C_{18}$的δ-或γ-内酯，内酯是由乳脂中的羟基醛受热脱水生成，对发挥乳品的整体风味起了重要作用。

乳中的酮类化合物主要有$C_3 \sim C_{15}$的正-2-烷酮、3-庚酮、丁二酮和3-羟基丁酮等，其中$C_3 \sim C_9$的甲基酮和丁二酮是加热乳的香气的关键成分，仅1×10^{-6}时就显奶油芳香。鲜乳在加热前后丁二酮的含量几乎增加10倍。

2. 乳制品的香气成分

液态乳、奶油、黄油、乳粉、炼乳、发酵乳等都是以鲜乳为原料的乳制品。乳制品中的风味化合物由固有风味化合物、加工中形成的风味化合物共同组成，固有的风味化合物与原料乳相比，在种类、数量等方面产生明显的变化。例如，发酵乳制品的风味物质与所利用的微生物有关，在发酵奶油中主要的香气成分包括丁二酮，在酸奶中主要的香气成分包括有乙醛。对乳制品的风味化合物的研究结果表明，所检测出的有机化合物包括有机酸、酮、醛、酯、芳香族化合物、杂环化合物、含硫化合物等，以及它们的不饱和化合物，含碳原子数目从$C_2 \sim C_{18}$不等。

第六节　发酵食品的香气

一、 酒类食品的香气

1. 白酒的香气

酒类由于酿酒原料、酿造方法和酿酒菌种及其条件不同，香气物质的含量、比例也不相同，因而酒类具有不同的香型。如白酒有浓香型，以泸州大曲为代表；清香型，以汾酒为代表；酱香型，以茅台酒为代表；米香型，以三花酒为代表；凤香型，以西凤酒为代表。

在各种白酒中已鉴定出了300多种挥发性成分，包括醇、酯、酸、羰基化合物、缩醛、含氮化合物、含硫化合物、酚、醚等。其中醇、酯、酸和羰基化合物成分多样，含量也最多。醇是酒的主要香气物质，除乙醇之外，还有正丙醇、异丁醇、异戊醇等，统称为杂醇油或高级醇。如果酒中杂醇油含量高，则使酒产生异杂味，含量低则酒的香气不够。杂醇油主要来源于发酵原料中蛋白质分解的氨基酸，经转氨作用生成相应的 α - 酮酸，α - 酮酸脱羧后生成相应的醛，醛经还原生成醇。乙酸乙酯、乳酸乙酯、乙酸戊酯是主要的酯，乙酸、乳酸和己酸是主要的酸，乙醛、糠醛、丁二酮是主要的羰基化合物。

2. 啤酒的香气

啤酒中的香气物质目前已检出的有300多种，有醇、酯、酸、醛类及含硫化合物，但总体含量很低。啤酒中的醇类现已发现30余种，高级醇是酒中最最主要的风味物质之一。啤酒中的酯类主要是乙酸乙酯，其他的酯类含量很低。啤酒中的醛类已检测出有20余种，对啤酒风味影响较大的是乙醛和糠醛。啤酒中的挥发酸主要是脂肪酸，有20余种，以乙酸为主。啤酒中的挥发性含硫化合物主要是二氧化硫、硫化氢等，尽管含量极少，但因其对嗅觉器官刺激较强，因此，对啤酒风味的影响也不容忽视。

啤酒花中的酒花精油有200种以上成分，其主要成分是单萜烯、倍半萜烯和少量的酯、醇、酮等，也是啤酒香气的重要组成，它们与酒花的苦味共同构成了酒花香气。

二、 酱制品的香气成分

酱制品是以大豆、小麦为原料，由霉菌、酵母菌和细菌综合发酵生成的调味品，其中的香味成分主要是醇类、醛类、酚类、酯类和有机酸等。其中醇类的主要成分为乙醇、正丁醇、异戊醇、β - 苯乙醇（酪醇）等；缩醛类有 α - 羟基异己醛、二乙缩醛和异戊醛二乙缩醛；酚类以4 - 乙基愈创木酚、4 - 乙基苯酚、对羟基苯乙醇为代表；酯类中的主要成分是乙酸戊酯，乙酸丁酯及酪醇乙酸酯；酸类主要有乙酸、丙酸、异戊酸、己酸等。

酱油中的醇类主要包括乙醇、正丁醇、异丁醇等，乙醇含量最多；酸类有乙酸、己酸、丙酸、异戊酸等；羰基化合物成分主要有乙醛、丙酮、丁醛、异戊醛、糠醛、不饱和酮醛等，还含有硫醇和甲基硫等香味物质，其中甲基硫是构成酱油特征香气的主要成分。

复习思考题

1. 食品风味的定义？食品中风味物质的特点？
2. 食品风味的分类方法？
3. 食品的味感定义？影响食品味感的因素有哪些？
4. 食品中有哪些基本味感？
5. 嗅觉理论是什么？
6. 植物性食品香气及形成途径？
7. 动物性食品的香气及形成途径？
8. 发酵食品的香气成分都有哪些？

CHAPTER 10

第十章 食品添加剂

[学习目标与要求]

1. 了解食品添加剂的种类、使用原则及注意事项。
2. 掌握防腐保鲜类、感官调控类添加剂的特性。
3. 掌握质构改良类食品添加剂的作用及特性。
4. 了解其他类添加剂的种类、结构和功能。

第一节 概述

“民以食为天”，食品是人类赖以生存和发展的重要物质基础，与此同时，食品行业也是国民经济的重要支柱产业。随着人们生活水平的提高，物质产品的极大丰富，对食品的色、香、味、种类、新鲜程度等方面都有更多的要求，因此食品添加剂在现代生活中发挥了极大的作用。一方面保证了原有食品种类的品质和新鲜度，另一方面开发新型食品，扩大食品来源并增添了新的加工工艺，所以说食品添加剂是现代食品加工业的灵魂。

食品添加剂的使用本意是以安全合理的方式保障食品质和量的安全，但社会上层出不穷的“苏丹红”染色鸭蛋、“吊白块”馒头、“三聚氰胺”牛乳、“牛肉膏”假牛肉等一系列食品安全问题使得人们“谈添加剂色变”，使得公众对食品安全信赖度大大降低，食品添加剂同时也蒙上了不白之冤。那么，什么是食品添加剂？如何正确使用食品添加剂？

一、 食品添加剂的定义和分类

1. 食品添加剂定义

因为各国的饮食习惯、加工方法、使用范围和种类的不同，食品添加剂的定义也有所不同。《中华人民共和国食品安全法》（2015 年 10 月 1 日起施行）中规定：食品添加剂，指为改善食品品质和色、香、味以及为防腐、保鲜和加工工艺的需要而加入食品中的人工合成或者天然物质。《（GB 2760—2014）食品安全国家标准　食品添加剂使用标准》中定义：为改善食品品质和色、香、味，以及为防腐、保鲜和加工工艺的需要而加入食品中的人工合成或者天然物质。食品用香料、胶基糖果中基础剂物质、食品工业用加工助剂也包括在内。

国际食品法典委员会（Codex Alimentarius Commission，CAC）下设的食品添加剂法典委员会（Codex Committeeon Food Additives，CCFA）主要对联合国食品添加剂专家委员会（Joint FAO/WHO Expert Committeeon Food Additives，JECFA，由 FAO 和 WHO 成立的一个国际性专家咨询组织），该组织定义食品添加剂被解释为：是指其本身通常不作为食品消费，不用作食品中常见的配料物质，无论其是否具有营养价值，在食品中添加该物质的原因是出于生产、加工、制备、处理、包装、装箱、运输或储藏等食品的工艺需求（包括感官），或者期望它或其副产品（直接或间接地）成为食品的一个成分，或影响食品的特性。该术语不包括污染物，及为了保持或提高营养质量而添加的物质。

日本《食品卫生法》中规定“所谓添加剂是在食品生产、食品加工或者是为保藏的目的，以添加、混合或湿润等方法用于食品中的物质”。欧盟（EU）食品添加剂法规定义：食品添加剂是指在食品的生产、加工、制备、处理、包装、运输或存储过程中，出于技术性目的而人为添加到食品中的任何物质，而这些添加物质通常并不作为某种食品来消费，而且也不作为食品的特征成分来使用，无论其是否具有营养价值，这些添加物质本身或附产物可以形成或预期可以形成该食品的直接或间接组分。美国食品添加剂法规定义：食品添加剂是指特意添加到食品中、用来形成或预期形成直接或间接食品的某种组分或能够影响食品特征的任何物质（包括在生产、制造、包装处理、加工、制备、处理、包装和运输、或存储过程中所使用的任何物质；以及在上述过程中所使用的放射源）。

2. 食品添加剂分类

GB 2760—2014《食品安全国家标准　食品添加剂使用标准》中根据食品添加剂的重要功能类别，将食品添加剂分为 22 类，分别为：酸度调节剂；抗结剂；消泡剂；抗氧化剂；漂白剂；膨松剂；胶基糖果中基础剂物质；着色剂；护色剂；乳化剂；酶制剂；增味剂；面粉处理剂；被膜剂；水分保持剂；防腐剂；稳定剂和凝固剂；甜味剂；增稠剂；食品用香料；食品工业用加工助剂。

二、食品添加剂的使用原则

按照 GB 2760—2014《食品安全国家标准　食品添加剂使用标准》的要求，食品添加剂的使用原则如下。

（1）食品添加剂使用时应符合以下基本要求

①不应对人体产生任何健康危害；

②不应掩盖食品腐败变质；

③不应掩盖食品本身或加工过程中的质量缺陷或以掺杂、掺假、伪造为目的而使用

食品添加剂；

④不应降低食品本身的营养价值；

⑤在达到预期效果的前提下尽可能降低在食品中的使用量。

（2）在下列情况下可使用食品添加剂

①保持或提高食品本身的营养价值；

②作为某些特殊膳食用食品的必要配料或成分；

③提高食品的质量和稳定性，改进其感官特性；

④便于食品的生产、加工、包装、运输或者贮藏。

（3）食品添加剂质量标准　按照本标准使用的食品添加剂应当符合相应的质量规格要求。

（4）带入原则　在下列情况下，食品添加剂可以通过食品配料（含食品添加剂）带入食品中：

①根据本标准，食品配料中允许使用该食品添加剂；

②食品配料中该添加剂的用量不应超过允许的最大使用量；

③应在正常生产工艺条件下使用这些配料，并且食品中该添加剂的含量不应超过由配料带入的水平；

④由配料带入食品中的该添加剂的含量应明显低于直接将其添加到该食品中通常所需要的水平。

当某食品配料作为特定终产品的原料时，批准用于上述特定终产品的添加剂允许添加到这些食品配料中，同时该添加剂在终产品中的量应符合本标准的要求。在所述特定食品配料的标签上应明确标示该食品配料用于上述特定食品的生产。

违法添加非食用物质造成食品安全问题是食品行业的重大毒瘤，这些违法添加的非食用物质的性状、使用方法及作用效果和食品添加剂类似，但毒性是无法判定的。食品中可能违法添加的非食用物质名单见表 10－1。

表 10－1　　食品中可能违法添加的非食用物质名单

序号	名称	可能添加的食品品种
1	吊白块	腐竹、粉丝、面粉、竹笋
2	苏丹红	辣椒粉、含辣椒类的食品（辣椒酱、辣味调味品）
3	王金黄、块黄	腐皮
4	蛋白精、三聚氰胺	乳及乳制品
5	硼酸与硼砂	腐竹、肉丸、凉粉、凉皮、面条、饺子皮
6	硫氰酸钠	乳及乳制品
7	玫瑰红 B	调味品
8	美术绿	茶叶
9	碱性嫩黄	豆制品
10	工业用甲醛	海参、鱿鱼等干水产品、血豆腐

续表

序号	名称	可能添加的食品品种
11	工业用火碱	海参、鱿鱼等干水产品、生鲜乳
12	一氧化碳	金枪鱼、三文鱼
13	硫化钠	味精
14	工业硫磺	白砂糖、辣椒、蜜饯、银耳、龙眼、胡萝卜、姜等
15	工业染料	小米、玉米粉、熟肉制品等
16	罂粟壳	火锅底料及小吃类
17	革皮水解物	乳与乳制品 含乳饮料
18	溴酸钾	小麦粉
19	β-内酰胺酶 （金玉兰酶制剂）	乳与乳制品
20	富马酸二甲酯	糕点
21	废弃食用油脂	食用油脂
22	工业用矿物油	陈化大米
23	工业明胶	冰淇淋、肉皮冻等
24	工业酒精	勾兑假酒
25	敌敌畏	火腿、鱼干、咸鱼等制品
26	毛发水	酱油等
27	工业用乙酸	勾兑食醋
28	肾上腺素受体激动剂类药物（盐酸克伦特罗、莱克多巴胺等）	猪肉、牛羊肉及肝脏等
29	硝基呋喃类药物	猪肉、禽肉、动物性水产品
30	玉米赤霉醇	牛羊肉及肝脏、牛奶
31	抗生素残渣	猪肉
32	镇静剂	猪肉
33	荧光增白物质	双孢蘑菇、金针菇、白灵菇、面粉
34	工业氯化镁	木耳
35	磷化铝	木耳
36	馅料原料漂白剂	焙烤食品
37	酸性橙Ⅱ	黄鱼、鲍汁、腌卤肉制品、红壳瓜子、辣椒面和豆瓣酱
38	氯霉素	生食水产品、肉制品、猪肠衣、蜂蜜
39	喹诺酮类	麻辣烫类食品

续表

序号	名称	可能添加的食品品种
40	水玻璃	面制品
41	孔雀石绿	鱼类
42	乌洛托品	腐竹、米线等
43	五氯酚钠	河蟹
44	喹乙醇	水产养殖饲料
45	碱性黄	大黄鱼
46	磺胺二甲嘧啶	叉烧肉类
47	敌百虫	腌制食品

食品中可能滥用的食品添加剂品种名单见表10－2。

表10－2　　食品中可能滥用的食品添加剂品种名单

序号	食品品种	可能易滥用的添加剂品种
1	渍菜（泡菜等）、葡萄酒	着色剂（胭脂红、柠檬黄、诱惑红、日落黄）等
2	水果冻、蛋白冻类	着色剂、防腐剂、酸度调节剂（己二酸等）
3	腌菜	着色剂、防腐剂、甜味剂（糖精钠、甜蜜素等）
4	面点、月饼	乳化剂（蔗糖脂肪酸酯、乙酰化单甘脂肪酸酯等）、防腐剂、着色剂、甜味剂
5	面条、饺子皮	面粉处理剂
6	糕点	膨松剂（硫酸铝钾、硫酸铝铵等）、水分保持剂磷酸盐类（磷酸钙、焦磷酸二氢二钠等）、增稠剂（黄原胶、黄蜀葵胶等）、甜味剂（糖精钠、甜蜜素等）
7	馒头	漂白剂（硫磺）
8	油条	膨松剂（硫酸铝钾、硫酸铝铵）
9	肉制品和卤制熟食、腌肉料和嫩肉粉类产品	护色剂（硝酸盐、亚硝酸盐）
10	小麦粉	二氧化钛、硫酸铝钾
11	小麦粉	滑石粉
12	臭豆腐	硫酸亚铁
13	乳制品（除干酪外）	山梨酸
14	乳制品（除干酪外）	纳他霉素
15	蔬菜干制品	硫酸铜
16	“酒类”（配制酒除外）	甜蜜素
17	“酒类”	安塞蜜

续表

序号	食品品种	可能易滥用的添加剂品种
18	面制品和膨化食品	硫酸铝钾、硫酸铝铵
19	鲜瘦肉	胭脂红
20	大黄鱼、小黄鱼	柠檬黄
21	陈粮、米粉等	焦亚硫酸钠
22	烤鱼片、冷冻虾、烤虾、鱼干、鱿鱼丝、蟹肉、鱼糜等	亚硫酸钠

第二节 防腐保鲜类食品添加剂

一、防腐剂

目前世界各国用于食品防腐的防腐剂种类很多，一般来说食品防腐剂的作用机理可以从以下四方面概括：①干扰微生物细胞的遗传机制；②影响微生物细胞壁和细胞膜的形成和完整性；③降低微生物代谢酶的活力；④使微生物的蛋白质变性或凝固而导致微生物无法存活。同时这些防腐剂的使用应符合相关标准，GB 2760—2014《食品安全国家标准 食品添加剂使用标准》中规定了多种可用于食品的防腐剂，目前食品中常用的防腐剂有苯甲酸及其钠盐、山梨酸及其钾盐、对羟基苯甲酸脂类及其钠盐等（图10－1）。

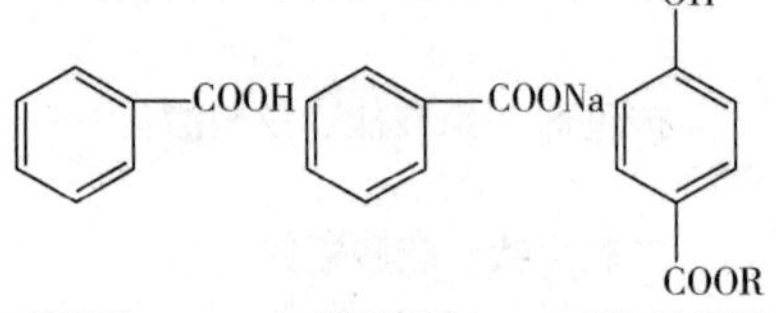

图10－1 常用化学防腐剂的结构

1. 苯甲酸及苯甲酸钠

苯甲酸及苯甲酸钠是最常用的食品防腐剂之一。苯甲酸俗称安息香酸，分子式为 $C_7H_6O_2$，相对分子质量为122.12，是一种广谱抗菌剂，但它的抗菌有效性依赖于食品的pH，其防腐的最适pH为2.5～4.0。苯甲酸对酵母菌、部分细菌效果很好，对霉菌的效果差一些。但在允许使用的最大范围内（2g/kg），在pH4.5以下，对各种菌都有效。苯甲酸的防腐作用机制是利用未解离苯甲酸的强亲油性，从而透过细胞膜进入细胞内，使得进入细胞内的苯甲酸分子电离酸化细胞内的碱储，有效抑制微生物细胞的呼吸酶系的活性，从而起到食品防腐的作用。

苯甲酸钠又称安息香酸钠，为结晶性粉末或白色颗粒，有甜涩味。苯甲酸钠能够在食品中转化为苯甲酸，其防腐机理与苯甲酸相同，但防腐效果小于苯甲酸。pH 为 3.5 时，0.05% 的溶液能完全防止酵母生长；pH 为 6.5 时，溶液的浓度需要提高到 2.5% 才能达到该效果。一般来说，苯甲酸钠在较强酸性的食品中防腐效果好。

在食品中使用苯甲酸钠时，可以和苯甲酸混合使用，也可以单独使用。在我国，苯甲酸及其钠盐广泛使用于酱、醋、果汁、碳酸饮料、罐头等食品中。

2. 山梨酸及山梨酸钾

山梨酸又名花楸酸，为无色或白色晶体粉末，无臭或微有臭味，耐光、耐热性好。山梨酸是使用最多的防腐剂，大多数国家都会使用，它对霉菌、酵母菌和好气性细菌的生长发育起抑制作用，而对嫌气性细菌几乎无效。山梨酸为酸型防腐剂，在酸性介质中对微生物有良好的抑制效果，随着 pH 的增大防腐效果降低，适用于 pH 在 5.5 以下的食品防腐。它的防腐作用机理是能与微生物酶系统的巯基相结合，从而破坏许多重要酶系统的作用。

山梨酸钾有很强的抑制腐败菌和霉菌的作用，而且其毒性远低于其他防腐剂。山梨酸钾能够在食品中转化为山梨酸，在许多情况下比山梨酸更容易使用。山梨酸钾在贮存时要注意避光、防潮，包装需完整，严禁毒物污染。

3. 对羟基苯甲酸酯类

对羟基苯甲酸酯类在较宽 pH 范围内对霉菌、酵母菌与细菌有广泛的抑制作用，对霉菌、酵母的作用较强，但对细菌，特别是对革兰阴性杆菌及乳酸菌的作用较差。但总体的抗菌作用较苯甲酸和山梨酸要强，在 pH 为 4 ~ 8 都有较好的抗菌效果。一般来说，构成对羟基苯甲酸酯类的醇的碳原子数目越多，抗菌作用越强，而毒性相反。这类防腐剂的作用机理是通过抑制微生物细胞的呼吸酶系与电子传递酶系的活性，能破坏微生物的细胞膜结构，从而达到防腐效果。

二、 抗氧化剂

食品抗氧化剂是防止或延缓食品氧化、提高食品稳定性和延长食品贮藏期的食品添加剂。食品在贮藏运输过程中除了由微生物作用发生腐败变质外，氧化是导致食品品质恶劣的又一重大因素。食品氧化变质不仅导致食品发生油脂氧化酸败、褪色、褐变、风味劣变、维生素和必需脂肪酸破坏等，甚至会产生有毒有害物质，引起食物中毒，危害人体健康。抗氧化剂的使用量一般较少（0.025% ~0.1%），但必须与食品充分混匀才能很好地发挥作用。此外，柠檬酸、酒石酸、磷酸及其衍生物均与抗氧化剂有协同作用，起到增效剂的效果。

1. 丁基羟基茴香醚（简称 BHA）

丁基羟基茴香醚亦称叔丁基 -4 - 羟基茴香醚、丁基大茴香醚，它有 2 种同分异构体：3 - BHA、2 - BHA。目前市场通常出售的 BHA 是 3 - BHA（占 95% ~98%）与少量

2-BRA（占2%~5%）的混合物。BHA不溶于水，可溶于油脂和有机溶剂，对热稳定性高，在弱碱性条件下不容易破坏。BHA与其他抗氧化剂比，不像PG会与金属离子作用而着色，BHT不溶于丙二醇，而BHA溶于丙二醇，成为乳化态，具有使用方便的特点，但价格较BHT高。BHA和其他抗氧化剂或增效剂复配使用，可大大提高其抗氧化作用。BHA除了抗氧化作用外，还具有抗菌作用，据报道，0.015%的BHA可以抑制金黄色葡萄球菌。丁基羟基茴香醚使用标准见表10-3。

表10-3　丁基羟基茴香醚使用标准

食品分类号	食品名称	最大使用量/（g/kg）	备注
02.0	脂肪，油和乳化脂肪制品	0.2	以油脂中的含量计
02.01	基本不含水的脂肪和油	0.2	
04.05.02.01	熟制坚果与籽类（仅限油炸坚果与籽类）	0.2	以油脂中的含量计
04.05.02.03	坚果与籽类罐头	0.2	以油脂中的含量计
05.02.01	胶基糖果	0.4	
06.03.02.05	油炸面制品	0.2	以油脂中的含量计
06.04.01	杂粮粉	0.2	以油脂中的含量计
06.06	即食谷物，包括碾轧燕麦（片）	0.2	以油脂中的含量计
06.07	方便米面制品	0.2	以油脂中的含量计
07.03	饼干	0.2	以油脂中的含量计
08.02.02	腌腊肉制品类（如咸肉、腊肉、板鸭、中式火腿、腊肠）	0.2	以油脂中的含量计
09.03.04	风干、烘干、压干等水产品	0.2	以油脂中的含量计
12.10.01	固体复合调味料（仅限鸡肉粉）	0.2	以油脂中的含量计
16.06	膨化食品	0.2	以油脂中的含量计

2. 二丁基羟基甲苯（简称BHT）

二丁基羟基甲苯亦称2，6-二丁基对甲酚，对热相当稳定，抗氧化效果好，与金属反应不着色，加热时有与水蒸气一起挥发的性质。它与其他抗氧化剂相比，没有没食子酸丙酯那样遇金属离子反应着色的缺点，也没有BHA的特异臭味，并且价格低廉，但毒性相对较高，其使用标准见表10-4。

表10-4　二丁基羟基甲苯使用标准

食品分类号	食品名称	最大使用量/（g/kg）	备注
02.0	脂肪，油和乳化脂肪制品	0.2	以油脂中的含量计
02.01	基本不含水的脂肪和油	0.2	
04.02.02.02	干制蔬菜（仅限脱水马铃薯粉）	0.2	以油脂中的含量计

续表

食品分类号	食品名称	最大使用量/（g/kg）	备注
04. 05. 02. 01	熟制坚果与籽类（仅限油炸坚果与籽类）	0. 2	
04. 05. 02. 03	坚果与籽类罐头	0. 2	以油脂中的含量计
05. 02. 01	胶基糖果	0. 4	
06. 03. 02. 05	油炸面制品	0. 2	以油脂中的含量计
06. 06	即食谷物，包括碾轧燕麦（片）	0. 2	以油脂中的含量计
06. 07	方便米面制品	0. 2	以油脂中的含量计
07. 03	饼干	0. 2	以油脂中的含量计
08. 02. 02	腌腊肉制品类（如咸肉、腊肉、板鸭、中式火腿、腊肠）	0. 2	以油脂中的含量计
09. 03. 04	风干、烘干、压干等水产品	0. 2	以油脂中的含量计
16. 06	膨化食品	0. 2	以油脂中的含量计

3. 没食子酸丙酯（简称 PG）

没食子酸丙酯又名棓酸丙酯，对热比较稳定，抗氧化效果好，易与铜、铁离子发生呈色反应，变为紫色或暗绿色。具有吸湿性，对光不稳定、易分解。PG 对油脂的抗氧化能力很强，与增效剂柠檬酸或与 BHA、BHT 复配使用抗氧化能力更强。PG 对猪油的抗氧化作用较 BRA、BHT 强，但是毒性相对较高。没食子酸丙酯一般不单独使用，而与 BHA、BHT 或与柠檬酸、异抗坏血酸等增效剂复配使用。

第三节　感官调控类食品添加剂

一、 着色剂

食品着色剂是指赋予食品色泽和改善食品色泽的物质。详细内容在第八章第五节进行了介绍。

二、 护色剂

食品护色剂是指能与肉及肉制品中的呈色物质作用，使之在加工、保藏等过程中不至分解、破坏，呈现良好色泽的物质，也叫发色剂或呈色剂。护色剂主要用于肉制品，我国护色剂种类一般为硝酸盐和亚硝酸盐两大类。

1. 亚硝酸钠

亚硝酸钠为无色或微带黄色结晶，味微咸，易潮解；水溶液呈碱性反应。在肉类腌制过程中，除单独使用硝酸盐或亚硝酸盐外，也有同时使用两者的，可把硝酸盐和亚硝酸盐与盐等配成混合盐进行腌制。亚硝酸钠属于食品添加剂中毒性最强的物质，肉制品中要以亚硝酸钠残留量计其添加标准（表10-5），同时，各地区正采取限制使用措施。

表10-5　　亚硝酸钠使用标准

食品分类号	食品名称	最大使用量/（g/kg）	备注
08.02.02	腌腊肉制品类（如咸肉、腊肉、板鸭、中式火腿、腊肠）	0.15	以亚硝酸钠计，残留量≤30mg/kg
08.03.01	酱卤肉制品类	0.15	以亚硝酸钠计，残留量≤30mg/kg
08.03.02	熏、烧、烤肉类	0.15	以亚硝酸钠计，残留量≤30mg/kg
08.03.03	油炸肉类	0.15	以亚硝酸钠计，残留量≤30mg/kg
08.02.04	西式火腿（熏烤、烟熏、蒸煮火腿类	0.15	以亚硝酸钠计，残留量≤70mg/kg
08.03.05	肉灌肠类	0.15	以亚硝酸钠计，残留量≤30mg/kg
08.03.06	发酵肉制品类	0.15	以亚硝酸钠计，残留量≤30mg/kg
08.03.08	肉罐头类	0.15	以亚硝酸钠计，残留量≤50mg/kg

2. 硝酸钠

硝酸钠为无色透明晶体或白色晶体粉末，可稍带浅颜色，无臭，微苦，易吸潮，易溶于水。硝酸钠的护色作用是通过细菌的作用使其转变成亚硝酸钠，再由亚硝酸钠发挥作用效果，其使用标准见表10-6。

表10-6　　硝酸钠使用标准

食品分类号	食品名称	最大使用量/（g/kg）	备注
08.02.02	腌腊肉制品类（如咸肉、腊肉、板鸭、中式火腿、腊肠）	0.5	以亚硝酸钠计，残留量≤30mg/kg
08.03.01	酱卤肉制品类	0.5	以亚硝酸钠计，残留量≤30mg/kg
08.03.02	熏、烧、烤肉类	0.5	以亚硝酸钠计，残留量≤30mg/kg
08.03.03	油炸肉类	0.5	以亚硝酸钠计，残留量≤30mg/kg
08.02.04	西式火腿（熏烤、烟熏、蒸煮火腿类）	0.5	以亚硝酸钠计，残留量≤70mg/kg
08.03.05	肉灌肠类	0.5	以亚硝酸钠计，残留量≤30mg/kg
08.03.06	发酵肉制品类	0.5	以亚硝酸钠计，残留量≤30mg/kg
08.03.08	肉罐头类	0.5	以亚硝酸钠计，残留量≤50mg/kg

三、漂白剂

能破坏食品色素的发色团或抑制食品的发色因素，使食品的色素褪掉或使食品避免褐变的添加剂叫漂白剂。按作用机制的不同，漂白剂可分为氧化型漂白剂和还原型漂白剂。氧化型漂白剂作用较强烈，食品中的色素受氧化作用而分解褪色，但同时也会破坏食品中的营养成分，而且残留量较大，包括漂白粉、过氧化氢、高锰酸钾、次氯酸钠、过氧化丙酮、二氧化氯。还原型漂白剂作用比较缓和，具有一定的还原能力，食品中的色素在还原剂的作用下形成无色物质而消除色泽，但是被其漂白的色素物质一旦再被氧化，可能重新显色。

氧化型漂白剂除作为面粉漂白剂外，实际使用很少。在使用氧化型漂白剂后必须用水冲洗，或用还原剂将之还原，使食品内没有氧化性漂白剂的残留。

亚硫酸盐类为重要的还原型漂白剂之一，主要用于蜜饯、干果、干菜、果汁、竹笋、蘑菇、果酒、啤酒、糖品和粉丝等的漂白，用量不能过多，食品中残留的 SO_2 量不得超过标准，高残留量的食品有 SO_2 臭味，影响口感和产品性状，对后添加的香料、着色剂等也有影响。

四、食用香精、香料

食用香料和香精是指能够增加食品香气和香味的食品添加剂，它不但能够增进食欲，有利消化吸收，而且对增加食品的花色品种和提高食品质量具有很重要的作用。食用香料按其来源和制造方法等的不同通常分为天然香料、天然等同香料和人造香料三大类。天然香料是通过物理方法从天然芳香植物或动物原料中分离得到的物质，通常认为其安全性较高，如精油、酊剂、浸膏、净油和辛香料油树脂等。天然等同香料是用合成方法得到或由天然芳香原料经化学方法分离得到的物质，这些物质与供人类消费的天然产品中存在的物质在化学结构上是相同的。人造香料是由人工化学合成的物质配成的供人类消费的天然产品中尚未发现的香味物质。

在食品加工制造中，除少数几种香料如橘子油、柠檬油、橙油、麦芽酚、香兰素等外，多数香料由于它们的香气比较单调而不单独使用，通常是将数种乃至数十种单离香料调和起来，以适应食品生产的需要。这种经配制而成的香料（调和香料）称为香精。

食用香精的分类按用途可分为饮料用、糖果用、焙烤食品用、方便食品用和酒用等；按香型可分为柑橘型、果香型、薄荷香型、豆香型、辛香型、乳品香型和肉香型等；按性能可分为水溶性香精、油溶性香精、乳化香精、粉末香精和微胶囊香精等。

食用香料和香精在食品的配料中所占比例很小，各单离香料的食用安全性多数都经过研究认为是公认为安全的物质（generally recognized as safe，GRAS）。因此，一般对于经过卫生评价的食用香料和香精在食品中的使用剂量并未严格规定。大多数情况下，仅使用很小量的香料和香精即可以给无香气的食品原料赋香，补充食品中原有香气的不足，矫正食品中的不良气味，也可以稳定和辅助食品固有的香气，对增加食品的花色品种和提高食品的质量起着举足轻重的作用。

五、酸味剂

酸味调节剂是以赋予食品酸味为主要目的的食品添加剂。酸味调节剂除了赋予食品以适口的酸味外，还可调节食品的 pH，用作抗氧化剂的增效剂，防止食品氧化褐变，抑制微生物生长及防止食品腐败等，并可增进食欲，促进消化吸收。酸味调节剂按其组成可分为两大类：有机酸和无机酸，目前作为酸味调节剂使用的主要是有机酸，无机酸中仅有磷酸可作为食品添加剂使用。

1. 柠檬酸

柠檬酸又名枸橼酸，为无色半透明结晶或白色颗粒或白色结晶粉末，无臭，易溶于水，是世界上用量最大的酸味剂。具有强酸味，酸味柔和爽快，入口即达到最高酸感，后味延续时间短。在使用过程中，与柠檬酸钠复配使用，酸味更柔和，易于多种香料配合而产生清爽的酸味，适用于各类食品的酸化。除调节酸味外，还可作为抗氧化增效剂，延缓油脂酸败，也可作为色素稳定剂，防止果蔬褐变。

2. 磷酸

磷酸又名正磷酸，是唯一可食用的无机酸。磷酸为无色透明糖浆状液体，无臭，味酸。磷酸属于强无机酸，其酸味比柠檬酸大 2.3 ~ 2.5 倍，有强烈的收敛味和色味，多用于可乐型饮料。磷酸在酿酒时还可作为酵母的磷酸源，加强其发酵能力，并能防止杂菌生长。但是需注意的是，高浓度的磷酸具有腐蚀性。

六、甜味剂

甜味剂是以赋予食品甜味为主要目的的食品添加剂。通常所说的甜味剂是指人工合成的非营养甜味剂、糖醇类甜味剂与非糖天然甜味剂 3 类。至于葡萄糖、果糖、麦芽糖和乳糖等物质，虽然也是天然甜味剂，但因长期被人食用，且是重要的营养素，通常被视为食品原料，不作为食品添加剂对待。

1. 糖精钠

糖精钠化学名称为邻苯甲酰磺酰亚胺钠，市售糖精钠包装上一般标注为糖精，为人工合成的非营养型甜味剂，易溶于水，其甜味是由阴离子产生，分子状态有苦味；其阈值为 0.004%，甜度为蔗糖的 200 ~ 700 倍（一般为 500 倍），有后苦味，与酸味剂同用于清凉饮料之中可产生爽快的甜味，不允许单独作为食品的甜味剂，必须是与蔗糖共同使用以代替部分蔗糖，其使用标准见表 10 – 7。

表 10 – 7　　糖精钠使用标准

食品分类号	食品名称	最大使用量/（g/kg）	备注
03.0	冷冻饮品（03.04 食用冰除外）	0.15	以糖精计
04.01.02.02	水果干类（仅限芒果干、无花果干）	5.0	以糖精计
04.01.02.05	果酱	0.2	以糖精计
04.01.02.08	蜜饯凉果	1.0	以糖精计

续表

食品分类号	食品名称	最大使用量/（g/kg）	备注
04.01.02.08.02	凉果类	5.0	以糖精计
04.01.02.08.04	话化类	5.0	以糖精计
04.01.02.08.05	果糕类	5.0	以糖精计
04.02.02.03	腌渍的蔬菜0	0.15	以糖精计
04.04.01.05	新型豆制品（大豆蛋白及其膨化食品、大豆素肉等）	1.0	以糖精计
04.04.01.06	熟制豆类	1.0	以糖精计
04.05.02.01.01	带壳熟制坚果与籽类	1.2	以糖精计
04.05.02.01.02	脱壳熟制坚果与籽类	1.0	以糖精计
12.10	复合调味料	0.15	以糖精计
15.02	配制酒	0.15	以糖精计

2. 甜蜜素

甜蜜素化学名称为环已基氨基磺酸钠。为人工合成的非营养型甜味剂，甜度是蔗糖的30~50倍，相比于蔗糖，甜蜜素的甜味刺激来得较慢，但持续时间较长。与糖精共用时能掩盖糖精的不良特性，因此甜蜜素通常和糖精一同使用，最常用的配比是10份甜蜜素加1份糖精，这样两者甜味相等，能够互相掩盖对方不良风味而改良混合物的味觉特性。甜蜜素使用标准见表10-8。

表10-8　　　　甜蜜素使用标准

食品分类号	食品名称	最大使用量/（g/kg）	备注
03.0	冷冻饮品（03.04食用冰除外）	0.65	以环已基氨基磺酸计
04.01.02.04	水果罐头	0.65	以环已基氨基磺酸计
04.01.02.05	果酱	1.0	以环已基氨基磺酸计
04.01.02.08	蜜饯凉果	1.0	以环已基氨基磺酸计
04.01.02.08.02	凉果类	8.0	以环已基氨基磺酸计
04.01.02.08.04	话化类	8.0	以环已基氨基磺酸计
04.01.02.08.05	果糕类	8.0	以环已基氨基磺酸计
04.02.02.03	腌渍的蔬菜	1.0	以环已基氨基磺酸计
04.04.01.06	熟制豆类	1.0	以环已基氨基磺酸计
04.04.02.01	腐乳类	0.65	以环已基氨基磺酸计
04.05.02.01.01	带壳熟制坚果与籽类	6.0	以环已基氨基磺酸计
04.05.02.01.02	脱壳熟制坚果与籽类	1.2	以环已基氨基磺酸计
07.01	面包	1.6	以环已基氨基磺酸计

续表

食品分类号	食品名称	最大使用量/（g/kg）	备注
07.02	糕点	1.6	以环已基氨基磺酸计
07.03	饼干	0.65	以环已基氨基磺酸计
12.10	复合调味料	0.65	以环已基氨基磺酸计
14.0 0.65	饮料类（14.01 包装饮用水除外）	0.65	以环已基氨基磺酸计，固体饮料按稀释倍数增加使用量
15.02	配制酒	0.65	以环已基氨基磺酸计
16.01	果冻	0.65	以环已基氨基磺酸计，固体饮料按稀释倍数增加使用量

3. 三氯蔗糖

三氯蔗糖即蔗糖素，化学名称为1′，6′－二氯－1′，6′－二脱氧－β－D呋喃果糖基－4－氯－4－脱氧－β－D－呋喃半乳糖苷，是甜度大且味觉特性最好的人工合成的非营养型甜味剂，其甜度大约是蔗糖液的600倍，甜味特性十分类似蔗糖，没有任何后苦味。三氯蔗糖在水中的溶解性很好，20℃时的溶解度为28.2%，在酸性水溶液中的性质特别稳定，在酸性软饮料的pH范围内，是所有可供选择的强力甜味剂中性质最稳定的一种。

4. 木糖醇

木糖醇为白色结晶或结晶性粉末，几乎无臭，微甜，甜度与蔗糖相当，耐热，极易溶于水，不可与可溶性氨基化合物发生美拉德反应。木糖醇在溶于水中时会吸收很多热能，是所有糖醇甜味剂中吸热最大的一种，食用时会在口中产生愉快的清凉感。因为在人体内的代谢与胰岛素无关，同时还能促进胰脏分泌胰岛素，因此是糖尿病人的理想代糖品。木糖醇作为一种功能性食品甜味剂，还可用于防止龋齿性的糖果的加工生产。

第四节　质构改良类食品添加剂

一、 乳化剂

凡能使两种或两种以上互不相溶的液体（如油和水）均匀分散成乳状液（乳浊液）的物质，称为乳化剂。乳化剂是一类具有亲水基团（极性的、疏油的）和疏水基团（非极性的、亲油的）的表面活性剂，这两部分分别位于分子的两端，形成不对称结构。这两类基团分别吸附在油和水两相互相接触的界面上，形成薄分子层，降低两相界面张力，这样就使原来互不相溶的物质均匀混合，形成均质状态的分散体系。乳化剂按其来源可以分为天然乳化剂和合成乳化剂；按溶解性可分为水溶性和油溶性；按其是否离解可分为离子型和非离子型；按其作用可分为水包型（O/W）和油包型（W/O）。食品乳化剂需求量最大的是脂肪酸单甘油酯，其次是蔗糖酯、山梨糖醇酯、大豆磷脂、丙二醇脂肪酸酯等。

乳化剂的应用，往往取决于其乳化能力，这与乳化剂分子中亲水及亲油基团的多少、大小和性质相关。乳化剂乳化能力的差异，一般用亲水亲油平衡值（HLB）表示。规定亲油性为100%者的HLB值为0（以石蜡为代表），亲水性100%者的HLB为40（以十二烷基油酸钠为代表），其间分成40等份，以此来表示亲水性、亲油性的情况和其不同用途。绝大部分食品中的乳化剂是非离子型的，因此食品中乳化剂的HLB值为0～20，亲水性100%的物质为20（一般以油酸钾为代表的）。HLB值小于10的乳化剂主要是亲油性的，HLB值等于或大于10的乳化剂具有亲水特征。HLB值2～6的常作为W/O型乳化剂，HLB值10～15的常作为O/W型乳化剂（表10－9）。

表10－9 HLB值与其相关的性质

HLB值	食品名称		在水中性质	应用范围
	亲水基	亲油基		
0	0	100	不分散	—
2	10	90	1.5～3	消泡作用
4	20	80	3～6，略有分散	W/O型乳化作用（最佳3.5）
6	30	70	7～9	湿润作用
8	40	60	6～8，经剧烈搅打后呈乳浊状分散	8～18，O/W型乳化作用（最佳12）
10	50	50	8～10，稳定的乳状分散	—
12	60	40	10～13，趋向透明	—
14	70	30	13～15	清洗作用
16	80	20	13～20，溶解状透明胶体液	15～18，助溶作用
18	90	10	—	—
20	100	0	—	—

1. 单硬脂酸甘油酯

单硬脂酸甘油酯简称单甘酯，白色或微黄色固体，不溶于水但可分散于水中，可溶于有机溶剂，HLB＝2.8～3.5，典型的W/O型乳化剂，在人体中可被代谢、吸收。在实际生产中，面包中除了单纯使用单甘酯外，为提高对面团的强化效果，常常将单甘酯与其他乳化剂配合使用；在生产饴糖时使用单甘酯可防止食用时粘牙；在煮豆浆过程中，加入豆浆量0.1%的单甘酯能有效分离豆腐渣，消除泡沫，防止溢出，提高豆腐收率。

2. 蔗糖脂肪酸酯

蔗糖脂肪酸酯简称蔗糖酯（SE），白色或黄色粉末，也可能为无色或淡黄色液体，分为单酯、二酯、三酯和多酯，即一分子的蔗糖分别与一、二、三或多个脂肪酸分子所构成。单酯易溶于水，多酯易溶于有机溶剂。蔗糖酯单酯 HLB 值为 10 ~ 16，二酯 HLB 值为 7 ~ 10，三酯 HLB 值为 3 ~ 7，多酯 HLB 值为 1，所以蔗糖酯混合物中各种酯的比例不同，它们的 HLB 不同，市售蔗糖酯产品系列即为各种酯不同比例的混合物，HLB 范围在 3 ~ 16，基本上可满足不同的食品加工需要。

3. 山梨糖醇酐脂肪酸酯

山梨糖醇酐脂肪酸酯商品名是司盘（span），由山梨糖醇或其酐与脂肪酸酯化反应而得到的脱水反应产物。在制备过程中由于所用的脂肪酸不同而制得一系列的脂肪酸酯，司盘类乳化剂分别为司盘 40、司盘 60、司盘 65 和司盘 80。一般来说，常用的司盘类乳化剂的 HLB 值为 4 ~ 8，多为 W/O 型乳化剂，可以单独使用，也可以混合使用，在不同 pH 下稳定，不受高浓度电解质影响。

4. 吐温类乳化剂

吐温系列产品的基本化学组成为聚氧乙烯山梨醇酐脂肪酸酯，溶于水、乙醇、丙醇等溶剂，可分散于油中。HLB 值为 14. 9 ~ 16. 9，随所结合的脂肪酸不同而变化。为亲水性、O/W 型非离子表面活性剂，有很好的热稳定性和水解稳定性。目前许可使用的吐温类乳化剂主要是吐温 20、吐温 40、吐温 60、吐温 80，由吐温 80 至吐温 20，加入的聚氧乙烯逐渐增多，乳化剂的毒性也随之增大，故吐温 20 和吐温 40 很少作为食品添加剂使用，食品上主要用吐温 60 和吐温 80。

5. 大豆磷脂

大豆磷脂又称卵磷脂、磷脂，是大豆油加工中得到的副产品，主要成分包括磷酸胆碱、磷脂酸、磷酸胆胺和磷酸肌醇。纯品不稳定，遇空气、光线则颜色加深至不透明，其 HLB 值为 7 ~ 9。大豆磷脂是两性离子表面活性剂，乳化能力较强，热水或 pH 大于 8 时乳化作用更强。在面包制作过程中能够软化组织，具有保鲜作用，并且能够节省起酥油。

二、膨松剂

膨松剂是指使食品在加工中形成膨松多孔的结构而制成柔软、酥脆产品的食品添加剂，又称为疏松剂、膨胀剂、发粉，分为碱性膨松剂、复合膨松剂和生物膨松剂。一般情况下，膨松剂在和面过程中加入，在醒发和焙烤加工时因受热分解产生气体，使面坯起发，在内部形成均匀、致密的多孔性组织，从而使产品具有酥脆、膨松或松软的特点。

1. 碱性膨松剂

碱性膨松剂也称为“膨松盐”，主要是碳酸盐和碳酸氢盐，它们的铵盐在焙烤时会直接分解产气。碳酸氢钠（$NaHCO_3$），又名食用小苏打，在潮湿空气或热空气中即缓慢分解，产生 CO_2，加热至 270℃失去全部 CO_2，遇酸则强烈分解产生 CO_2。碳酸氢钠通常用于饼干、糕点等需要添加膨松剂的各类食品中，但是由于它产气快，易使食品产生较大的空洞，另外其碱性强，使用不当会影响食品的风味和色泽，因此在使用中力求均匀分散，防止出现黄色斑点，一般先溶于水后再添加。

碳酸氢铵（NH_4HCO_3），俗称食臭粉、臭粉。碳酸氢铵分解后产生的气体较碳酸氢钠多，起发力大，但使用不当易造成成品过松，使成品内部或表面出现大的空洞，影响感官品质，而且加热产生强烈刺激性氨味而影响产品的风味。实际应用中，碳酸氢钠与碳酸氢铵应尽可能减少单独使用，一般将两者混合使用，这样不但可减弱各自的缺陷，还可控制用量，改善成品口感和风味。

钾明矾［$AlK(SO_4)_2 \cdot 12H_2O$］，又称硫酸铝钾、明矾。钾明矾为酸性盐，它可以中和碱性疏松剂，产生 CO_2 和中性盐，并且能控制疏松剂产气的快慢。

2. 复合膨松剂

复合膨松剂又称发酵粉、发泡粉，是目前实际应用最广泛的膨松剂，一般由3部分组成：其中碳酸盐，用量占20%～40%，作用是产生气体；另外，酸性盐或有机酸，用量占35%～50%，作用是与碳酸盐反应，控制反应速度，调整食品酸碱度；此外还含有助剂，如淀粉、脂肪酸等，作用是改善疏松剂保存性，防止吸潮失效，调节气体产生速度或使气泡均匀产生，助剂含量一般为10%～40%。复合膨松剂的特点是消除碱性膨松剂的不良现象（如制品有异味、表面或内部组织有黄色斑点），使制品不残留碱性物质，提高产品质量。

3. 生物膨松剂

生物膨松剂包括酵母和蛋白质。酵母在发酵过程中，在酶的作用下，利用糖类等营养成分，发酵生成水和二氧化碳，不仅使面坯发起、体积膨大，组织呈海绵状，还能提高面制品的某些营养价值和风味。植物蛋白产品中有一大类是膨松剂，这种产品的溶解性好，搅打后在体系中有很好的起泡性，泡沫持久，无色、无味，有良好的膨松效果，目前已经应用到食品工业中。

三、水分保持剂

水分保持剂是为有助于保持食品中的水分而加入的物质，多指用于肉类和水产品加工中增强其水分的稳定性和具有较高持水性的磷酸盐类。磷酸盐在肉类制品中可保持肉的持水性，增强结着力，保持肉的营养成分及柔嫩性。

磷酸三钠（$Na_3PO_4 \cdot 12H_2O$），在水溶液中几乎全部分解为磷酸氢二钠和氢氧化钠，呈强碱性。它具有持水、乳化、络合金属离子、改善色调和色泽、调整pH和组织结构等作用。六偏磷酸钠（$Na_6P_6O_{18}$），具有较强的分散性、乳化性、高黏性及与金属离子络合的作用。三聚磷酸钠（$Na_5P_3O_{10}$），在水溶液中发生水解，水解程度因温度和溶液pH不同而不同，水解产物为焦磷酸盐和正磷酸盐。

与其他添加剂一样，水分保持剂必将向复配型的方向发展，即由几种品质改良剂按一定配方复合而成复配型水分保持剂。这类复配型添加剂近几年在国内外发展十分迅速，而且经时间证明非常方便有效。在美国，卡拉胶－磷酸盐添加剂已成功地用于生产低脂、低盐、低热量和高蛋白的具有保健作用的禽肉商品。这类食品添加剂主要用来保持禽肉中水分，并使产品中盐含量比原来减少50%。

四、增稠剂

食品增稠剂是可以提高食品黏稠度或形成凝胶，从而改变食品物理性状，赋予食品黏润、适宜的口感，并兼有乳化、稳定或使呈悬浮状态作用的物质。在食品中需要添加增稠剂的含量甚微，通常只有千分之几，但却能有效又经济地改善食品体系的稳定性。增稠剂的化学成分大多是天然多糖及其衍生物（除明胶是由氨基酸构成外），分布极为广泛。增稠剂在食品工业中能提供稠度、黏度、黏附力、凝胶形成力、硬度、脆性、紧密度和稳定乳化悬浊体等作用，因此在构成食品的各项稳定上有相当重要的作用，是一种具有广泛用途的食品添加剂，其特性也因增稠剂种类的不同而有相应应用，如表10－10，可以根据其特性选择使用增稠剂。

表 10－10　　增稠剂的特性

特性	增稠剂的种类
适合酸性溶液	海藻酸丙二醇酯、抗酸羧甲基纤维素、果胶、黄原胶、海藻酸盐、卡拉胶、琼脂、淀粉
适合增稠作用	瓜尔胶、黄原胶、槐豆胶、魔芋胶、果胶、海藻酸钠、卡拉胶、羧甲基纤维素、琼脂、明胶、阿拉伯胶
溶液假塑性强	黄原胶、槐豆胶、卡拉胶、瓜尔胶、海藻酸盐、海藻酸丙二醇酯
吸水性较强	瓜尔胶、黄原胶
凝胶强度较大	琼脂、海藻酸盐、明胶、卡拉胶、果胶
凝胶透明度较好	卡拉胶、明胶、海藻酸盐
具有凝胶热可逆性	卡拉胶、明胶、琼脂、低酯果胶
冷水中溶解性较好	黄原胶、阿拉伯胶、瓜尔胶、海藻酸盐
具有快速凝胶性	琼脂、果胶
用于改善口味	果胶、明胶、卡拉胶
可作乳类稳定剂	卡拉胶、黄原胶、槐豆胶、阿拉伯胶

1. 明胶

明胶为动物的皮、骨、软骨、韧带、肌膜等所含有的胶原蛋白，经部分水解后得到的高分子多肽高聚物。明胶不溶于冷水，但加水后可缓慢地吸水膨胀软化，可吸收5～10倍重的水。在热水中溶解，溶液冷却后即凝结成胶块。与琼脂相比，明胶的凝胶能力较弱，5%以下的浓度不凝成胶冻，为形成胶冻，浓度一般掌握在15%左右。明胶具有稳定泡沫的作用，本身也具有起泡性，特别是在凝固温度附近，其起泡性很强。

明胶可应用于多种加工食品中，在冷饮食品中利用明胶吸附水分的性质，可作为稳定剂使用；在冰淇淋加工中加入明胶可使组织冰晶增大，从而保持冰淇淋柔软而疏松的组织和细腻的形态；在糖果制作中，明胶能使柔软的糖坯具有稳定的坚韧性和弹性；罐头食品中添加明胶可用于增稠；火腿中添加明胶可形成透明度良好的光滑表面；啤酒生产中也可添加明胶作为澄清剂使用。

2. 琼脂

琼脂又称冻粉或琼胶，是从红藻类植物中浸出，并干燥制得的一种复杂的水溶性多糖类物质。琼脂分条状和块状两种产品，在沸水中极易分散成溶胶，在冷水中不溶，但能吸水膨胀成块状。琼脂食用时不会被酶分解，所以几乎没有营养价值。琼脂的凝胶能力较强，即使只有0.5%的低浓度也能形成坚实的凝胶。

琼脂广泛应用于冰淇淋、糖果、果酱、甜食等产品的加工生产中。由于琼脂有很强的吸水性，使用前必须经冷水充分的浸泡和溶胀，通常浸泡12h以上，以确保琼脂在沸水中迅速溶解，否则水分没有渗透到胶体中间，在加热溶化时即使煮沸很长时间，也很难完全溶解。在使用过程中还需注意，琼脂不宜与含有酸性的添加剂混合，否则会影响其使用效果。

3. 卡拉胶

卡拉胶主要从红藻的角叉菜属、麒麟菜属、杉藻属等品种海藻中获得，目前已经被命名的有7种，但商业化生产的主要有3种，分别是：κ-型、ι-型、λ-型。卡拉胶水溶液相当黏稠，其黏度比琼脂大，但盐可降低卡拉胶溶液的黏度。卡拉胶的水凝胶受到剪切力的作用发生破坏是不可逆的，无触变性。卡拉胶仅在有钾离子（κ-型、ι-型）或钙离子（ι-型）存在时才形成具有热可逆性的凝胶。

在我国，卡拉胶适用范围广泛，在可可麦乳精、可可牛乳和可可糖浆中使用，可使可可粉均匀分散在牛乳和糖浆中，起到稳定作用；在面包中加入卡拉胶，能增加其保水性，保持新鲜，防止老化；在果酱和鱼、肉等罐头中，卡拉胶作为凝结剂可获得良好效果；在奶油中加入卡拉胶可使花纹成型好，且不易变形或压塌。

4. 果胶

果胶系指可溶性果胶，其存在于水果、蔬菜以及其他植物的细胞膜中。目前使用的果胶主要来源于柑橘类皮、柠檬皮、苹果皮中，它们是果汁加工的副产物，来源稳定且丰富。果胶溶于20倍的水中则形成黏稠状液体，用乙醇或甘油、蔗糖糖浆润湿，再与3倍或3倍以上砂糖混合，则更容易溶于水。

在果胶结构中，甲氧基含量高于7%的果胶，称为高甲氧基果胶或高酯果胶，也就是普通果胶。甲氧基含量愈多，凝冻能力愈强。而果胶中，甲氧基含量低于7%者，称为低甲氧基果胶或低酯果胶，其形成胶冻的性质便有很大的改变。在用低甲氧基果胶制造果冻和果酱时，其不仅可增加胶冻能力，还可大大节约用糖量。

五、 食品加工助剂

食品加工助剂指食品在加工过程中，为改进其质量，提高原料加工性能，满足加工工艺（如助滤、澄清、吸附、润滑、脱模、脱色和提取）需要而加入的一些辅助物质，它们最终又在食品加工后期从食品中清除（物理除去或化学分解），因此与成品无关。食品加工助剂主要包括：消泡剂、助滤剂、润滑剂、防黏剂、脱模剂、溶剂和助溶剂、澄清剂、发酵用的微生物营养物等。

食品加工助剂在食品生产中的使用存在一定潜在风险，其对食品安全的潜在危害主要表现在食品加工助剂本身的毒性和非食品级食品加工助剂的危害。一些食品加工助剂本身就为较高毒性物质，如甲醛作为消泡剂和微生物抑制剂，已经被世界卫生组织确定为致癌和致畸形物质，也是潜在的强致突变物质之一；有些食品加工助剂虽然本身没有毒性或毒性不大，但可能含有有害杂质，用于食品加工时，必须注意加工助剂本身为食品级商品，严格禁止使用金属污染物及杂质含量不符合食品添加剂规格的工业级商品。

第五节　其他食品添加剂

一、面粉改良剂

面粉改良剂是专用于改善小麦面粉及其制品品质，延长食品保质期，改善食品加工性能，增强食品营养价值的一类化学合成或天然物质，主要分为增白剂、强筋剂、减筋剂、酶制剂及品质调节剂等。

1. 面粉增白剂

面粉增白剂主要有过氧化苯甲酰、偶氮甲酰胺、二氧化氯等。面粉漂白的机制是通过促进面粉中类胡萝卜素、叶黄素等氧化，使类胡萝卜素共轭双键断裂成共轭较少的无色化合物，从而提高面粉白度。过氧化苯甲酰是一种自由基引发剂，添加后需要几小时才分解产生引发类胡萝卜素氧化所需的自由基。过氧化苯甲酰本身还原成苯甲酸（安息香酸），具有防腐和杀菌作用。自 2011 年 5 月 1 日起我国面粉企业已取消使用以过氧化苯甲酰为主要成分的增白剂。

2. 强筋剂

强筋剂具有增筋作用的物质主要是氧化剂，另外，乳化剂、谷朊粉、大豆粉也有增强面筋的作用。常用于增筋作用的氧化剂主要有溴酸钾（$KBrO_3$）、偶氮甲酰胺。溴酸钾是一种慢性反应氧化剂，在和面过程中基本不起作用，而在发酵期间起作用，它对粉质拉伸曲线中的各项指标都有较大影响，但对延伸性影响不大，而抗延伸性阻力则有较大增加，对面包体积有较大影响。现代医学证明，溴酸钾具致癌可能性。偶氮甲酰胺属快速作用剂，反应在面团搅拌过程中就完成了，是 $KBrO_3$ 的替代品。当使用质量较好的进口小麦时，很小的添加量即可获得满意效果，若过量，面粉稳定时间明显减小，弱化度增加，弹性变小。

3. 减筋剂

减筋剂实质上是一种还原剂，它的作用机制与氧化剂相反，它将面粉面筋蛋白质分子中—S—S—基还原成—SH 基，使面筋蛋白质由大分子结构断裂成小分子结构，从而降低面团弹性、韧性，起到减筋作用。减筋剂常用在生产饼干、蛋糕软麦粉中，制成品口感松脆、柔软。目前较常用的减筋剂为 L－半胱氨酸、蛋白酶。L－半胱氨酸具还原性，它对面粉的影响来自两个方面：其一是可以激活面粉中木瓜蛋白酶活性，木瓜蛋白酶可分解面筋蛋白质，从而软化面筋，对面筋蛋白质的改变不随面团静置时间延长而增加；其二是直接参与氧化还原反应，使—S—S—键还原为—SH，从而软化面筋。

4. 酶制剂

酶制剂是一种绿色食品添加剂，是最安全的面粉改良剂，近几年来在我国面粉行业得到较广泛应用，主要品种有葡萄糖氧化酶、戊聚糖酶、木聚糖酶、脂肪酶、蛋白酶、α-淀粉酶、纤维素酶等。

葡萄糖氧化酶，在氧气存在条件下能将葡萄糖转化为葡萄糖酸，同时产生过氧化氢，过氧化氢是一种强氧化剂，能将面筋分子中—SH 氧化为—S—S—，从而增强面筋强度。葡萄糖氧化酶能显著改善面粉粉质特性，延长稳定时间，减少软化度，提高评价值。

二、胶姆糖基础剂

胶姆糖（包括口香糖、泡泡糖）是现代社会发展过程中产生的消费品种，是人们日常最爱的小食品之一。胶姆糖果中基础剂物质一般是以高分子胶状物质，如天然橡胶、合成橡胶、树脂，加上软化剂、填充剂、抗氧化剂和增塑剂等组成的食品添加剂，具有赋予胶姆糖起泡、增塑、耐咀嚼的性能。

1. 橡胶类

丁苯橡胶（SBR）是由丁二烯与苯乙烯乳液共聚，再经洗涤、脱水干燥所得产品。工业级 SBR 不能用于制胶基质，国内大部分厂家使用的为进口 SBR。

丁基橡胶（简称 IIR）是异丁烯和少量异戊二烯共聚而成的一种合成橡胶，具有良好的化学稳定性。

2. 树脂类

使用最多的是聚乙酸乙烯酯，通常由乙酸乙烯单体经溶液聚合，再经洗涤、净化、干燥而得，是中国卫生部门和 FDA 许可的胶基原料。现多用于口香糖的制作中，且用量越来越大。

3. 松香酯系列

松树切割流出的松脂，经溶解、沉降、除杂，再由水蒸气或减压蒸馏，蒸出松节油，产出松香，松香和甘油脂生成松香甘油酯。在做胶基时，可将各类亲油性、亲水性配料很好地乳化融合，同时本身也有很好的咀嚼性，因此是胶基中不可缺的成分之一。

4. 蜡类

主要有石油蜡和微晶石蜡两大类。石油蜡主要由含 26～30 个碳原子的直链烷烃组成，微晶石蜡由平均含有 41～50 个碳原子的带支链烷烃组成。用于食品的蜡类，必须将粗石蜡和微晶蜡经多道精致，特别是消除其中对人体有害的、致癌的多环芳烃，使之符合 FDA 中紫外吸收光的安全指标。

复习思考题

1. 试述食品添加剂的定义。
2. 简述食品添加剂的主要作用。
3. 简述食品添加剂使用的基本要求。
4. 防腐剂有哪些种类和功能？举出几种常见的防腐剂。
5. 常用抗氧化剂有哪些？
6. 试述复合膨松剂的组成及功能。
7. 试述乳化剂的作用及种类。
8. 试述常用酸味剂、甜味剂的种类及功能。
9. 试述食品加工助剂的定义。
10. 常用增稠剂的种类及功能。
11. 简述食品着色剂使用的目的。
12. 简述食用香料的一般分类。

CHAPTER 11

第十一章 实验部分

实验一　食品中水分活度的测定

水分活度与食品稳定性之间有着密切的联系，除影响化学反应和微生物生长外，对食品的质构也有重要影响。因为水分活度能反映水与各种非水成分缔合的强度，比水分含量能更可靠地预示食品的稳定性。通过测定和控制食品的水分活度，可以预测潜在的腐败微生物和污染源，降低生化反应速率，优化食品的质构和货架期等，因此水分活度成为产品稳定性和微生物安全的有用指标。

食品中的水分活度（A_w）可近似地表示为食品中水蒸气压与该温度下纯水的饱和蒸汽压之比，可用式（11－1）表示。

$$A_w \approx P/P_0 = \mathrm{ERH}/100 \qquad (11-1)$$

式中　P——食品在密闭容器中达到平衡状态时的水蒸气分压；

P_0——在同一温度下纯水的饱和蒸汽压；

ERH——食品样品周围的空气平衡相对湿度。

在食品工业中，对于水分活度的测定方法很多，如扩散法、蒸汽压力法、湿度计法、溶剂萃取法、近似计算法和水分活度测定仪等。测定食品水分活度的国家标准 GB 5009.238—2016 中规定了康卫氏皿扩散法和水分活度仪扩散法，其中康卫氏皿扩散法为仲裁法，本标准适用于预包装谷物制品类、肉制品类、水产制品类、蜂产品类、薯类制品类、水果制品类、蔬菜制品类、乳粉、固体饮料的水分活度的测定，不适用于冷冻和含挥发性成分的食品。

一、实验原理

试样在康卫氏（conway）微量扩散皿的密封和恒温条件下，分别在 A_w 较高和较低的标准饱和溶液中扩散平衡后，根据样品质量的增加（在 A_w 较高的标准溶液中平衡）和减少（在 A_w 较低的标准溶液中平衡）的量，以质量的增减为纵坐标，各个标准试剂的水分活度值为横坐标，计算试样的水分活度值。

该法适用于中等及高水分活度（$A_w > 0.5$）的样品，是一种测定食品水分活度值快速、方便、广泛应用的分析方法。

二、 实验试剂与仪器

1. 试剂

凡士林，各种标准饱和盐溶液的 A_w 值见表 11－1。

表 11－1　标准饱和盐溶液的 A_w 值（25℃）

试剂名称	A_w	100mL 水中的溶解度/g	试剂名称	A_w	100mL 水中的溶解度/g
氯化锂（$LiCl \cdot H_2O$）	0.110	102.5	硝酸钠（$NaNO_3$）	0.737	96.0
醋酸（$C_4H_6Mg \cdot 4H_2O$）	0.224	44.8	氯化钠（NaCl）	0.752	36.3
氯化镁（$MgCl_2 \cdot 6H_2O$）	0.330	230.8	氯化钾（KCl）	0.842	37.0
碳酸钾（$K_2CO_3 \cdot 2H_2O$）	0.427	122.7	溴化钾（KBr）	0.807	70.6
硝酸锂（$LiNO_3$）	0.476	154.1	氯化钡（BaCl）	0.901	74.2
硝酸镁［$Mg(NO_3)_2 \cdot 6H_2O$］	0.528	182.8	硝酸钾（KNO_3）	0.924	45.8
溴化钠（$NaBr \cdot 2H_2O$）	0.577	133.6	硫酸钾（K_2SO_4）	0.969	13.0
氯化锶（$SrCl_2 \cdot 6H_2O$）	0.708	166.7	重铬酸钾（$K_2Cr_2O_7 \cdot 2H_2O$）	0.986	18.2

2. 主要仪器

分析天平（精密度为 0.0001）、恒温箱、康威微量扩散皿、坐标纸、玻璃皿（直径 25～28mm，深度 7mm）。

3. 试样

饼干、苹果等。

三、 实验步骤

（1）从表 11－1 中至少选取 3 种标准饱和盐溶液，分别在 3 个康威皿的外室预先放入上述标准饱和盐溶液 5.0mL（标准饱和盐溶液的水分活度值处在试样的高、中、低端）。

（2）在预先准确称量过的玻璃皿中，准确称取 1.0000g 的均匀切碎样品，记下玻璃皿和试样的总质量，迅速放入康卫氏皿的内室中。在扩散皿磨口边缘均匀地涂上一层凡士林，加盖密封。

（3）在（25±0.5）℃的恒温箱中静置（2±0.5）h。取出其中的玻璃皿及试样，迅速准确称量，并求出样品的质量。再次平衡 30min 后，称量，至恒重为止。分别计算试样在不同标准饱和盐溶液中的质量增减数。

四、 结果计算

以各种标准溶液在 25℃时的 A_w 值为横坐标，以每克试样增减的毫克数为纵坐标，在坐标纸上作图，将各点连成一条直线，这条线与横坐标的交点即为所测试样的水分活度值。

以水分活度的计算实例来说明，例如，在图 11－1 中，*A* 点是试样与氯化镁标准饱和溶液平衡后质量减少 20.2mg，*B* 点是试样与硝酸镁标准饱和溶液平衡后质量减少 5.2mg，*C* 点是试样与氯化钠标准饱和溶液平衡后质量增加 11.1mg。这 3 种标准饱和溶液的 A_w 分别为 0.33、0.53、0.75，把这 3 点连成一线与横坐标相交于 *D* 点，*D* 点的水分活度值 0.6 即为该试样的 A_w 值。

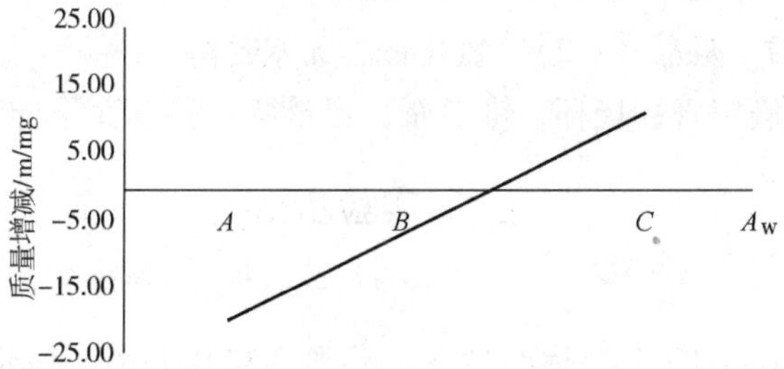

图 11－1 A_w 值测定图解

五、 注意事项

（1）取样时应该迅速，各份试样称量应在同一条件下进行。

（2）康卫氏皿应该具有良好的密封性。

（3）试样的大小、形状对测定结果影响不大。

（4）大多数样品在 2h 后可测得 A_w，但有的样品如米饭类、油脂类、油浸烟熏类则需 4d 左右才能测定。为此，需加入样品量 0.2% 的山梨酸作防腐剂，并以其水溶液作空白。

实验二 水总硬度的测定

一、 实验原理

通常称含较多量 Ca^{2+}、Mg^{2+} 的水为硬水，水的总硬度一般是指水中 Ca^{2+}、Mg^{2+} 的总量。水硬度的高低与人体健康的关系极大，高硬度水中的钙离子、镁离子能与硫酸根结合，使水产生苦涩味，还会使人的胃肠功能紊乱，出现暂时性腹胀、排气多、腹泻等现象。测定水的总硬度一般采用配位滴定法，即用乙二胺四乙酸二钠盐（$EDTA-Na_2$）标准溶液滴定水中的 Ca^{2+}、Mg^{2+} 总量，然后换算相应的硬度单位［我国采用 mol/L 或 mg/L（$CaCO_3$）为单位表示水的硬度］。

用 EDTA - Na_2滴定 Ca^{2+}、Mg^{2+} 总量时，一般是在 pH≈10 的 NH_3 - NH_4Cl 缓冲溶液中进行，用铬黑 T（EBT）作指示剂。化学计量点前，Mg^{2+} 和 EBT 生成紫红色配合物，当用 EDTA - Na_2溶液滴定至化学计量点时，指示剂游离出，溶液呈现纯蓝色。滴定时，Fe^{3+}、Al^{3+}等微量干扰离子，可用三乙醇掩蔽；Cu^{2+}、Pb^{2+}、Zn^{2+}等重金属离子则可用 Na_2S 或 KCN 掩蔽。

二、 实验材料和试剂

乙二胺四乙酸二钠盐，铬黑 T，Na_2S 溶液（20g/L），盐酸（1∶1），三乙醇胺（1∶1），$ZnSO_4 \cdot 7H_2O$，氨水（1∶2），氯化铵，无水乙醇。

电子天平，酸式滴定管，烧杯，锥形瓶，容量瓶，移液管等。

三、 实验步骤

1. 溶液的配制

（1）配制 0.01mol/L 的 Zn^{2+} 标准溶液　准确称取 0.7189g $ZnSO_4 \cdot 7H_2O$ 于烧杯中，溶解，转移至 250mL 容量瓶中，定容至刻度。

（2）配制 0.01mol/L 的 EDTA - Na_2 标准溶液　准确称取 EDTA - Na_2 于烧杯中，溶解，转移至 250mL 容量瓶中，定容，倒入棕色试剂瓶中待用。

（3）NH_3 - NH_4Cl 缓冲溶液（pH≈10）　称取 20g NH_4Cl 固体溶解于蒸馏水中，加 100mL 浓氨水，用蒸馏水稀释至 1L。

（4）EBT 指示剂（5g/L）　称取 0.5g 铬黑 T，加入 25mL 三乙醇胺和 75mL 无水乙醇溶解。

2. EDTA - Na_2标准溶液的标定

量取 25.00mL Zn^{2+}标准溶液于锥形瓶中，加 20mL 蒸馏水和 5mL 的 NH_3 - NH_4Cl 缓冲溶液，再加 3 滴铬黑 T 指示剂，摇匀，用 EDTA - Na_2溶液平行标定三次。取平均值计算 EDTA - Na_2的浓度。

3. 总硬度的测定

取澄清的水样 100mL 放入 250mL 锥形瓶中，加入 5mL NH_3 - NH_4Cl 缓冲溶液和 3mL 三乙醇胺，再加 3 滴铬黑 T 指示剂，摇匀，然后用 EDTA - Na_2标准溶液滴定到溶液由紫红色变为纯蓝色即为终点，记录消耗 EDTA - Na_2溶液体积，平行测定三次，计算水的总硬度。

四、 思考题

1. 水总硬度常用的表示及计算方法是什么？
2. 测定水的总硬度时，为什么要控制溶液的 pH 为 10？
3. 测定水的总硬度时，哪些离子的存在会干扰测定？如何消除干扰？

实验三 大豆低聚糖含量的测定

大豆低聚糖是以大豆、大豆粕或大豆胚芽为原料生产的，含有一定量的水苏糖、棉籽糖和蔗糖等低聚糖的产品。根据大豆低聚糖产品的外观特性，产品分为糖浆型和粉末型。

一、实验原理

大豆低聚糖用80%乙醇溶解后，经045μm滤膜过滤，采用反相键合相色谱测定。试样中的各组分在同一时刻进入色谱柱，由于在流动相和固定相之间的溶解、吸附、渗透或离子交换等作用的不同，随流动相在色谱柱两相之间进行反复多次的分配。由于各组分在色谱柱中的移动速度不同，经过一定长度的色谱柱后，彼此分离开来。按顺序流出色谱柱，进入信号检测器，在记录仪上或数据处理装置上显示出各组分的谱峰数值。根据色谱峰保留时间定性，根据峰面积或峰高定量，各单体的含量之和为大豆低聚糖含量。

二、实验试剂与仪器

1. 试剂

水（符合GB/T 6682一级水的要求）、乙腈（色谱纯）、80%乙醇溶液。

低聚糖标准溶液：分别称取蔗糖、棉籽糖、水苏糖标准品（含量均应≥98%）各1.000g用80%乙醇溶液溶解，摇匀，并定容至100mL。每毫升溶液分别含蔗糖、棉籽糖、水苏糖10mg。经0.45μm滤膜过滤，滤液供高效液相色谱分析用。

2. 主要仪器

电子天平、高效液相色谱仪［色谱条件为示差折光检测器（RID），色谱柱KromasiL 100氨基柱，250mm×4.6mm，或相同性质的填充柱。流动相乙腈∶水=80∶20（体积比）；流速1.0mL/min；色谱柱温度30℃，检测器温度30℃，进样量10μL］。

3. 试样

大豆粕。

三、实验步骤

1. 试样制备

称取试样约1g（精确到0.000 1g），加80%乙醇溶液溶解并稀释定容至100mL。混匀，经0 45μm滤膜过滤，滤液备作HPLC分析用。

2. 测定

（1）校准曲线的制备　分别取低聚糖标准糖液1，2，3，4，5μL（相当于各低聚糖质量10，20，30，40，50μg）注入液相色谱仪，进行高效液相色谱分析，测定各组分色谱峰（或峰高），以标准糖质量对相应的峰面积（或峰高）作校准曲线，或用最小二乘法求回归方程。

（2）样品测定　在相同的色谱分析条件下，取10μL试样溶液注入高效液相色谱仪分析，测定各组分色谱面积（或峰高），与标准曲线比较确定进样液中低聚糖 i 组分的质量（mg）。

四、结果计算

$$X = \frac{\sum m_i \times V \times 100}{V_1 \times m \times 1000 \times (100 - \omega)} \times 100 \qquad (11-2)$$

式中　X——产品中大豆低聚糖的含量（以质量分数计），%；

m_i——低聚糖组分的质量，mg；

V——样品溶液体积，μL；

V_1——进样体积，μL；

m——样品质量，g；

ω——样品水分（以质量分数计），%。

计算结果保留三位有效数字。

五、思考题

该实验的注意事项有哪些？

实验四　食品中膳食纤维含量的测定

膳食纤维指植物的可食部分不能被人体小肠消化吸收、对人体有健康意义、聚合度（DP）≥3的碳水化合物和木质素，包括纤维素、半纤维素、果胶、菊粉等。

一、实验原理

干燥试样经 α-淀粉酶、蛋白酶和葡萄糖苷酶酶解消化，去除蛋白质和淀粉，酶解后样液用乙醇沉淀、过滤，残渣用乙醇和丙酮洗涤，干燥后物质即为总膳食纤维（total dietaryfiber，TDF）残渣；另取试样经上述三种酶酶解后直接过滤，残渣用热水洗涤，经干燥后称重，即得不溶性膳食纤维（insoluble dietary fiber，IDF）残渣；滤液用4倍体积的95%乙醇沉淀、过滤、干燥后称重，得可溶性膳食纤维（soluble dietary fiber，SDF）残渣。以上所得残渣干燥称重后，分别测定蛋白质和灰分，TDF、IDF和SDF的残渣扣除蛋白质、灰分和空白，即可计算出试样中TDF、IDF和SDF的含量。

本方法测定的TDF是指不能被α－淀粉酶、蛋白酶和葡萄糖苷酶酶解消化的碳水化合物聚合物，包括纤维素、半纤维素、果胶、部分回生淀粉、果聚糖及美拉德反应产物等；一些小分子（聚合度3～12）的可溶性膳食纤维，如低聚果糖、低聚半乳糖、多聚葡萄糖、抗性麦芽糊精和抗性淀粉等，由于能部分或全部溶解在乙醇溶液中，所以本方法不能准确地测量食品中膳食纤维的含量。

二、 实验试剂与仪器

1. 试剂

水为二级水［电导率（25℃）≤0.10mS/m］、95%乙醇、丙酮，试剂均为分析纯。

85%乙醇溶液：取895mL95%乙醇置于1000mL容量瓶中，用水稀释至刻度，混匀。

78%乙醇溶液：取821mL95%乙醇置于1000mL容量瓶中，用水稀释至刻度，混匀。

热稳定α－淀粉酶溶液、淀粉葡萄糖苷酶溶液、蛋白酶溶液（用MES－TRIS缓冲液配成浓度为50mg/mL的蛋白酶溶液），现用现配，于0～5℃储存。

0.05mol/L MES－TRIS缓冲液：称取19.52g MES［2－（*N*－吗啉代）乙烷磺酸（$C_6H_{13}NO_4S \cdot H_2O$）］和12.2gTRIS［三羟甲基氨基甲烷（$C_4H_{11}NO_3$）］，用1700mL蒸馏水溶解，用6mol/L氢氧化钠调pH至8.2，加水稀释至2000mL。

注：一定要根据温度调pH，24℃时调pH为8.2；20℃时调pH为8.3；28℃时调pH为8.0；20℃和28℃之间的偏差，用内插法校正。

酸洗硅藻土：取200g硅藻土于600mL的2mol/L盐酸中，浸泡过夜，过滤，用蒸馏水洗至滤液为中性，置于（525±5）℃马弗炉中灼烧灰分后备用。

重铬酸钾洗液：100g重铬酸钾，用200mL蒸馏水溶解，加入1800mL浓硫酸混合。

3mol/L乙酸溶液：取172mL乙酸，加入700mL水，混匀后用水定容至1000mL。

0.4g/L溴甲酚绿（$C_{21}H_{14}O_5Br_4S$）溶液：称取0.1g溴甲酚绿于研钵中，加1.4mL0.1mol/L氢氧化钠研磨，加少许水继续研磨，直至完全溶解，用水稀释至250mL。

石油醚：沸程30～60℃。

2. 主要仪器

分析天平（精度0.1mg）、马弗炉、烘箱、干燥器、pH计（用pH4.0、7.0和10.0标准缓冲液校正）、磁力搅拌器、高型无导流口烧杯400mL或600mL、坩埚、真空泵或有调节装置的抽吸器、振荡水浴。

3. 试样

小麦、玉米等。

三、 实验步骤

（一）样品制备

样品处理时若脂肪含量未知，膳食纤维测定前应先脱脂。用石油醚脱脂，每次每克试样用25mL石油醚，连续3次，然后再干燥粉碎。要记录由石油醚造成的试样损失，最后在计算膳食纤维含量时进行校正。

将样品混匀后，在70℃真空干燥过夜，然后置于干燥器中冷却，干样粉碎后过

0.3 ~0.5mm 筛。若样品不能受热，则采取冷冻干燥后再粉碎过筛。若样品糖含量高，测定前要先进行脱糖处理。按每克试样加85%乙醇10mL处理样品2~3次，40℃下干燥过夜，粉碎过筛后的试样存放于干燥器中待测。

（二）试样酶解

每次分析试样要同时做2个试剂空白。

（1）准确称取双份样品（m_1和m_2）（1.000 ±0.0020）g，把称好的试样置于400mL或600mL高脚杯中，加入pH =8.2的MES - TRIS缓冲液40mL，用磁力搅拌直至试样完全分散在缓冲液中（避免形成团块，试样和酶不能充分接触）。

（2）热稳定α-淀粉酶酶解　加50mL热稳定α-淀粉酶溶液缓慢搅拌，然后用铝箔将烧杯盖住，置于95~100℃的恒温振荡水浴中持续振摇，当温度升至95℃开始计时，一般反应时间为35min。

（3）冷却　将烧杯从水浴中移出，冷却至60℃，打开铝箔盖，用刮勺将烧杯内壁的环状物以及烧杯底部的胶状物刮下，用10mL蒸馏水冲洗烧杯壁和刮勺。

（4）蛋白酶酶解　在每个烧杯中各加入50mg/mL蛋白酶溶液100μL，盖上铝箔，继续水浴振摇，水温达60℃时开始计时，在（60 ±1）℃条件下反应30min。

（5）pH测定　30min后，打开铝箔盖，边搅拌边加入3mol/L乙酸溶液5mL。溶液60℃时，调pH约为4.5（以0.4g/L溴甲酚绿为外指示剂）。

注：一定要在60℃时调pH，温度低于60℃，pH升高。每次都要检测空白的pH，若所测值超出要求范围，同时也要检查酶解液的pH是否合适。

（6）淀粉葡萄糖糖苷酶酶解　边搅拌边加入100μL淀粉葡萄糖苷酶溶液，盖上铝箔，持续振摇，水温到60℃时开始计时，在（60 ±1）℃条件下反应30min。

（三）测定

1. 总膳食纤维的测定

（1）沉淀　在每份试样中加入预热至60℃的95%乙醇225mL（预热以后的体积），乙醇与样液的体积比为4∶1，取出烧杯，盖上铝箔，室温下沉淀1h。

（2）过滤　用78%乙醇15mL将称重过的坩埚中的硅藻土润湿并铺平，抽滤去除乙醇溶液，使坩埚中硅藻土在烧结玻璃滤板上形成平面。乙醇沉淀处理后的样品酶解液浸入坩埚中过滤，用刮勺和78%乙醇将所有残渣转至坩埚中。

（3）洗涤　分别用78%乙醇、95%乙醇和丙酮15mL洗涤残渣各2次，抽滤去除洗涤液后，将坩埚连同残渣在105℃烘干过夜。将坩埚置于干燥器中冷却1h，称重（包括坩埚、膳食纤维残渣和硅藻土），精确至0.1mg。减去坩埚和硅藻土的干重，计算残渣质量。

（4）蛋白质和灰分的测定　称重后的试样残渣，用凯氏定氮法测定氮含量（N），以$N \times 6.25$为换算系数，计算蛋白质质量；灰分测定，即在525℃灰化5h，于干燥器中冷却，精确称量坩埚总质量（精确至0.1mg），减去坩埚和硅藻土质量，计算灰分质量。

2. 不溶性膳食纤维测定

（1）按上述（二）称取试样，进行酶解。将酶解液转移至坩埚中过滤，过滤前用3mL水润湿硅藻土并铺平，抽去水分使坩埚中的硅藻土在烧结玻璃滤板上形成平而。

（2）过滤洗涤　试样酶解液全部转移至坩埚中过滤，残渣用70℃热蒸馏水10mL，洗涤2次，合并滤液，转移至另一个600mL高脚烧杯中，备测可溶性膳食纤维。残渣分别用78%乙醇、95%乙醇和丙酮15mL各洗涤2次，抽滤去除洗涤液，并按上述洗涤干燥称重，记录残渣质量。按上述方法测定蛋白质和灰分含量。

3. 可溶性膳食纤维测定

（1）计算滤液体积　将不溶性膳食纤维过滤后的滤液收集到600mL高型烧杯中，通过称"烧杯+滤液"总质量、扣除烧杯质量的方法估算滤液的体积。

（2）沉淀　滤液加入4倍体积预热至60℃的95%乙醇，室温下沉淀1h。以下测定按总膳食纤维步骤进行。

四、结果计算

（1）空白的质量按式（11-3）计算。

$$m_B = \frac{m_{BR1} + m_{BR2}}{2} - m_{PB} - m_{AB} \tag{11-3}$$

式中　m_B——空白的质量，mg；

m_{BR1}和m_{BR2}——双份空白测定的残渣质量，mg；

m_{PB}——残渣中蛋白质质量，mg；

m_{AB}——残渣中灰分质量，mg。

（2）膳食纤维的含量按式（11-4）计算。

$$X = \frac{(m_{R1} + m_{R2})/m_P - m_A - m_B}{m_1 + m_2} \times 100 \tag{11-4}$$

式中　X——膳食纤维的含量，g/100g；

m_{R1}和m_{R2}——双份试样残渣的质量，mg；

m_P——试样残渣中蛋白质的质量，mg；

m_A——试样残渣中灰分的质量，mg；

m_B——空白的质量，mg；

m_1和m_2——试样的质量，mg。

计算结果保留到小数点后两位。两次独立测定结果的绝对差值不得超过算数平均值的10%。

五、思考题

1. 膳食纤维主要成分有哪些？

2. 在测定可溶性和不溶性膳食纤维时应该注意哪些问题？

实验五　食品中淀粉含量的测定

一、 实验原理

试样经去除脂肪及可溶性糖类后，淀粉用淀粉酶水解成小分子糖，再用盐酸水解成单糖，最后按还原糖测定，并折算成淀粉含量。

二、 实验试剂与仪器

1. 试剂

碘（I_2）、碘化钾（KI）、无水乙醇（C_2H_5OH）、乙醚（$C_4H_{10}O$）、甲苯（C_7H_8）、三氯甲烷（$CHCl_3$）、盐酸（HCl）、氢氧化钠（NaOH）、硫酸铜（$CuSO_4 \cdot 5H_2O$）、酒石酸钾钠（$C_4H_4O_6KNa \cdot 4H_2O$）、亚铁氰化钾［$K_4Fe(CN)_6 \cdot 3H_2O$］、葡萄糖（$C_6H_6O_6$）、石油醚（C_nH_{2n+2}）（沸程为60~90℃）、淀粉酶（酶活力≥1.6U/mg）、亚甲蓝（$C_{16}HI_8ClN_3S \cdot 3H_2O$）指示剂，试剂均为分析纯。

甲基红（$C_{16}HI_8ClN_3S \cdot 3H_2O$）指示剂（2g/L）：称取甲基红0.20g，用少量乙醇溶解后，定容至100mL。

氢氧化钠溶液（200g/L）：称取20.00g氢氧化钠，加水溶解并定容至100mL。

碱性酒石酸铜甲液：称取15.00g硫酸铜及0.050g亚甲蓝，溶于水并定容至1000mL。

碱性酒石酸铜乙液：称取50.00g酒石酸钾钠、75.00g氢氧化钠，溶于水中，再加入4g亚铁氰化钾，完全溶解后，用水定容至1000mL，储存于橡胶塞玻璃瓶内。

葡萄糖标准溶液：准确称取10000g经过98~100℃干燥2h的葡萄糖，加水溶解后加入5mL盐酸，并以水定容至1000mL。此溶液每毫升相当于1.0mg葡萄糖。

淀粉酶溶液（5g/L）：称取淀粉酶0.5g，加水溶解，定容至100mL，现用现配；或者加入数滴甲苯或三氯甲烷防止长霉，贮存于4℃冰箱中。

碘溶液：称取3.6g碘化钾溶于20mL水中，加入1.3g碘，溶解后加水定容至100mL。

85%乙醇：量取85mL无水乙醇，加水定容至100mL混匀。

2. 主要仪器

水浴锅、滴定管等。

3. 试样

小麦、玉米等。

三、 实验步骤

（一）试样处理

（1）易于粉碎的试样　磨碎过40目筛，称取2～5g（精确至0.001g），置于放有折叠滤纸的漏斗内，先用50mL石油醚或乙醚分5次洗除脂肪，再用约150mL 85%乙醇洗去可溶性糖类，滤干乙醇，将残留物移入250mL烧杯内，并用50mL水洗滤纸，洗液并入烧杯内，将烧杯置沸水浴上加热15min，使淀粉糊化，放冷至60℃以下，加20mL淀粉酶溶液在55～60℃保温1h，并不时搅拌。然后取一滴此液加一滴碘溶液，应不呈现蓝色，若显蓝色再加热糊化并加20mL淀粉酶溶液，继续保温，直至加碘不显蓝色为止。加热至沸，冷后移入250mL容量瓶中，并加水至刻度，混匀，过滤，弃去初滤液。取50mL滤液，置于250mL锥形瓶中，加5mL盐酸（1:1），而后装上回流冷凝器，在沸水浴中回流1h，冷后加两滴甲基红指示液，用氢氧化钠溶液（200g/L）中和至中性，溶液转入100mL容量瓶中，洗涤锥形瓶，洗液并入100mL容量瓶中，加水至刻度，混匀备用。

（2）其他样品　加适量水在组织捣碎机中捣成匀浆（蔬菜、水果需先洗净、晾干，取可食部分），称取原样质量2.5～5g（精确至0.001g）的匀浆，以下操作同上。

（二）测定

（1）标定碱性酒石酸铜溶液　吸取5.0mL碱性酒石酸铜甲液及5.0mL碱性酒石酸铜乙液，置于150mL锥形瓶中，加水10mL，加入玻璃珠两粒，从滴定管加约9mL葡萄糖，控制在2min内加热至沸，趁沸以1滴/s的速度继续滴加葡萄糖，直至溶液蓝色刚好褪去为终点，记录消耗葡萄糖标准溶液的总体积，同时做三份平行，取其平均值，计算每10mL（甲液、乙液各5mL）碱性酒石酸铜溶液相当于葡萄糖的质量。

（2）试样溶液预测　吸取5.0mL碱性酒石酸铜甲液及5.0mL碱性酒石酸乙液，置于150mL锥形瓶中，加水10mL，加入玻璃珠两粒，控制在2min内加热至沸，保持沸腾以先快后慢的速度，从滴定管中滴加试样溶液，并保持溶液沸腾状态，待溶液颜色变浅时，以1滴/s的速度滴定，直至溶液蓝色刚好褪去为终点，记录样液消耗体积。当样液中还原糖浓度过高时，应适当稀释后再进行正式测定，使每次滴定消耗样液的体积控制在与标定碱性酒石酸铜溶液时所消耗的还原糖标准溶液的体积相近，在10mL左右。

（3）试样溶液测定　吸取5.0mL碱性酒石酸铜甲液及5.0mL碱性酒石酸乙液，置于150mL锥形瓶中，加水10mL，加入玻璃珠两粒，从滴定管滴加比预测体积少1mL的试样溶液至锥形瓶中，使在2min内加热至沸，保持沸腾。以1滴/s的速度滴定，直至溶液蓝色刚好褪去为终点，记录样液消耗体积，同法平行操作三份，得出平均消耗体积。

同时量取50mL水及与试样处理时间时相同量的淀粉酶溶液，按同一方法做空白试验。

四、结果计算

试样中还原糖的含量按式（11－5）计算。

$$X = \frac{m'}{m \times V/250 \times 1000} \times 100 \tag{11-5}$$

式中　X——试样中还原糖的含量（以葡萄糖计），g/100g；

m'——碱性酒石酸铜溶液（甲液、乙液各半）相当于葡萄糖的质量，mg；

m——试样质量，g；

V——测定平均消耗试样溶液体积，mL。

试样中淀粉含量按式（11-6）计算。

$$X = \frac{(m_1 - m_2) \times 0.9}{m \times 50/250 \times V/100 \times 1000} \times 100 \quad (11-6)$$

式中 X——试样中淀粉的含量（以葡萄糖计），g/100g；

m_1——测定时试样中葡萄糖的质量，mg；

m_2——空白中葡萄糖的质量，mg；

0.9——以葡萄糖计换算成淀粉的换算系数；

m——称取试样质量，g；

V——测定用试样处理液的体积，mL。

计算结果保留小数点后一位。

五、 思考题

1. 影响淀粉含量测定的因素有哪些？
2. 测定淀粉含量的方法及原理有哪些？

实验六　酶法制备淀粉糖浆及其 DE 值的测定

一、 实验原理

将淀粉悬浮液加热到55~80℃时，会使淀粉颗粒之间的氢键作用力减弱，并迅速进行不可逆溶胀，淀粉粒因吸水，体积膨胀数十倍，继续加热使淀粉胶束全部崩溃，淀粉分子形成单分子，并为水包围，形成具有黏性的糊状液体，这一现象称淀粉糊化。糊化淀粉容易被酶水解。

双酶法水解淀粉制淀粉糖浆，是先以 α-淀粉酶使淀粉中的 α-1，4-糖苷键水解生成小分子糊精、低聚糖和少量葡萄糖，然后再用糖化酶将糊精、低聚糖中的 α-1，6-糖苷键和 α-1，4-糖苷键切断，最后生成葡萄糖。

淀粉糖浆的分析方法是根据 GB/T 22428.1—2008，采用莱恩-艾农滴定法测定淀粉水解产品的葡萄糖值（DE），例如 DE 值为42，表示淀粉糖浆中含42%的葡萄糖。

二、 实验步骤

（一）淀粉糖浆的制备

10g 淀粉置于150mL 锥形瓶中，加水 50mL，搅拌均匀，配成淀粉浆，于80℃水浴上加热，并不断搅拌，淀粉浆由开始糊化直到完全成糊，呈透明状，加入液化型 α - 淀粉酶 8mg（先溶于 15mL 蒸馏水中，再倒入糊化的淀粉中），不断搅拌使其液化。并使温度保持在 80℃（水浴），搅拌 20min，然后将锥形瓶移至电炉（隔石棉网）加热至沸，灭活 3min。3000r/min 离心 10min，滤液冷却至 55℃，加入糖化酶 25mg，于 65℃恒温水浴中糖化 40min，加热至沸，灭酶 3min，即为淀粉糖浆。再取 2mL，定容到 100mL（即稀释 50 倍），作为样品液待用。

（二）DE 值的测定

（1）标定碱性酒石酸铜溶液　吸取 5.0mL 碱性酒石酸铜甲液及 5.0mL 乙液，置于 150mL 锥形瓶中，加水 10mL，从滴定管滴加约 9mL 葡萄糖标准溶液，控制在 2min 内加热至沸，沸腾状态下（锥形瓶一直放在电炉上加热）以 1 滴/2s 的速度继续滴加葡萄糖标准溶液，直至溶液蓝色刚好褪去为终点，记录消耗葡萄糖标准溶液的总体积，同时平行操作三份，取其平均值，计算每 10mL（甲、乙液各 5mL）碱性酒石酸铜溶液相当于葡萄糖的质量（mg）。

（2）样品溶液预测　吸取 5.0mL 碱性酒石酸铜甲液及 5.0mL 乙液，置于 150mL 锥形瓶中，加水 10mL，控制在 2min 内加热至沸，沸腾状态下（锥形瓶一直放在电炉上加热）以先快后慢的速度，从滴定管中滴加样品溶液，并保持溶液沸腾状态，待溶液颜色变浅时，以 1 滴/2s 的速度滴定，直至溶液蓝色刚好褪去为终点，记录预测体积。

（3）样品溶液测定　吸取 5.0mL 碱性酒石酸铜甲液及 5.0mL 乙液，置于 150mL 锥形瓶中，加水 10mL，加入比预测体积少 1mL 的葡萄糖，控制在 2min 内加热至沸，沸腾状态下（锥形瓶一直放在电炉上加热）以 1 滴/2s 的速度继续滴加葡萄糖标准溶液，直至溶液蓝色刚好褪去为终点，记录样液消耗体积。平行三次。

三、结果计算

试样中 DE 值的含量按式（11 -7）计算。

$$DE = \frac{1 \times V_1 \times N \times 100}{m \times V_2 \times 1000} \tag{11-7}$$

式中　DE——样品中葡萄糖的含量，%；

1——1mL 葡萄糖标准液相当于 1mg 葡萄糖，mg/mL；

V_1——标定碱性酒石酸铜溶液平均消耗葡萄糖标准液的体积，mL；

V_2——测定时平均消耗样品液的体积，mL；

N——稀释倍数（50）；

m——样品质量，g。

四、思考题

1. 双酶法制备淀粉糖浆的注意事项有哪些？
2. 为什么要进行样品溶液的预测，不预测会导致什么后果？

实验七　直链淀粉和支链淀粉的测定

一、 实验原理

除了糯性谷物（糯米）以外，一般淀粉中均存在着直链淀粉和支链淀粉两种组分。直链淀粉和支链淀粉含量和比例因植物种类而不同，决定着谷物种子的出饭率和食物品质，并影响着谷物的贮藏加工。直链淀粉不溶于冷水，能溶于热水，与碘能生成稳定的配合物，呈深蓝色。支链淀粉只能在加热并加压条件下才能溶解于水，与碘不能形成稳定的配合物，所以呈现较浅的红紫色。应用这个原理，配制已知含量的直链淀粉和支链淀粉的混合液，加热溶解，再加碘，与碘配位成深蓝色配合物，测定此配合物在 620nm 波长处的吸光度值，绘制标准曲线，即可测得样品中直链淀粉和支链淀粉的含量。

二、 实验材料和试剂

1. 试剂

无水乙醇，HCl，NaOH，0.1mol/L 碘试剂。

2. 主要仪器

分光光度计，分析天平，水浴锅，研钵或粉碎机等。

3. 试样

小麦、玉米、水稻、谷子等。

三、 实验步骤

1. 标准曲线制作

准确称取标准直链淀粉、标准支链淀粉各 0.0500g，分别溶于 50mL 容量瓶中，各加 1mL 无水乙醇、10mL 蒸馏水、2mL 10% NaOH，置 80℃水浴加热分散 15min，取出冷却至室温，定容。取 7 个 100mL 容量瓶编号，各容量瓶中加入直链淀粉和支链淀粉的量如表 11 - 2 所示。

表 11 - 2　标准曲线制作加样

项目	1	2	3	4	5	6	7
直链淀粉	0.0	0.0	0.2	0.4	0.6	0.8	1.0
支链淀粉	0.0	1.0	0.8	0.6	0.4	0.2	0.0

然后，分别于各容量瓶中加 50mL 蒸馏水、1 滴 6mol/L 的 HCl、2.5mL 碘试剂，最后定容至 100mL，混匀。溶液显蓝色后于 620nm 波长处测吸光度。以直链淀粉和支链淀粉含量为横坐标、吸光度值为纵坐标画标准曲线。

2. 样品中淀粉组成的测定

称取已知总淀粉含量的样品（含淀粉约 50mg），若样品为谷物种子，则应粉碎过筛；若种子含油脂较多，则应用有机溶剂脱脂。加 1mL 无水乙醇、10mL 蒸馏水、2mL10% 的 NaOH 溶液，置 50mL 容量瓶中，混匀，在 85℃水浴中加热分散 15min，冷却至室温，定容。吸取 1mL 上述分散液置 100mL 容量瓶中，加 50mL 水、1 滴 6mol/L 的 HCl、2.5mL 碘试剂，定容，于 620nm 波长处测吸光度值。

注意：①谷物样品一定要粉碎过筛（100 目），以便样品中淀粉充分溶解。②直链淀粉在溶于热水后，经缓慢冷却后容易发生凝沉现象，故测定时一定要使溶液混匀。

四、 结果计算

$$直链淀粉(\%) = m_A / m \times 100$$

$$支链淀粉(\%) = m_B / m \times 100$$

式中 m_A——由吸光度值在标准曲线上查出相应的直链淀粉的含量；

m_B——由吸光度值在标准曲线上查出相应的支链淀粉的含量；

m——样品质量，mg。

五、 思考题

1. 直链淀粉和支链淀粉的结构特点有何异同？
2. 论述直链淀粉和支链淀粉性质上的差别。

实验八 方便食品中淀粉 α-化程度的测定

一、 实验原理

方便食品中的淀粉质原料进行熟化（糊化）处理，熟化度的高低是检验方便速溶食品生熟程度的一个重要指标。熟化度越大，α-化（糊化）程度越高，α-化的淀粉酶解点增加，用淀粉酶水解产生的还原糖的量相应增加。通过氧化还原反应测定还原糖的含量，计算 α-化程度。

二、 实验材料和试剂

1. 试剂

1mol/L 盐酸、10% 硫酸、0.1mol/L 氢氧化钠、0.1mol/L 碘液、0.1mol/L 硫代硫酸钠。

糖化酶：制酒用浓糖化酶，用脱脂棉过滤，取滤液 35~40mL，稀释至 100mL，冷藏备用。

2. 主要仪器

150mL 碘量瓶、100mL 锥形瓶、10mL 移液管、2mL 移液管、100mL 容量瓶、25mL 滴定管、索氏抽提器、恒温水浴锅、电炉。

粉碎机；粉碎样品时发热不得超过50℃。

分析天平：感量0.0001g。

三、实验步骤

1. 样品处理

如果样品是含油量比较高的样品（如方便面），先将样品放入索氏抽提器中提取脂肪，粉碎后过60目分析筛，入广口瓶备用。

2. 称样、煮沸、酶解

准确称取样品100g，置于A_1具塞三角瓶中，另取1.00g置于A_2三角瓶中，分别加入50mL蒸馏水。另取B瓶，加入50mL蒸馏水，做样品空白。把A_1瓶放在电炉上微沸糊化，然后冷却至室温。在各瓶中加入稀释的糖化酶2mL，摇匀后放入50℃恒温水浴上保温1h，并不时摇动。取出后，冷却至室温。立即加入1mol/L盐酸2mL终止糖化，把各三角瓶内反应物定容至100mL后过滤，备用。

3. 测定

分别取各滤液10mL，置于三个250mL碘量瓶中，准确加入0.1mol/L碘液5mL及0.1mol/L氢氧化钠溶液18mL，盖严放置15min。然后迅速地加入10%硫酸溶液2mL，用0.1mol/L的硫代硫酸钠溶液滴定至无色，记录所消耗的硫代硫酸钠的体积（mL）。

四、结果计算

淀粉α-化程度用式（11-8）进行计算

$$\alpha-\text{化程度}=\frac{V_0-V_2}{V_0-V_1}\times 100\% \tag{11-8}$$

式中 V_0——滴定空白溶液所消耗硫代硫酸钠的体积，mL；

V_1——滴定糊化样品所消耗的硫代硫酸钠的体积，mL；

V_2——滴定未糊化样品所消耗的硫代硫酸钠的体积，mL。

五、思考题

1. 加入糖化酶的量、糖化时间、糖化温度对测定结果有什么影响？
2. 简述α-化程度测定原理。

实验九　豆类淀粉和薯类淀粉的老化——粉丝的制备与质量感官评价

一、实验原理

淀粉加入适量水，加热搅拌糊化成淀粉糊（α－淀粉），冷却或冷冻后，会变得不透明，甚至凝结而沉淀，这种现象称为淀粉的老化。将淀粉拌水制成糊状物，用悬垂法或挤出法成型，然后在沸水中煮沸片刻，令其糊化，捞出水冷（老化），干燥即得粉丝。粉丝的生产就是利用淀粉老化这一特性。至今，对粉丝的物性测定暂无标准方法，也尚无统一的质量标准，一般是采用感官的方法评价粉丝外观，诸如颜色、气味、光泽、透明度、粗细度、咬劲及耐煮性等。消费者要求粉丝晶莹洁白、透明光亮、耐煮有筋道、价格低廉，如我国著名的“龙口粉丝”。

二、实验材料和仪器

（1）绿豆粉或马铃薯和甘薯淀粉（1:1）或玉米和绿豆淀粉（7:3）。

（2）7～9mm孔径的多孔容器或分析筛。

三、实验步骤

1. 粉丝制备

将10g绿豆粉加入适量开水使其糊化，然后再加90g生绿豆淀粉，搅拌均匀至无块，不沾手，再用底部有7～9mm孔径的多孔容器（或分析筛）将淀粉糊状物漏入沸水锅中，煮沸3min，使其糊化，捞出水冷10min（或捞出置于－20℃冰箱中冷冻处理）。再捞出置于搪瓷盘中，于烘箱中干燥，即得粉丝。

2. 粉丝质量感官评价

将实验制得的粉丝，任意选出5个产品，编号为1、2、3、4、5，用加权平均法对5个产品进行感官质量评价，填于表11－3中，计算排列名次。

表11－3　质量感官评价表

项目 得分 样品	颜色 10分	气味 10分	光泽 10分	透明度 20分	粗细度 10分	咬劲 20分	耐煮性 20分	评价 100分
1								
2								
3								

续表

项目/得分/样品	颜色 10分	气味 10分	光泽 10分	透明度 20分	粗细度 10分	咬劲 20分	耐煮性 20分	评价 100分
4								
5								

四、思考题

1. 影响粉丝质量的因素有哪些?

2. 通过本实验，再结合食品化学的知识，谈谈木薯淀粉的老化机理，以及在制备粉丝的过程中该如何充分利用其老化的特性?

实验十　食品中非酶褐变程度的测定

一、实验原理

食品中非酶褐变的美拉德反应前期，反应液以无紫外吸收的无色溶液为特征。随着反应不断进行，还原力逐渐增强，溶液由无色变为黄色，在近紫外区吸收增大，同时还有少量糖脱水形成5-羟甲基糠醛（HMF），以及发生键断裂形成二羰基化合物和色素的初产物，最后生成类黑精色素。本实验为模拟实验，即葡萄糖与甘氨酸在一定pH缓冲溶液中加热反应一定时间后，测定HMF的含量和在波长为285nm处的紫外消光值。

HMF的测定方法是根据HMF与对一氨基甲苯和巴比妥酸在酸性条件下的呈色反应，此反应常温下生成最大吸收波长550nm的紫红色物质，不受糖的影响，所以可直接测定，这种呈色物对光、氧气不稳定，操作时要注意。

二、实验试剂与仪器

1. 试剂

1mol/L葡萄糖溶液、1mol/L甘氨酸溶液或赖氨酸溶液。

巴比妥酸溶液：称取巴比妥酸500mg，加水70mL，水浴加热使其溶解，冷却后移入100mL容量瓶中，定容。

对一氨基甲苯溶液：称取对一氨基甲苯10.0g，加50mL异丙醇，在水浴上慢慢加热使之溶解，冷却后移入100mL容量瓶中，加冰醋酸10mL，然后用异丙醇定容。溶液置于暗处保存24h。保存4~5d后，如呈色度增加，应重新配制。

2. 主要仪器

紫外分光光度计、水浴锅、移液管、容量瓶、试管等。

三、 实验步骤

(1) 取5支试管，分别加入5mL 1mol/L葡萄糖溶液和1mol/L甘氨酸溶液或赖氨溶液，编号为A、B、C、D、E，B和D用10%氢氧化钠调pH到9.0，E加1%的亚硫酸钠溶液1mL。5支试管置于90℃水浴锅内并计时，反应1h，取A、B和E管，冷却后测定它们的285nm紫外吸收和HMF值。

(2) HMF的测定　从A、B和E各取2.0mL于3支试管中，加对一氨基甲苯溶液5mL，然后分别加入巴比妥酸溶液1mL。另取一支试管加A液2mL和5mL对一氨基甲苯溶液，但不加巴比妥酸而加1mL水，将试管充分振动。试剂的添加要连续进行，在1～2min内加完，以加水的试管作参比，测定在550nm处的吸光度，通过吸光度比较A、B和E中HMF的含量，可看出美拉德反应与哪些因素有关。

(3) C和D试管继续加热反应，直到看出有深颜色为止，记下出现颜色的时间。

注：HMF显色后很快褪色，比色时一定要快。

四、 思考题

不同糖类、不同氨基酸对美拉德反应速度的影响？

实验十一　油脂酸价的测定

一、 实验原理

脂肪在长期保藏过程中，由于微生物、酶和热的作用发生缓慢水解，产生游离脂肪酸。而脂肪的质量与其中游离脂肪酸的含量有关，一般常用酸价作为衡量标准之一。中和1g油脂中的游离脂肪酸所需氢氧化钾的质量（mg），称为酸价。酸价越小，说明油脂质量越好，新鲜度和精炼程度越好。

二、 实验试剂与仪器

1. 试剂

(1) 体积比为1∶1的乙醇－乙醚混合液。

(2) 0.1mol/L氢氧化钾标准溶液　称2.8g固体氢氧化钾，放入小烧杯，加少量蒸馏水溶解，用玻璃棒搅拌，冷却至室温，用玻璃棒引流转入500mL容量瓶中，用蒸馏水洗涤烧杯2～3次，洗涤液也转入容量瓶，摇动容量瓶使溶液混合均匀，然后加蒸馏水至刻度线。

（3）1%酚酞乙醇指示剂　称取1g酚酞定容于100mL无水乙醇中，然后转移入滴瓶。

2. 主要仪器

锥形瓶（250mL）两个、量筒（50mL）一个、碱式滴定管（50mL）、电子分析天平。

3. 材料

花生油或菜籽油。

三、实验步骤

（1）称取3g油脂放入锥形瓶中，另取一个锥形瓶，不加油脂作空白对照。

（2）在两个锥形瓶中，各加入乙醇-乙醚混合液50mL，充分振动，使油样完全溶解成透明溶液。

（3）两瓶中各加入1%酚酞乙醇指示剂1~2滴，用氢氧化钾标准溶液滴定至溶液呈微红色，30s内不褪色，记录用去的氢氧化钾溶液体积（V）。

四、结果计算

$$酸价 = c(V_2 - V_1) \times 56.1/m \quad (11-9)$$

式中　c——氢氧化钾标准溶液浓度（0.1mol/L）；

V_1——空白所用氢氧化钾的体积，mL；

V_2——样品消耗氢氧化钾的体积，mL；

56.1——氢氧化钾的相对分子质量；

m——样品质量，g。

五、思考题

若是含油脂较多的食品如何进行酸价的测定？

实验十二　油脂过氧化值的测定

一、实验原理

碘化钾在酸性条件下能与油脂中的过氧化物反应而析出碘，析出的碘用硫代硫酸钠溶液滴定，根据硫代硫酸钠的用量来计算油脂的过氧化值。

二、 实验试剂与仪器

1. 试剂

（1）乙酸-异辛酸混合溶液（体积比60:40）　将3份冰乙酸与2份异辛酸混合。

注意：乙酸与异辛酸在使用前要用纯净、干燥的惰性气体（二氧化碳或氮气）气流清除氧。

（2）饱和碘化钾溶液　取碘化钾14g，加水5mL，贮于棕色瓶中。

（3）硫代硫酸钠溶液 c（$Na_2S_2O_3$）=0.1mol/L，临用时标定　将24.9g五水硫代硫酸钠（$Na_2S_2O_3 \cdot 5H_2O$）溶解于蒸馏水中，稀释至1L。

（4）硫代硫酸钠溶液 c（$Na_2S_2O_3$）=0.01mol/L，临用时标定　由0.1mol/L $Na_2S_2O_3$稀释而成。

（5）5g/L淀粉指示剂　称取可溶性淀粉1g与少量冷蒸馏水混合，在搅拌的情况下溶于200mL沸水中，添加250mL水杨酸作为防腐剂并煮沸3min，立即从热源上取下并冷却。此溶液在4～10℃冰箱中可储藏2～3周，当滴定终点从蓝色到无色不明显时，需重新配制。

2. 仪器

碘价瓶250mL，微量滴定管5mL，量筒5mL、50mL，移液管，容量瓶100mL、1000mL，滴瓶，烧瓶。

三、 实验步骤

（1）将50mL乙酸-异辛酸混合溶液加入锥形瓶里，盖上塞子摇动至样品溶解。

（2）加入0.5mL饱和碘化钾溶液，盖上塞子使其反应1min±1s，在此期间摇动锥形瓶至少3次，然后立即加入30mL蒸馏水，用硫代硫酸钠溶液进行滴定，直到黄色消失。添加约0.5mL淀粉溶液，继续滴定至蓝色消失为终点（临近终点时不断摇动碘量瓶，逐滴添加滴定液）。

（3）按同样的方法做空白试验。

四、 结果计算

（1）过氧化值以每千克中活性氧的毫克当量数表示：

$$过氧化值 = \frac{1000 \times (V - V_0) \times c}{m} \times 100\% \qquad (11-10)$$

式中　V——用于测定的硫代硫酸钠的体积，mL；

V_0——用于空白的硫代硫酸钠的体积，mL；

c——硫代硫酸钠的浓度，mol/L；

m——试样的质量，g。

（2）过氧化值以毫摩尔每千克表示：

$$过氧化值 = \frac{1000 \times (V - V_0) \times c}{2m} \qquad (11-11)$$

实验十三　油脂中磷脂含量的测定

一、钼蓝比色法

（一）实验原理

将含有磷脂试样经灼烧成为五氧化二磷，被热盐酸变成磷酸，遇钼酸钠作用生成磷钼酸钠，用硫酸联氨还原成蓝色的配合物钼蓝。产生蓝色的深度与磷的含量成正比。将被测液与磷标准液在相同条件下比色定量。将磷的含量乘以适当的换算系数，即得磷脂的含量。

（二）实验试剂与仪器

1. 试剂

50%氢氧化钾溶液、盐酸、浓硫酸、氧化锌、0.015%硫酸联氨溶液。

2.5%钼酸钠稀硫酸溶液：量取140mL浓硫酸注入300mL水中，摇匀，冷却至室温，加入12.5g钼酸钠，溶解后加水至500mL，摇匀，静置24h备用。

磷酸盐标准溶液：称取干燥的磷酸二氢钾0.4387g溶于1000mL水中，作为1号液（含磷0.1mg/mL）。吸取1号液10mL，加水稀释至100mL，含磷0.01mg/mL，作为2号液。

2. 主要仪器

瓷坩埚，分光光度计，带塞的50mL比色管，电炉，马弗炉，恒温水浴锅，分析天平（感量0.0001g），移液管1mL、2mL、5mL、10mL，容量瓶100mL、500～1000mL，表面皿，烧杯，量筒，漏斗，滤纸，试剂瓶。

（三）实验步骤

1. 绘制标准曲线

取6只50mL比色管，编成0、1、2、4、6、8六个号码，按号码顺序分别注入磷酸盐标准2号液0mL、1mL、2mL、4mL、6mL、8mL，再按顺序分别加水10mL、9mL、8mL、6mL、4mL、2mL。接着向6只比色管内各加0.015%硫酸联氨溶液8mL、钼酸钠稀硫酸溶液2mL，加塞、摇匀。然后去塞，将比色管置于正在沸腾的水浴中加热10min，取出冷却至室温，用水稀释至50mL，充分摇匀，经10min后，用分光光度计在波长650nm下，用1cm比色皿，用试剂空白调整零点，分别测定吸光度。以吸光度为纵坐标、含磷量（0、0.01mg、0.02mg、0.04mg、0.06mg、0.08mg）为横坐标绘制标准曲线。

2. 制备试液

用坩埚称取油样约10g（准确至0.001g），加氧化锌0.5g，先在电炉上加热炭化，然后送入550～600℃的马弗炉中灼烧至灰化（白色），灼烧时间约2h，取出坩埚冷却至室温，用热盐酸（1∶1）10mL 溶解灰分，并加热微沸 5min，将溶解液过滤注入 100mL 容量瓶中，用热水冲洗坩埚和滤纸，待滤液冷却至室温后，用 50% 氢氧化钾溶液中和至出现混浊，缓慢滴加盐酸使氧化锌沉淀全部溶解后，再滴 2 滴，最后用水稀释至刻度，摇匀。制备被测液时同时制备一份样品空白。

3. 比色

用移液管吸取被测液 10mL 注入 50mL 比色管中，加入 0.015% 硫酸联氨 8mL，加 2mL 钼酸钠稀硫酸溶液，加塞，摇匀。然后去塞，将比色管置于正在沸腾的水浴中加热 10min，取出冷却至室温，用水稀释至 50mL，充分摇匀，经 10min 后，用分光光度计在波长 650nm 下，用 1cm 液槽，用试样空白水调整零点，测定吸光度。

（四）结果计算

根据被测液的吸光度，从标准曲线查得含磷量（P），按公式（11－12）计算磷脂含量：

$$磷脂含量(\%) = \frac{m'}{m} \times \frac{V_2}{V_1} \times 26.31 \tag{11-12}$$

式中　m'——标准曲线查得的含磷量，mg；

V_2——样品灰化后稀释的体积，mL；

V_1——比色时所取的被测液体积，mL；

26.31——每毫克磷相当于磷脂的质量，mg；

m——试样质量，g。

二、称量法

（一）实验原理

油中磷脂吸水膨胀后密度增大，所形成的絮状悬浮物不溶于油脂而转变为沉淀物，从而能和油脂分离。将试样水化后，利用磷脂又具有不溶于丙酮的特性，用丙酮洗涤沉淀，从而所得沉淀物放入 105℃ 烘箱中烘至恒重即得到无水磷脂。

（二）实验试剂与仪器

1. 试剂

丙酮，为分析纯。

2. 主要仪器

玻璃漏斗、漏斗架、天平（感量 0.001g）、电热烘箱。

（三）实验步骤

（1）取混匀油样 100mL，加热约 90℃ 时进行过滤。

（2）用烧杯称取油样 25g，加热至 80℃ 后加入 2～25mL 水，充分搅拌使之水化，在室温下静置过夜，或进行离心沉淀。

（3）倾出上层清液，用已经恒重的滤纸进行过滤（或用抽气装置抽滤）。待滤液全部滤出后，用冷丙酮把杯内残留的沉淀冲洗入滤纸中，继续用丙酮洗涤滤纸和沉淀，洗至无油迹为止。

（4）待滤纸和沉淀上丙酮挥尽后，送入 105℃ 烘箱中供至恒重。

（四）结果计算

试样中磷脂含量按式（11－13）计算。

$$磷脂 = \frac{m_2 - m_1}{m} \times 100\% \qquad (11-13)$$

式中 m_2——沉淀物加滤纸质量，g；

m_1——滤纸质量，g；

m——油样质量，g。

测定结果取小数点后三位。在重复性条件下获得的两次独立测定结果的绝对差值不得超过算术平均值的10%。

三、水化离心法

（一）实验原理

同称量法。

（二）实验试剂与仪器

1. 试剂

丙酮，为分析纯。

2. 主要仪器

天平（感量0.001g）、电热烘箱、离心管10mL、离心机。

（三）实验步骤

（1）将干净的离心试管和玻棒置于100mL烧杯中，烘干、冷却后称量。

（2）称取在65～70℃时过滤的油样10g左右注入离心管，放入烘箱中加热至40℃取出。

（3）用移液管往离心管中加水0.5mL，用玻棒猛烈搅拌1min。然后取出玻棒，在离心管边上刮净玻棒上的油，将离心管放入离心机中进行分离，直至吸水膨胀后析出的磷脂沉于离心管的底部。

（4）先倾出上层清油，再将磷脂离心分离，再倾出上层清油。离心管中沉淀物用丙酮进行洗涤，离心分离，倾出丙酮液。如此用丙酮反复洗涤分离3～4次，直到所得丙酮无油迹为止。

（5）把盛有沉淀物的离心管和玻棒放入盛有离心管的烧杯中，置于105℃烘箱内烘至恒重。

（四）结果计算

试样中磷脂含量按式（11－14）计算。

$$磷脂(\%) = \frac{m_1}{m_2} \times 100 \qquad (11-14)$$

式中 m_1——沉淀物质量，g；

m_2——油样质量，g。

测定结果取小数点后三位。在重复性条件下获得的两次独立测定结果的绝对差值不得超过算术平均值的10%。

实验十四　蛋白质的水合能力的测定

蛋白质分子中具有许多亲水基团，这些基团的存在使蛋白质与水发生相互作用，将水保持在蛋白质分子的结构中，使之不能流动，蛋白质的这种性质称为蛋白质的水合能力或持水力（water holding capacity，WHC），无论是溶解性好的蛋白质还是难溶的蛋白质，都具有水合能力，通常用每克蛋白质吸附水分的质量（g）或体积（mL）来表示。测定蛋白质持水性的方法主要有过量水法、水饱和法、相对湿度法、肿胀法等，本实验介绍过量水法和水饱和法。

一、实验原理

将蛋白质样品置于水中，其中水量必须超过蛋白质所能结合的水量，然后采用过滤、低速离心或压挤的方法将过剩的水和被蛋白质保留的水分开。

二、实验试剂与仪器

1. 试剂

0.1mol/L 的盐酸或氢氧化钠溶液，试剂均为分析纯。

2. 主要仪器

台式离心机、50mL 塑料离心管、磁力搅拌器、酸度计、恒温水浴锅、天平等。

3. 试样

大豆分离蛋白或大豆浓缩蛋白。

三、实验步骤

（一）过量水法

（1）取 50mL 塑料离心管，称量质量（m_1）。

（2）准确称取试样质量 1000g 置于离心管中，加蒸馏水 30mL，用磁力搅拌器使蛋白质溶液分散均匀。

（3）测量样液的 pH，用 0.1mol/L 的盐酸或氢氧化钠溶液调 pH 至 7.0。

（4）在恒温水浴中，于 60℃加热 30min，然后在冷水中冷却 30min。

（5）把样品管置于离心机中，在 3000r/min 条件下，25℃离心 10min 后倾去上清液。称取离心管的质量（m_2），计算出每克蛋白质样品的持水力（WHC）。

（6）结果计算

蛋白质的水合能力可以按（11－15）计算：

$$\text{质量差} = m_2 - m_1 - \frac{100 - S}{100} \qquad (11-15)$$

注意：若测量的物品为不溶物，则：

$$质量差 = m_2 - m_1 - 1 \tag{11-16}$$

若测量的物品为可溶物，则：

$$质量差 = m_2 - m_1 - \frac{100 - S}{100} \tag{11-17}$$

式中　S——样品的溶解度（%）×干样的蛋白质含量（%）。

（二）水饱和法

水饱和法测定蛋白质的水合能力分两步进行，首先确定水合能力的近似值，然后确定持水力的偏差范围。

（1）确定水合能力近似值　称取 1.500g 蛋白质样品，置于预称重过的离心管中，逐步加水，每加一次水，就用玻棒将样品搅匀，加至样品呈浆状但无水析出为止，在管壁上擦干玻棒，以 2000r/min 离心 10min，倒去上清液，称重。

若离心后没有水析出，则应继续加水，搅匀，离心，直至离心后有少量水析出为止。根据离心前后的质量变化按式（11－18）计算蛋白质的 WHC 近似值。

$$WHC = \frac{(离心管质量 + 沉淀物质量) - (离心管质量 + 沉淀物质量)}{样品质量}(水\ g/样品\ g) \tag{11-18}$$

（2）确定水合能力的偏差范围　在四支称重过的离心管中，加入待测样品，试样量按式（11－19）计算。

$$试样量 = 15/(WHC 近似值 + 1) \tag{11-19}$$

加入试样后，向离心管中加水，加水量分别比计算值多 1.5mL、0.5mL 或少 0.5mL、1.5mL 的水，用玻棒搅拌 2min。

$$加水量计算值 = 试样量 \times WHC 近似值 \tag{11-20}$$

以 3000r/min 离心 10min，从四管中找出一管出水而另一管不出水的相邻两管，倒去上层清液，该两管的 WHC 即为持水力的偏差范围。

四、注意事项

（1）水过量法具有操作简便、实用性强等优点，但也存在不足，表现在以下几方面：

①未考虑物质的粒度、加入水的温度及离子强度等因素对水化作用的影响。

②加水方式对结果有影响，如果逐渐少量加水使混合物湿透、离心，未出现上清液，再重复加入剩余的水，离心，吸水率势必减小。

③WHC 确定时加水量最大差值为 3.0mL，对 50mL 大小的离心管及其具体的物料而言，清液的分界线难以确定，因此本方法的准确度不高。

（2）水饱和法在加水过程中要做到少量多次，搅拌充分，避免因一次加入过多，局部蛋白溶解，造成测定误差。

（3）离心时注意对称的两管一定要平衡质量。

五、思考题

1. 过量水法中样液的 pH 为何要调至 7.0？

2. 影响蛋白质持水力的因素有哪些?

3. 分析蛋白质的溶解性和水合能力没有对应关系的原因。

实验十五　蛋白质起泡能力与泡沫稳定性的测定

一、 实验原理

蛋白质是一种表面活性剂，具有表面活性和成膜性，因此向一定浓度的蛋白质溶液中通入压缩空气或纯氨，则在其溶液中会产生气泡，而且由于蛋白质能在泡沫表面形成有一定强度和弹性的膜，因此蛋白质能在一定程度上使泡沫稳定。单位蛋白质产生泡沫的体积即表示为蛋白质的起泡能力（foaming capacity，FC）；单位时间蛋白质的泡沫变化即表示为泡沫的稳定性（foaming stability，FS）。

二、 实验试剂与仪器

1. 试剂

0. 1mol/L 的盐酸或氢氧化钠溶液、乳酸、氯化钠、大豆油，试剂均为分析纯。

2. 主要仪器

电动匀浆机、高速乳化均质机、电子天平、离心机、精密 pH 计。

3. 试样

大豆分离蛋白。

三、 实验步骤

（1）取四支500mL 量筒，分别加入1% 大豆蛋白质溶液100mL，调 pH 至7. 0，注意此过程中不要产生泡沫。在3 支量筒中分别加入 1mL 乳酸、1mL 大豆油、0. 2g 氯化钠。

（2）使用高速乳化均质机以 12000r/min 的速度均质 40s，连续 3 次，共计发泡 2min。

（3）停止乳化均质机，立即记录均质后的泡沫最大体积，记为 V_0。

（4）静置 30min 后，再次记录液面高度，记为 V_{30}。

（5）每个样品平行两次。

四、 结果计算

（1）起泡能力按式（11 -21）计算。

$$FC = \frac{V_0}{\rho \times 100} \tag{11-21}$$

式中　FC——起泡能力，mL/g；

V_0——均质后的泡沫最大体积，mL；

ρ——蛋白质溶液的质量浓度，g/100mL；

100——移取蛋白质溶液的体积，mL。

（2）泡沫稳定性按式（11-22）计算。

$$FS = \frac{V_{30}}{V_0} \times 100 \tag{11-22}$$

式中 FS——泡沫稳定性，%；

V_0——均质后的泡沫最大体积，mL；

V_{30}——静置 30min 后的泡沫体积，mL。

五、注意事项

蛋白质的发泡性受环境如溶液的 pH、温度、离子强度、均质速度等影响很大，因此测定时应使测试条件一致，减少误差。

六、思考题

1. pH、油脂、盐对蛋白质的起泡性有何影响？
2. 分析影响蛋白质起泡能力和泡沫稳定性的因素有哪些？

实验十六 蛋白质乳化性与乳化稳定性的测定

乳化性是指蛋白质产品能将油、水结合在一起，形成乳浊液的性能。反映蛋白质乳化性的指标广泛采用乳化容量和乳化稳定性来表示。乳化容量（EC）是指在一定条件下，单位质量的蛋白质在形成水包油（O/W）乳化体系时所能乳化油脂的最大量。乳化稳定性（ES）是指蛋白质使乳状液在各种条件下保持乳化状态稳定的能力。蛋白质的乳化性能可应用于香肠、汤料、乳酪、蛋糕等食品体系。

一、实验原理

将等体积的蛋白质溶液和等体积的油脂混合形成乳浊液，然后离心，则离心管中将呈现油、乳液、水三个界面，测出游离油的量，即可计算出乳化容量和乳化稳定性。

二、实验试剂与仪器

1. 试剂

0.1mol/L 的盐酸或氢氧化钠溶液、大豆色拉油。

2. 主要仪器

电动匀浆机、电动均质机、离心机、电子天平、精密 pH 计、恒温水浴锅。

3. 试样

大豆分离蛋白。

三、实验步骤

（1）取1%的蛋白质溶液100mL，调pH至7.0。

（2）取上述蛋白质溶液和同体积的大豆色拉油混合，以10000r/min的速度高速搅拌1min。

（3）所得乳状液移入3支10mL的离心管中，在70℃的水浴中恒温25min，用自来水冷却至室温，然后在2000r/min离心10min，根据乳化层体积计算乳化稳定性。

四、结果计算

乳化稳定性和乳化能力可按式（11－23）计算。

$$乳化稳定性 = \frac{乳化层体积}{总体积} \times 100\% \tag{11-23}$$

五、注意事项

（1）由于溶液的pH会影响蛋白质的乳化性，因此所使用的油应不含游离脂肪酸，一般采用纯植物油如棉籽油、花生油等。

（2）使用的具体测试条件不同，所得数据也将有很大的差异，为使测定具有良好的重现性，应保持测试条件的一致，如溶液的pH、滴油速度等。

（3）每个样品平行两次。

六、思考题

1. 溶液的pH是如何影响蛋白质乳化性的？
2. 测定蛋白质乳化性的原理有何异同？

实验十七 食品中多酚氧化酶活力的测定

一、实验原理

多酚氧化酶（polyphenol oxidase，PPO）为自然界分布很广的一种含铜金属蛋白酶，普遍存在于植物（如马铃薯块茎的外层及谷物）、真菌、昆虫的质体中，甚至在土壤中腐烂的植物残渣上都可以检测到多酚氧化酶。多酚氧化酶能有效催化酚类化合物如单酚、邻苯二酚、邻苯三酚、对苯二酚等氧化形成相应的醌类物质。多酚氧化酶活性常用的测定方法有比色法和氧电极法，其中比色法操作简易、方便、快速。

多酚氧化酶活性的测定可采用不同的底物，包括邻苯二酚、邻苯三酚、酪氨酸、绿原酸、多巴及多巴胺等，其中以邻苯二酚测定较为敏感和稳定。多酚氧化酶氧化儿茶酚（即邻苯二酚），生成茶褐色化合物邻苯二醌（图 11－2），在 410nm 波长处有最大吸收峰，故可通过测定 410nm 波长下的吸光度值的变化，计算出多酚氧化酶的活性。

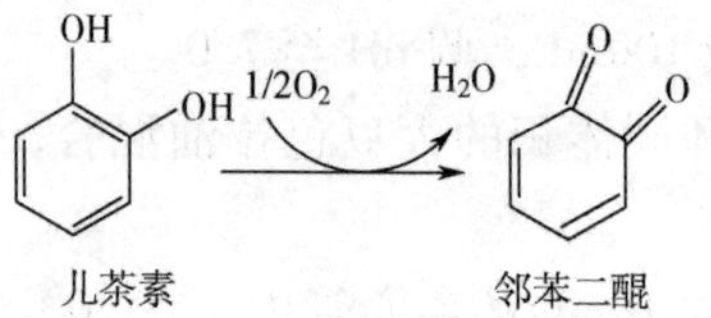

图 11－2　儿茶酚的氧化反应

二、 实验试剂与仪器

1. 试剂

（1）0.1mol/L pH 5.8 的磷酸缓冲液

① 0.1mol/L NaH_2PO_4溶液：称取 $NaH_2PO_4 \cdot 2H_2O$ 15.6g（或 $NaH_2PO_4 \cdot H_2O$ 13.8g），用重蒸水定容至 1000mL。

② 0.1mol/L Na_2HPO_4溶液：称取 $Na_2HPO_4 \cdot 12H_2O$ 35.8g（或 $Na_2HPO_4 \cdot 7H_2O$ 26.8g 或 $Na_2HPO_4 \cdot 2H_2O$ 17.8g），用重蒸水定容至 1000mL。

③ 0.1mol/L pH＝5.8 的磷酸钠缓冲溶液：取 91.5mL 0.1mol/L NaH_2PO_4和 8.5mL 0.1mol/L Na_2HPO_4，充分混合即为 0.1mol/L pH＝5.8 的磷酸钠缓冲溶液。

（2）0.1mol/L 邻苯二酚溶液　称取 11.00g 邻苯二酚，用重蒸水定容至 1000mL。

2. 主要仪器

分光光度计、研钵、恒温水浴锅、容量瓶、吸量管、冷冻离心机等。

3. 试样

马铃薯。

三、 实验步骤

1. 试样处理

马铃薯块洗净、去皮后，称取 5.00g，放入研钵中，加入预冷的 5mL pH 5.8 的 0.1mol/L 磷酸缓冲溶液，研磨后，在 4℃下 3500r/min 离心 10min，沉淀经缓冲液重悬后再次离心，所得上清液用磷酸缓冲液定容至 50mL，低温下保存备用。

2. 多酚氧化酶活力的测定

在 3mL 比色皿中加入 1mL pH 5.8 的 0.1mol/L 的磷酸缓冲溶液、1mL 0.1mol/L 的邻苯二酚溶液和 1mL 粗酶液，以磷酸缓冲液为对照，在 410nm 处每 10s 记录 1 次 OD 值，以 OD 值变化 0.01 为一个酶活力单位。

以吸光值为纵坐标，反应时间为横坐标，做出反应曲线，从曲线最初的直线部分的斜率计算出多酚氧化酶的活力。

四、 结果计算

以每分钟内吸光度值变化 0.01 作为一个多酚氧化酶的活力单位，按式（11－24）计算马铃薯块茎多酚氧化酶的活力。

$$PPO\ 活性 = \frac{V_1 \times \Delta OD}{0.01 \times V_2 \times m \times \Delta t}(U/g) \qquad (11-24)$$

式中 ΔOD——反应初速度阶段吸光度差；

Δt——ΔOD 对应的时间，min；

0.01——每分钟增加 0.01 吸光度为一个酶活力单位；

V_1——提取酶液的总体积，mL；

V_2——测定时取用的提取酶液的体积，mL；

m——马铃薯的质量，g。

五、 注意事项

（1）酶液提取时，应加入预冷过的缓冲溶液，防止研磨温度过高导致酶失活。

（2）邻苯二酚反应混合液一般临用前配制，冰箱内短期保存。

六、 思考题

1. 影响多酚氧化酶活力的因素有哪些？
2. 测定多酚氧化酶的方法有哪些，并阐述其测定原理。

实验十八 果蔬中过氧化氢酶活力的测定

过氧化氢酶（CAT）属于血红蛋白酶，含有铁，它能催化 H_2O_2 分解为水和分子氧（图 11－3），据此，可根据 H_2O_2 的消耗量或 O_2 的生成量测定该酶活力大小。本实验介绍高锰酸钾滴定法和紫外吸收法。

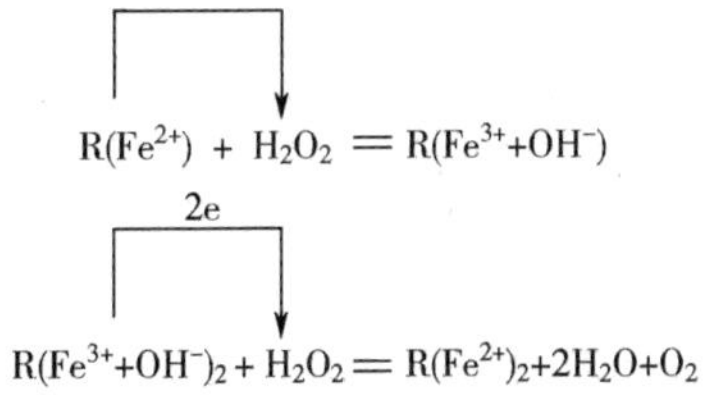

图 11－3 过氧化氢酶催化过氧化氢反应

一、高锰酸钾滴定法

（一）实验原理

在反应系统中加入一定量（反应过量）的 H_2O_2溶液，用 $KMnO_4$标准溶液（在酸性条件下）滴定多余的 H_2O_2，即可求出消耗的 H_2O_2的量。

$$5H_2O_2 + 2KMnO_4 + 4H_2SO_4 \longrightarrow 5O_2 + 2KHSO_4 + 8H_2O + 2MnSO_4$$

（二）实验试剂与仪器

1. 试剂

（1）10% H_2SO_4、0.2mol/L 磷酸缓冲液（pH = 7.8）。

（2）0.1mol/L $KMnO_4$标准溶液　称取 $KMnO_4$ 3.1605g，用新煮沸冷却蒸馏水配制成1000mL，用基准草酸钠标定。此溶液临用前需重新标定。

（3）0.1mol/L H_2O_2溶液　取 30% H_2O_2溶液 5.68mL，稀释至 1000mL。

2. 主要仪器

电子天平、研钵、三角瓶、酸式滴定管、恒温水浴锅、容量瓶等。

3. 试样

水果或蔬菜。

（三）实验步骤

（1）称取试样 3 ~ 5g，加入 pH = 7.8 的磷酸缓冲溶液少量，研磨成匀浆，转移至25mL 容量瓶中，用该缓冲液冲洗研钵数次，并将冲洗液转入容量瓶中，定容。然后在4000r/min 离心 15min，上清液即为 CAT 粗提液。

（2）取 50mL 三角瓶 4 个（两个测定，两个对照），测定瓶中加入粗提酶液 2.5mL，对照瓶中加入失活粗提酶液 2.5mL，再加入 0.1mol/L $H_2O_2$2.5mL，同时计时，于 30℃恒温水浴中保温 10min，立即加入 10% $H_2SO_4$2.5mL。

（3）用 0.1mol/L $KMnO_4$标准溶液滴定至出现粉红色（在 30min 内不消失）为终点。

（四）结果计算

酶活性用每克鲜样 1min 内分解 H_2O_2的质量（mg）表示，按式（11 - 25）计算酶活。

$$\text{CAT 活性} = \frac{(V_A - V_B) \times V_T \times 1.7}{FW \times V_1 \times t} [\text{mg}/(\text{g} \cdot \text{min})] \tag{11-25}$$

式中　V_A——对照 $KMnO_4$滴定量，mL；

V_B——酶反应后 $KMnO_4$ 滴定量，mL；

V_T——提取酶液总量，mL；

V_1——反应所用酶液量，mL；

FW——样品鲜重，g；

t——反应时间，min；

1.7——1mL 0.1mol/L $KMnO_4$相当于 1.7mg H_2O_2。

二、紫外吸收法

（一）实验原理

H_2O_2在 240nm 波长下有强烈吸收峰，CAT 可分解 H_2O_2，使反应溶液 A_{240}随反应时间而降低。根据测量 A_{240}的变化速度即可测出 CAT 的活性。

（二）实验试剂与仪器

1. 试剂

0.2mol/L 磷酸缓冲液（pH＝7 8，内含 1% PVP）、0.1mol/L H_2O_2。

2. 主要仪器

紫外分光光度计、电子天平、离心机、研钵、容量瓶、刻度吸管、试管、恒温水浴锅等。

3. 材料

水果或蔬菜。

（三）实验步骤

（1）称取试样 1.00g，加入 2～3mL 4℃下预冷的磷酸缓冲液研磨成匀浆后，转入 25mL 容量瓶中，用该缓冲液冲洗研钵数次，并将冲洗液转入容量瓶中，定容，然后将溶液转入 50mL 的离心管中，在 4000r/min 下离心 15min，上清液即为 CAT 粗提液。

（2）取 10mL 试管 3 支，其中 2 支为样品测定管，1 支为空白管。分别向 2 支样品测定管中加入 0.2mL 粗酶液，空白管不加。然后分别向 3 支管中依次各加入磷酸缓冲液 1.5mL 和 1.0mL 蒸馏水。25℃预热后，逐管加入 0.1mol/L $H_2O_2$0.3mL，每加完一管立即计时，并迅速倒入石英比色杯中，240nm 下测定吸光度，每隔 1min 读数 1 次，共测 4min，按式（11－26）计算酶活性。

（四）结果计算

以 1min 内 A_{240}减少 0.1 的酶量为 1 个酶活单位（U）。

$$\text{CAT 活性(U/gFWmin)} = \frac{\Delta A_{240} \times V_T}{0.1 \times V_1 \times t \times FW} \tag{11-26}$$

$$\Delta A_{240} = As_0 - \frac{As_1 + As_2}{2}$$

式中　As_0——加入煮死酶液的对照管吸光值；

As_1，As_2——样品管吸光值；

V_T——粗酶提取液总体积，mL；

V_1——测定用粗酶液体积，mL；

FW——样品鲜重，g；

0.1——A_{240}下降 0.1 为 1 个酶活单位，U；

t——加 H_2O_2到最后一次读数时间，min。

（五）思考题

1. 影响过氧化氢酶活性测定的因素有哪些？

2. 过氧化氢酶与哪些生化过程有关？

实验十九　维生素 A、维生素 B_1 和维生素 B_2 的定性鉴定

一、实验原理

维生素种类很多，不同的维生素会发生不同的呈色反应。

维生素 A 及其前体，β-胡萝卜素在低温下都能与 $SbCl_3$ 产生慢慢消退的蓝色反应。

维生素 B_1，又称硫胺素，早期使用重氮试剂法：在有 $NaHCO_3$ 存在下，它与重氮试剂作用呈红色，加入少量甲醛可使红色稳定，此法操作简单、迅速，要求样品中含量高于 5～10μg/g，但反应不灵敏，且特异性较低。目前普遍采用荧光法：在碱性环境中，硫胺素经氰化钾定量地氧化成带有深蓝色荧光的硫色素。此法灵敏性和特异性都很高，可测出 0.01μg 硫胺素。

维生素 B_2 又名核黄素，其水及乙醇溶液呈黄色并具有强荧光。亚硫酸盐可将其还原成无色二氢化物，在空气中又重新被氧化，恢复荧光。

二、实验试剂与仪器

1. 试剂

（1）精馏氯仿　用蒸馏水洗净市售氯仿 2～3 次，加一些煅烧过的 K_2CO_3 或无水 Na_2SO_4，进行干燥，并在暗色玻璃瓶中蒸馏，取 61～62℃部分。

（2）三氯化锑氯仿饱和液　以少量精馏氯仿反复洗涤 $SbCl_3$，直到氯仿不再呈色为止。放在干燥器内，用硫酸干燥。用干燥的 $SbCl_3$ 和精馏氯仿配制饱和溶液。

（3）$NaHCO_3$ 碱性溶液　NaOH 2.0g 溶于 60mL 蒸馏水中，加 $NaHCO_3$ 2.88g，混匀后，用水稀释至 100mL。

（4）重氮试剂　试剂 A：将亚硝酸钠 0.5g 溶于水中，定容至 100mL，用前新鲜配制；试剂 B：将 *p*-氨基苯磺酸 0.5g 溶解于 0.5mL 浓盐酸中，然后以水定容至 100mL。需用时，将 A 液和 B 液按 1∶50 比例配合，混匀 15min 后，即可使用，24h 内有效。

（5）其他试剂　乙酸酐，0.05mol/L 硫酸，0.2% 硫胺素溶液，30μg/mL 核黄素溶液，1% 铁氰化钾溶液，异丁醇，30% 氢氧化钾溶液，2.5% $NaHSO_3$ 溶液（用 2% Na_2CO_3 溶液作溶剂）。

2. 主要仪器

试管及试管架，1mL 移液管，2mL 移液管，5mL 滴定管，10mL 量筒及滴管，电子天平，滤纸及漏斗等。

3. 材料

鱼肝油及米糠。

三、实验步骤

1. 维生素 A 鉴定

取 1 ~ 2 滴鱼肝油，放入洁净、干燥试管中，加氯仿约 0.5mL 和乙酸酐 1 ~ 2 滴。摇匀后，用滴定管添加在冰水中预冷的 $SbCl_3$ - 氯仿溶液 1 ~ 2mL，再摇匀。观察其颜色变化。

2. 维生素 B_1 鉴定（重氮试剂法）

取米糠约 1g，置于试管中，加入 5mL 0.05mol/L 硫酸溶液并用力振荡，以提取硫胺素。放置 10min 后，用滤纸过滤。取滤液 1mL，加入 $NaHCO_3$ 碱性溶液 1.5mL 及重氮试剂 1mL，摇匀后，在 10min 内观察深红色的出现。

3. 维生素 B_1 鉴定（荧光法）

取 0.2% 硫胺素溶液 1 ~ 2mL，加入铁氰化钾溶液 2mL 及 30% 氢氧化钾溶液 1mL，充分混匀后，再加入 2mL 异丁醇，充分摇荡。待两液相分开后，观察上层异丁醇溶液中的蓝色荧光。

4. 维生素 B_2 鉴定

取 2 支试管，各加入核黄素溶液 1mL，观察其黄绿色荧光。在一管中加入 5 ~ 10 滴亚硫酸氢钠溶液，比较两管的荧光。充分摇匀后，再随时比较两管的荧光（最好在紫外灯下观察）。

四、注意事项

（1）定性测定维生素 A 所使用的试剂和器材需绝对干燥。微量水分可使 $SbCl_3$ 形成氯氧化锑，不再与维生素 A 反应，并出现混浊。在试管中添加乙酸酐 1 ~ 2 滴可除去微量吸收的水分。

（2）测维生素 A 所使用的氯仿必须除去杂质及水分，经过重蒸馏。

（3）凡接触过的玻璃器皿以 10% HCl 洗涤后，再用水冲洗。

（4）在冰水中预冷的 $SbCl_3$ - 氯仿溶液，是为了防止维生素 A 在反应中形成的蓝色过快褪色。

五、思考题

1. 硫胺素的荧光反应为什么要在碱性条件下进行？
2. 在实验中将核黄素还原成无色的二氢化物，还可以使用什么试剂？

实验二十 维生素 C 含量的测定（2，6 - 二氯酚靛酚滴定法）

一、实验原理

维生素 C 是一种人类必需的水溶性维生素，植物的绿色部分及许多水果和蔬菜中，都含有丰富的维生素C。

维生素C属于不饱和的多羟基化合物，具有很强的还原性。在酸性条件下，抗坏血酸将氧化型的染料2，6-二氯酚靛酚（红色）还原为还原型的2，6-二氯酚靛酚（无色），同时，抗坏血酸被氧化为脱氢抗坏血酸。

所以，可利用此反应来定量测定抗坏血酸。酸性溶液中，当用此染料滴定含有维生素C的溶液时，维生素C尚未被完全氧化前，则滴下的染料立即被还原成无色。一旦溶液中的维生素C已被完全氧化时，则滴下的染料立即变为粉红色。所以，当溶液由无色转变为微红色时即表示溶液中的维生素C刚刚全部被氧化，此时即为滴定终点。如无其他杂质干扰，根据滴定时消耗的染料2，6-二氯酚靛酚标准溶液的量，即可求出样品中维生素C的含量。

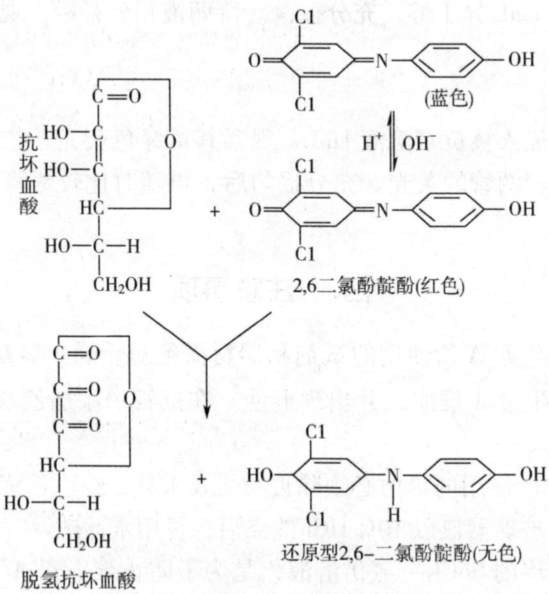

二、实验试剂与仪器

1. 试剂

（1）1% HCl溶液；

（2）2%草酸溶液　草酸2g溶于100mL蒸馏水中；

（3）1%草酸溶液　草酸1g溶于100mL蒸馏水中；

（4）标准抗坏血酸溶液　准确称取10mg纯抗坏血酸（应为洁白色，如变为黄色则不能用）溶于1%草酸溶液中，并稀释至100mL，贮于棕色瓶中，冷藏。最好临用前配制；

（5）0.1%的2，6-二氯酚靛酚溶液　250mg 2，6-二氯酚靛酚溶于150mL含有52mg $NaHCO_3$的热水中，冷却后加水稀释至250mL，滤去不溶物，贮于棕色瓶中冷藏（4℃约可保存一周）。每次临用时，要用标准抗坏血酸溶液来标定。

2. 主要仪器

组织捣碎器，2mL微量滴定管，滤纸，100mL锥形瓶，1mL、10mL移液管，100mL

容量瓶，漏斗等。

3. 材料

苹果等果蔬。

三、 实验步骤

1. 提取

将整株新鲜蔬菜或整个新鲜水果用水洗净，再用纱布或吸水纸吸干表面水分。然后称取 50 ~ 100g，加入等体积 2% 草酸溶液，置组织捣碎机中打成浆状，滤纸过滤，滤液备用。滤饼可用少量 2% 草酸洗几次，合并滤液，记录滤液总体积。

2. 标准液滴定

准确吸取标准抗坏血酸溶液 1.0mL（含 0.1mg 抗坏血酸）置 100mL 锥形瓶中，加 9mL 的 1% 草酸溶液，用微量滴定管以 0.1% 的 2，6 - 二氯酚靛酚滴定至淡红色，并保持 15s 不褪色，即达终点。由所用染料的体积计算出 1mL 染料相当于多少毫克抗坏血酸（取 10mL 1% 草酸溶液作空白对照，按以上方法滴定）。

3. 样品滴定

准确吸取滤液两份，每份 10.0mL 分别放入两个 100mL 锥形瓶内，滴定方法同前。另取 10mL 1% 草酸作空白对照。

四、 结果计算

维生素 C 的含量用式（11 - 27）表示。

$$维生素C含量 = \frac{(V_A - V_B) \times V_C \times m' \times 100}{V_D \times m}(mg/100g) \tag{11-27}$$

式中 V_A——滴定样品所耗用染料的平均体积，mL；

V_B——滴定空白对照所耗用的染料的平均体积，mL；

V_C——样品提取液的总体积，mL；

V_D——滴定时所取的样品提取液体积，mL；

m'——1mL 染料能氧化抗坏血酸质量，mg；

m——待测样品的质量，g。

五、 注意事项

（1）某些水果、蔬菜（如橘子、番茄）浆状物泡沫太多，可加数滴丁醇或辛醇。

（2）整个操作过程要迅速，防止还原型抗坏血酸被氧化。滴定过程一般不超过 2min，因为在本实验滴定条件下，一些非维生素 C 的还原物质作用较迟缓，快速滴定可减少它们的干扰。

（3）滴定所用的染料应在 1 ~ 4mL，如果样品含维生素 C 太高或太低时，可酌情增减样液用量或改变提取液稀释度。

（4）2% 草酸有抑制抗坏血酸氧化酶的作用，而 1% 草酸无此作用。

（5）提取的浆状物如不易过滤，亦可离心，留取上清液进行滴定。

六、 思考题

本实验有哪些因素干扰滴定?

实验二十一　食品灰分的测定

一、 实验原理

食品中的灰分，是指食品经高温灼烧后留下来的无机物，主要是氧化物或盐类，通常也称为无机物或矿物质。灰分有水溶性与水不溶性、酸溶性与酸不溶性之分。水溶性灰分大部分为钾、钙、镁、钠等氧化物及可溶性盐类。水不溶物灰分除泥沙外，还有铁、铝等氧化物。酸不溶性灰分大部分为污染的泥沙，包括二氧化硅等。灰化一般在高温炉中进行，温度550～600℃，时间30min。对灰化后的残渣冷却，经精确称重即可得灰分含量。

二、 实验试剂与仪器

1. 试剂

盐酸、硅胶。

2. 主要仪器

坩埚、坩埚钳、高温炉、分析天平、干燥器。

3. 材料

面制食品、肉类、水产品。

三、 实验步骤

1. 坩埚恒重

用1∶4稀盐酸把瓷坩埚煮沸后，放在高温炉中，升温至500～600℃，灼烧30min，待炉温降至200℃以下取出坩埚，移于干燥器中冷却至室温，在分析天平上称重。

2. 样品炭化

准确称取样品2～5g于坩埚中，在电炉或煤气灯上将样品炭化至无烟。

3. 灰化

将炭化后的样品（连同坩埚）移入550～600℃的高温炉中，灼烧灰化2～3h，至炭微粒全部消失。降温至200℃时，移入干燥器中继续冷却至室温，称重。再灼烧1h，如此反复至恒重（前后质量差不超过0.2mg为止）。

四、 结果计算

灰分的计算可以按（11－28）式进行计算：

$$灰分 = \frac{m_1}{m_2} \times 100\% \tag{11-28}$$

式中　m_1——灰分质量，g；

m_2——样品质量，g。

五、 注意事项

（1）样品含水量较多时可加大取样量，并在炭化前在水浴上预先蒸发除水。

（2）炭化时易膨胀发泡的样品可添加适量纯植物油，缓缓加热至炭化完全。

（3）在炭化或灰化过程中，注意将坩埚盖住大部分，避免样品溅出或掉进杂质。

（4）灰分不一定都是白色，含铜为淡蓝色，含铁为褐色。

六、 思考题

灰分测定中产生误差的原因有哪些？

实验二十二　番茄中番茄红素的提取及含量的测定

一、 实验原理

采用溶剂浸提法从试样中提取番茄红素，由于番茄红素标准品价格昂贵，且见光易分解，而苏丹Ⅰ号与番茄红素有类似的特征吸收峰，故用苏丹Ⅰ号代替番茄红素标准品绘制标准曲线，通过可见分光光度法测定试样中番茄红素的含量。

二、 实验试剂与仪器

1. 试剂

饱和氯化钠溶液、无水硫酸钠、丙酮、苏丹Ⅰ号标准品，均为分析纯。

2. 主要仪器

组织粉碎机、721可见分光光度计、电子分析天平、电热恒温水浴锅、容量瓶、圆底烧瓶、分液漏斗、三角漏斗。

3. 试样

新鲜番茄。

三、实验步骤

1. 标准曲线绘制

准确称量 10.0g 苏丹 I 号标准品，用丙酮溶解并定容至 100mL，标准溶液浓度为 0.1mg/mL，吸取 0，2.0，4.0，6.0，8.0，10.0mL 分别注入 100mL 的容量瓶中，均用丙酮定容至刻度，充分混合，相当于 0，2.0，4.0，6.0，8.0，10.0μg/mL 的番茄红素，以丙酮作为空白，用 1cm 比色皿在 485nm 下测定吸光度。以吸光度为纵坐标，以番茄红素含量为横坐标，绘制标准曲线。

2. 原料处理与色素提取

新鲜番茄浆的制备：将新鲜番茄洗净，置于沸水中 2 ~ 3min，脱去西红柿皮，切成小块用捣碎机捣碎，得到番茄浆。

称取新鲜番茄浆 10.00g 于 100mL 圆底烧瓶中，加丙酮 30mL，摇匀，装上回流冷凝管，在 65℃ 水浴上加热回流 5min，趁热抽滤，将溶液倾出，残渣留在瓶内加入 30mL 丙酮，水浴锅加热回流 5min，冷却，将上层溶液倾出抽滤，固体仍保留在烧瓶内，再加入 30mL 丙酮重复萃取一次。合并三次丙酮提取液，倒入分液漏斗中，加 5mL 饱和氯化钠溶液（有利分层），振摇，静置分层。分出橙红色有机相，使其流经一个在颈部塞有疏松棉花且在棉花上铺一层 1cm 厚的无水硫酸钠的三角漏斗，以除去微量水分。将此溶液转移至 100mL 容量瓶中，用丙酮定容至刻度，得丙酮萃取液。

3. 测定

以丙酮作为空白，用 1cm 比色皿在 485nm 下测定丙酮萃取液的吸光度。根据测定丙酮萃取液的吸光度，在标准曲线上查出丙酮萃取液的番茄红素含量（μg/mL）。

四、结果计算

$$X = \frac{\rho}{m} \times 100 \tag{11-29}$$

式中 X——新鲜番茄浆中番茄红素含量，mg/kg；

ρ——在标准曲线上查出丙酮萃取液的番茄红素含量，μg/mL；

m——新鲜番茄浆的质量，g。

五、注意事项

测定丙酮萃取液的吸光度如果大于 0.8，则需要用丙酮稀释，结果计算需要考虑稀释倍数。

六、思考题

1. 为什么可以用苏丹 I 号代替番茄红素标准品？
2. 如何提高测定结果的准确性？

实验二十三　食品中总胡萝卜素含量的测定

一、实验原理

样品通过石油醚-丙酮（2∶1）混合液萃取，使之与非类胡萝卜素成分分离，在451nm 波长下测定萃取溶液的消光值（吸光度），可以计算出食品中总胡萝卜素的含量。

二、实验试剂与仪器

1. 试剂

石油醚、丙酮、无水硫酸钠、石英砂、饱和氯化钠溶液，试剂均为分析纯。

2. 主要仪器

可见分光光度计、分液漏斗（150mL）、容量瓶（50mL）、研钵、铁架台、漏斗、铁圈。

3. 材料

胡萝卜、菠菜、油菜等。

三、实验步骤

1. 样品处理

称取5.00g 已捣碎混匀的样品置于研钵内，加石油醚-丙酮（2∶1）混合溶液10mL，石英砂少量，研磨提取，然后将提取液过滤至100mL 三角瓶中。如此反复提取残渣3~4次，并过滤，直到提取液无色。将几次滤液从100mL 三角瓶移至150mL 梨形分液漏斗中，并用水洗涤石油醚层（如果出现乳化时，加饱和 NaCl 溶液3~5mL，剧烈振荡），待液相分层后，弃去下层水相，重复2~3次，将大约1g 无水硫酸钠装入分液漏斗中过滤转移至50mL 容量瓶中，以石油醚-丙酮（2∶1）混合溶液定容，摇匀。置暗处供比色用。

2. 测定

用1cm 比色皿以石油醚-丙酮（2∶1）混合溶液作空白，在451nm 波长处测定消光值 E。

四、结果计算

以 β-胡萝卜素含量计，按式（11-30）计算。

$$\text{总胡萝卜素} = \frac{E \times V \times 100 \times 1000 \times 1000}{E_1 \times m \times 100} (\mu g/100g)$$

$$= \frac{E \times 50 \times 100 \times 1000 \times 1000}{2500 \times m \times 100} \times 20000 \quad (11-30)$$

式中 E——样品在451nm波长下消光值；

E_1——1%β-胡萝卜素石油醚溶液在451nm波长下的消光值，即2500；

V——样品中总胡萝卜素石油醚提取液定容体积，mL；

m——样品质量，g。

五、注意事项

植物性样品中胡萝卜素常与黄酮类物质、叶绿素等有色物质共存，黄酮类物质极性稍大。叶绿素易在强碱性溶液中被降解，采用适当的分离方法可使胡萝卜素与干扰物分离。

六、思考题

1. 如何提高测定结果的准确性?
2. 如何分离干扰物?

实验二十四　叶绿素含量的测定（分光光度法）

一、实验原理

叶绿素的分子结构是由四个吡咯环组成的一个卟啉环，此外还有一个叶绿醇，由于分子具有共轭结构，因此可吸收可见光。叶绿素是脂类化合物，可溶于丙酮、石油醚、正己烷等有机溶剂，用有机溶剂提取的叶绿素可在一定波长下测定叶绿素溶液的吸光度，计算叶绿素含量。

高等植物中叶绿素有两种：叶绿素a和叶绿素b。叶绿素a和叶绿素b在645nm和663nm处有最大吸收，且两吸收曲线相交于652nm处。因此测定提取液在645nm、652nm、663nm波长下的吸光度值，并根据经验公式可分别计算出叶绿素a、叶绿素b和总叶绿素的含量。

二、实验材料和试剂

1. 试剂

丙酮、$CaCO_3$。

2. 主要仪器

分光光度计、天平、具塞刻度试管（15mL）、研钵、漏斗、滴管、滤纸、试管架。

3. 材料

菠菜叶片。

三、 实验步骤

1. 样品处理

准确称取洗净、擦干（去叶片中脉）的菠菜叶片 1.00g 于研钵中，加少许 $CaCO_3$ 研磨成匀浆，用 80% 丙酮浸提。将上清液过滤（滤纸先用 80% 丙酮湿润），用滴管吸取 80% 丙酮分次把研钵中叶绿素浸提液和残渣洗净，然后再用丙酮逐滴把滤纸上的叶绿素溶液洗净，全部转移到具塞刻度试管，定容到 15mL。

2. 测定

于 645nm、652nm、663nm 波长处测定吸光度值，以 80% 丙酮为空白调零。

四、 结果计算

按照下列经验公式，分别计算叶绿素 a、叶绿素 b 和总叶绿素的含量（单位为 mg/g 鲜重）。

$$\text{叶绿素 a 含量} = (12.71A_{663} - 2.59A_{645}) \times \frac{A \times 1000}{m}$$

$$\text{叶绿素 b 含量} = (22.88A_{645} - 4.68A_{663}) \times \frac{V \times 1000}{m}$$

$$\text{总叶绿素含量} = \frac{A_{652}}{34.5 \times m} \times V \times 1000 \qquad (11-31)$$

式中 m——样品质量，g；

V——叶绿素丙酮提取液的最终体积，mL；

A_{663}、A_{652}、A_{645}——分别代表在指定波长下叶绿素提取液的吸光度值。

五、 注意事项

叶绿素是一种极不稳定的化合物，它能被活细胞中的叶绿素酶水解，脱去叶绿醇，转变为叶绿酸。光照和高温都会使叶绿素发生氧化和分解，因此在分离提取叶绿素的过程中，必须注意控制这些因素，尽可能在低温和弱光下进行，并注意缩短实验时间，以防止叶绿素的破坏。

六、 思考题

1. 日常炒菜时，如果要加醋，在什么时候加最好？原因何在？
2. 简述叶绿素的分布及性质。

实验二十五　茶叶中咖啡因提取、分离和鉴定

一、实验原理

茶叶是大众化饮品。茶叶中化合物种类繁多，其中生物碱如咖啡因、茶碱等对中枢神经系统有广泛的兴奋作用，还有较弱的兴奋心脏和利尿的作用。茶叶中含有1%～5%的咖啡因。

咖啡因（$C_8H_{10}N_4O_2$），白色结晶，熔点为238℃，178℃升华。溶于热水、热乙醇、氯仿较难溶于醚和苯。对茶叶中咖啡因的提取常以乙醇等为溶剂，用连续提取装置进行固液萃取后，蒸除溶剂，得到粗咖啡因。利用咖啡因具有升华的性质，采用升华法对其进行分离纯化。

二、实验试剂和仪器

1. 试剂

95%乙醇、1%的稀盐酸、碘化汞钾试剂、碘化铋钾试剂、碘－碘化钾试剂、硅钨酸试剂。

碘化汞钾试剂：1.35g $HgCl_2$和5g碘化钾各溶于20mL蒸馏水中，将两溶液稀释成100mL。

碘化铋钾试剂：溶液Ⅰ（硝酸铋0.85g溶于10mL冰醋酸，加水40mL）；溶液Ⅱ（碘化钾0.8g溶于20mL水）；贮存液（溶液Ⅰ和溶液Ⅱ等量混合置棕色瓶中可以长期保存）；显色剂（贮存液1mL与冰醋酸2mL，加水10mL混合，用前配制）。

碘－碘化钾试剂：1g碘和10g碘化钾溶于50mL水，加热，加冰醋酸2mL，用水稀释到100mL。

硅钨酸试剂：5g硅钨酸溶于100mL蒸馏水中，加稀盐酸使pH为2。

2. 主要仪器

熔点仪，250mL平底烧瓶，蛇形冷凝管，水浴锅，电炉，石棉网，蒸发皿，玻璃漏斗，小烧杯，容量瓶，刀片，胶头滴管等。

3. 材料

绿茶（干燥）。

三、实验步骤

1. 提取

茶叶研成碎末，称取20g，加95%乙醇150mL置烧瓶中，连接冷凝管，通入冷凝水，水浴加热进行提取1h。然后过滤，弃去残渣，滤液浓缩至5mL。将此浓缩提取液全

部转入蒸发皿中，加入生石灰3～4g，搅拌下水浴挥尽溶剂。

2. 纯化

取一片刺满小孔的圆形滤纸，置于上述蒸发皿上，于滤纸上再盖一只内径略小于蒸发皿的玻璃漏斗，漏斗尾部再盖一小烧杯。将此装置小心放在石棉网上加热至升华完毕。稍冷后小心将装置移出，待其温度降至室温后，小心用钢刀收集升华物。蒸发皿内残渣搅拌后，同前再进行一次升华操作，合并升华物，称量。

3. 鉴定

（1）测定熔点。

（2）化学反应——沉淀反应。

①检品溶液的制备：取少许升华物，用1%盐酸2mL溶解即得。

②鉴别反应：碘化汞钾试剂、碘化铋钾试剂、碘－碘化钾试剂、硅钨酸试剂。

四、思考题

1. 为什么要将固体物质（茶叶）研细成粉末？

2. 升华操作前，加入生石灰的目的是什么？

实验二十六　食品中糖精钠的测定

糖精的化学名称是邻磺酰苯甲酰亚胺，相对分子质量183.19；糖精在碱性溶液中转化为糖精钠，相对分子质量205.17。食品中糖精钠的测定方法有薄层色谱定性及半定量测定、紫外分光光度法、高效液相色谱法、离子选择性电极测定法、硫代二苯胺比色法等。

一、实验原理

在酸性条件下，用乙醚提取食品中的糖精，浓缩后，经薄层层析分离，溶于碳酸氢钠溶液中，溶液酸化后在270nm处测定吸光度，与标准样品比较得出糖精含量。

二、实验试剂与仪器

1. 试剂

（1）展开剂　苯－乙酸乙酯－乙酸（12∶7∶1）。

（2）硅胶GF254。

（3）10%硫酸锌溶液。

（4）10%亚铁氰化钾溶液。

（5）2%碳酸氢钠溶液。

（6）糖精标准溶液　准确称取糖精0.0851g（120℃干燥4h），用2%碳酸氢钠溶解，稀释至100mL，此溶液每毫升含1mg糖精钠。

2. 主要仪器

紫外分光光度计、紫外灯（254nm）、薄层板（8cm×15cm）、层析缸、离心机、刻度梨形瓶。

三、实验步骤

1. 样品处理

汽水及饮料类样品：将样品倒入烧杯中，用玻璃棒不断搅拌除去二氧化碳。用移液管吸取10mL样品，移入150mL分液漏斗中，加入1:4盐酸2mL，用30，20，20mL乙醚分3次提取，弃去水层，合并乙醚溶液，用酸性水洗涤一次，去除水层，乙醚溶液预先用放有无水硫酸钠的滤纸过滤至100mL刻度梨形瓶中，并用少量乙醚分3次洗涤原容器和滤纸，乙醚并入瓶中。在温水浴上蒸去乙醚，并将乙醚挥发干净。准确加入无水乙醇2mL左右（视样品中糖精含量而定），旋转瓶子，使瓶壁上残留的糖精全部溶入乙醇中，密闭保存，供薄层点板用。

酱油、果汁和果酱样品：称取样品20.0g，置于100mL容量瓶中，加入水25mL，滴入0.1mol/L氢氧化钠溶液呈微碱性，依次加入5mL硫酸锌溶液，用水稀释至刻度，摇匀，静置，必要时可进行离心分离。用移液管吸取上清液50mL置于分液漏斗中，加入1:4盐酸溶液进行酸化，用30，20，20mL乙醚提取3次，以下按上述汽水类样品进行操作，得到糖精乙醇溶液。

酱菜等固体样品：称取样品20.0g，放入组织捣碎机内，加入约150mL，捣碎后移入500mL分液漏斗中，加入1:4盐酸溶液进行酸化，准确加入100mL乙醚，振摇抽提5min，静置。用移液管吸取乙醚50mL于分液漏斗中，用少量水洗涤一次，以下按汽水类样品进行操作，得到糖精乙醇溶液。

糕点、饼干等样品：称取30.0g放入透析袋中，加入50mL 0.02mol/L氢氧化钠溶液于大烧杯中，盖上大表面皿，透析过夜。取透析液125mL，用1:4盐酸调成中性，加入20mL10%的硫酸铜溶液和5mL 40g/L氢氧化钠溶液，混匀，静置30min，过滤。取滤液100mL，移入250mL分液漏斗中，加入1:4盐酸溶液进行酸化，用50，30，20mL乙醚提取3次，以下按汽水类样品进行操作，得到糖精乙醇溶液。

2. 标准曲线的绘制

准确吸取每毫升相当于1mg糖精钠的标准溶液0，2.0，4.0，6.0，8.0，10.0mL，分别移入100mL容量瓶中，各加入2%碳酸氢钠溶液定容，在270nm处测定吸光度，以糖精钠的含量为横坐标，吸光度为纵坐标，绘制标准曲线。

3. 样品测定

（1）薄板制备和薄层展开　将8cm×15cm薄板洗净，称取GF254硅胶5g，加水15mL，在研钵中研成细糊状，在涂布槽内涂成薄板两块，在室温下晾干后，放入105℃烘箱中，活化2h，备用。

用微量注射器吸取以上制备的糖精乙醇溶液100～200μL，点在已制备好的薄层板上。点样要求底边留出2cm，样液点呈一直线，点板时不断用吹风机吹干，标准溶液要在样品边上点成点状，点样量为5μg，同时吹干，然后放入层析缸中展开。展开溶剂是苯-乙酸乙酯-乙酸（12:7:1），展开溶剂层高约0.5cm，上展10cm。展开时间为20～30min，取出用吹风机吹干，供测定用。

（2）定性试验　将薄板在波长254nm紫外灯下观测，与标准糖精钠点相比，R_f值相同者即证明有糖精钠存在。

（3）定量试验　在紫外灯下划出糖精钠的范围后，用小刀刮入50mL烧杯中，加入10mL 2%碳酸氢钠溶液，微温助溶，置于离心管中分离后，取上清液作比色样液；同时，刮下相同大小的无糖精钠薄板，按同样操作得参比溶液。按标准曲线的绘制操作测得样品吸光度，在标准曲线上查得糖精钠的量。

四、结果计算

$$\text{糖精钠含量} = \frac{(m_1 - m_0) \times V_1 \times V_3}{m \times V_2}(\text{g/kg}) \tag{11-32}$$

式中　m_1——测定用样液中糖精钠含量，mg；

m_0——空白试液中糖精钠含量，mg；

V_1——溶解样品浓缩物加入的乙醇体积，mL；

V_2——薄层点样用样液体积，mL；

V_3——溶解薄层展开糖精钠所用溶剂的体积，mL；

m——样品残留物相当于原样品质量，g。

实验二十七　甜蜜素（环己基氨基磺酸钠）的测定

环己基氨基磺酸钠是一种常见的甜味剂，近年来在我国开始广泛应用于饮料、蜜饯、冰淇淋、糕点，其甜度为蔗糖的40～50倍。环己基氨基磺酸钠的分子式$C_6H_{12}NNaO_3S$，相对分子质量为201.2。成品为白色结晶粉末，无臭或几乎无臭，在水中易溶，微溶于乙醇，在三氯甲烷和乙醚中几乎不溶。其测定方法主要是气相色谱法和比色法。

一、实验原理

在硫酸介质中，环己基氨基磺酸钠与亚硝酸钠反应，生成环己醇亚硝酸酯，与磺胺重氮化后再与盐酸萘乙二胺偶合生成红色染料，在550nm波长测其吸光度，与标准物质比较定量。

二、实验试剂与仪器

1. 试剂

三氯甲烷。

甲醇。

透析剂：称取0.5g二氯化汞和12.5g氯化钠于烧杯中，以0.01mol/L HCl溶液定容至100mL。

0.15mol/L亚硝酸钠溶液。

1mol/L硫酸溶液。

1.56mol/L尿素溶液（临用时新配或冰箱保存）。

2.7mol/L盐酸溶液。

0.058mol/L磺胺溶液（10g/L）：称取1g磺胺溶于10%盐酸溶液中，最后定容至100mL。

0.004mol/L盐酸萘乙二胺溶液（10g/L）。

环己基氨基磺酸钠标准溶液：精确称取0.1000g环己基氨基磺酸钠，加水溶解，最后定容至100mL，此溶液每毫升含有环己基氨基磺酸钠1mg。临用时将环己基氨基磺酸钠溶液加水稀释10倍，此溶液每毫升含有环己基氨基磺酸钠0.1mg。

2. 主要仪器

分光光度计、旋涡振荡器、离心机、透析袋和200mL广口瓶。

三、 实验步骤

1. 样品处理

（1）液体样品　摇匀后直接称取。含二氧化碳的样品先加热去除，含酒精的样品加40g/L氢氧化钠溶液调至碱性，于沸水中加热去除。称取10.0g已制备好的试样于透析袋中，加10mL透析剂，将透析袋口扎紧，放入盛有100mL水的200mL广口瓶中，加盖，透析20～24h得透析液。

（2）固体样品　将凉果、蜜饯类样品剪成试样，称取2.0g已剪碎的试样于研钵中，加少许硅胶（或海砂）研磨至呈干粉状，经漏斗倒入100mL容量瓶中，加水冲洗研钵，并将洗液一并移至容量瓶中，加水至刻度，不时摇动，1h后过滤，即得试样。准确吸取10.0mL经处理过的试样提取液于透析袋中，以下操作同液体样品。

2. 测定

（1）取2支50mL具塞比色管，分别放入10mL透析液和10mL标准溶液，于0～3℃冰浴中，依次分别加1mL 0.15mol/L硫酸溶液，摇匀后放入冰水中不时摇动，放置1h。取出后分别加15mL三氯甲烷，置漩涡混合器上振摇1min，在分别加15mL水，振摇1min。静置后吸去上层液，再依次分别加10mL 1.56mol/L尿素溶液和2mL 2.7mol/L盐酸溶液，再振摇5min。静置后吸去上层液，再加15mL水，振摇1min。静置后吸去上层液，分别从各管中准确吸出5mL三氯甲烷，分别转入25mL比色管中，另取一支25mL比色管，加入5mL三氯甲烷作参比管。

（2）依次各加入15mL甲醇和1mL 0.058mol/L磺胺溶液于以上3支比色管中，置冰浴中15min。取出恢复常温后，各加入1mL 0.004mol/L盐酸萘乙二胺溶液，然后加入甲醇至刻度。在15～30℃下放置20～30min后，用1cm比色杯于550nm处测定吸光度，测得吸光度A及A_s。

（3）另取2支50mL具塞比色管，分别加入10mL水和10mL透析液，除不加

0.15mol/L 亚硝酸钠外，其他按（1）步骤进行，测定吸光度 A_w 和 A_0。

四、结果计算

$$X = \frac{\rho}{m} \times \frac{A - A_0}{A_s - A_w} \times \frac{100 + 10}{V} \times \frac{1}{1000} \times \frac{1000}{1000} \tag{11-33}$$

式中 X——样品中环己基氨基磺酸钠的含量，g/kg；

m——样品质量，g；

V——透析液用量，mL；

ρ——标准液的质量浓度，μg/mL；

A_s——标准液进行测定时的吸光度；

A_w——以水进行测定时的吸光度；

A——透析液进行测定时的吸光度；

A_0——以透析液进行测定并且不加亚硝酸钠时的吸光度。

五、思考题

甜蜜素在比色法和气相色谱法检测方法中有什么区别和联系？

参考文献

［1］王璋，许时婴，汤坚．食品化学［M］．北京：中国轻工业出版社，1999.

［2］谢达平．食品生物化学［M］．第一版．北京：中国农业出版社，2004.

［3］汪东风．高级食品化学［M］．北京：化学工业出版社，2009.

［4］谢笔钧．食品化学［M］．第二版．北京：科学出版社，2004.

［5］李培青．食品生物化学［M］．第一版．北京：中国轻工业出版社，2007.

［6］夏延斌．食品化学［M］．北京：中国农业出版社，2003.

［7］梁文珍．食品化学［M］．北京：中国农业大学出版社，2010.

［8］冯凤琴，叶立扬．食品化学［M］．北京：化学工业出版社，2005.

［9］何国庆，丁立孝．食品酶学［M］．北京：化学工业出版社，2006.

［10］王璋，许时婴，汤坚．食品化学［M］．北京：中国轻工业出版社，2008.

［11］郭蔼光，基础生物化学［M］．北京：高等教育出版社，2001.

［12］李庆章，吴永尧．生物化学［M］．北京：中国农业出版社，2004.

［13］谢达平．食品生物化学［M］．北京：中国农业出版社，2004.

［14］李丽娅．食品生物化学［M］．北京：高等教育出版社，2004.

［15］张国珍．食品生物化学［M］．北京：中国农业出版社，1992.

［16］李富军，张新华．果蔬采后生理与衰老控制［M］．北京：中国环境科学出版社，2004.

［17］蒋爱民，赵丽琴．食品原料学［M］．南京：东南大学出版社，2007.

［18］孔保华，马丽珍．肉品科学与技术［M］．北京：中国轻工业出版社，2003.

［19］宁正祥．食品生物化学［M］．广州：华南理工大学出版社，2006.

［20］阚健全．食品化学［M］．北京：中国农业出版社，2002.

［21］丁耐克．食品风味化学［M］．北京：中国轻工业出版社，2001.

［22］庞广昌，王清连．生物化学实验技术［M］．郑州：河南科学技术出版社，1994.

［23］黄晓钰，刘邻渭．食品化学综合实验［M］．北京：中国农业大学出版社，2002.

［24］阚健全．食品化学［M］．北京：中国农业出版社，2008.

［25］邵颖．食品生物化学［M］．北京：中国轻工业出版社，2015.

［26］黄晓钰，刘邻渭．食品化学与分析综合实验［M］．北京：中国农业大学出版社，2009.

［27］刘邻渭．食品化学［M］．郑州：郑州大学出版社，2011.

［28］邵秀芝，郑艺梅，黄泽元．食品化学实验［M］．郑州：郑州大学出版社，2013.

［29］郝利平，夏衍斌，陈涌泉，等．食品添加剂［M］．北京：中国农业大学出版社，2005.

[30] 马汉军，田益玲．食品添加剂［M］．北京：科学出版社，2014.
[31] 张晓鸣．食品风味化学［M］．北京：中国轻工业出版社，2009.
[32] 夏延斌．食品风味化学［M］．北京：化学工业出版社，2008.